JN060303

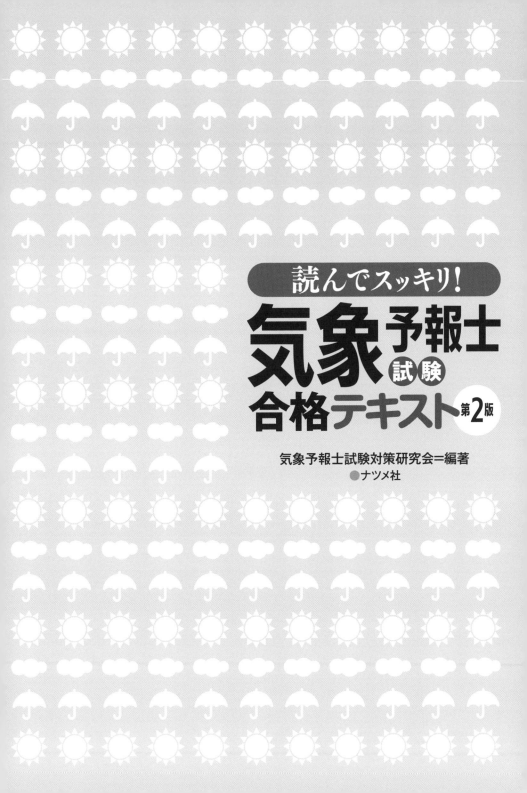

読んでスッキリ！

気象予報士試験 合格テキスト 第2版

気象予報士試験対策研究会＝編著

●ナツメ社

はじめに

　気象衛星やアメダスなどの観測技術の発達、コンピュータを用いての気象解析技術、予測技術・情報伝達技術などの天気予報の全般的な技術進歩には目を見張るものがあります。一方、社会の高度情報化は、従来の気象庁だけの一般的な天気予報だけでは満足できず、各地域や産業ごとに、よりきめ細かい天気予報が要求されるようになりました。

　このような背景から天気予報が自由化され、民間での天気予報が可能になり、それに伴って国家資格としての気象予報士制度が誕生しました。

　気象予報士は、かなり詳細な予想が可能になった数値予報や観測データをもとに、各地域や産業への付加価値サービスを行うことができる気象の専門家です。資格を生かして、民間気象会社、マスコミ関係、自治体などへの就職、独立して気象コンサルタントとして地域に密着した気象会社を営むなど、気象予報士の活躍の場は拡大しています。

　気象予報士試験は学科試験と実技試験からなります。本書では学科試験の対象である気象学と気象業務関連法令に関する**一般知識**、および気象業務に関する**専門知識**に重点をおき、実技試験については試験を受けるに際しての心構えと実技に不可欠な基礎知識を述べています。

　本書の構成は、公表されている試験の出題範囲に沿っていますが、一般知識の「**気象現象**」は**スケールごとに分類して章立て**し、その中には専門知識として出題される台風を含めています。「**専門知識**」は**観測方法について細かく章立てすると同時に、基礎中の基礎である天気図、気圧配置についての章を設け、試験範囲全体を網羅しています。**

　この第二版では、近年増える傾向にある集中豪雨、豪雪、竜巻などの気象災害に対応すべく、2020年から漸次導入されている二重偏波気象ドップラーレーダーのほか、数値予報モデルの改良、降水短時間予報、降雪短時間予報、早期注意情報などについての解説を加えています。

　本書は気象予報士試験に合格するために最低限必要な知識を、気象学の基礎知識をもたない人でも理解できるように、図表を用いながら簡潔に説明しています。また、数式は用いていますが、必要最小限にとどめ、図表を利用して、その式のもつ意味を理解できるように説明しています。

　本書が気象予報士試験合格の一助となり、気象予報士として活躍することを願ってやみません。

2023年6月　　　　　　　　　　　　　　　　　　　　　編著者一同

本書の使い方

本書は、気象予報士に合格するための、気象学や予報技術を解説しています。その出題範囲は、多岐にわたるため、体系に沿って学習しても、そのすべてを一度に理解したり、覚えたりすることは非常に困難です。

そこで本書では、出題頻度の高い内容や、優先的に記憶しなくてはならない用語、苦手でも理解しなくてはならない数式などを、効率よく学習できるように、さまざまなアイテムを配置しました。

ぜひ、積極的に活用してください。

出題傾向と対策
章の始まりに、内容の出題頻度やポイント、アドバイスを解説しています。

詳しく知ろう
物理法則や数学について、しっかり理解したいときに、読んでください。

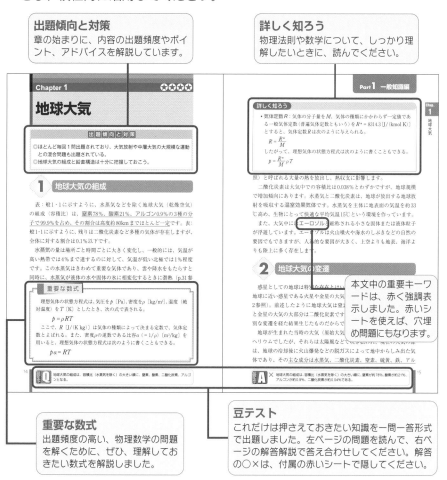

本文中の重要キーワードは、赤く強調表示しました。赤いシートを使えば、穴埋め問題にもなります。

重要な数式
出題頻度の高い、物理数学の問題を解くために、ぜひ、理解しておきたい数式を解説しました。

豆テスト
これだけは押さえておきたい知識を一問一答形式で出題しました。左ページの問題を読んで、右ページの解答解説で答え合わせしてください。解答の○×は、付属の赤いシートで隠してください。

1-2 風浪とうねり

風浪（風波）は、その付近の海域の風で生じる波で、風下側に進行します。風浪は、①風速、②吹続時間（風が吹き続く時間）、③吹走距離（風が吹き渡る距離）によって波高が決まります（一般に、波長、周期とも短い）。風向と波向はほぼ同じです。風浪は発達過程の波に多く見られ、個々の波の形状は不規則で尖っており、発達した波ほど波高が大きく、周期と波長も長くなり、波速も大きくなります。

うねりは、遠くの海域で台風や発達した低気圧に伴って発生した波が、長時間かけて伝播してきたものです。周期は10秒内外で風浪に比べて長く、その形状は規則的で丸みを帯び、波の峰も横に長く連なっているので、ゆったりと穏やかに見え、波長も数十m～数百mと長くなっています。弱いうねりは波高2m以下、やや高いうねりは2～4m、高いうねりは4mを超えます。風向と波向が大きく異なることがよくあります。

理解度 check テスト

Q1 気象庁の海上気象観測について述べた文(a)～(e)の正誤の組み合わせとして正しいものを、下記の①～⑤の中から一つ選べ。

(a) 風浪はその海域の風によって生じた波で、うねりは遠方の海域での台風や発達した低気圧によって生じた波が伝播してきた波である。

(b) 風浪は波長・周期とも短いが、うねりは波長・周期とも長い。

(c) 波高とは波の谷から山までの高さで、有義波高はある期間内の波のうち、波高の高い方から1/3の高さの波をいい、平均波高より低い。

(d) 天気予報で発表している波の高さは平均波高である。

A ○ 地球大気の組成は、中間圏上端（約80km）までは地表付近と同じでほぼ一様である。

理解度Checkテスト
章の終わりに、例題を用意しました。
自分の理解度を確認してください。

これだけは必ず覚えよう！

・500hPaの平年偏差図で、高度正（負）偏差域は対流圏中・下層の気温が平年より高い（低い）。
・東西指数が低いと、暖候期は不順な天候になり、寒候期は冬型が強まる。
・一般に、西谷は暴雨天、東谷は晴天となる傾向がある。
・春・秋に日本の東に気圧の谷があると低気圧の発達や前線の活動が弱くなる。
・梅雨期から盛夏期にかけて日本の北にブロッキング高気圧が現れると、北日本太平洋側に北東風が吹き込み、日照不足・冷害になりやすい。
・盛夏期に日本付近が正の高度偏差域に覆われると、太平洋高気圧の勢力が強まって暑い夏になる。
・北極振動指数が負の冬は、偏西風が弱くて寒気が中緯度帯に流入しやすくなり、欧州や日本は寒波に襲われる。
・夏のフィリピン付近のOLRが正偏差（負偏差）域であって対流活動が不活発（活発）だと、日本付近は高気圧が弱まり（強まり）、冷夏（暑夏）になりやすい。

これだけは必ず覚えよう！
章の終わりに、どうしても暗記しておきたい最重要項目を列記しました。何度も読んで、覚えるようにしてください。

---

column

天気図を読むコツ

天気図をみる際には、高気圧、低気圧、前線などの位置を、海域、地域、河川や緯度・経度から知ることができます。
・東経：中国大陸の東岸（120°E）、福岡、鹿児島の西（130°E）、秋田、東京付近（140°E）
・北緯：鹿児島の南（30°N）、秋田（40°N）、サハリン中央（50°N）
・海域：ボッ海、黄海、東シナ海、日本海、オホーツク海、四国沖、関東東海上、関東南東海上、三陸沖、千島海域など
・日本周辺の地域：中国東北部（区）、華北、華中、華南、台湾、朝鮮半島、山東半島、遼東半島、千島列島、サハリン、ルソン島、ミンダナオ島
・主な河川：アムール河、黄河、長江

コラム
たまには息抜き。リラックスも必要ですね。

Q 地球大気の乾燥空気の組成は、中間圏の上端までほぼ一様である。

気象予報士試験ガイド

　気象予報士試験は気象庁長官が行う試験ですが、その実施は（一財）気象業務支援センター（http://www.jmbsc.or.jp）が行っています。

◆**受 験 資 格**：年齢や学歴などの制限はなく、誰でも受験できる
◆**試 験 日 程**：8月と1月の年2回
◆**試 　験 　地**：北海道・宮城県・東京都・大阪府・福岡県・沖縄県
◆**試験手数料**：11,400円（2023年度現在）
◆**試験の概要**：学科試験と実技試験
　学 科 試 験：「予報業務に関する一般知識」と「予報業務に関する専門知識」があり、試験時間は各60分。原則として5つの選択肢から1つを選ぶ多肢選択式。
　実 技 試 験：「実技1」と「実技2」があり、試験時間は各75分。ともに文章や描図で解答する記述式。
◆**試験の一部免除**：学科試験の「一般知識」「専門知識」のいずれか、または両方に合格すると、申請により合格発表日から1年以内に行われる当該学科試験が免除される。

試験科目

予報業務に関する一般知識

　①大気の構造　②大気の熱力学　③降水過程　④大気における放射

　⑤大気の力学　⑥気象現象　　　⑦気候の変動

　⑧気象業務法その他の気象業務に関する法規

予報業務に関する専門知識

　①観測の成果の利用　②数値予報　③短期予報・中期予報

　④長期予報　　　　　⑤局地予報　⑥短時間予報

　⑦気象災害　　　　　⑧予想の精度の評価　⑨気象の予想の応用

実技試験

　①気象概況及びその変動の把握　　②局地的な気象の予報

③台風等緊急時における対応

受験準備の進め方

●学科試験対策

　気象予報士試験は気象現象を取り扱うので理科系特有の分野かというと、そうでもありません。確かに天気予報を行う手順として、気象現象をモデル化し、多くの方程式をスーパーコンピュータで解く作業を行っています。しかし、予報士試験で問われるのは、その計算結果を解釈するための知識なので、**特に理系の勉強をした人でなくても理解でき、合格できる**のです。

　気象現象は私たちの身近に起こっている現象ですが、その現象が生じる原因についてちょっと深く考えてみることです。たとえば、風が吹くのは大気が動くからで、力が働いた結果です。ではどのような力が働くのか？

　このような疑問に対して答えを得るには、参考書を読むことです。こうして自問自答できるように勉強することが最も有効です。このようにして理解したことは身につきます。また、試験では直感を働かせなければならないことがありますが、そのようなときでも適切に対応できるようになります。

　本書を含めて参考書を一度読んで理解できない部分があっても、気にしないで進むことが肝要です。理解できない部分を自覚し、再度読み、それでも理解できない場合は、他の著者の参考書を読むのが有効です。著者により、同じ現象を違った視点から説明している可能性があるからです。

　気象予報士試験も回を重ねるにしたがい、出題範囲内でより詳細な知識を問うと同時に、選抜的になり、誤解しやすい内容を意識的に問う傾向も見受けられます。しかし、基本的なことを十分理解して、問題集などで上記のことを考慮しながら勉強すれば、十分に対応できます。

●計算問題対策

　気象現象を説明するのに本書でも若干の数式を用いていますが、**気象予報士試験では難しい方程式を解くような問題は出題されないので**、恐れる必要はありません。数式といっても、ＡとＢの量はどのような関係にあるか、比例関係にあるのか、それとも反比例か、2乗に比例するのか、といった程度のものです。数式を日本語に置き換えて理解するのも有効かもしれません。また、計算問題が出題されますが、細かい数値を求めるというより、桁数を求めるものがほとんどですので、概算の力をつけましょう。

●実技試験対策

　気象予報士試験では、実技試験は学科試験に合格しないと採点してもらえないシステムになっています。このことからわかるように、実技は学科の上に成り立っているので、学科の知識が十分に備わっていることが第一です。そのうえで、日常的にあまり目に触れることのない各種天気図や予想図などの見方と、それを解釈する能力を養う必要があります。つまり、学科で学習した知識が総合化されてはじめて天気を解明でき、予報できるのです。

　したがって、まずは**天気図類に慣れ親しみ、特に三次元的な構造としてみる眼をもつ必要があります**。まったく同じ天気はありませんが、天気現象はパターン化されるので、典型的なパターンについて、その構造を理解し、それに伴う現象を把握することです。具体的には、

（1）気象状況を読む・予想する。

（2）前線・ジェット気流・気圧の谷・等値線などの天気図解析をする。

（3）予報文・情報文を書く・解説する。

などです。

　受験者数は4000〜5000名で、合格率は5％程度です。このようにかなりの難関ですが、出題範囲が限定された試験なので、基礎からコツコツと粘り強く勉強すれば、恐れる必要はありません。

　健闘を祈ります。

contents

予報業務に関する 一般知識編

Chapter 1　地球大気 ……………………………………… 14

Chapter 2　大気の熱力学 …………………………………… 25

Chapter 3　降水過程 …………………………………………… 65

contents

contents

contents

実 技 の 基 礎 編

予報業務に関する

地球大気

出題傾向と対策

◎ほとんど毎回１問出題されており、大気放射や中層大気の大規模な運動との混合問題も出題されている。
◎地球大気の組成と鉛直構造は十分に把握しておこう。

1 地球大気の組成

　表：般１・１に示すように、水蒸気などを除く地球大気（乾燥空気）の組成（容積比）は、**窒素**78％、**酸素**21％、**アルゴン**0.9％の３種の分子で99.9％を占め、その割合は高度約80kmまでほとんど一定です。表：般1・1に示すように、残りは二酸化炭素など多種の気体が存在しますが、全体に対する割合は0.1％以下です。

　水蒸気の量は場所ごと時間ごとに大きく変化し、一般的には、気温が高い熱帯では4％まで達するのに対して、気温が低い北極では1％程度です。この水蒸気はきわめて重要な気体であり、雲や降水をもたらすと同時に、水蒸気が液体の水や固体の氷に相変化するときに潜熱（p.31参照）と呼ばれる大量の熱を放出し、熱収支に影響します。

　二酸化炭素は大気中での容積比は0.038％とわずかですが、地球規模で増加傾向にあります。水蒸気と二酸化炭素は、地球が放出する地球放射を吸収する**温室効果気体**です。水蒸気を主体に地表面の気温を約33℃高め、生物にとって快適な平均気温15℃という環境を作っています。

　また、大気中には**エーロゾル**と総称される小さな固体または液体粒子が浮遊しています。エーロゾルは火山噴火や海水のしぶきなどの自然の要因でもできますが、人為的な要因が大きく、上空よりも地表、海洋よりも陸上に多く存在します。

 地球大気の組成は、容積比（水蒸気を除く）の大きい順に、窒素、酸素、二酸化炭素、アルゴンとなる。

表：般1・1　乾燥空気の地球大気組成

成　分	分子式	容積比（%）	重量比（%）	分子量
窒素	N_2	78.088	75.527	28.01
酸素	O_2	20.949	23.143	32.00
アルゴン	Ar	0.93	1.282	39.94
二酸化炭素	CO_2	0.038	0.0456	44.01
一酸化炭素	CO	1×10^{-5}	1×10^{-5}	28.01
ネオン	Ne	1.8×10^{-3}	1.25×10^{-3}	20.18
ヘリウム	He	5.24×10^{-4}	7.24×10^{-5}	4.00
メタン	CH_4	1.4×10^{-4}	7.25×10^{-5}	16.05
クリプトン	Kr	1.14×10^{-4}	3.30×10^{-4}	83.7
一酸化二窒素	N_2O	5×10^{-5}	7.6×10^{-5}	44.02
水素	H_2	5×10^{-5}	3.84×10^{-6}	2.02
オゾン	O_3	2×10^{-6}	3×10^{-6}	48.0
水蒸気	H_2O	不定	不定	18.02

2　地球大気の変遷

　惑星としての地球は特別な存在とはいえませんが、地球大気の組成は地球に近い惑星である火星や金星の大気と大きく異なります（表：般1・2参照）。前述したように地球大気は窒素と酸素が主成分ですが、火星と金星の大気の大部分は二酸化炭素です。この違いは、地球の大気が特別な変遷を経た結果生じたものだからです。

　地球が生まれた当時の大気（原始大気）は太陽の組成と同じで水素とヘリウムでしたが、それらは太陽風などで吹き払われ、現在の大気の源は、地球の冷却後に火山爆発などの脱ガスによって地中からしみ出た気体であり、その主な成分は水蒸気、二酸化炭素、窒素、硫黄、鉄、アルゴンなどと考えられています。

　太陽からの太陽放射エネルギー量によって決まる地球の気温条件は、水蒸気を液体や固体に変えることができます。そのため、大気中にあった大量の水蒸気は水となり、海を作ることになりました。その海にはまず硫黄や塩素が溶け込み、酸性の海になりました。酸性の海に二酸化炭

× 地球大気の組成は、容積比（水蒸気を除く）の大きい順に、窒素が約78%、酸素が約21%、アルゴンが約0.9%、二酸化炭素が約0.04%である。

	水 星	金 星	地 球	火 星
質量(×10²³kg)	3.29	48.7	59.8	6.43
表面気圧(hPa)	10⁻²以下	9×10⁴	10³	6
表面温度(K)	560	720±20	280±20	180±30
大気組成(%)	—	CO_2(96.4)	N_2(78.1)	CO_2(95.32)
		N_2(3.41)	O_2(20.9)	N_2(2.7)
		H_2O(10⁻³)	Ar(0.93)	Ar(1.6)
		SO_2(10⁻³)	CO_2(0.04)	O_2(0.13)
		O_2(70ppm)	O_3(0.5ppm)	CO(0.07)
		Ar(20ppm)	H_2O(0.1～1)	O_3(0.03ppm)
		—	—	H_2O(0.03)

素は溶け込むことができませんでした。長い年月をかけて降雨が陸上の金属を含む物質を海に運び、その金属イオンが酸性の海を中性の海に変えました。当時、多量にあった二酸化炭素は中性になった海に溶け込み、石灰岩などとして固定され、ほとんどは大気中から取り除かれました。地中から出た窒素の量は相対的に多くはありませんが、不活性な気体であるため大気中に残り、主成分になりました。

　地球に海ができたことで、そこに生命体が発生し、光合成を行う藍藻類などの植物が出現し、酸素を作り、現在に至っています。この酸素の生成が、地球生物の生存にとって大変重要な存在である大気上空の**オゾン層**をつくりました。

　このように大量にあった水蒸気や二酸化炭素は減少し、不活性な窒素やアルゴン、植物が作った酸素が大気の主成分になりました。

③ 大気の鉛直構造

　気温を地上から上空に向けて観測すると、下降したり上昇したりします（図：般1・1参照）。上昇、下降の分岐点を境に大気層に名前がつけられ、それぞれの層に特徴があります。

豆テスト **Q** 地球大気の乾燥空気の組成は、中間圏の上端までほぼ一様である。

図：般1・1　地球大気の鉛直分布

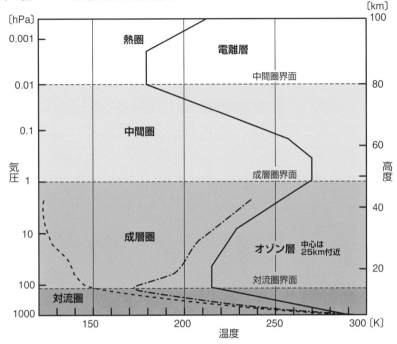

───：標準大気、─・─・─：放射平衡、─────：オゾン層がない場合の放射平衡

3-1　対流圏

　地上から約11kmの高度までは気温が約6.5℃/kmの割合で減少します。この大気層は**対流圏**と呼ばれ、その名のごとく、下降流・上昇流ができ、よくかき混ぜられています。この層には大気中の水蒸気のほとんどが含まれ、上昇流ができやすいこともあり、雲の生成や降雨などの天気変化が生じます。

　大気の主成分である窒素、酸素、アルゴンなどは、太陽からの波長の短い放射エネルギーを吸収できません。それゆえ大気は、太陽エネルギーを吸収して暖められた地表面から対流などによりエネルギーをもらっています。そのために、対流圏では気温が高度とともに低下しています。

　図：般1・1に放射エネルギー収支だけを考慮した、放射平衡温度の

○　地球大気の組成は、中間圏上端（約80km）までは地表面付近と同じでほぼ一様である。

17

高度分布を示しますが、対流活動による熱輸送がなくなると温度減率が非常に大きくなることがわかります。

3-2　対流圏界面

　高度約11kmより上の数kmは高度が上昇しても気温が変わらない薄い層があります。そこを対流圏界面と呼び、成層圏の始まりとなります。この層は対流圏の天井であり、上昇流を止める役割を果たします。対流圏界面高度は季節・緯度に依存し、赤道付近で高度が高く、極に近づくほど高度が低くなり、夏に高く、冬に低くなります。また、低気圧上空で低く、高気圧上空で高くなり、その差は数kmになります。

3-3　成層圏

　対流圏界面より上では、気温は約50kmまで高度とともに上昇します。この層を成層圏と呼びます。気温が高度とともに上昇するということは、非常に安定な層で上昇流ができにくく、対流圏の上昇流は成層圏に広がりません。しかし、まったく空気の混合がないわけではなく、実際に大気組成は地表面付近と同じになっています。

3-4　オゾン層

　成層圏で高度とともに温度が上昇するのは、高度約25kmに極大濃度をもつオゾン層があるためです。

　オゾンは太陽からの波長0.24μm以下の紫外線を吸収する光解離によって生成され、また、できたオゾンは0.32μm以下の紫外線の吸収によって破壊されます。成層圏での温度上昇はオゾンの生成ではなく破壊時の紫外線吸収が原因です。図：般1・1にオゾン層による昇温がないと仮定した場合の、温度の高度分布を示します。

　ただし、オゾン濃度が最大である高度は約25kmですが、気温は高度約50kmで極大になっています。このずれは、高度50kmのほうがより紫外線の強度が強く昇温効果が大きい、空気分子の数が上空ほど少なく

対流圏界面の高さは、赤道付近で高く、両極で低い。

なるので、1分子当たりが受け取るエネルギーが多い、などによります。

図：般1・2はオゾン全量の分布の季節変化です。オゾン全量はドブソンで表され、オゾン層のオゾンだけを1気圧に圧縮したときの大気の厚さです。1mmが100ドブソンです。オゾン全量の極大域は両極に近い高緯度域にあり、紫外線が強くてオゾンの生成が大きい低緯度では逆に低くなっています。また、極大になる季節は夏季ではなく春（北半球では3月、南半球では10月）です。このような分布になるのは低緯度でできたオゾンが、低緯度から高緯度への大気の流れ、**ブリューワ・ドブソン循環**と地球規模の波動（**プラネタリー波**）によって運ばれ、高緯度に蓄積されるからです。

図：般1・2　オゾン全量（緯度平均）分布の南北両半球における季節変化

(H.U.Dütsch,1974：関口理郎・佐々木徹「成層圏オゾンが生物を守る」成山堂書店、2001)

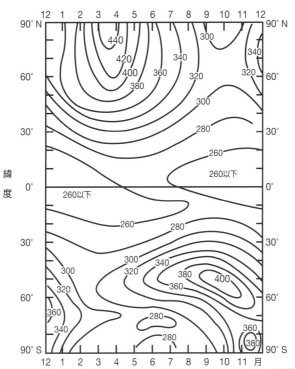

単位はドブソン

○ 対流圏界面の高度は、緯度や季節や高気圧・低気圧によって変化し、赤道付近で約18kmと高く、両極で約8kmと低い。

3-5 中間圏

　中間圏が始まる成層圏界面の空気は極端に希薄であり、気圧は地表面の1000分の1の約1hPaです。中間圏には多量の紫外線放射がきますが、それを吸収する物質がないので、気温は高度とともに低下します。

　なお、中間圏の上限（中間圏界面）である約80kmまでは、大気組成の窒素、酸素、アルゴンの割合は地表面付近と同じです。

3-6 熱圏

　中間圏の上の気温が高度とともに上昇する高度約500kmまでの大気を熱圏と呼びます。熱圏では、窒素や酸素の分子が波長の短い紫外線（0.1μm以下）を光電離で吸収して空気を暖めると同時に窒素・酸素原子をつくっています。この層では分子や原子がきわめて少なく、ここに達する太陽エネルギーは太陽活動の影響を大きく受けるために、気温は日ごとに大きく変わります。

　分子や原子の数が少ない熱圏では、分子・原子同士が衝突する機会が少なく、重力による分離が起こり、地表面大気とは異なった組成になります。大気組成の主成分は80～100kmは窒素、100～170kmは窒素と酸素の混合、170km以上では酸素原子、そして1000kmくらいになるとヘリウムになります。

3-7 電離層

　電離層は高度80kmから上空に広がり、熱圏の中にあってイオンと自由電子の濃度が非常に高い領域です。これは、窒素・酸素を主とした空気成分が紫外線により光電離され、イオンや自由電子ができた結果です。

　この電離層は無線通信において大切な役割をもっています。

3-8 高度と気圧

　国際標準大気は、地表から中間圏界面までの地球大気の気圧、温度な

 成層圏の温度は、オゾン濃度が最大の高度約25km付近で極大となっている。

どが高度によってどのように変化するかを表したモデルです。このモデルは中緯度の平均的な実測値をもとにしています。海面上での気圧は1013hPa、気温は15℃、対流圏での温度減率は6.5℃/kmとされています。

　空気の重さである気圧は、高度が増すにつれて常に減少します。下層の大気では高度が100m増すと気圧が約10hPa下がります。高度5.5km上空では気圧は約1/2になり、大気の重心の高度になります。成層圏上端の50kmでは約1hPaと空気の99.9%がこの高度以下にあることになります。また、地上気圧は上空の温度、空気密度の変化により変わります（次章2・1静力学平衡を参照）。

理解度 check テスト

Q1 大気の温度の高度分布の成因について述べた次の文章の下線部(a)〜(c)の正誤の組み合わせとして正しいものを、下記の①〜⑤の中から一つ選べ。

　図は大気の温度の高度分布を示したものであり、実線は標準大気、A〜Cは、それぞれ条件を変えて行った大気の放射平衡および放射対流平衡の数値実験の結果を示している。

　いずれの数値実験でも、地表付近の温度は(a)大気がまったく存在しないと仮定したときに算出される放射平衡温度よりも高い。高度10km以下では、A、Bの方がCよりも温度減率が大きい。これは、A、Bでは(b)対流による熱の輸送の効果が考慮されていないためである。一方、高度10km以上では、B、Cの温度は、Aよりも極端に高い。これは、B、Cでは(c)大気中に含まれるオゾンによって太陽放射中の可視光が吸収されるときの加熱の効果が含まれるためである。

豆テスト **A** ✕　成層圏の温度は高度とともに上昇しており、成層圏の上端（高度約50km）で極大になっている。

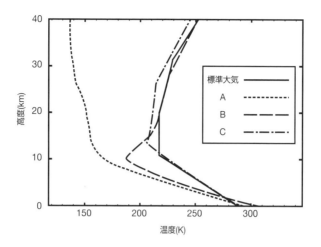

	(a)	(b)	(c)
①	正	正	正
②	正	正	誤
③	正	誤	正
④	誤	正	誤
⑤	誤	誤	正

 大気中のオゾンについて述べた次の文(a)～(d)の正誤の組み合わせとして正しいものを、下記の①～⑤の中から一つ選べ。

(a) 成層圏オゾンの空間分布やその季節変動は、太陽放射の強さの時空間分布でほぼ説明できる。

(b) 成層圏の気温の鉛直分布は、オゾンの紫外線吸収による加熱と大気の長波放射による冷却の収支で近似的に説明できる。

(c) オゾンの数密度は、平均的に高度約50kmにある成層圏界面付近で最大となる。

(d) 対流圏オゾンは、長波放射を吸収する温室効果をもつ気体の一つである。

 地球型惑星の金星と火星の大気の主成分は、木星型惑星（木星・土星・天王星・海王星）と同じ水素とヘリウムである。

	(a)	(b)	(c)	(d)
①	正	正	誤	誤
②	正	誤	正	誤
③	正	誤	誤	正
④	誤	正	正	誤
⑤	誤	正	誤	正

解答と解説

Q1　解答②　第42回（平成26年度第1回）一般・問1

　図の実線で示されている標準大気（国際標準大気）は気圧、温度、密度および粘性が高度によってどのように変化するかを表したモデルです。そのモデルの値は、中緯度での平均した実測値に基づいているため、対流圏での温度分布には大気の放射平衡だけでなく、対流による地表から上空への熱輸送の効果も入っています。標準大気では地表面の温度15℃、気圧1013hPa、高度11km以下の対流圏での温度減率は6.5℃/kmとされています。

(a) 正しい。標準大気の地表面温度は15℃で、大気がないとした場合の地球の放射平衡温度は−18℃と推定されており、地表面温度はこれよりも33℃高い値になっています。この差は大気の温室効果によるものです。

(b) 正しい。高度分布Cは、高度10km以下の温度減率が標準大気と同じであり、対流による熱輸送の効果を含んでいます。一方、A、Bは対流を考慮していないためCより大きな温度減率になっています。

(c) 誤り。高度10km以上での高度分布B、Cの温度はAと比べて極端に高くなっています。その理由は、B、Cでは濃度の極大が約25kmに存在するオゾン層による加熱が考慮され、Aでは考慮されていないからです。ただし、オゾンによる加熱については、オゾンが吸収するのは太陽放射の可視領域ではなく、波長が短い紫外線領域なので、この記述は誤りです。

豆テスト **A** ✕　木星型惑星の大気の主成分は水素とヘリウムだが、金星と火星の大気の主成分は二酸化炭素である。

(a) 誤り。成層圏のオゾン数密度の空間分布や季節変動は、オゾンの生成が紫外線の吸収によるので、太陽放射の強さの時空間分布に依存すると同時に、大規模な大気の流れ（ブリューワ・ドブソン循環）にも依存します。オゾンは紫外線強度が強い低緯度で多く発生し、そこでできたオゾンは低緯度から高緯度への大気の流れによって運ばれ、高緯度に蓄積されます。その結果、オゾンの数密度は低緯度よりも高緯度で大きくなっています。オゾンの数密度は太陽放射の強さの時空間分布だけでは決まらないのです。

(b) 正しい。成層圏では対流圏のような大気の対流はごく少ないので、その気温の鉛直分布はオゾンの紫外線吸収による加熱と大気の長波放射放出による冷却とによって近似的に決まります。

(c) 誤り。オゾン層は成層圏内の高度約25km付近で最大数密度をもつように分布しており、高度約50kmの成層圏界面付近で最大になるのは気温です。オゾン数密度が最大の高度で気温が最大にならない理由は、紫外線強度が上層ほど強いことや、空気密度が低い上層ほど加熱の効果が大きくなることなどによります。

(d) 正しい。対流圏に存在するオゾンの数密度は成層圏にあるオゾンに比べ桁違いに小さいのですが、オゾンは紫外線以外に長波放射の波長領域にも吸収帯があり、温室効果気体とされています。ただし、温室効果気体としての気温上昇への寄与の大きさは未定とされています。

これだけは必ず覚えよう！

・対流圏の高度は、赤道付近で高く（約18km）、両極で低い（約8km）。また、夏に高く、冬に低い。

・オゾン層は成層圏内の高度約25kmを中心に分布するが、成層圏の気温は上端の高度約50kmで極大となっている。

 中間圏では高度が上がるにつれて重力による分離が始まり、大気の成分は軽い分子や原子の割合が増えてくる。

Chapter 2

大気の熱力学

出題傾向と対策

◎毎回2〜3問出題されている頻出分野。
◎空気中の水蒸気の量と熱力学的量を表す物理量を十分理解しておこう。
◎水蒸気量に関連した数式を用いた計算に慣れておこう。

 1 状態方程式

1-1 理想気体の状態方程式

　一般に気体の気圧、密度、温度は互いに無関係なものではなく、**状態方程式**という関係式で結ばれています。実在する気体の状態方程式は複雑な式になりますが、理想的な単純な状態方程式を満たす気体を**理想気体**といい、この状態方程式を理想気体の状態方程式といいます。

　気象現象で扱うような範囲では、空気や水蒸気は十分な精度でこの状態方程式を満たすので、気象学ではこれらを理想気体として扱います。

重要な数式

　理想気体の状態方程式は、気圧を p〔Pa〕、密度を ρ〔kg/m³〕、温度（絶対温度）を T〔K〕としたとき、次の式で表される。

$$p = \rho R T$$

　ここで、R〔J/(K kg)〕は気体の種類によって決まる定数で、気体定数とよばれる。また、密度 ρ の逆数である比容 α（$= 1/\rho$）〔m³/kg〕を用いると、理想気体の状態方程式は次のように書くこともできる。

$$p\alpha = RT$$

豆テスト **A** ✕ 中間圏の上端（高度約80km）までは比較的空気の混合がなされており、窒素、酸素、アルゴンなどの組成比は一定である。設問の記述は熱圏の大気状態に該当する。

- **気体定数 R**：気体の分子量を M、気体の種類にかかわらず一定値である一般気体定数（普遍気体定数ともいう）を $R^* = 8314.3 \left[J/(kmol\ K) \right]$ とすると、気体定数 R は次のように与えられる。

$$R = \frac{R^*}{M}$$

したがって、理想気体の状態方程式は次のように書くこともできる。

$$p = \frac{R^*}{M} \rho T$$

1-2 乾燥空気と湿潤空気

　空気は窒素、酸素、アルゴン、水蒸気など複数の種類の気体が混ざってできています。このような気体を混合気体といいます。

　特に空気から水蒸気を除いた窒素、酸素、アルゴンなどの混合気体を乾燥空気といいます。混合気体は各成分気体が理想気体のとき、その成分気体によって気体定数の値は変わりますが、理想気体の状態方程式に従います。乾燥空気も理想気体と見なすことができるので、理想気体の状態方程式に従います。

　気象学では現実の大気を乾燥空気として扱うこともありますが、現実の大気には窒素や酸素などのほかに水蒸気も含まれています。このような乾燥空気と水蒸気の混合気体を湿潤空気といいます。空気中の水蒸気が重要となる場合には、現実の大気を湿潤空気として扱います。湿潤空気も気体定数の値は異なりますが、理想気体の状態方程式に従います。

　乾燥空気と湿潤空気を比較すると、気圧と気温が同じなら、湿潤空気のほうが乾燥空気よりも軽くなります。これは、気圧と気温が同じとき、同体積中の湿潤空気と乾燥空気では、分子数は等しく、空気分子と水蒸気分子の比率が異なっているためです。分子の重さと関係している分子量を見ると、水蒸気の分子量（18.02）は乾燥空気の平均分子量（28.96）よりも小さいので、水蒸気分子は空気分子よりも軽い分子です。湿潤空

Q 理想気体の状態方程式によると、気圧は空気密度と温度に比例する。

気は軽い水蒸気分子の割合が多いので、乾燥空気よりも軽くなります。

詳しく知ろう

- **乾燥空気と湿潤空気の気体定数**：混合気体の場合の気体定数Rは、分子量として混合気体の平均分子量$\overline{M}$を用いて求める。乾燥空気を窒素、酸素、アルゴンの混合気体とみなすと、その平均分子量は$M_d = 28.96$なので、気体定数は$R_d = 287$〔J/(K kg)〕となる。また、湿潤空気の気体定数R_wは、湿潤空気が乾燥空気と水蒸気の混合気体であることから、比湿（p.36の5-4項を参照）をsとすると、次のようになる。

$$R_w = R_d (1 + 0.61s)$$

2 静力学平衡

2-1 静力学平衡

　ある高さにある空気塊（ある大きさをもった空気の塊）を考えたとき、空気にも重さがあるので、鉛直方向（上下方向、縦方向のこと。ちなみに、横方向は水平方向という）下向きに重力を受けています。さらに、空気塊の上と下にある空気の気圧により、それぞれ下向き、上向きに力を受けています。

　通常の大気ではこれらの力が釣り合って、空気塊はその高さに留まっています。この状態を**静力学平衡**または**静水圧平衡**の状態といいます。また、この関係を表した式を**静力学方程式**または**静水圧平衡の式**といいます。

　風が吹いていることからわかるように、大気は絶えず動いていますが、低気圧や高気圧、さらに大規模な運動の場合には、鉛直運動は水平運動と比べると非常に小さくて鉛直加速度を無視できるため、大気は静力学平衡の状態にあると考えられます。

豆テスト **A** ○ 気圧p〔Pa〕と空気密度ρ〔kg/m³〕と温度T〔K〕の関係は、$p = \rho RT$という状態方程式で表される（R〔J/(K kg)〕は気体定数）。

図：般2・1のように、大気中に地表面から大気上端まで達する単位面積の底面をもつ鉛直の気柱をとり、この気柱の高度zと$z+\Delta z$の2つの水平面に挟まれた直方体部分の空気を考える。この直方体の空気塊の密度をρ、重力加速度をgとすると、空気塊に働く重力は$\rho g \Delta z$となる。さらにこの空気塊には、高度zの水平面で上向きに気圧pが、高度$z+\Delta z$の水平面で下向きに気圧$p+\Delta p$が働いているとすると、空気塊の重さとその上下の気圧差が釣り合っていることを表す次のような静力学方程式が得られる。

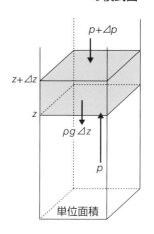

図：般2・1　静力学平衡の模式図

$$\Delta p = -\rho g \Delta z \qquad \text{微分形式で書くと、} \quad \frac{dp}{dz} = -\rho g$$

2-2　気圧と高度の関係

　大気が静力学平衡にあるとき、空気塊の下にある空気の気圧は、空気塊の重さに加えてその上にある空気の気圧を支えていることから、<u>ある高さでの気圧は、その高さより上にある空気の重さである</u>ことがわかります。普段私たちは空気の重さは感じませんが、地表面での気圧は1000hPa程度なので、1cm^{2}あたり約1kgという空気の重さがかかっています。

　その高さより上にある空気の量は高度が高くなるほど少なくなるので、高度が高くなると気圧は低くなっていきます。このように、高度と気圧は1対1の関係にあり、高さを表すのに高度の代わりに気圧を用いることができ、気象学では高さを気圧で表すこともあります。

豆テスト **Q** 同じ気圧、同じ気温、同じ体積の乾燥空気と湿潤空気は重さが等しい。

詳しく知ろう

• **気圧と高度の関係**：静力学方程式を高度z_1（気圧p_1）から$z = \infty$（p $= 0$）まで積分すると、次のような気圧と高度の関係式が得られる。

$$p_1 = \int_{z_1}^{\infty} \rho g dz$$

これより、高度z_1における気圧p_1がその高さz_1より上にある空気の重さであることがわかり、空気の密度ρの高度分布がわかれば気圧を知ることができる。さらに、静力学方程式は乾燥空気の状態方程式を用いて密度の代わりに温度で表すこともでき、対流圏では通常、気温は高さとともに減少するが、簡単のために気温が高さによらず一定値$\overline{T}$として積分すると、高度zでの気圧pは次の式で表される。

$$p = p_0 \exp \left(-\frac{g}{R_d \overline{T}} z \right)$$

ただし、p_0は積分定数で、高度$z = 0$の気圧である。この式から、気圧は高さとともに指数関数的に減少することがわかる。

2-3　層厚（シックネス）

　気圧p_1（高度z_1）の面と、それより上にある気圧p_2（高度z_2）の面に挟まれた空気層の厚さ、つまり高度差$\Delta z = z_2 - z_1$を層厚（シックネス）といいます。暖気（平均気温が相対的に高い）と寒気（平均気温が相対的に低い）とでは、下と上の面の気圧p_1とp_2が同じでも層厚Δzは異なり、暖気では厚く、寒気では薄くなります。この関係を模式的に図：般2・2に示します。

　この関係は、気圧が空気の重さであることからわかります。暖気と寒気で気圧p_1とp_2の値が同じならば、この2つの気圧の面に挟まれた空気層の重さは同じです。ところが、暖気は寒気よりも軽いので、同じ重さになるためには暖気は寒気よりも多くの空気が必要になり、層厚が厚くなるのです。

豆テスト **A** ✕　この条件のとき、湿潤空気は、重い乾燥空気の分子（平均分子量28.96）の一部が、軽い水蒸気分子（分子量18.02）に置き換わっており、乾燥空気よりも軽い。

図：般2・2　層厚の概念図

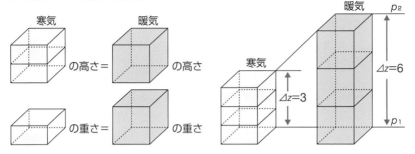

詳しく知ろう

- 層厚：層厚は、理想気体の状態方程式を用いて、静力学方程式を高度 z_1（気圧 p_1）から z_2（気圧 p_2）まで積分することにより、以下の式で表すことができる。また、この式から、気圧 p_1 と p_2 が同じ空気層の層厚は $\overline{T}$ に比例することがわかる。

$$\triangle z = z_2 - z_1 = \frac{R_d}{g} \int_{p_2}^{p_1} T(p)\, d\,(\ln p)$$

$$= \frac{R_d \overline{T}}{g} \int_{p_2}^{p_1} d\,(\ln p) = \frac{R_d \overline{T}}{g} \ln\left(\frac{p_1}{p_2}\right)$$

ここで、$\overline{T}$ は以下の式で表され、今考えている空気層の平均気温である。

$$\overline{T} = \frac{\displaystyle\int_{p_2}^{p_1} T(p)\, d\,(\ln p)}{\displaystyle\int_{p_2}^{p_1} d\,(\ln p)}$$

3 水の相変化と潜熱

　水（液体）は冷やすと氷（固体）になり、暖めると水蒸気（気体）になります。このようにその温度によって固体、液体、気体へと変化する

Q 静力学平衡とは、空気塊の重さとその空気塊の上下の気圧差が釣り合っている状態をいう。

ことを**相変化**といいます。0℃の氷に熱を加えて氷が融けると0℃の水になるように、相変化の過程において熱の出入りがありますが、物質の温度は変わりません。このとき出入りする熱のことを**潜熱**といいます。それぞれの相変化に際して出入りする潜熱の名前や量を図：般2・3に示します。

　一方、水を暖めるとお湯になるように、温度を変化させる熱のことを**顕熱**といいます。

図：般2・3　水の相変化と潜熱

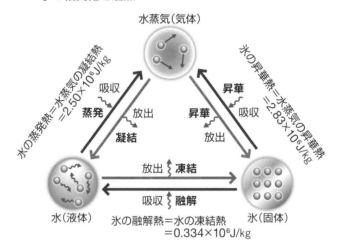

水蒸気（気体）

水の蒸発熱＝水蒸気の凝結熱　＝2.50×10⁶J/kg

氷の昇華熱＝水蒸気の昇華熱　＝2.83×10⁶J/kg

吸収　**蒸発**

放出　**凝結**

昇華　吸収

昇華　放出

放出 **凍結**

吸収 **融解**

水（液体）

氷（固体）

氷の融解熱＝水の凍結熱　＝0.334×10⁶J/kg

4　**飽和と飽和水蒸気圧**

4-1　飽和・未飽和・過飽和

　容器の中に水を入れて全体を一定の温度に保つと、空気中を飛び回っている水蒸気の分子が水面にぶつかって水の分子になったり、逆に活発ではないが動いている水の分子が空気中に飛び出して水蒸気の分子になったりします。時間の経過とともに、水面を出入りする分子の数が同じ

静力学平衡の状態は、気圧差をΔp、高度差をΔzとすると、$\Delta p = -\rho g \Delta z$で表せる。
この式を静力学平衡の式という（ρは空気密度、gは重力加速度）。

31

図：般2・4　未飽和、飽和、過飽和の状態の概念図

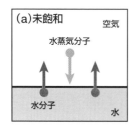 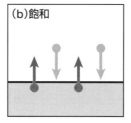 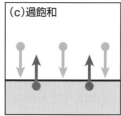

になってきます。このとき出入りする分子の数は温度だけで決まります。この状態のことを平衡状態に達した、または空気が水蒸気で飽和したといいます。

　このように水面では水分子の出入りが常に起こっていますが、その様子を模式的に図：般2・4に示します。

　図：般2・4（a）は水面から出る分子の数よりも水面に入る分子の数のほうが少ない状態を示しています。このように水面に入る分子の数が少ないのは、空気中の水蒸気の量が飽和した状態のときよりも少ないためです。このような状態を未飽和といいます。この状態のときは水面から出ていく分子の数が多いので、空気中の水蒸気が増えていくことになり、蒸発が起こっていることがわかります。

　図：般2・4（b）は、水面を出入りする分子の数が等しい状態を示しています。このような状態は前述のように飽和です。この状態のときは空気中の水蒸気の量は変わりません。

　図：般2・4（c）は、水面から出る分子の数よりも水面に入る分子の数のほうが多い状態を示しています。このように水面に入る分子の数が多いのは、空気中の水蒸気の量が飽和した状態のときよりも多いためです。このような状態を過飽和といいます。この状態のときは水面に入る分子の数が多いので、空気中の水蒸気が減っていくことになり、凝結が起こっていることがわかります。

　このことから、飽和とは空気中にその温度で含むことができる最大量の水蒸気が入っている状態である、ということができます。

 強い上昇流が生じている積乱雲の中では、静力学平衡の式が近似的に成り立つ。

4-2 飽和水蒸気圧と飽和水蒸気密度

　空気が水蒸気で飽和したときの水蒸気の密度を飽和水蒸気密度といい、このときの水蒸気の圧力を飽和水蒸気圧といいます。水に出入りする分子の数は温度だけで決まるので、<u>飽和水蒸気圧と飽和水蒸気密度は温度だけで決まり、他の気体の存在には無関係</u>です。

　飽和水蒸気圧と飽和水蒸気密度の温度との関係を表：般2・1に示します。この表を見ると、0℃以下の部分には、氷と水に対する飽和水蒸

表：般2・1　温度と飽和水蒸気圧・飽和水蒸気密度の関係

温度〔℃〕	飽和水蒸気圧〔hPa〕		飽和水蒸気密度〔g/m³〕	
100	1013.25		589.02	
50	123.4		82.83	
45	95.855		65.36	
40	73.777		51.11	
35	56.236		39.59	
30	42.430		30.36	
25	31.671		23.04	
20	23.373		17.30	
15	17.044		12.83	
10	12.272		9.40	
5	8.7192		6.80	
	過冷却水	氷	過冷却水	氷
0	6.1078	6.107	4.85	4.85
−5	4.2148	4.015	3.41	3.25
−10	2.8627	2.597	2.36	2.14
−15	1.9118	1.652	1.61	1.39
−20	1.254	1.032	1.07	0.88
−25	0.807	0.6323	0.71	0.55
−30	0.5088	0.3798	0.45	0.34
−35	0.3139	0.2233	0.29	0.20
−40	0.1891	0.1283	0.18	0.12

夏テスト **A** ✕　静力学平衡の式が成立するのは鉛直方向の加速度がない場合であり、積乱雲の中のように鉛直方向の加速度が無視できない場合には静力学平衡近似を適用できない。

気圧（密度）が書かれています。氷の飽和水蒸気圧（密度）は、水の場合と同じように氷面を出入りする分子の数が等しいときの空気中の水蒸気の圧力（密度）です。また、一般に0℃は水が氷になる温度とされていますが、水の温度をゆっくり下げていくと0℃以下でも水はなかなか凍

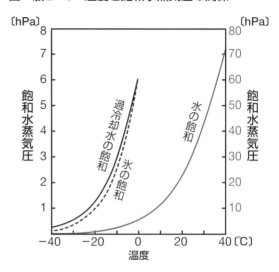

図：般2・5　温度と飽和水蒸気圧の関係

らないため、0℃以下でも凍っていない水が存在し、これを過冷却水といいます。このため、0℃以下では過冷却水と氷に対する飽和水蒸気圧（密度）があります。

　さらに、表：般2・1の温度と飽和水蒸気圧との関係をわかりやすくグラフにしたものを図：般2・5に示します。この図の右側の「水の飽和」と書いてある曲線は水に対する飽和水蒸気圧で、右側の目盛で読みます。また、左側の「過冷却水の飽和」と書いてある曲線と「氷の飽和」と書いてある曲線（破線）は、それぞれ0℃以下の過冷却水と氷に対する飽和水蒸気圧であり、右側の目盛を10倍に拡大した左側の目盛で読みます。

　表：般2・1および図：般2・5から以下のような飽和水蒸気圧（密度）の性質がわかります。飽和水蒸気圧（密度）は温度とともに指数関数的に増加しています。つまり、温度の高い空気は低い空気よりもたくさんの水蒸気を含むことができます。さらに、過冷却水よりも氷の飽和水蒸気圧（密度）のほうが小さいことがわかります。

Q　ある2つの等圧面に挟まれた空気層の上面と下面の高度差である層厚は、その空気層の平均温度に比例する。

5 大気中の水蒸気量の表し方

5-1 水蒸気圧〔Pa〕

空気中の水蒸気の圧力、つまり湿潤空気中の水蒸気の分圧を水蒸気圧といいます。単位は〔Pa〕です。湿潤空気の気圧は乾燥空気の気圧と水蒸気の分圧を足したものなので、普通、気圧という場合には水蒸気圧も含まれています。

5-2 水蒸気密度（絶対湿度）〔kg/m³〕

単位体積の湿潤空気に含まれる水蒸気の質量、つまり水蒸気の密度を絶対湿度といいます。単位は〔kg/m³〕です。

ある空気塊を考えたとき、周囲の空気と混ざったり、水蒸気の凝結や蒸発がなくても（空気中の水蒸気の量を変化させることが起こらなくても）、空気塊の体積が変化すると、水蒸気密度は変化します。たとえば、空気塊は上昇すると膨張するので、周囲の空気と混ざったり、水蒸気の凝結や蒸発がなくても、水蒸気密度は減少します。

> **詳しく知ろう**
>
> - 水蒸気密度と水蒸気圧の関係：理想気体の状態方程式によって、水蒸気密度 ρ_v は、気温を T として、水蒸気圧を e とすると次のような関係にある。
>
> $$\rho_v = \frac{0.217 \, e\,〔\mathrm{hPa}〕}{T}$$

5-3 混合比〔kg/kg〕〔g/kg〕

湿潤空気に含まれる水蒸気の質量と乾燥空気の質量の比（密度の比でもよい）を混合比といいます。混合比の単位は無次元ですが、気象学で

は通常、質量比であることを明示するために〔kg/kg〕が使われます。また、乾燥空気の質量に比べて水蒸気の質量が小さいために混合比の数値が小さくなるので、水蒸気の質量の単位を〔g〕として、〔g/kg〕もよく使われます。

　湿潤空気の運動によってその気圧や気温、体積が変わっても、周囲の空気と混ざったり、水蒸気の凝結や蒸発がなければ、混合比は保存されます。つまり、混合比は変化しません。これは混合比が単位体積ではなく、単位質量の空気塊中の水蒸気の質量を考えているからです。

詳しく知ろう

- 混合比の求め方：乾燥空気の質量（密度）を m_d〔kg〕（ρ_d〔kg/m³〕）、水蒸気の質量（密度）を m_v〔kg〕（ρ_v〔kg/m³〕）としたとき、混合比 w は、

$$w = \frac{m_v}{m_d} = \frac{\rho_v}{\rho_d}$$

で与えられる。また、水蒸気圧 e と気圧 p の大きさを比較すると $e \ll p$ なので、近似的に次の式で混合比を求めることができる。

$$w = 0.622 \frac{e}{p - e} \fallingdotseq 0.622 \frac{e}{p}$$

5-4　比湿〔kg/kg〕〔g/kg〕

　湿潤空気に含まれる水蒸気の質量と湿潤空気の質量の比（密度の比でもよい）を比湿といいます。単位は混合比と同様に〔kg/kg〕や〔g/kg〕が用いられます。比湿と混合比との違いは質量比をとるときの分母に水蒸気の質量を含めるかどうかです。乾燥空気の質量と比べると水蒸気の質量は小さいので、混合比と比湿の値はほぼ同じ大きさになります。ただし厳密には、質量比をとるときの分母に水蒸気の質量を含める分だけ、比湿は混合比よりも小さな値になります。

　湿潤空気の運動によってその気圧や気温、体積が変わっても、周囲の

ミニテストQ　氷に熱を加える（暖める）と融けて水になるが、このような変化を相変化といい、相変化の際に出入りする熱のことを顕熱という。

空気と混ざったり、水蒸気の凝結や蒸発がなければ、混合比と同様に比湿は保存されます。

詳しく知ろう

- 比湿の求め方：湿潤空気の質量（密度）を m_w〔kg〕（ρ〔kg/m³〕）、乾燥空気の質量（密度）を m_d〔kg〕（ρ_d〔kg/m³〕）、さらに水蒸気の質量（密度）を m_v〔kg〕（ρ_v〔kg/m³〕）としたとき、比湿 s は次の式で与えられる。

$$s = \frac{m_v}{m_w} = \frac{m_v}{m_d + m_v} = \frac{\rho_v}{\rho} = \frac{\rho_v}{\rho_d + \rho_v}$$

5-5　相対湿度〔%〕

　水蒸気圧とそのときの気温における飽和水蒸気圧との比を**相対湿度**といいます。普通、相対湿度は百分率で表し、単位は〔%〕です。ただし、小数点以下までは求めずに整数で表すので、たとえば、相対湿度の比が0.678となった場合は67.8%ではなく68%です。また、水蒸気圧と水蒸気密度の間には関係があるので、水蒸気圧の代わりに水蒸気密度と飽和水蒸気密度の比で表すこともできます。天気予報などで湿度何%というときの湿度は、この相対湿度です。

　飽和水蒸気圧はその温度で空気中に含むことのできる水蒸気の最大量であり、水蒸気圧はそのとき実際に空気中に含まれている水蒸気の量なので、相対湿度は、空気中に含むことのできる最大の水蒸気量のうち何%の水蒸気を含んでいるかを表します。空気が飽和しているときの相対湿度は100%です。飽和水蒸気圧は温度が高いほど大きいので、空気中の水蒸気圧が一定でも、相対湿度は温度が変われば変化し、温度が高いほど小さくなります。

　さらに、混合比と飽和混合比の比として近似的に相対湿度を求めることもできます。断熱図（エマグラムなど）を用いて同一等圧面での相対湿度を求める場合には、気温、露点温度から飽和混合比、混合比を求め、

近似的に相対湿度を計算できます。

> **詳しく知ろう**
>
> - 相対湿度の求め方：水蒸気圧を e〔Pa〕、飽和水蒸気圧を e_s〔Pa〕、水蒸気密度を ρ_v〔kg/m³〕、飽和水蒸気密度を $\rho_{v,s}$〔kg/m³〕としたとき、相対湿度 r は次の式で与えられる。
>
> $$r = \frac{e}{e_s} = \frac{\rho_v}{\rho_{v,s}}$$
>
> 混合比 w は近似的に水蒸気圧と湿潤空気の気圧の比で表すことができるので、飽和混合比を w_s として、相対湿度は近似的に次式のようになる。
>
> $$r \fallingdotseq \frac{w}{w_s}$$

5-6 露点温度〔℃〕

　気圧一定のもとで空気を冷やしていき、その空気が水蒸気で飽和して露が発生する（水蒸気が凝結して水になる）ときの気温を露点温度といいます。単位は〔℃〕です。つまり露点温度とは、気圧一定のもとで空気を冷やしていったときの飽和水蒸気圧がその空気の水蒸気圧と同じ値になる温度です。

　湿潤空気の気温は常に露点温度以上となり、飽和しているときは気温と露点温度が等しくなります。また、露点温度が高いほど空気中の水蒸気の量が多く、ある温度に対しては露点温度が高いほど相対湿度は高くなります。

5-7 湿数〔℃〕

　気温 T〔℃〕と露点温度 T_d〔℃〕の差 $T - T_d$〔℃〕を湿数といいます。湿数が小さいほど空気は湿っています。飽和している空気では気温と露点温度が等しいので、湿数は0℃になります。高層天気図上の観測地点では、通常、露点温度ではなく、湿数が表示されています。

一問テスト **Q** 温度が同じであれば、どんな混合気体の飽和水蒸気圧も同じである。

5-8　湿球温度〔℃〕

　湿度を測定するための乾湿温度計という測器があります。これは、2本の水銀温度計を並べ、一方はそのままで、他方は水銀溜に水で濡らしたガーゼ（寒冷紗）を巻き付けてあるもので、そのままのものを乾球温度計、ガーゼが巻き付けてあるものを湿球温度計といいます。このうち、湿球温度計の値を湿球温度といいます。単位は〔℃〕です。また、乾球温度計の値を乾球温度といい、普通の気温のことです。

　湿球温度計はガーゼから水の蒸発があり、そのときに潜熱を奪われるので、湿球温度は乾球温度よりも低くなります。空気が乾燥しているほど水の蒸発が盛んになり、より多くの熱を奪われ、乾球温度と湿球温度の差は大きくなります。これにより空気中の水蒸気の量を知ることができます。

　周囲の空気の混合比をw、湿球温度計のごく近傍で十分に水が蒸発した空気の混合比をw'とすると、wを飽和混合比とする温度が露点温度T_d、w'を飽和混合比とする温度が湿球温度T_wとなります。気温をTとするとき、ガーゼからの水の蒸発により$w < w'$の関係があるので、$T_d < T_w < T$となります（p.48の図：般2・9参照）。

5-9　仮温度〔K〕

　湿潤空気と同じ気圧と密度をもつ乾燥空気の温度を仮温度といいます。湿潤空気において状態方程式を用いるときに、温度の代わりに仮温度を用いると、気体定数として、湿潤空気の気体定数ではなく、乾燥空気の場合と同じく乾燥空気の気体定数を用いることができます。

　湿潤空気では、仮温度は気温よりも高くなります。このことは、湿潤空気は乾燥空気よりも軽いことを意味しています。

豆テスト **A** ○　飽和水蒸気圧は水蒸気に関する物理量であり、温度のみによって決まる。なお、混合気体の圧力は各気体の圧力（分圧）の和である。これをダルトンの法則という。

- **仮温度と湿潤空気の状態方程式**：比湿をs、気温をTとすると、仮温度T_vは次のように表される。

$$T_v = T(1 + 0.61s)$$

また、比湿sの値は混合比wとほぼ同じ大きさなので、仮温度は混合比wを用いて近似的に次のように書くこともできる。

$$T_v \fallingdotseq T(1 + 0.61w)$$

また、このことから湿潤空気（$s > 0$、$w > 0$）では、仮温度T_vは気温Tよりも高くなることがわかる。

湿潤空気の状態方程式は、湿潤空気の気体定数R_wを用いると、$p = \rho R_w T$となるが、仮温度を用いると、乾燥空気の気体定数R_dを用いて、$p = \rho R_d T_v$と書くことができる。この式から、仮温度が比湿sの湿潤空気と同じ気圧と密度をもつ乾燥空気の温度に相当することがわかる。

また、気圧p、気温Tのときの湿潤空気、乾燥空気の状態方程式は、それぞれの密度をρ_w、ρ_dとすると、

$$p = \rho_w R_d T_v$$
$$p = \rho_d R_d T$$

となる。これより、

$$\frac{p}{R_d} = \rho_w T_v = \rho_d T$$

が成り立ち、

$$\frac{\rho_w}{\rho_d} = \frac{T}{T_v}$$

となるので、$T < T_v$の関係から$\rho_w < \rho_d$であることがわかる。したがって、湿潤空気は乾燥空気よりも軽い。

6 熱力学第一法則と断熱過程

6-1 熱力学第一法則

熱力学第一法則とは、物体に熱エネルギーを加えると、そのエネルギ

豆テスト**Q** 湿潤空気に含まれる水蒸気の質量と乾燥空気の質量の比を比湿という。

ーの一部は仕事に使われ、残りのエネルギーは物体自身の内部エネルギーになるという、**エネルギー保存則**です。

　空気に対する熱力学第一法則を考えることにより、出入りする熱量と気圧および気温の変化の関係がわかります。

重要な数式

　物体に熱量ΔQを加え、その熱がΔWだけの仕事をし、Δuだけ内部エネルギーが増加するとき、熱力学第一法則は次の式で表される。

$$\Delta Q = \Delta W + \Delta u$$

詳しく知ろう

- **単位質量の空気に対する熱力学第一法則**：単位質量の空気に気圧pが働いて比容（つまり体積）が$\Delta \alpha$だけ変化したとき、仕事は$\Delta W = p\,\Delta \alpha$となる。また、単位質量の空気の温度が$\Delta T$だけ変化した場合、**定容比熱**（定積比熱）を$C_v$とすると、内部エネルギーの変化は、$\Delta u = C_v \Delta T$となる。したがって、単位質量の空気に対する熱力学第一法則は次のようになる。

$$\Delta Q = C_v \Delta T + p\,\Delta \alpha$$

　さらに、状態方程式を用いると、この式は次のようになる。

$$\Delta Q = C_p \Delta T - \alpha \Delta p$$

ここで、$C_p = C_v + R$は定圧比熱で、乾燥空気の場合$C_v = 717$〔J/(K kg)〕、$C_p = 1004$〔J/(K kg)〕で、$C_p - C_v$は乾燥空気の気体定数$R_d = 287$〔J/(K kg)〕と等しくなる。この式から、加えられた熱量（ΔQ）、温度変化（ΔT）、気圧変化（Δp）の関係がわかる。

6-2　乾燥断熱減率

　空気塊が外（周囲の空気）との間で熱のやり取りをしない（暖められたり冷やされたりしない）で変化することを**断熱変化**、**断熱過程**といいます。

豆テスト **A** ✕　これは混合比の定義である。比湿は水蒸気の質量と湿潤空気の質量の比（比湿＝水蒸気の質量／湿潤空気の質量）である。

空気塊が水蒸気の凝結なしに断熱的に上昇するときに、気温が減少する割合を**乾燥断熱減率**といいます。その値は約<u>10℃/km</u>です。つまり、乾燥空気は1km断熱上昇するごとに気温が約10℃下がり、下降すると同じ割合で気温が上がります。<u>湿潤空気でも空気塊が未飽和の場合には高さとともに乾燥断熱減率で気温が下がります。</u>

　空気塊が断熱的に上昇すると気温が下がるのは、高さとともに気圧が低くなるからです。空気塊は上昇すると周りの大気よりも気圧が高いので膨張します。このとき周りの空気を押し広げる仕事をすることになり、そのためのエネルギーが必要になります。断熱的に上昇していて熱エネルギーの供給はないので、そのためのエネルギーには空気塊自身のもつ内部エネルギーが使われます。その結果、<u>内部エネルギーが減少し、空気塊の気温が下がります。</u>

6-3　湿潤断熱減率（飽和断熱減率）

　飽和している空気塊が断熱的に上昇するときに気温が減少する割合を**湿潤断熱減率**、または**飽和断熱減率**といいます。飽和している空気塊では、上昇して気温が下がると水蒸気の凝結によって潜熱が放出され、それにより空気が暖められるため、湿潤断熱減率は乾燥断熱減率より小さな値になります。この値は空気塊に含まれる水蒸気量によって異なり、温度が高いほどたくさんの水蒸気を含んでいるので、凝結する水蒸気の量が多く、湿潤断熱減率はより小さくなります。大気下層の暖かい空気では4℃/km程度、対流圏中層での典型的な値は6～7℃/km、対流圏上層では水蒸気量が少ないので乾燥断熱減率10℃/kmに近い値となります。<u>通常、対流圏中下層では5℃/km</u>が用いられます。

6-4　温位〔K〕

　<u>乾燥した空気塊を1000hPaの高さまで断熱的に移動させたときの空気塊の温度が温位</u>で、単位は〔K〕です。<u>乾燥断熱変化では温位は保存されます。</u>

 湿潤空気の露点温度は常に気温より高く、露点温度と気温の差を湿数という。

図：般2・6　温度と温位

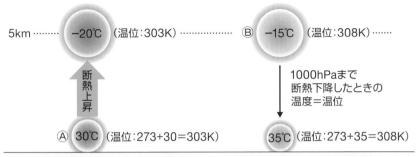

地上（1000hPaと仮定）

　図：般2・6のように、地表面にある30℃の乾燥空気塊Ⓐと高度5km
にある－15℃の乾燥空気塊Ⓑの気温を比較すると、地表にある空気塊Ⓐ
のほうが気温は高いので暖かい空気です。しかし、地表の空気塊Ⓐを空
気塊Ⓑと同じ高度の5kmまで断熱的に上昇させると、乾燥断熱減率で
気温が減少するので、Ⓐの気温は30℃－10℃/km×5km＝－20℃となり、
地表にあったⒶのほうが冷たい空気となってしまいます。空気塊が違う
高さにある状態ではなく、同じ高さにある状態で空気が暖かいか冷たい
かを比較したい場合には、断熱的な気圧変化による気温の変化までを考
えた同じ気圧（普通は1000hPaとします）の高さでの気温である温位を
使うと便利です。上の例で、簡単のために地表面の気圧が1000hPaであ
ると仮定すると、

　　Ⓐの温位：30℃+273 ＝ 303K

　　Ⓑの温位：（－15℃+10℃/km × 5km）＋ 273 ＝ 308K

となり、温位で比較するとⒶのほうが冷たい空気となります。

　対流圏の平均的な気温減率は6.5℃/kmで、乾燥断熱減率は10℃/km
なので、上空の温位は高度1kmでは3.5K、2kmでは7Kほど地上より
大きくなります。このように、温位は上空ほど高くなっているのが普通
です。

 × 露点温度は、気圧一定で空気を冷やしていって飽和したときの温度であり、未飽和なら気
温より低く、飽和した空気では気温と等しい。「湿数＝気温－露点温度」である。

詳しく知ろう

- 温位を表す式：温位θの式は次のようになる。

$$\theta = T \left(\frac{p_0}{p} \right)^{\kappa}$$

ここで、Tは気圧p〔hPa〕での気温〔K〕、$p_0 = 1000\mathrm{hPa}$、 $\kappa = R_d / C_p$ $= 0.286$。

6-5 相当温位〔K〕

　空気に含まれている水蒸気の凝結による潜熱のことまでを考えた温位が相当温位です。単位は〔K〕です。図：般2・7に示すように、飽和した空気塊を湿潤断熱的に上昇させ、その空気塊中の水蒸気をすべて凝結させ、そのときに放出された潜熱によって空気を暖め、できた水滴のすべてを取り除いた乾燥空気塊の温位、つまり1000hPaの高さまで乾燥断熱的に下降させたときの空気塊の温度が相当温位となります。

　未飽和湿潤空気塊の相当温位は、空気塊を飽和するまで乾燥断熱的に上昇させ、その後は湿潤断熱的に上昇させることによって求めます。水蒸気の凝結がある場合には、潜熱が放出されるので温位は保存されませ

図：般2・7　相当温位

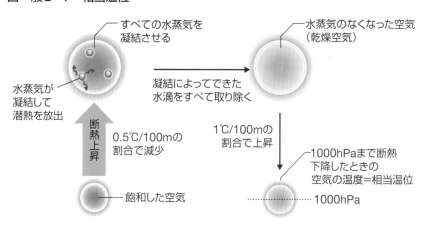

豆テスト Q　乾燥空気塊は断熱的に上昇すれば、外から暖められたり冷やされたりしないので、温度は変化しない。

んが、相当温位は保存されます。相当温位は、空気塊がはじめに飽和し
ていてもいなくても、断熱変化では保存されます。また、湿潤空気塊の
相当温位は、その中に含まれている水蒸気の潜熱の分だけ、温位よりも
大きな値になります。

詳しく知ろう

- 相当温位を表す式：潜熱を L、飽和混合比を w_s とすると、相当温位 θ_e は次のようになる。

$$\theta_e = \theta \exp\left(\frac{Lw_s}{C_pT}\right) \fallingdotseq \theta + \frac{L}{C_p}\left(\frac{p_0}{p}\right)^\kappa w_s$$

ここで、右辺第2項の w_s の係数は気圧 p によるが、近似的には $\theta_e = \theta + 2.8w_s$ で相当温位を計算することができる。ただし、w_s の単位は〔g/kg〕。
この式から、湿潤空気では $\theta_e > \theta$ であることがわかる。

6-6 飽和相当温位〔K〕

飽和していない空気塊が、飽和していると仮定したときの相当温位を
飽和相当温位といいます。単位は〔K〕です。

6-7 湿球温位〔K〕

ある湿球温度の空気塊を1000hPaのところまで湿潤断熱的に移動させ
たときの温度を湿球温位といいます。単位は〔K〕です。湿球温位を θ_w、
温位を θ、相当温位を θ_e とすると、$\theta_w < \theta < \theta_e$ の関係が成り立ちます（p.48
の図：般2・9参照）。

7 エマグラム

7-1 エマグラム

エマグラムは空気塊が断熱変化するときの熱力学的変数の変化を示す

断熱図の一種であり、複雑な計算が必要な、空気塊の断熱上昇による温度や混合比の変化を作図で容易に求めることができるので、非常に便利です。

エマグラムの一部を図：般2・8に示します。横軸に気温を〔℃〕の単位でとり、縦軸に高さを気圧の自然対数（およそ高度に比例）でとっています。エマグラム上には乾燥断熱線、湿潤断熱線、等飽和混合比線の3種類の線が描かれています。左上がりのほぼ45°の傾きをもつたくさんの色実線が**乾燥断熱線**で、温位の値で10Kごとに描かれた**等温位線**

図：般2・8　エマグラム

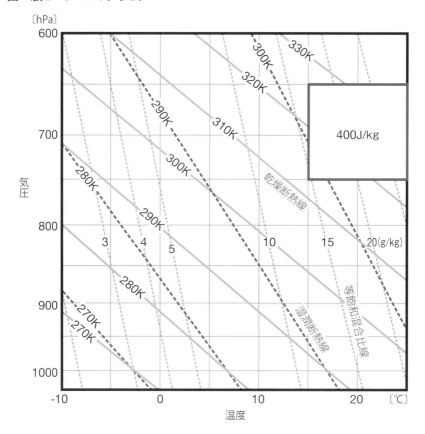

Q 飽和していない湿潤空気塊を断熱的に上昇させた場合、空気塊の温度は湿潤断熱減率で低下する。

です。これよりも傾きの大きい色破線が湿潤断熱線で、湿球温位の値で10Kごとに描かれた等湿球温位線です。さらに傾きの大きい目の細かい破線が等飽和混合比線で、〔g/kg〕の単位で混合比の値が書かれています。

なお、右側の正方形は、エマグラム上の閉じた線で囲まれた面積が表すエネルギーの大きさを〔J/kg〕の単位で表しており、図の色線で囲む四角形の面積が400J/kgです。

7-2　エマグラムによる物理量

エマグラムからいろいろな熱力学的量などを知るために、ある場所で測定した気圧と気温がそれぞれpとTで、混合比がwのとき、図：般2・9に示すように、エマグラム上にプロットします（A点）。この図は、複雑にならないように必要な線だけを描いています。

このA点の空気塊が飽和していなければ、断熱的に変化させたときの気圧と気温はA点を通る乾燥断熱線（飽和していれば湿潤断熱線）に沿って変化します。A点を通る乾燥断熱線を下にたどって気圧が1000hPaとなったときの温度が温位θです。この温位の値が乾燥断熱線に書かれています。

A点の空気塊を断熱的に持ち上げると、乾燥断熱線に沿って変化し、測定した混合比w（乾燥断熱変化では保存されます）と同じ値をもつ等飽和混合比線と交わった点から空気塊が飽和する気圧（高度）と温度がわかります。この高度を持ち上げ凝結高度（Lifted Condensation Level：LCL）といい、ほぼ雲底高度に相当します。

持ち上げ凝結高度を越えて持ち上げると、空気塊は飽和しているので、その点を通る湿潤断熱線に沿って変化します。この線を下にたどって気圧がpとなったときの温度が湿球温度T_w、気圧が1000hPaとなったときの温度が湿球温位θ_wです。この湿球温位の値が湿潤断熱線に書かれています。

湿潤断熱線をさらに上にたどっていき、すべての水蒸気が凝結した（実際には飽和混合比が0.1〔g/kg〕くらいまで小さくなった）ときに、そ

豆テスト **A** ✕ 未飽和の湿潤空気塊を断熱的に上昇させた場合、飽和するまでは乾燥断熱減率で温度が下がり、飽和後は湿潤断熱減率で温度が低下する。

図：般2・9　エマグラム上での温度や温位などの関係

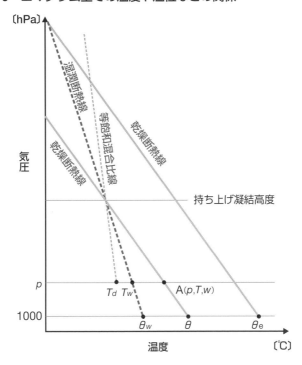

の点を通る乾燥断熱線を下にたどっていき、気圧が1000hPaとなったときの温度が相当温位θ_eです。図には示していませんが、A点を通る湿潤断熱線を上にたどっていき、すべての水蒸気が凝結したときに、その点を通る乾燥断熱線を下にたどって気圧が1000hPaとなったときの温度が飽和相当温位$\theta_e{}^*$です。

　持ち上げ凝結高度から等飽和混合比線を下にたどって気圧がpとなったときの温度が露点温度T_dです。もしも、混合比ではなく露点温度を測定していれば、その露点温度を通る等飽和混合比線の値から混合比がわかります。

　ここまでの説明では、「A点を通る乾燥断熱線」などとしてきましたが、エマグラム上に観測データをプロットしたときに必ずしも線上にくるとは限りません。たとえば、A点の温位が295Kだと、図：般2・8には

Q 乾燥空気塊が断熱的に上昇した場合、その空気塊の温位は保存される。

295Kの乾燥断熱線は描かれていません。このような場合には、エマグラム上に引かれている線（たとえば290Kと300Kの乾燥断熱線）から、内挿して必要な線（たとえば295Kの乾燥断熱線）を自分で描く必要があります。

7-3 空気塊の上昇とエマグラム

エマグラム上に実際に観測した気温の鉛直分布を記入した曲線を**状態曲線**といい、これを描きこんだエマグラムから空気塊が断熱的に上昇した場合の様子がわかります。

たとえば、状態曲線が図：般2・10の黒い実線のような場合を考えます。地表で観測した気温と同じ気温の仮想的な空気塊を断熱上昇させると、地表で空気塊が飽和していなければ、乾燥断熱線に沿って変化し、持ち上げ凝結高度（LCL）に達し、さらに湿潤断熱線に沿って変化していきます。やがて空気塊の気温は周囲の空気の温度と等しくなります（湿潤断熱線と状態曲線が交わります）。この高度を**自由対流高度**（Level of Free Convection：LFC）といいます。LFCより上では、空気塊は周囲の空気よりも気温が高くなり、浮力により自力で上昇できます（p.51の8-1を参照）。

LFCを越えて上昇を続けると、ある高度で湿潤断熱線は再び状態曲線と交わります。つまり、周囲の空気の温度と同じになる平衡高度（EL：Equivalent Level）で、この高度を**ゼロ浮力高度**（Level of Zero Buoyancy：LZB）または**中立浮力高度**（Level of Neutral Buoyancy：LNB）といい、ほぼ**雲頂高度**に相当します。この高度より上では空気塊は周囲の空気よりも気温が低くなるので上昇は止まります。

LFC以下の高度では、空気塊は周囲の空気よりも気温が低く、自力では上昇できないので、外部からの力で持ち上げられる必要があります。空気塊は地表からLFCまで上昇するときに負（下向き）の浮力により運動エネルギーを失います。このエネルギーの大きさは図の地表からLFCまでの状態曲線、乾燥断熱線、湿潤断熱線によって囲まれた部分

A ○ 温位は未飽和の空気塊を断熱的に1000hPaの高度へ移動したときの温度〔K〕なので、断熱的に上昇した場合には温位は一定に保たれる。

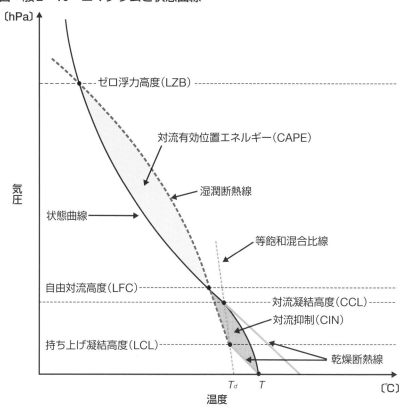

図：般2・10　エマグラムと状態曲線

〔hPa〕

気圧

ゼロ浮力高度（LZB）

対流有効位置エネルギー（CAPE）

湿潤断熱線

状態曲線

等飽和混合比線

自由対流高度（LFC）

対流凝結高度（CCL）

対流抑制（CIN）

持ち上げ凝結高度（LCL）

乾燥断熱線

T_d　T

温度　〔℃〕

の面積で表され、**対流抑制**（Convective INhibition：CIN）と呼ばれます。

　LFC以上の高度では、空気塊は周囲の空気よりも気温が高く、自力で上昇できます。LFCからLZBまでの状態曲線と湿潤断熱線によって囲まれた部分の面積は空気塊を上昇させる浮力によって獲得する運動エネルギーを表し、これを**対流有効位置エネルギー**（Convective Available Potential Energy：CAPE）といいます。

　LCLを通る等飽和混合比線、つまり地表の露点温度T_dを通る等飽和混合比線が状態曲線と交わる高度を**対流凝結高度**（Convective Condensation Level：CCL）といいます。地表の気温が強い日射の影響で上昇し、CCLを通る乾燥断熱線と交るところまで上昇すると、わずかな乱れでも空気

豆テスト Q　対流圏では一般に上層ほど温位が高い。

塊は簡単に自発的に上昇するようになります。そして、乾燥断熱線に沿って対流凝結高度まで上昇して飽和し、さらに湿潤断熱線に沿って上昇します。このとき、上昇する空気塊は周囲の空気よりも常に気温が高いため、前述のように持ち上げられる必要はなく、浮力だけで上昇することができます。

8 大気の鉛直安定度

8-1 大気の安定・不安定

　図：般2・11のように、大気中の空気の一部（図の下部の円）を鉛直方向に少し動かしたときに、元の位置に戻る場合を**安定**、その位置に留まる場合を**中立**、さらにどんどん動いてしまう場合を**不安定**といいます。大気が不安定な場合には、対流現象が発生・発達しやすくなります。

　持ち上げた空気の一部（空気塊）が元の位置に戻るか上昇を続けるかは、その空気塊の密度と周囲の空気の密度の関係によって決まります。仮想的に持ち上げた空気塊が周囲の空気よりも軽ければ浮力（上向きの力）を受けて上昇を続け、逆に重ければ下降して元の位置に戻ることになります。

　上昇したときの空気塊の気圧が周囲の空気の気圧と等しくなることか

図：般2・11　大気の安定と不安定

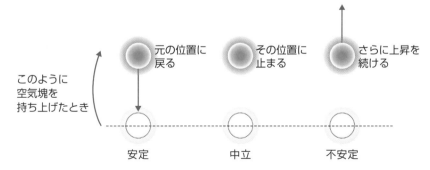

豆テスト **A** ○ 対流圏の平均的な温度減率は6.5℃/kmで、乾燥断熱減率は10℃/kmなので、温位は高度1kmでは約3.5Kだけ地上より高くなる。

ら、乾燥空気塊の密度は状態方程式によって気温に反比例するので、空気密度の代わりに気温を比較に使うことができます。つまり、周囲より暖かい空気塊は軽く、冷たい空気塊は重くなります。また、湿潤空気の場合には、「1-2 乾燥空気と湿潤空気」で述べたように、温度だけでなく、空気分子よりも軽い水蒸気分子を考慮する必要があります。

8-2　大気の静的安定度

静的安定度は、空気塊を少しだけ持ち上げて気層の安定性を判定します。

(1) 乾燥大気の静的安定度

乾燥大気の安定度は、仮想的に断熱上昇した空気塊の気温が周囲の空気より冷たければ安定、暖かければ不安定となります。

地表に周囲の空気と同じ気温の空気塊を考え、仮想的に断熱上昇させると、気温は乾燥断熱減率Γ_d（図：般2・12（a）の太い実線）で下がっていきます。周囲の大気の（実際に観測された）気温減率$\Gamma = -dT/dz$が、図：般2・12（a）の安定と書いた線のようにΓ_dより小さい（図の色網の領域にある）場合には、上昇した空気塊の気温（Γ_dの線）はその高さの周囲の気温（安定の線）よりも低いために安定です。反対に、Γが図：般2・12（a）の不安定と書いた線のようにΓ_dより大きい（図の灰色の領域にある）場合には、上昇した空気塊の気温はその高さの周囲の気温よりも高いため不安定です。また、$\Gamma = \Gamma_d$の場合には中立です。

これらの関係は温位θを用いるとより簡単に表現できます。温位は乾燥空気塊が断熱上昇しても高さによって変化しません。したがって、周囲の空気の温位が図：般2・12（b）の安定と書いた線のように高さとともに増加している場合には、上昇した空気塊の温位（図：般2・12（b）の$d\theta/dz = 0$の太実線）はその高さの周囲の空気の温位（安定の線）よりも低く、これは空気塊の気温のほうが低いことを意味するので安定です。反対に温位が高さとともに減少している大気は不安定です。

以上の関係をまとめると次のようになります。

 湿潤空気塊の相当温位は、その空気塊の温位よりも高い。

図：般2・12 乾燥大気の静的安定度

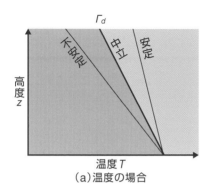

(a)温度の場合

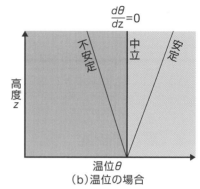

(b)温位の場合

安定（図の色網の領域）：$\Gamma < \Gamma_d$、$\dfrac{d\theta}{dz} > 0$

中立（図の中立の線の上）：$\Gamma = \Gamma_d$、$\dfrac{d\theta}{dz} = 0$

不安定（図の灰色の領域）：$\Gamma > \Gamma_d$、$\dfrac{d\theta}{dz} < 0$

（2）湿潤大気の静的安定度

湿潤大気の場合には、仮想的に断熱上昇した空気塊が水蒸気で飽和していれば湿潤断熱減率Γ_sで、飽和していなければ乾燥断熱減率Γ_dで気温が下がります。飽和していれば、周囲の空気の気温減率Γが図：般2・13の絶対安定の線のようにΓ_sより小さいと大気は安定で、Γ_sより大きいと大気は不安定です。飽和していなければ、乾燥大気と同様にΓ_dによって安定か不安定かが決まります。

図：般2・13の絶対安定と書いた線のように、$\Gamma < \Gamma_s$の場合には、空気塊が飽和しているかどうかにかかわらず大気は安定で、これを絶対安定

図：般2・13 湿潤大気の静的安定度

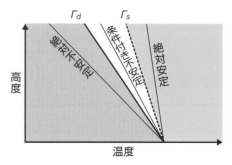

といいます。$\Gamma_s<\Gamma_d$なので、図：般2・13の条件付き不安定と書いた線のように$\Gamma_s<\Gamma<\Gamma_d$の場合には、空気塊が飽和していれば不安定、飽和していなければ安定です。このように空気塊が飽和しているかどうかに依存する場合を**条件付き不安定**といいます。$\Gamma>\Gamma_d$の場合には空気塊が飽和しているかどうかにかかわらず大気は不安定で、これを**絶対不安定**といいます。

8-3　潜在不安定

　潜在不安定は、空気塊を大きく持ち上げて気層の安定性を判定します。

　エマグラム上に表現されるCAPEは、LFCからLZBまで空気塊が自発的に上昇するときに獲得する運動エネルギーの大きさで、対流の発達しやすさ、つまり大気の安定性を示す指標となります。CAPE＞0の場合を**潜在不安定**といいます。さらに、地表からLFCまでの間に失う運動エネルギーの大きさがCINなので、空気塊が地表からLZBまで上昇する間に運動エネルギーを獲得するのか失うのか、つまりCAPEとCINの関係によって潜在不安定は次の3種類に分けられます。

　　安定型潜在不安定：CAPE＝0
　　偽潜在不安定：　　CIN＞CAPE
　　真正潜在不安定：　CIN＜CAPE

8-4　ショワルター安定指数

　天気予報としては雷雨などの激しい対流現象が発生・発達するかどうかを予測することが重要です。このような大気の安定性を手軽に判定する実用的な指標がいろいろ提案されています。

　そのひとつが**ショワルター安定指数**（Showalter Stability Index：SSI）です。これは、500hPaで観測された周囲の気温T_{500}と、850hPaの空気塊を500hPaまで断熱上昇させたときの空気塊の気温$T^*_{500}(850)$との差を1℃単位で表したものです（図：般2・14）。

　　$SSI = T_{500} - T^*_{500}(850)$

 エマグラム上で、持ち上げ凝結高度を通る湿潤断熱線を下にたどって気圧が1000hPaになったときの温度を湿球温位という。

850hPaの空気塊が飽和していれば500hPaまで湿潤断熱的に上昇させます。また、850hPaの空気塊が飽和していなければ乾燥断熱的に上昇させ、途中でLCLに到達して飽和したら、それより上では湿潤断熱的に上昇させます。850hPaよりも下層に湿潤層がある場合は、900hPaや925hPaから空気塊を持ち上げることもあります。

図：般2・14　ショワルター安定指数

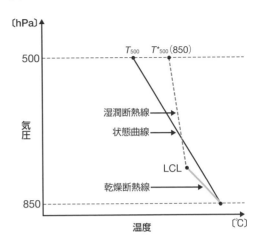

SSIの値が負であれば、空気塊の気温（$T^*_{500}(850)$）が周囲の気温（T_{500}）より高いので、不安定な大気です。目安として、日本では一般に夏はSSI＜－3を雷雨発生の可能性ありとしています。米国の統計ではSSI＜－6となると激しい対流現象が発生しやすいとされています。しかし、この条件は地域や季節によって違いがあるので、SSIを実際に用いる場合には、あらかじめ長期間について対流現象発生との統計的関係を調べておく必要があります。

8-5　対流不安定

対流不安定は気層全体を大きく持ち上げて気層の安定性を判定します。

図：般2・15のように、ある厚さをもった安定な空気層（A－B、色網の層）全体が広範囲にわたって上昇し、その層が飽和して不安定（A'－B'、灰色の層）になることを**対流不安定またはポテンシャル不安定**といいます。

下部（B点）が上部（A点）より湿っている安定な未飽和空気層（A－B）を考えます（直線A－Bの傾きは乾燥断熱減率より小さくて安定です）。

この空気層が上昇して気温が下がると、より湿っている下部（もとの

豆テスト **A** ○　湿球温位は、ある湿球温度の空気塊を1000hPaの高度まで湿潤断熱的に移動したときの温度であり、エマグラム上では湿潤断熱線をたどることで求められる。

B点）のほうが先に飽和し、その後の上昇ではもとのA点は乾燥断熱減率、もとのB点は湿潤断熱減率で気温が下がります。A点が飽和するA'点まで上昇すると、A'−B'の空気層は条件付き不安定になりますが、飽和しているので不安定となります。

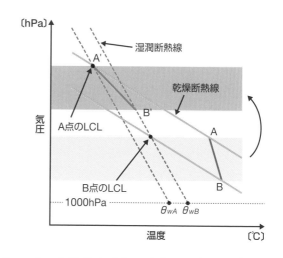

図：般2・15　対流不安定

〔hPa〕

湿潤断熱線

乾燥断熱線

気圧

A'

B'

A点のLCL

A

B点のLCL

B

1000hPa

θ_{wA} θ_{wB}

温度　　　　　〔℃〕

　A点、B点の湿球温位θ_{wA}、θ_{wB}を比較すると、A点のほうがB点よりも低く（$\theta_{wA}<\theta_{wB}$）なっています。A点、B点の相当温位をθ_{eA}、θ_{eB}とすると、$\theta_{eA}<\theta_{eB}$ですが、エマグラム上で相当温位を求めるのは手間がかかるので、対流不安定を調べる場合には湿球温位を用いるほうが便利です。対流不安定の場合には、湿球温位が（相当温位も）下層（B）から上層（A）にかけて小さく、対流不安定の層では$d\theta_w/dz<0$、$d\theta_e/dz$＜0となっています。

逆転層

　対流圏では通常、高度とともに気温は低くなりますが、ときにはこの関係が逆転して高度とともに気温が高くなる層が発生することがあります。このような層を逆転層といいます。

　逆転層は非常に安定な層で、発生の仕方によって次の3種類に分類されています。

（1）接地逆転層

　冷たい地表面に接し、地表付近の空気が冷えることで生じた逆転層が

56

エマグラム上で、湿潤断熱線が状態曲線と交わる高度を自由対流高度といい、この高度より上では大気は安定である。

接地逆転層です。放射冷却によって地面が冷やされる冬季の雲がない夜間に陸上で発生しやすい現象です（図：般2・16（a））。

また、暖かい空気が冷たい海上を流れた場合にも発生しやすく、このときには霧も発生しやすくなります。

（2）沈降性逆転層

上層の空気が下降流で沈降し、断熱圧縮で昇温することで地表面から離れた高度にできた逆転層が**沈降性逆転層**です（図：般2・16（b））。このときの露点温度の状態曲線では、逆転層の上で露点温度が急激に減少しています。

（3）移流逆転層

冷たい気団と暖かい気団の境である前線面で、暖気が寒気の上を滑昇するためにできた逆転層が**移流逆転層**で、**前線性逆転層**ともいいます。

図：般2・16　逆転層

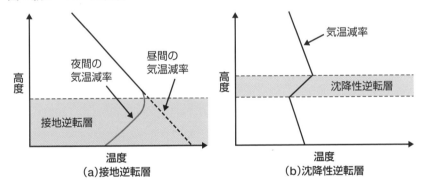

（a）接地逆転層　　　　　　　　（b）沈降性逆転層

理解度 **check** テスト

Q1　大気を理想気体とみなすとき、その熱力学的性質に関する次の文（a）～（d）の正誤の組み合わせとして正しいものを、下記の①～⑤の中から一つ選べ。

 × 湿潤断熱線が状態曲線と交わる高度は自由対流高度というが、これより上では大気は不安定であり、下では安定である。

(a) 水蒸気を含む空気塊に同じ温度の乾燥空気を混ぜると、空気塊の飽和水蒸気圧は低下する。

(b) 温度が0℃以下のとき、氷面に対する飽和水蒸気圧は、同じ温度の水面に対する飽和水蒸気圧よりも大きい。

(c) 乾燥空気と水蒸気の分子量をそれぞれM_d、M_vとすると、水蒸気圧 e、気圧pの湿潤空気の分子量M_mは、

$$M_m = \frac{(p - e)\,M_d + eM_v}{p}$$

で表される。

(d) 相当温位が等しい二つの空気塊の飽和相当温位は同じである。

	(a)	(b)	(c)	(d)
①	正	正	誤	正
②	正	誤	正	正
③	誤	正	誤	誤
④	誤	誤	正	正
⑤	誤	誤	正	誤

 Q2 次に示す三つの湿潤空気塊(a)～(c)を比湿の小さい順に並べたものとして適切なものを、下記の①～⑤の中から一つ選べ。なお、比湿sと水蒸気圧e、気圧pの間にはs=0.622e/pが成り立つものとし、温度と飽和水蒸気圧の関係は次の表のとおりとする。

表 温度と飽和水蒸気圧の関係

温度（℃）	0	5	10	15	20	25
飽和水蒸気圧（hPa）	6.1	8.7	12.3	17.0	23.4	31.7

豆テスト Q 温位が高度とともに増加している大気は、上昇した乾燥空気塊の温位が周囲の大気の温位よりも低いので、安定である。

(a) 温度15℃の乾燥空気990gと水蒸気10gを混ぜてできた湿潤空気塊

(b) 温度22.5℃、露点温度10℃、気圧500hPaの湿潤空気塊

(c) 温度20℃、相対湿度80%、気圧1000hPaの湿潤空気塊

　　　　小～大

① 　(a)、(b)、(c)

② 　(a)、(c)、(b)

③ 　(b)、(c)、(a)

④ 　(b)、(a)、(c)

⑤ 　(c)、(b)、(a)

Q3 図のように標高2000mの山があり、その西側の麓から斜面に沿って上昇した空気塊が、高度1000mの中腹で気圧900hPa、温度10℃となったときに飽和に達して凝結を始め、山頂に到達した後東側斜面に沿って下降し、高度0m、気圧1000hPaの東側の麓に到達した。この間に最初に含んでいた水蒸気の30%を降水で失い、麓に到達したときの空気塊の相対湿度は36%になっていた。このときの空気塊の温度として最も適切なものを、下記の①～⑤の中から一つ選べ。

　なお、空気塊の混合比qは、水蒸気圧eと気圧pから、q=0.622e/pによって計算できるものとし、断熱変化では空気塊の混合比が保存されることに着目せよ。また、温度と飽和水蒸気圧の関係は、次の表のとおりとする。

表　温度(℃)と飽和水蒸気圧(hPa)の関係

温度	8	10	12	14	16	18	20	22	24	26
飽和水蒸気圧	10.7	12.3	14.0	16.0	18.2	20.6	23.4	26.4	29.8	33.6

豆テスト **A** ○ 乾燥空気塊が断熱上昇しても温位は変化しないので、周囲の空気の温位が高さとともに増加すると、上昇した空気塊の温位のほうが低くなり、安定である。

① 20℃
② 22℃
③ 24℃
④ 26℃
⑤ 28℃

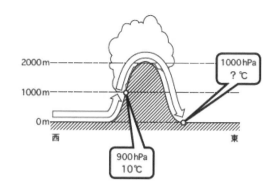

 解答と解説

Q1 解答⑤　第40回（平成25年度第1回）一般・問3

(a) 誤り。飽和水蒸気圧は空気塊の温度だけで決まります。水蒸気を含む空気塊に同じ温度の乾燥空気を混ぜても空気塊の温度は変わらないので、飽和水蒸気圧も変わりません。

(b) 誤り。温度が0℃以下になっても、水は必ずしも凍りません。これを過冷却水といいます。このため0℃以下では過冷却水と氷に対する飽和水蒸気圧があります。p.34の図：般2・5からわかるように、氷面に対する飽和水蒸気圧は、同じ温度の水面に対する飽和水蒸気圧よりも小さくなります。

(c) 正しい。湿潤空気の状態方程式は、一般気体定数をR^*、湿潤空気の密度をρ、気温をTとすると、$p = \rho\,(R^*/M_m)\,T$となり、これより、湿潤空気の分子量は$M_m = \rho R^* T/p$となります。さらに、乾燥空気の密度をρ_d、水蒸気の密度をρ_vとすると、$\rho = \rho_d + \rho_v$という関係があるので、$M_m = (\rho_d + \rho_v)\,R^* T/p$となります。

ρ_d、ρ_vは乾燥空気と水蒸気の状態方程式から求められます。乾燥空気の状態方程式は、乾燥空気の分圧が$p - e$であることから、$p - e = \rho_d\,(R^*/M_d)\,T$となり、水蒸気の状態方程式は$e = \rho_v\,(R^*/M_v)\,T$となります。したがって、

Q 貿易風帯にできる貿易風逆転層は、接地逆転層の一種である。

$$\rho_d = \frac{(p-e)M_d}{R^*T}, \quad \rho_v = \frac{eM_v}{R^*T}$$

です。これらのことから、湿潤空気の分子量は以下のようになります。

$$M_m = \frac{(\rho_d + \rho_v)R^*T}{p} = \frac{(p-e)M_d + eM_v}{R^*T} \cdot \frac{R^*T}{p}$$
$$= \frac{(p-e)M_d + eM_v}{p}$$

(d) 誤り。未飽和湿潤空気塊の場合に、相当温位とは、空気塊を飽和するまで乾燥断熱的に上昇させ、その後は湿潤断熱的に上昇させ、その空気塊中の水蒸気がすべて凝結したあと、1000hPaの高さまで乾燥断熱的に下降させたときの空気塊の温度です。また、飽和相当温位とは、未飽和湿潤空気塊が飽和していると仮定したときの相当温位です。つまり、飽和相当温位では未飽和湿潤空気塊の場合には空気が飽和するまで水蒸気を追加してから相当温位を求めることになります。このように、相当温位は気温と混合比に依存する値ですが、飽和相当温位は気温だけに依存する値です。このため、相当温位が等しくても混合比と気温も等しいとは限らないので、気温が異なっていれば、気温だけに依存する飽和相当温位は異なることになります。以上より、(a)誤、(b)誤、(c)正、(d)誤で、⑤が正解となります。

Q2　解答②　第43回（平成26年度第2回）一般・問3

比湿の値を計算する問題です。空気中の水蒸気の量のさまざまな表現方法を利用して(a)～(c)それぞれの比湿の値を計算すれば答がわかります。

(a) 比湿とは、湿潤空気に含まれる水蒸気の質量と湿潤空気の質量（乾燥空気の質量＋水蒸気の質量）の比です。この定義から比湿を計算できます。

$$s = \frac{10g}{990g + 10g} = \frac{10g}{1000g} = \frac{10g}{1kg} = 10g/kg$$

温度も書かれていますが、比湿を求めるときには必要ありません。

✕ 貿易風逆転層は沈降性逆転層の一種である。沈降性逆転層は上層の空気が下降流で沈降して断熱圧縮で昇温し、地表から離れた高度にできる逆転層である。

(b) 露点温度とは、気圧一定のもとで空気を冷やしていき、その空気が水蒸気で飽和して露が発生するときの気温です。これは、温度22.5℃の未飽和の空気を気圧500hPaのままで冷やしていき、温度が10℃になると飽和するということです。この10℃になった空気は飽和しているので、その水蒸気圧は飽和水蒸気圧と等しくなっています。水蒸気圧は気圧一定で冷やしても未飽和のうちは（凝結が起こらなければ）変化しないので、この空気の水蒸気圧は10℃の飽和水蒸気圧の値を表から読み取って12.3hPaとなります。比湿の値は、問題文にある$s=0.622e/p$を用いると、以下のように計算できます。

$$s = 0.622 \cdot \frac{e}{p} = 0.622 \cdot \frac{12.3\text{hPa}}{500\text{hPa}} = 0.0153\text{kg/kg} = 15.3\text{g/kg}$$

温度は比湿を求める計算には使われていませんが、この温度が露点温度より高いことから、この空気が未飽和であることがわかります。

(c) 相対湿度rとは、水蒸気圧eとそのときの気温における飽和水蒸気圧e_sとの比（$r=e/e_s$）です。このことから、水蒸気圧$e = r\,e_s$として求めることができ、温度20℃の空気の飽和水蒸気圧の値を表から読みとると23.4hPaなので、水蒸気圧の値は次のようになります。

$e = r\,e_s = 0.8 \times 23.4\text{hPa} = 18.7\text{ hPa}$

したがって、比湿の値は、問題文にある$s=0.622e/p$を用いると、以下のように計算できます。

$$s = \frac{0.622e}{p} = \frac{0.622 \times 18.7\text{hPa}}{1000\text{hPa}} = 0.0116\text{kg/kg} = 11.6\text{ g/kg}$$

以上のことより、(a) 10 g/kg、(b) 15.3 g/kg。(c) 11.6 g/kgであるから、(a)＜(c)＜(b)となり、正解は②となります。

Q3 **解答②　第41回（平成25年度第2回）一般・問3**

フェーン現象に関する問題ですが、過去に出題されてきたような乾燥断熱減率、湿潤断熱減率を用いて温度を求める問題ではなく、問題文にあるように、断熱変化では空気塊の混合比が保存されることを利用する

 未飽和湿潤空気塊が凝結せずに大気中を断熱的に上昇するとき、この空気塊の露点温度は一定に保たれる。

問題です。

　求めたいのは東側の麓に到達した空気塊の温度T_2ですが、このときの相対湿度が36％と与えられています。この相対湿度r_2（＝0.36）は水蒸気圧をe_2、飽和水蒸気圧をe_{s2}としたとき、$r_2 = e_2/e_{s2}$であり、これは$e_{s2} = e_2/r_2$と変形できます。したがって、東側の麓に到達した空気塊の水蒸気圧e_2の値がわかれば、飽和水蒸気圧e_{s2}を求めることができ、飽和水蒸気圧と温度との関係から温度T_2を求めることができます。

　したがって、e_2の値を求める必要があるのですが、問題文にある「水蒸気圧と混合比の関係」、「混合比が断熱変化では保存される」ことを利用します。ただし、「最初に含んでいた水蒸気の30％を降水で失った」ことから、東側の麓に到達したときの混合比q_2は最初の70％に減っており、最初の空気塊の混合比をq_1とすると$q_2 = 0.7q_1$です。

　まず、q_1の値は、西側の中腹900hPaの高さで温度が10℃になり飽和したことから求められます。温度が10℃で飽和したことから、飽和水蒸気圧はe_{s1} = 12.3hPaですが、これがこの空気塊の水蒸気圧なので、この高さの気圧p_1 = 900hPaを用いて、$q_1 = 0.622\, e_{s1}/p_1$となります。

　次に、東側の麓に到達した空気塊の混合比が$q_2 = 0.7q_1$であり、気圧がp_2 = 1000hPaであることから、水蒸気圧e_2は次のように求められます。

$$e_2 = q_2 \frac{p_2}{0.622} = 0.7q_1 \frac{p_2}{0.622} = 0.7 \times \frac{0.622e_{s1}}{p_1} \times \frac{p_2}{0.622} = 0.7e_{s1}\frac{p_2}{p_1}$$

これより、東側の麓での飽和水蒸気圧e_{s2}は次のようになります。

$$e_{s2} = \frac{e_2}{r_2} = \frac{0.7e_{s1}\dfrac{p_2}{p_1}}{r_2} = \frac{0.7 \times 12.3 \times \dfrac{1000}{900}}{0.36} \fallingdotseq 26.6\text{hPa}$$

　したがって、東側の麓に到達した空気塊の温度は、飽和水蒸気圧と温度との関係から、飽和水蒸気圧の値が26.4の22℃となり、②が正解となります。

A　✕　露点温度は、未飽和湿潤空気塊を圧力一定のもとで冷却して飽和したときの温度で、空気塊が大気中を上昇すると気圧は減少して水蒸気圧が減少するので、露点温度も減少する。

これだけは必ず覚えよう！

- 状態方程式：$p = \rho RT$
- 静力学平衡の式：$\Delta p = -\rho g \Delta z$
- 層厚は暖気で厚く、寒気で薄い。
- 混合比は、湿潤空気中の水蒸気と乾燥空気の質量比。
- 比湿は、湿潤空気中の水蒸気と湿潤空気の質量比。
- 相対湿度は、水蒸気圧とそのときの温度における飽和水蒸気圧の比。
- 乾燥断熱減率は約1℃/100m、湿潤断熱減率は約0.5℃/100m、対流圏の平均的な気温減率は0.65℃/100m。
- 温位は、乾燥した空気塊を1000hPaまで断熱的に移動したときの気温。
- 相当温位は、湿潤空気中の水蒸気をすべて凝結させ、できた水滴のすべてを取り除いた乾燥空気塊の温位。
- 持ち上げ凝結高度（LCL）は、乾燥断熱線と等飽和混合比線との交点で、上昇した空気塊が飽和する高度であり、ほぼ雲底高度に相当する。
- 自由対流高度（LFC）は、湿潤断熱線と状態曲線の交点であり、空気塊が自力で上昇できるようになる高度。
- ゼロ浮力高度（LZB）は、空気塊がLFCよりさらに上昇して湿潤断熱線と状態曲線が再び交わる点であり、浮力がなくなる高度で、ほぼ雲頂高度に相当する。
- 絶対不安定：$\Gamma > \Gamma_d$で、空気塊が飽和しているかいないかにかかわらず、大気は不安定。
- 条件付き不安定：$\Gamma_s < \Gamma < \Gamma_d$で、空気塊が飽和していれば不安定。飽和していなければ安定。
- 絶対安定：$\Gamma < \Gamma_s$で空気塊が飽和しているかいないかにかかわらず大気は安定。

 未飽和湿潤空気塊が圧力一定の状態で凝結せずに冷却されるとき、この空気塊の相当温位は一定に保たれる。

Chapter 3

降水過程

出 題 傾 向 と 対 策

◎毎回１問は出題され、雲や雨のできかたについてよく出題される。
◎暖かい雨と冷たい雨のできかたの違いを理解する。
◎雲や霧のできかたと種類を確実に理解しよう。

1 雲の生成

　雲は、凝結核と呼ばれるエーロゾルを含む空気が上昇し、冷却されて相対湿度が増大し、100％を超える過飽和の状態で生成されます。過飽和の状態では、直径0.1～1μm程度の大きさの凝結核に水蒸気が集まる凝結過程により、平均で直径20μmの雲粒に成長します（図：般3・1）。

　小さい水滴ほど表面張力の働きが強いので、水滴から水蒸気分子が飛び出しやすい状態、つまり、飽和水蒸気圧が高くなります。水滴が蒸発しないためには大きな相対湿度が必要になります。図：般3・2に示すように、直径1μmの水滴を維持するには大気中の相対湿度が約100.2％、凝結が起こって成長するにはそれ以上の相対湿度が必要となります。逆に、相対湿度がその値以下では蒸発し、縮小します。

　小さい水滴は大きな飽和水蒸気圧をもつので凝結は起こりにくいのですが、吸湿性のエーロゾル、たとえば海洋大気中の海塩粒子や都市大気中の硫酸粒子があると、飽和水蒸気圧が下がって凝結が起こりやすくなりま

図：般3・1　上昇流中の雲粒の成長

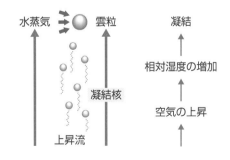

凝結の有無にかかわらず、断熱的な運動では相当温位は保たれるが、この空気塊は断熱でなく冷却されているので、相当温位は保たれず、減少する。

す。その結果、自然大気中で生ずるような相対湿度が100％を少し超えた程度の水蒸気量でも雲が生成されます。

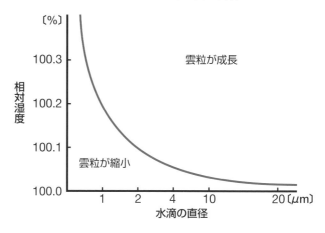

図：般3・2　水滴の直径と相対湿度の関係

雲粒が成長

雲粒が縮小

相対湿度〔%〕

水滴の直径〔µm〕

大気中に存在するエーロゾルのすべてが雲の生成に有効に働くわけではありません。吸湿性で大きなサイズのエーロゾルだけが雲粒に成長できます。一般にエーロゾルは、陸上の大気中で数密度が大きく、生成される雲粒の数は多くなりますが、サイズは小さくなります。逆に、海洋上の大気中ではエーロゾルの数が少なく、できる雲粒も少ないのですが、サイズは大きくなります。

凝結による雲粒の成長速度は、相対湿度（過飽和度）に比例し、直径に反比例します。小さい水滴ほど成長が早いので、成長した雲粒の大きさはそろってきます。

なお、過飽和度は凝結が起こったときの相対湿度（通常は100％以上）から100を引いた値です。

詳しく知ろう

• 凝結過程による水滴の成長速度：質量Mの水滴が凝結過程により単位時間に増加する割合は、以下のように表せます。

$$\frac{dM}{dt} = 4\pi r D \rho_v \left(\frac{e - e_s}{e_s} \right) \cdots \cdots (1)$$

ここで、rは水滴の半径、Dは水蒸気の拡散係数、ρ_vは水蒸気密度、eは水蒸気圧、e_sは飽和水蒸気圧である。$(e - e_s)/e_s$は過飽和度を表し

一問テスト　雲粒は、直径0.1～1µmほどのエーロゾル（凝結核）に水蒸気が凝結して形成される。

ます。

　水滴の密度をρ_wで表すと、水滴の質量Mは$4\pi r^3\rho_w/3$であり、これを半径で微分すると、

$$\frac{dM}{dr} = 4\pi r^2\rho_w \cdots\cdots\cdots (2)$$

dM/dtの分母分子にdrを掛けると次式になる。

$$\frac{dM}{dt} = \frac{dM}{dr}\cdot\frac{dr}{dt} \quad\cdots\cdots\cdots (3)$$

dM/dtに(1)式を、dM/drに(2)式を代入すると、(3)式は、

$$\frac{dr}{dt} = \frac{D}{r}\cdot\frac{\rho_v}{\rho_w}\cdot\frac{e-e_s}{e_s}$$

となり、水滴の半径増加率は過飽和度が一定であると半径に反比例する。つまり、小さい水滴ほど速く成長することを意味している。

2 雨の降る仕組み

2-1 併合過程と暖かい雨

　直径約$20\,\mu$mの雲粒から直径約2mmの雨滴に成長するのに、前述した水蒸気の凝結によると仮定すると数日間を要します。通常、雲が発生してから、雨になるまでの時間は1時間程度なので、凝結以外に雲が急速に発達する仕組みがあります。

　雲内の気温が0℃より高い雲では併合によって雨に成長します。

　凝結によってできた雲粒は大きさがそろう傾向がありますが、雲内ではエーロゾルの特性の違いによる成長速度の差や雲粒同士の衝突により、種々の大きさの雲粒が生じます。それぞれの大きさの雲粒は大きさに応じた一定の速度で落下します。その速度を終端（落下）速度と呼びます。

　表：般3・1に示すように、半径$10\,\mu$mと$50\,\mu$mでは落下速度は27倍も違います。さまざまな大きさの雲粒が存在する雲内では、落下速度の

豆テスト A ○ 雲粒は、凝結核を含む空気が上昇して温度が下がって過飽和状態になり、凝結核に水蒸気が集まる凝結過程によって形成され、平均で直径20μmに成長する。

速い大きな雲粒は、落下中に落下速度の遅い小さな雲粒に衝突、合体します。この衝突、合体を繰り返し、雲粒が成長する過程を併合過程と呼びます。

この併合過程で雨への成長に適した条件は次の通りです。

①さまざまな大きさの雲粒が混在し、成長の中心となる大きな雲粒がある。

②衝突しても合体しないこともあり、互いに逆の極性の電荷をもつことで電荷の作用が働く。

③衝突、合体が長く続けばそれだけ成長するので、雲粒が雲にとどまる時間が長い、つまり、雲が厚く、雲内の上昇速度が大きい。

以上は雲内の気温が0℃以上で暖かい雨の場合ですが、雲内が氷点下になっている場合には、まったく異なった過程で冷たい雨が降ります。

表：般3・1　水滴の半径と落下速度

半径〔μm〕	落下速度〔m/s〕	粒の種類
0.1	1×10^{-7}	凝結核
10.0	0.01	雲粒
50.0	0.27	大きな雲粒
500.0	4.00	小さな雨粒
1,000.0	6.50	雨粒
2,500.0	9.00	大きな雨粒

図：般3・3
雲内での併合過程

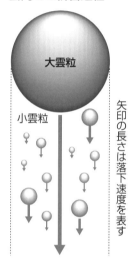

矢印の長さは落下速度を表す

2-2　氷晶の生成

垂直に発達した積乱雲のような雲の雲粒を観測すると、気温が0℃の高度より下では雲粒はすべて水滴です。一方、－40℃以下になる高度7000～8000mより上空では、雲粒はすべて凍っており、その凍った雲粒を氷晶と呼びます。0℃～－40℃の雲内の雲粒は氷晶と水滴が混在しています。氷点下でも凍らない水滴を過冷却水滴と呼びます。

水滴のような小さな粒は凍りにくく、純粋な水でできた水滴は－40

　0℃以上の雲の中では、大きさのそろった雲粒がたくさんあると併合によって雨に成長しやすい。

℃くらいに冷えないと凍らず、過冷却水滴として存在します。ところが、粘土鉱物や黄砂のような地殻を形成する成分をもつエーロゾルが過冷却水滴に取り込まれると、−15〜−9℃程度の比較的高い温度で凍り、氷晶になります。このような高温で凍らせる特性をもつエーロゾルを氷晶核と呼びます。この氷晶核は数密度の大小はありますが大気中のどこでも存在しています。しかし発生源が限定されているために、雲粒の生成の核として働く凝結核と比べると、数密度は桁違いに少なくなります。

2-3　氷晶過程（昇華凝結）と冷たい雨

　氷晶と過冷却水滴が混在している雲内では、以下のように氷晶だけが昇華凝結により成長します。

　ここで、水と氷の特性の相違が成長に重要な作用をします。つまり、氷晶と過冷却水滴では温度が同じでも飽和蒸気圧に違いがあり、常に過冷却水滴のほうが大きいことです（p.34の図：般2・5参照）。このことは、過冷却水滴から水蒸気分子が飛び出しやすい（蒸発しやすい）ことを意味します（図：般3・4 参照）。ある気温の雲の中の水蒸気圧eが、氷の飽和水蒸気圧e_iと過冷却水の飽和水蒸気圧e_wの間の値、つまり$e_i < e < e_w$だとすると、eはe_iより大きく氷に対しては凝結の条件を満たし、過冷却水滴に対しては$e < e_w$なので、蒸発の条件を満たしています。この飽和水蒸気圧の差により、水滴からの蒸発で絶えず水蒸気が供給され、

図：般3・4　過冷却水滴から水蒸気が飛び出して氷晶に吸収される

過冷却水滴
（飽和水蒸気圧が高い,e_w）

氷晶
（飽和水蒸気圧が低い,e_i）

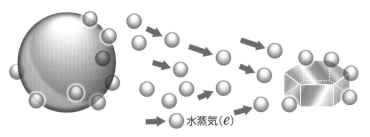

水蒸気（e）

豆テスト **A** ✕ 雲粒の大きさがそろっていると落下速度が同じになるので併合が起こらない。雲粒が併合によって雨滴に成長するには、さまざまな大きさの雲粒の存在が必要である。

氷晶はそれを吸収（凝結）して成長していきます。別の表現では、「氷晶は周囲の水滴を消費しながら成長していく」ことになります。

　昇華凝結で成長した氷晶は過冷却水滴を捕捉しながら落下し、たいていの場合、融けて雨（**冷たい雨**）になります。

2-4　雪の結晶

　氷晶過程で成長した氷晶を雪の結晶と呼びます。雪の結晶には様々な形をしたものがありますが、代表的なものを図：般3・5に示します。どのような形状の雪の結晶になるかは、成長する環境での温度と過飽和度に依存します。

　過飽和度が小さい条件下では、温度によって**厚角板**か**角柱**のどちらかができます。－22～－10℃で厚角板が、その温度領域以下でも、以上でも角柱ができます。厚角板は過飽和度が小さい時にできますが、過飽和度が大きくなると、形状がより複雑な結晶、**樹枝状結晶**などができます。

　形状や質量の差から個々の雪結晶の落下速度は異なりますが、質量の大きな雪結晶は落下速度が速く、小さい雪結晶に衝突・付着し、さらに成長します。このようにして成長した雪結晶を**雪片**と呼びます。樹枝状結晶は形状が複雑であるため枝先の突起同士が接合しやすく、大きな雪片ができやすくなります。また、雪の結晶同士の付着は温度にも依存します。比較的高温な－5℃以上では付着する確率が高くなり、ぼたん雪と呼ばれる大きな雪片ができます。

　雪片が融けないで地上に達したときは雪、融けた場合は雨として観測されます。雪片が落下中に溶けるか否かは気温と同時に空気の乾燥の度

図：般3・5　典型的な雪の結晶

厚角板　　　　　　　角柱　　　　　　　樹枝状

平均的な大きさの雲粒の落下速度は、1秒間に1cm程度なのに対して、平均的な雨粒の落下速度はその500倍以上である。

合いによります。乾燥していると雪片から水蒸気の蒸発が活発になり、気化熱が奪われ、融けにくくなるからです。

2-5　あられとひょう

　冷たい雨が降る環境条件よりもさらに強い上昇流、大きな過飽和度の雲内では、より大きな氷の粒である「あられ」や「ひょう」に成長することがあります。

　昇華凝結によって成長した氷晶は、落下中に過冷却水滴に衝突しますが、その時、過冷却水滴が氷を包み込むように凍結する（**ライミング過程**）場合や、衝突の衝撃で過冷却水滴が凍り、氷の粒として氷晶に付着する場合があります。いずれにしても氷晶は過冷却水滴を捕捉しながら落下し、大きな氷の粒になったものが**あられ**です。

　さらに強い上昇流があると、より大きな氷の粒が空気中に浮遊できるようになります。その状態では、小さい過冷却水滴や氷晶が上昇流とともに上昇し、浮遊している大きな氷の粒に付着します。次第に質量が増した氷の粒は落下し始めますが、温度の高い雲底に近づくと氷の粒の表面から融解します。融けると水滴のように形状が扁平になり、上昇流を受ける面積が広がり、上昇し始めます。このような上昇と落下を繰り返しながら大きな氷の粒に成長したものが**ひょう**です。ひょうは直径5mm以上のものをいい、それ未満のあられと区別します。

3　水滴の落下速度

　雲粒を含めて水滴が落下するとき、水滴の大きさと落下速度に依存する空気抵抗が働きます。落下速度は、空気抵抗力（摩擦力）が雲粒に働く重力と等しくなるまで増加し、両者の釣り合いがとれた状態で一定の落下速度になります。その速度を**終端（落下）速度**といい、水滴の半径の2乗に比例します。なお、空気抵抗力と同じ向きに浮力が働きますが、一般に小さいので無視されます。

豆テスト **A** ○　平均的な大きさの雲粒（半径10μm）の落下速度は0.01m/sなのに対し、平均的な大きさの雨粒（半径1mm）の落下速度は6.5m/sなので、650倍である。

詳しく知ろう

- 終端（落下）速度：空気抵抗力をf、雲粒に働く重力をmg（mは雲粒の質量、gは重力加速度）とすると、$f = mg$のときに終端速度V_tに達する。空気抵抗力は$6\pi r\eta V_t$なので、次式が成り立つ。

$$f = 6\pi r\eta V_t = mg$$

ただし、rは雲粒の半径、ηは空気の粘性係数。

質量mは密度ρと体積の積なので、雲粒を球体と考えると、上式は次のように表せる。

$$6\pi r\eta V_t = \frac{4}{3}\pi r^3 \rho g$$

この式からV_tは次式で表せる。

$$V_t = \left(\frac{2\rho g}{9\eta}\right)r^2$$

表：般3・1でみたように、典型的な雲粒のサイズ（半径10μm）の落下速度は0.01m/s（1cm/s）程度です。ただし上記の式が適用できるのは、半径50μm程度の雲粒よりも小さい水滴です。雨滴のように大きくなると抵抗力が急激に大きくなり、半径が2倍に増加しても終端速度は$\sqrt{2}$（約1.4）倍にしか増えません。水滴の形は表面張力が働くために球形をしていますが、雨滴のように大きな水滴は落下速度が大きくなると、表面張力の影響が相対的に小さくなるので扁平な形になります。

4 雲と霧の種類と特徴

4-1 雲の種類

雲は上昇流の大小、色、形、現象などの特徴によって図：般3・6のように10種類に分類されます。

過冷却水滴の飽和水蒸気圧は、同じ温度の氷晶の飽和水蒸気圧よりも大きい。

図：般3・6　雲の種類と形および高度（カッコ内は国際記号）

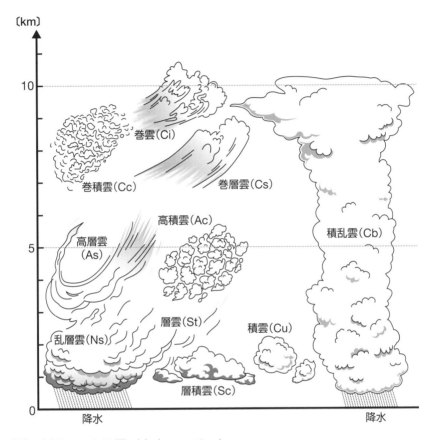

(1) 上層にできる雲（高度5〜13km）

　①巻雲（Ci）：薄くて白い、毛のような筋、氷晶

　②巻積雲（Cc）：薄くて白い、さざなみ型、氷晶

　③巻層雲（Cs）：ベール状で薄く白い、かさ（暈）ができる、氷晶

(2) 中層にできる雲（高度2〜7km）

　④高層雲（As）：しまのある灰色、全天に広がる、水滴と氷晶

　⑤高積雲（Ac）：塊状、ロール状の雲片の集合、白または灰色

　⑥乱層雲（Ns）：雲底が乱れた暗灰色、降雨

(3) 下層にできる雲（〜2km）

 A ○ 記述の通り。飽和水蒸気圧が大きいほど水蒸気が飛び出しやすいので、過冷却水滴と氷晶が混在していると、氷晶は過冷却水滴からの水蒸気を取り込んで成長する。

⑦層積雲（Sc）：塊状、ロール状の雲片の集合、雲片が大きく灰色

⑧層雲（St）：低く、一様な雲底、灰色、霧雨

（4）対流雲

⑨積雲（Cu）：垂直に盛り上がり、丸い丘や塔の形、雲頂は白

⑩積乱雲（Cb）：垂直に大きく延びる、山や大きな塔の形、強い雨、雷

4-2　霧の種類

　霧は視程が1km未満に減少した気象現象です。視程は悪いが1km以上の場合を**もや**と呼びます。霧は吸湿性のエーロゾルに水蒸気が凝結した結果生じます。霧の凝結は大きく分けて次の2つの過程で起こります。

　①露点温度以下に冷却される。

　②蒸発や混合によって水蒸気が供給される。

　そして、冷却と水蒸気供給の方法の違いによって、霧は次のように分類されます。

①**放射霧**：晴れた風が弱い日の夜から朝にかけて、地表面が放射冷却によって冷え、その上の空気も冷やされて発生する霧です。季節的には秋から冬、地形的には冷気が溜まりやすい盆地地形でしばしば出現します。

②**移流霧**：暖かい空気が温度の低い地表面や海面上に移動し、冷やされてできる霧です。日本付近の例では、暖かい黒潮上にあった空気が北上し、冷たい親潮海流の上で冷やされて北海道付近でできる霧です。

③**蒸気霧**：暖かい海、川、湖面などがその上の冷たい空気に接し、水面から蒸発する水蒸気と混合して冷やされてできる霧で、**混合霧**とも呼ばれます。身近では温泉の湯けむりや寒い日に吐く息が白くなるのも蒸気霧です。

④**滑昇霧**：丘や山の斜面を暖かく湿った空気が上昇すると、断熱膨張により空気が冷えて発生する霧です。

⑤**前線霧**：温暖前線による長雨があって空気の相対湿度が増したところへ、上空から比較的高温の雨粒が落下し、水蒸気がさらに供給されてできる霧です。

 太陽や月の暈（かさ）ができる雲は高層雲である。

理解度 **check** テスト

Q1 降水過程におけるエーロゾルの働きに関する次の文(a)～(c)の正誤の組み合わせとして正しいものを、下記の①～⑤の中から一つ選べ。

(a) 海塩粒子、土壌粒子などは凝結核として働くが、火山噴火で大気中に放出される硫酸エーロゾルは吸湿性が低いため凝結核にはなりにくい。

(b) 化学物質を含む溶液に対する飽和水蒸気圧は純粋な水のそれより大きいので、エーロゾルに含まれる化学物質が溶けた水滴は、水蒸気圧が純粋な水の飽和水蒸気圧より小さいときでも成長する。

(c) 湿潤空気が過飽和であっても不純物を含まない小さな水滴は曲率の効果のために存在しにくいが、吸湿性のエーロゾルが水を吸収してその表面が水に覆われると、より低い過飽和度でも水滴として存在できるようになる。

	(a)	(b)	(c)
①	正	正	誤
②	正	誤	正
③	誤	正	正
④	誤	誤	正
⑤	誤	正	誤

Q2 雲の中の氷晶と雪片に関する次の文(a)～(d)の正誤について、下記の①～⑤中から正しいものを一つ選べ。

(a) 気温が0℃以下のとき、空気が氷晶に対しては過飽和で、過冷却水滴に対しては未飽和になることはない。

(b) 質量の異なる氷晶が過冷却雲粒を捕捉しながらそれぞれ自由落下す

 × 暈は光が氷（氷晶）を通過するときの屈折によって生じる現象である。暈ができるのは、氷晶でできている上層雲の巻層雲である。

るとき、単位時間当たりの質量の増加量は氷晶の質量が小さいほど大きい。

(c) 0℃以下の雪片同士が衝突したときに、両者が付着する確率は温度が低いほど大きい。

(d) 地上の気温が、降水が雨にも雪にもなりうる範囲内にあるとき、地上の降水は相対湿度が低いほど雪になりやすい。

① (a)のみ正しい
② (b)のみ正しい
③ (c)のみ正しい
④ (d)のみ正しい
⑤ すべて誤り

解答と解説

Q1 解答④　第41回（平成25年度第2回）一般・問4）

(a) 誤り。雲生成に凝結核として有効に働くエーロゾルの特性は、粒径が大きい、吸湿性が高いなどです。海塩粒子には粒径の大きいものもあり、吸湿性が高く凝結核として適しています。土壌粒子の多くは吸湿性が低く、凝結核にはなりにくいのです。火山噴火で放出される硫酸や硫酸アンモニウムなどからなる硫酸エーロゾルは吸湿性が高く、凝結核として適しています。特に、硫酸エーロゾルは寿命が長く、雲ができる高度まで運ばれるため、雲生成に重要な役割を果たしています。

(b) 誤り。どのような化学物質かによりますが、硫酸や硫酸アンモニウム、塩化ナトリウムなどのエーロゾルが水滴に取り込まれると溶液となり、その飽和水蒸気圧は純粋の水滴の値より大きくなるのではなく、小さくなります。このように溶液となって飽和水蒸気圧が小さくなった水滴だけが成長し、雲粒になります。

(c) 正しい。湿潤空気が相対湿度100%以上の過飽和のときでも、不純

 冬の日本海で対馬海流の上を寒冷な季節風が吹き渡るときに発生する霧は移流霧である。

物を含まない水滴は曲率の効果（表面張力の効果）により、飽和水蒸気圧が大きくなり、蒸発しやすく、水滴として存在できません。たとえば、半径0.1μmの純粋の水の水滴の平衡状態（水滴の飽和水蒸気圧と大気中の水蒸気圧が等しい状態）の相対湿度は101％で、それ以下の相対湿度では水滴は蒸発します。エーロゾルが溶け込んだ溶液では、エーロゾルの成分の溶質が水分子の蒸発を邪魔するため、飽和水蒸気圧は下がります。そのため、溶液になった水滴は低い相対湿度（過飽和度）で水滴として存在できるようになります。なお、高濃度の食塩を含んだ水滴では、相対湿度が100％以下でも凝結が起こります。

Q2 　**解答④　第37回（平成23年度第2回）一般・問5）**

(a) 誤り。0℃以下の大気中では氷と水の粒の飽和水蒸気圧に差があります。たとえば－20℃の水滴（過冷却水滴）の飽和水蒸気圧 e_w は1.24hPaで、氷晶の飽和水蒸気圧 e_i は1.04hPaであり、氷のほうが常に低い値になります。大気中の水蒸気圧を e で表すと、氷晶に対して過飽和であることは飽和比 e/e_i が1以上であることです。過飽和水滴の飽和比 e/e_w は e/e_i よりも常に小さくなるので、1以下の未飽和になることがあります。

(b) 誤り。この問題の主旨は、粒径が大きくて落下速度の大きい氷晶が、小さくて落下速度の小さい過冷却雲粒を併合過程または**ライミング過程**によって取り込んで成長し、質量が増加する場合を想定していると考えられます。いずれにしても、氷晶の質量が大きい、つまり、落下速度が大きくて断面積も大きい氷晶ほど過冷却水滴を多く捕捉し、質量増加量が大きくなります。

(c) 誤り。結晶状の氷粒子同士が衝突してくっつきあったものを雪片と呼びます。この雪片同士が付着し合う割合は温度に依存し、温度が高くなるほど付着する確率が高くなり、特に－5℃以上では大きな雪片（ぼたん雪）ができるとされています。

豆テスト **A** ✕ このように相対的に暖かい水面上に冷たい空気が流れ込んで発生する霧は蒸気霧である。

(d) 正しい。日本のように中緯度で降る雨は氷晶の成長による冷たい雨が多く、上空では常に雪片です。地上の気温が零度以上の場合、雪片は地上に達する前に融けて雨になります。雪片が融けるか否かは周りの空気からの熱伝導によって受け取る熱と、雪片の表面から水分子の昇華蒸発によって奪われる潜熱との大小関係で決まります。空気の温度が低く、相対湿度も低い場合には、雪片は融けにくく、雪になります。

これだけは必ず覚えよう！

・海塩粒子のような吸湿性のエーロゾルがあると凝結が起こりやすく、少しの過飽和度でも雲が生成される。
・氷の飽和水蒸気圧は、同じ温度の過冷却水の飽和水蒸気圧よりも小さい。
・典型的な大きさである半径10μmの雲粒の落下速度は0.01m/s程度なのに対して、半径1mmの雨滴は6.5m/s程度である。
・雲粒程度の大きさの水滴は、大きさが2倍になると落下速度は4倍になる。
・霧は視程が1km未満に減少した気象現象であり、視程が低下しても1km以上ある場合は「もや」である。

column

暖かい雨と冷たい雨

熱帯地方の雲は0℃以下にならず（氷晶を含まない）、強い上昇気流によって雲粒は衝突・併合を繰り返して大きな雨滴に成長し、暖かい雨となる。

中・高緯度地方の−20〜−15℃の雲内には氷晶と過冷却水滴が混在し、氷晶だけが成長し、落下中に融けて冷たい雨となる。

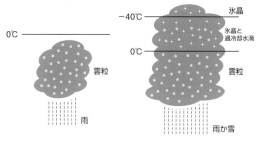

 氷晶核があると−15℃程度で氷晶ができ、これが落下しながら成長して雪片になり、落下中に融けて地上に達すると冷たい雨になる。

Chapter 4

大気における放射

出題傾向と対策

◎毎回1問は出題されている。

◎地球のエネルギーの源である放射の物理法則と放射がもたらす現象を十分に理解しておこう。

◎放射に関する問いは、一般知識編1、9、10章の分野での問題の枝問として出題されることがある。

 放射と放射の物理法則

1-1 放射によるエネルギーの伝達

　エネルギーが運ばれる仕組みには、顕熱輸送、潜熱輸送、放射伝達があります。放射伝達は、物質を介さないで電磁波によってエネルギーが運ばれる仕組みであり、真空中でもエネルギーを運びます。**放射**とは、物質が電磁波でエネルギーを放出すること、電磁波でエネルギーが伝わること、電磁波で運ばれるエネルギーなどの意味で使われます。

図：般4・1　電磁波の波長域による名称

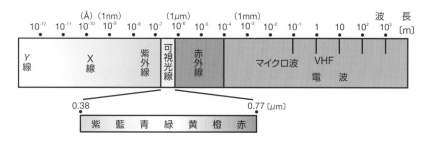

　中・高緯度地方の雲では、氷晶核があると－10～20℃で過冷却水滴が氷晶となり、冷たい雨を降らせる。

電磁波は、波長の違いによっていろいろな名前がつけられています。電波はもとより、可視光線、赤外線、紫外線もその仲間です。

　大気の中で起こるさまざまな現象のエネルギー源は、地球が太陽から受ける莫大な放射エネルギーです。このエネルギーは、太陽から放射として地球に運ばれて来ます。

1-2　黒体と放射の物理法則

　すべての物質は、物質に固有な波長の電磁波を放出し、吸収する性質があります。ある波長の電磁波の放出率と吸収率は等しく、ある波長の電磁波を最もよく吸収する物体は、最もよく放射する物体です。この性質をキルヒホッフの法則といいます。物質のうちでも放出率（＝吸収率）が100％の仮想的な物質を黒体と呼んでいます。地球や太陽は近似的に黒体と考えることができます。

　黒体物質が放出する放射エネルギー量は、電磁波の波長λと物質の絶対温度Tによって決まります。これをプランクの法則と呼び、物質から単位面積・単位時間・単位立体角に放出される単位波長当たりのエネルギー量I_λ*（*印は黒体による値を示します）は、黒体の温度によって、エネルギーが分布する波長帯とエネルギー量が大きく異なります。

　プランクの法則によって、すべての波長についてエネルギーを加え合わせると、単位面積当たり1秒間に放出される全エネルギーI*を求めることができます。I*は、黒体の絶対温度Tの4乗に比例し、次式で表されます。

$$I* = \sigma T^4$$

　この関係式をシュテファン・ボルツマンの法則といい、σはシュテファン・ボルツマンの定数（＝ $5.67 \times 10^{-8} \mathrm{Wm^{-2}K^{-4}}$）です。

　エネルギーが最大になる波長λ_m*は黒体の絶対温度Tに反比例し、次の関係が導かれます（単位は〔μm〕）。

$$\lambda_m* = \frac{2897}{T}$$

80

黒体の表面から単位面積、単位時間当たりに放射されるエネルギーは、その黒体の絶対温度の4乗に比例する。

この関係式を**ウィーンの変位則**と呼びます。

太陽の温度は約6000K、地球の温度は300Kなので、$\lambda_m{}^*$はそれぞれ0.5μm、10μmとなります。

大気現象にかかわる放射は、大別して地球外から入ってくる放射（**太陽放射**あるいは**日射**）と地球から宇宙空間に出ていく放射（**地球放射**）に分けられますが、エネルギーの範囲が0.5μm、10μmを中心とした波長帯に分けられるので、太陽放射は**短波放射**、地球放射は**長波放射**（あるいは**赤外放射**）とも呼ばれます。

2 太陽定数と太陽高度角

2-1 太陽放射と太陽定数

実際に観測から求められた太陽表面（光球）の温度は約5790〔K〕で、黒体として広い波長範囲のエネルギーを放出しており、これを太陽放射といいます。

太陽光球面は、シュテファン・ボルツマンの法則から単位面積当たり$6.37 \times 10^7 \mathrm{Wm^{-2}}$のエネルギーを放射しています。放射の強さは、距離の2乗に反比例して弱まるので、地球の平均軌道距離（= $1.5 \times 10^{11}\mathrm{m}$、これを1天文単位という）に到達したときのエネルギー量S_0は1370$\mathrm{Wm^{-2}}$となっています。この値を**太陽定数**と呼びます。このうち、人間の目で見える**可視光**と呼ばれる波長領域（0.38〜0.77μm）のエネルギーが全体の約半分（47%）を占め、**赤外線**（波長 > 0.77μm）が約半分（47%）、残りの約7%を紫外線（波長 < 0.38μm）が占めています。紫外線のエネルギーは全体の中では小さいのですが、オゾン層の生成、成層圏の温度分布に重要な役割をしています（一般知識編1章の3-3、3-4章参照）。

図：般4・2は、太陽高度角による大気上端の水平面に達する太陽放射の変化のうち、一日平均した緯度・月変化を示したものです。この図から、「太陽の赤緯」のところで大きくなること、両半球の夏極（北半球

この関係をシュテファン・ボルツマンの法則といい、放射エネルギーをI^*、絶対温度をTとすると、$I^* = \sigma T^4$で表される（σはシュテファン・ボルツマン定数）。

（ウォーレスとホッブス、1977より）

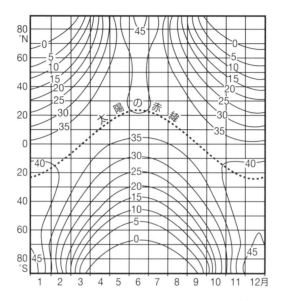

（単位：MJm^{-2} day^{-1}）

で6月頃、南半球で12月頃）付近で大きくなること、両半球の冬極で0
になること、などの特徴が見てとれます。

詳しく知ろう

- **火星の太陽定数**：太陽放射の強さは太陽からの距離の2乗に反比例する。このため、惑星の太陽定数は、地球の太陽定数1370Wm^{-2}と太陽からの距離（天文単位）から計算できる。火星の場合、太陽からの距離は1.52天文単位であるため、$1370/1.52^2 \fallingdotseq 590$ Wm^{-2}である。

2-2　太陽高度角による太陽放射の変化

地球の太陽定数S_0は、太陽放射に対して直角な単位面積の受けるエ

 太陽定数は、地球大気の上端に入射する太陽放射エネルギーが、太陽光に対して直角な単位面積・単位時間当たりに到達する値で、1370W/m^{2}である

ネルギー量です。太陽高度角をαとすれば、単位面積の受けるエネルギー、つまり太陽放射フラックスS_aは次のようになります（図：般4・3参照）。

$$S_\alpha = S_0 \sin \alpha$$

地球の自転によりαは変化し、正午に最大となり（これを**南中高度角**α_0といいます）、日の出と日

図：般4・3 太陽高度と地表面の放射強度の関係

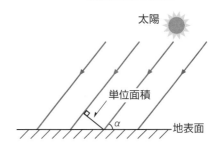

太陽

単位面積

α

地表面

没時にゼロとなります。また、地球が球形のため、α_0は緯度によって変化し、地球は自転軸が公転面から23.5度傾いて太陽の周りを公転しているため、α_0は年周変化をし、北半球では夏至に最大となり、冬至に最小となります。

詳しく知ろう

- **南中高度**：緯度ϕにいる人の南中高度は、$\alpha_0 = 90 - \phi + \delta$となる。ここで、$\delta$は地球の赤道面と軌道面との間の角度で、春分・秋分では0度、夏至と冬至では$+23.5$度と-23.5度となる。太陽高度が高いほうが日照時間は長くなり、地表面に達する単位面積当たりのエネルギーも多くなる。これが夏に気温が高く、冬に低くなる主な原因である。

---

3 放射の散乱・吸収・反射

3-1 散　乱

散乱とは、電磁波が空中に浮遊する粒子や空気中の乱れにぶつかるとき、これらを中心に2次的な電磁波を生じて周囲に広がる現象です。散乱のされ方や散乱の度合いは、電磁波の波長とそれを散乱させる粒子や乱れとの相対的な大きさによって異なります。

豆テスト $\textbf{A}$ ○ 放射の強さは距離の2乗に反比例して弱まるので、地球に到達したときの太陽放射エネルギーは1370Wm^{-2}となり、この値を太陽定数という。

地球大気に入射した太陽放射は、大気中の空気分子やエーロゾルの粒子に衝突して二次的な放射が生じ、放射の方向が変わります。光の波長の1/10以下の粒子（空気分子）の場合に起こる散乱を**レーリー散乱**と呼び、<u>散乱の強さは波長の4乗に反比例する性質</u>があります。この性質は波長の短い<u>青色光を強く散乱</u>し、これが晴れた日の空が青く見える理由です。

光の波長と同程度かそれより大きい粒子（エーロゾル）の場合に起こる散乱は**ミー散乱**と呼び、<u>散乱の強さは波長に関係しない性質</u>があります。この性質のために散乱によって色の分離が起こらず、エーロゾルを含む雲粒や排気ガスなどで汚染された大気が白く見える理由です。

電磁波の波長が大気中の粒子の大きさよりもずっと小さい場合は、反射・屈折・回折などの幾何光学的近似で、大気光学現象を説明できます。

・**虹**：雨上りの空の一部に降水がある場合で、太陽を背にした観測者の前方の無数の雨滴の表面と内部で、太陽光が屈折分光・反射により、同心円の7色の光の輪が見える現象です。よく現れる主虹では、内側が紫色、外側が赤色の光の輪で、主虹の外側に色の配列が逆になった副虹が現れることもあります。

・**光冠**（光環、コロナ）：薄い高層雲のように水滴の雲に覆われた太陽や月の周りに、雲粒の回折現象によって主虹と同じように7色の光の輪が見える現象です。

・**暈**（ハロー、アーク）：氷晶を含む雲により、氷晶の表面で光の屈折分光・反射が原因で、太陽の周りに光の輪（リング）、弧（アーク）、輝点（スポット）などが見られる現象です。総称として暈（ハロー、アーク）と呼ばれ、ハローは氷晶の形と空間姿勢によって22°ハロー（うちかさ）、46°ハロー（そとかさ）があります。

> **詳しく知ろう**
>
> ・<u>レーリー散乱とミー散乱</u>：レーリー散乱では前方散乱と後方散乱の強さは同程度で、直角方向の散乱の強さは弱く、ミー散乱では前方散乱

地球に到達する太陽放射エネルギーが最大となる波長帯は、紫外線領域である。

が最も強くなる。

- 気象レーダーとウィンドプロファイラの観測方法：気象レーダーは降水粒子によるレーリー散乱の後方散乱を、ウィンドプロファイラは大気中の乱れによるブラッグ散乱の後方散乱を受信している。

3-2　吸　収

　放射の性質により、大気中の特定の気体分子は、特定の波長の放射を吸収します。図：般4・4は、地球の大気上端に入射した太陽放射と大気中の気体分子からの放射が、(a) 対流圏界面と(b) 地表面に達するまでに、波長ごとにどの程度吸収されるかを、吸収率によって示したものです。

　約0.3μmより短い波長の紫外線領域では、熱圏や成層圏の酸素（O_2）やオゾン（O_3）によってほぼ100％吸収されます。赤外線領域では水蒸気（H_2O）、二酸化炭素（CO_2）、メタン（CH_4）、オゾンなど、いわゆる温室効果気体によって吸収されます。特に、対流圏の中では水蒸気による吸収が顕著です。ただし、波長8〜12μmの大気の窓領域と呼ばれる

図：般4・4　対流圏界面（上）と地表面（下）で見た大気の放射吸収特性
(R.M.Goody, Atmospheric Radiation Ⅰ ,Oxford University Press,1964より一部引用)

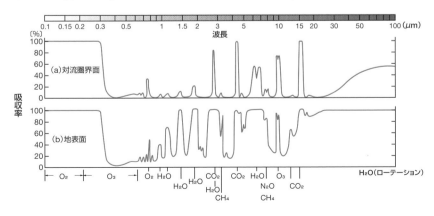

ⒶＡ　✕　太陽放射エネルギーが最大の波長帯は可視光域（波長0.38〜0.77μm）であり、全体の約47％である。

波長帯では、9.6μm付近のオゾンによる吸収以外は対流圏でほとんど吸収されませんが、雲があると雲粒による吸収が生じます。

この窓領域の性質は気象衛星から地球を観測する際に利用されています。可視光線の波長帯は大気による吸収がほとんどなく透明で、雲の上端や地表面まで達します。

3-3　反　射

雲の上端や地表面まで達した太陽放射は、一部は反射して放射の向きを変え、残りは雲や地表面に吸収されます。その反射率を**アルベド**といいます。<u>アルベドは色に依存し、白ければ大きく、黒ければ小さい値に</u>なります。

表：般4・1は地表面や雲のアルベドの値を示しています。

地球全体のアルベドを**プラネタリーアルベド**といい、その平均値は約30％と見積もられています。この値が大きくなると、地球に入る太陽放射が減ることになるので、地球環境にとっては重要な値です。

表：般4・1　地表面と雲のアルベド

地表面・雲の状態	アルベド（%）
海（太陽高度角25度以上）	10以下
裸地・草地・森林	10〜25
新雪	80〜95
旧雪	25〜79
厚い雲	70〜80
薄い雲	25〜50
地球全体	30

3-4　直達日射と散乱日射

地表面に達する太陽放射は、直接地表面に達する**直達日射量**と途中の大気などで散乱されて間接的に地表面に達する**散乱日射量**とに分けられ

 冬至の日に太陽が昇らない極夜となるのは、緯度60度以上の地域である。

ます。それらを合わせた単位面積当たりの放射エネルギーを**全天日射量**といいます。

　大気中にエーロゾルが増加すると直達日射量は減少し（これを**日傘効果**といいます）、散乱日射量が増加します。

　気象観測では日照時間を観測しますが（専門知識編1章の1-7参照）、日照時間は一定の基準値（0.12kW/m²）以上の直達日射量がある時間のことであり、太陽が昇っている時間帯であっても雲や霧で日射が遮られている時間は日照時間に含めません。

4 地球の放射収支と温室効果

4-1　放射平衡温度

　地球に限らず、惑星に入射する放射エネルギーと惑星から出て行く放射エネルギーが等しい場合を**放射平衡**にあるといい、このような条件で決まる温度を**放射平衡温度**といいます。大気がないと仮定した場合の地球の放射平衡温度は255K（約−18℃）です。実際の地表面付近の平均気温は約15℃であり、その差（33℃）は4-4で述べる温室効果によるものです。

詳しく知ろう

・**地球の放射平衡温度**：地球の半径を R とすると、地球の断面積はπR^2、表面積は$4\pi R^2$である。太陽定数を S_0、地球のプラネタリーアルベドを α（= 0.3）とすると、地球の断面積を通って入って来る太陽放射エネルギーは、$S_0(1-\alpha)\pi R^2$ で表される。

　一方、地球の温度を T_e とすると、シュテファン・ボルツマンの法則により、地球の表面積から放出されるエネルギーは、$\sigma T_e^4 \cdot 4\pi R^2$ で表される。

　放射平衡のときはこれらが等しくなるので、

✕ 南中高度角$\alpha = 90 - \phi + \delta$であり、極夜は$\alpha = 0$を意味し、冬至は$\delta = -23.5$度なので、$\phi = 90 - 23.5 - 0 = 66.5$度で、極夜になるのは66.5度以上の地域である。

$$T_e{}^4 = \frac{S_0(1-\alpha)}{4\sigma}$$

となり（$\sigma = 5.67 \times 10^{-8}\mathrm{Wm^{-2}K^{-4}}$）、$T_e = 255\mathrm{K}$ が得られ、これが地球の放射平衡温度である。

4-2　地球の放射収支

　地球に入った太陽放射エネルギーがどのような経路をたどって最終的に宇宙に出て行くか、その内訳を示したのが図：般4・5です。

　日中の地球大気上端の太陽に垂直な面に到達するエネルギーは、太陽定数の1370Wm⁻²であり、全地球で平均するとこの1/4分の342Wm⁻²となります。

　大気上端に達した太陽光線の約30%が宇宙空間に反射されます（これはプラネタリーアルベドに相当します）。この反射の約2/3は、雲や大気中の微粒子であるエーロゾルによるものであり、残りの約1/3は、地

図：般4・5　年平均した地球全体のエネルギー収支の見積もり

（IPCC第4次報告書より）

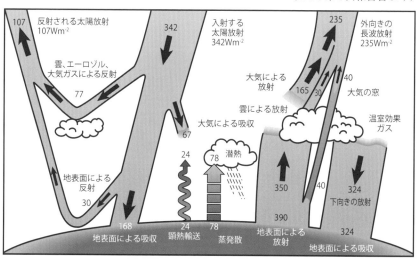

豆テスト **Q** 微粒子に入射する電磁波の波長が、微粒子の半径よりも十分に大きい場合（たとえば空気分子）の散乱をレーリー散乱という。

球表面での反射です。

　宇宙空間へ反射されなかったエネルギーは、大気（67Wm⁻²）と地球表面（168Wm⁻²）に吸収されます。この量は約235Wm⁻²です。入射エネルギーと平衡するには、地球自身も、平均して同じ量のエネルギーを宇宙空間へ放射する必要があり、約235Wm⁻²の外向きの長波放射を放出することで、放射平衡が成り立っています。

　地表面と大気では放射エネルギーの釣り合いが取れていませんが、これは地表面から大気に潜熱と顕熱で移動する熱エネルギーによって補われています。潜熱は約78Wm⁻²、顕熱は約24Wm⁻²であり、合計の約102Wm⁻²は放射収支の中でも大きな役割を果たしています。

4-3　地球の放射収支の緯度変化

　前項で述べた、地球に入射する太陽放射量と地球から出て行く地球放射量は、地球全体としては釣り合っていますが緯度別では釣り合っていません。

図：般4・6　地球−大気系の放射収支の緯度分布

（T.H.Vonder and V.E.Suomi,1969:Sciece,163）

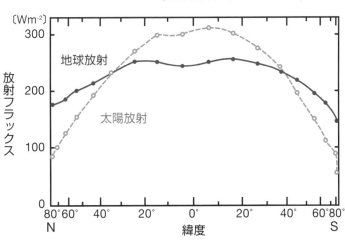

豆テスト **A** ○　正しい記述である。レーリー散乱の強さは波長の4乗に反比例する。また、レーリー散乱は青色光を強く散乱するので、晴れた日の空は青くみえる。

図：般4・6に示すように、太陽放射量は、地球放射と比べて緯度による変化が大きく、低緯度では高緯度よりもずっと多くなっています。

その結果、<u>緯度約40度より低緯度では、地球が放出するエネルギーに比べて受け取る放射エネルギーが過剰になっており、逆に高緯度では不足しています。</u>

この低・高緯度での放射エネルギーの過不足が、大気や海洋の運動をもたらす原動力です（一般知識編6章参照）。

4-4　放射の温室効果

惑星の放射平衡温度を求めるとき、惑星には大気がないと仮定しましたが、大気がひとつの層しかない簡単な地球モデルによって地表面の温度を計算してみます。大気は太陽放射に対しては透明（完全透過）で、すべてが地表面に吸収され、地球放射にたいしては不透明（完全吸収）で、すべての赤外線を吸収する、と仮定します。

このモデルでは、地表面は地表面温度 T_g で決まる赤外放射を出し、これを大気がすべて吸収すると同時に、大気は地表面と宇宙に向かって気温 T_a で決まる赤外放射を放出します。地表面と大気でそれぞれ放射平衡を仮定すると、大気が存在することで、地表面は太陽放射と大気からの赤外放射の両方を受け、その結果 $T_g = 306K$（33℃）、$T_a = 255K$（−18℃）になります。このように大気が赤外線を吸収することによって $T_g > T_a$ となる特性を**温室効果**といいます。赤外線を吸収するのは、水蒸気や二酸化炭素などの温室効果気体です（図：般4・4参照）。

さらに精密な計算をするには、多層の大気を考え、大気中の温室効果気体の波長別吸収特性や濃度分布のほか、対流現象による熱の移動なども考慮する必要があります。最近は、二酸化炭素など人為的に排出された温室効果気体が増加しているとの観測から、地球の温暖化が懸念されています（一般知識編10章参照）。

　赤い夕焼け空がみられるのは、可視光のうち散乱しやすい青色光が強く散乱してしまい、波長が比較的長くて散乱しにくい赤色光が届くからである。

理解度 **check** テスト

Q1 大気の放射と地表面温度に関する次の文章中の式の空欄(a)および(b)に入る最も適切な数値の組み合わせを、下記の①〜⑤の中から一つ選べ。ただし、地球大気を一つの層で表してその温度を T_a とし、地表面は黒体とみなしてその温度を T_g とする。

　地球大気は日射に対してほぼ透明であるが、地球からの赤外放射はよく吸収する。大気の層が太陽からの放射量 I_s の0.1倍を吸収し、地表面からの赤外放射量をすべて吸収すると、放射平衡にある大気の層の放射収支は次の式で表される。ただし、σ はステファン・ボルツマン定数である。

$$2\sigma T_a{}^4 = 0.1 I_s + \sigma T_g{}^4$$

　一方、放射平衡にある地表面の放射収支は、次の式で表すことができる。

$$\sigma T_g{}^4 = 0.9 I_s + (\text{a}) \times \sigma T_a{}^4$$

　これらの式から、以下の関係が求まる。

$$\sigma T_g{}^4 = (\text{b}) \times I_s$$

　仮に大気がない場合、地表面の放射は太陽からの放射量のみと平衡関係にあることから、この式により、大気による地表面温度への影響を知ることができる。

	(a)	(b)
①	2	2.9
②	1	1.9
③	0	0.9
④	− 1	0.6
⑤	− 2	0.4

豆テスト **A** ○ 夕方は太陽光が斜めに射すので地表までの道のりが長くなり、その間に波長が短くて散乱しやすい青色光は散乱してしまい、散乱しにくい赤色光が残って眼に届く。

太陽放射について述べた次の文(a)〜(c)の正誤の組み合わせ
として正しいものを、下記の①〜⑤の中から一つ選べ。

(a) 太陽放射の全エネルギーの約半分は可視光線域にあり、残りのほとんどは赤外線域にある。

(b) 地球全体について年平均すると、太陽放射に含まれる可視光線は、雲やエーロゾルがないときでも、地球大気を通過する際に、主に水蒸気と二酸化炭素により約20%が吸収される。

(c) 地球全体について年平均すると、地表面に吸収される太陽放射エネルギーは、大気上端に入射した太陽放射エネルギーの約70%にあたる。

	(a)	(b)	(c)
①	正	正	正
②	正	誤	正
③	正	誤	誤
④	誤	正	正
⑤	誤	誤	誤

解答と解説

Q1 解答② 第46回（平成28年度第1回）一般・問5

地球が温度 T_a のひとつの大気層で覆われているとしたときの放射平衡の問題です。問題の概念を示したものが図1です。

宇宙空間から地球に入射する放射エネルギー I_s は、問題の設定から太陽定数にプラネタリーアルベドを掛けたものです。以下、地球の単位面積・単位時間当たりのエネルギーを考えます。地球に入射した太陽放射量 I_s は地球大気で $0.1I_s$ だけ吸収され、地表面に $0.9I_s$ が到達し、地表面に吸収されます。地表面の温度は T_g で、黒体放射をするとの仮定から大気に σT_g^4 のエネルギー（地表面の温度からみて赤外放射量です）が放出され、仮定によりすべて大気に吸収されます。

 地球放射（赤外放射）はすべて大気によって吸収される。

図1　地球の大気を一層と仮定した時の放射平衡の模式図

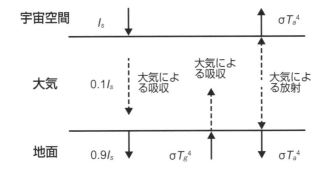

　一方、大気自身も黒体放射によりエネルギーを放出し、大気の温度が T_a であるとの仮定から、上向きに（すなわち宇宙空間に向かって） σT_a^4 のエネルギーを放射し、下向きに（すなわち地表面に向かって）上向きと同じ σT_a^4 のエネルギーを放射します。

　この結果、大気の層の放射収支は、出る量を左辺に、入る量を右辺に書いたものが問題の第一番目の式です。

　同じように、地表面の放射収支に着目して、左辺に出る量を、右辺に入る量を書くと、図1より、 $\sigma T_g^4 = 0.9I_s + \sigma T_a^4$ （大気の下向き放射）となり、問題の第二番目の式です。すなわち、（a）は1です。

　これらの二つの式から σT_a^4 を消去すると、 $\sigma T_g^4 = 1.9I_s$ の式が求まります。すなわち（b）は1.9です。

　この結果、正しい数値の組み合わせは②です。

　なお、 $\sigma T_g^4 = 1.9I_s$ の式で I_s は、プラネタリーアルベドを0.3とすれば、 $I_s = 0.7 \times 342\mathrm{Wm}^{-2} = 239\mathrm{Wm}^{-2}$ です。シュテファン・ボルツマンの定数 $\sigma = 5.67 \times 10^{-8}\mathrm{Wm}^{-2}\mathrm{K}^{-4}$ を用いて上の結果を計算すると、 $T_a = 255\mathrm{K}$ 、 $T_g = 299\mathrm{K}$ となり、大気の温室効果により、大気より地表面の温度が高くなっていることがわかります。

Q2　解答③　第45回（平成27年度第2回）一般・問5

（a）（ほぼ）正しい。太陽放射の波長によるエネルギー分布（エネルギ

× 地球放射の一部は大気の窓領域から宇宙空間へ放出され、残りが大気によって吸収されている。ただし、雲があると大気の窓は塞がれる。

ースペクトルと呼ぶ）は、全エネルギーの約47%が可視光線の波長帯にあり、残りは赤外線域に約47%、紫外線域に約7%があります。

（b）誤り。地球全体についての放射収支は、図：般4・5に示されています。この図から、地球全体に年平均値として入射する量は342Wm^{-2}であり、大気による吸収は67Wm^{-2}です。これらの比は67/342 ≒ 0.20となり、約20%となります。しかしながら、可視光線は大気に対してほとんど透明で、太陽放射の吸収は赤外線域で生じ、主な吸収源は水蒸気と二酸化炭素です。

（c）誤り。図：般4・5で地表面が吸収するエネルギーは168Wm^{-2}であり、地球全体に年平均で入射する量342Wm^{-2}との比は、168/342 ≒ 0.49で、約50%です。

これだけは必ず覚えよう！

・単位面積当たり1秒間に放出される全エネルギーI^*は、黒体の絶対温度Tの4乗に比例する（シュテファン・ボルツマンの法則）。
・太陽定数の値は1370Wm^{-2}である。
・レーリー散乱は、散乱体の大きさが光の波長の10分の1以下の場合の散乱である。
・レーリー散乱の強さは波長の4乗に反比例する。
・ミー散乱は、散乱体の大きさが光の波長と同程度以上の場合の散乱である。
・ミー散乱では色の分離が起こらない。
・波長8～12μmの赤外線領域は「大気の窓」といわれ、長波放射（地球放射）をほとんど吸収しない。
・プラネタリーアルベドの値は約0.3である。
・放射収支では、顕熱・潜熱の効果が大きい。

大気中のエーロゾルや雲粒による散乱のように、散乱体の大きさが波長と同程度かそれより大きい散乱をミー散乱といい、散乱の強さは波長に左右される。

Chapter 5

大気の力学

出題傾向と対策

◎毎回2〜3問出題されている頻出分野。

◎温度風に関連した、温度分布、気圧分布、および風向の関係について十分に理解しておく。

◎渦度や質量保存則を理解し、これらの計算問題にも慣れておこう。

 大気に働く力

1-1　気圧傾度力

気圧は単位面積に働く力であり、場所により気圧が違うと等圧線と直角に気圧の高いほうから低いほうに向かって**気圧傾度力**という力が働きます。気圧傾度力は、**気圧傾度**（単位距離だけ離れた場所の気圧差）が大きいほど大きくなります。普通、天気図では等圧線（または等高度線）が一定の気圧差（高度差）ごとに描かれているので、等圧線（等高度線）の間隔が狭いほど気圧傾度力は大きくなります。

重要な数式

等圧線間の距離がΔnで、その気圧差がΔp、密度がρの単位質量の空気に働く気圧傾度力P_nは次の式で表される。

$$P_n = -\frac{1}{\rho} \cdot \frac{\Delta p}{\Delta n}$$

ここで、マイナスは力の向きが気圧の高いほうから低いほう（気圧傾度の向きとは逆向き）であることを示している。

高層天気図には等圧面上に等高度線が描かれているが、このような等高度線の場合の気圧傾度力は静力学平衡の関係から次のようになる。

$$P_n = -g \frac{\triangle z}{\triangle n}$$

ここで、g は重力加速度、z は高度。

1-2 コリオリ力

コリオリ力とは、地球の自転による見かけの力であり、北（南）半球では運動の方向に対して直角右（左）向きに働き、その大きさは風速と$\sin \phi$（ϕ は緯度）に比例します。つまり、コリオリ力は地球表面に対して相対的に動いている場合に働き、風速0では働きません。また、赤道上（緯度0度）では働かず、極（緯度±90度）で最大となります。

コリオリ力の向きは運動の向きと直交しているので、運動の向きを変えることはできますが、速さを変えることはできません。このためコリオリ力は**転向力**とも呼ばれます。

重要な数式

コリオリ力 C_o の大きさは、単位質量の空気塊が緯度 ϕ のところを風速 V で動いているとき次のようになる。

$$C_o = 2\,\Omega\,V\sin \phi = fV$$

この $f = 2\,\Omega \sin \phi$ を**コリオリパラメータ（コリオリ因子）**という。なお、$\Omega = 7.292 \times 10^{-5}\,\mathrm{rad/s} = 2\pi/1$日は、地球の自転の角速度である。

---

2 風と力の釣り合い

2-1 地衡風

地衡風とは、直線の等圧線が平行にある場合に、気圧傾度力とコリオリ力が釣り合った状態で、等圧線と平行に北（南）半球では気圧の低いほうを左（右）にみるように吹く風のことです（図：般5・1）。北半球と南半球で風向が逆になるのは、コリオリ力が北半球と南半球で逆にな

豆テスト **Q** 気圧傾度力は、気圧傾度と空気密度の積である。

るためです。

地衡風の風速は、緯度が同じなら気圧傾度が大きい（等圧線の間隔が狭い）ほど、気圧傾度が同じなら緯度が低いほど速くなります。この関係から、天気図の等圧線または等高度線から風向や風の強さを推定できます。

図：般5・1　地衡風（北半球の場合）

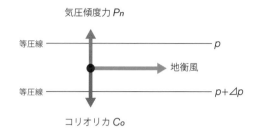

赤道ではコリオリ力が働かず、地衡風の考え方が成り立たないので、地衡風や次に述べる傾度風などはコリオリ力が働く中高緯度での話です。

Chap.
5

大気の力学

重要な数式

地衡風は気圧傾度力 P_n とコリオリ力 C_o が釣り合って吹いているので、その力の釣り合いの式から地衡風の風速 V_g がわかる。

$$P_n = C_o$$
$$V_g = -\frac{1}{2\rho\Omega\sin\phi} \cdot \frac{\triangle p}{\triangle n} = -\frac{1}{f\rho} \cdot \frac{\triangle p}{\triangle n} = -\frac{g}{f} \cdot \frac{\triangle z}{\triangle n}$$

この式の最後の項は、等高度線の場合の式である。

2-2　傾度風

傾度風とは、低気圧や高気圧（それぞれ周囲と比較して相対的に気圧が低い所、高い所）のように曲率をもった（曲がっている）等圧線がある場合に、気圧傾度力とコリオリ力以外に遠心力も加えた3つの力が釣り合った状態で、等圧線に沿って北（南）半球では気圧の低いほうを左（右）にみるように吹く風のことです。このため、北半球では低気圧は左回り（反時計回り）、高気圧は右回り（時計回り）の風となり（図：般5・2）、南半球では北半球とは逆に低気圧は右回り、高気圧は左回りとなります。

 ✕　気圧傾度力 P_n は、気圧傾度（単位距離当たりの気圧差：$\triangle p / \triangle n$）と空気密度 ρ の逆数の積〔$P_n = (-1/\rho)\triangle p / \triangle n$〕であり、気圧の高いほうから低いほうに働く。

図：般5・2 傾度風（北半球の場合）

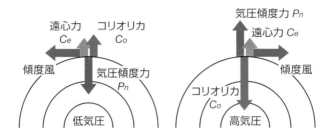

重要な数式

　傾度風の例として、図：般5・2のように円を描いて風速Vで回転運動している場合を考える。このとき、気圧傾度力P_nとコリオリ力C_o以外に外向きの遠心力C_eも働くため、傾度風の力の釣り合いの式は、低気圧、高気圧それぞれに対して次のようになる。

　　　低気圧：$P_n = C_o + C_e$
　　　高気圧：$C_o = P_n + C_e$

　低気圧の場合の式が$C_o = P_n - C_e$となり、コリオリ力は緯度が同じならば風速に比例することから、<u>傾度風の風速は、気圧傾度力が地衡風と同じでも、低気圧性の風の場合には$-C_e$のために地衡風より弱く、高気圧性の風の場合には$+C_e$のために地衡風より強くなる</u>。また、等圧線が直線（半径無限大の円と考えられる）になると遠心力がなくなり$C_e = 0$となるので、傾度風の力の釣り合いの式は地衡風の力の釣り合いの式と同じになる。

詳しく知ろう

• **低気圧と高気圧の力の釣り合いの式**：低気圧と高気圧ではVとP_nの向きが逆なので、低気圧の場合を$V>0$、$P_n>0$、高気圧の場合を$V<0$、$P_n<0$とすることにより、まとめて次のように書くことができる。

$$\frac{V^2}{r} + fV = P_n$$

　ただし、単位質量の空気が回転半径 r で円運動するときの遠心力の

豆テスト Q コリオリ力は北半球では運動の方向に対して直角左向きに働き、赤道上で最大となる。

大きさを $C_e = V^2/r$ としている。この式から傾度風の風速は次のようになる。

$$V = \frac{1}{2}\left(-fr \pm \sqrt{f^2r^2 + 4rP_n}\right)$$

この式の複号（±）のうち「－」は気圧傾度がない（$P_n = 0$）ときでも風が吹く（$V \neq 0$）ことになるので、「＋」のほうだけが傾度風を表している。風速 V は実数でなければならないので、高気圧性の風（$P_n < 0$）の場合には根号の中が正となるために次のような条件が成り立つ必要がある。

$$-P_n \leqq \frac{f^2r}{4}$$

これにより半径の小さい所では気圧傾度力（$-P_n$）がそれに応じて小さくなるため、高気圧の中心付近では等圧線の間隔が狭くなれず、強い風が吹くことはない。

ところが、低気圧性の風の場合には根号の中は常に正となり、このような制限はないため、台風のように低気圧の中心付近で気圧傾度力が大きくなることができ、強い風が吹くことができる。

Chap.
5

大気の力学

2-3 旋衡風

旋衡風とは、竜巻のように小さい低気圧の場合、つまり半径が小さく等圧線の曲がり方（曲率）が極端に大きいために狭い範囲で気圧傾度が非常に大きい場合に、<u>気圧傾度力と遠心力だけが釣り合った状態で吹く風</u>のことです。

┏━━ **重要な数式** ━━

高気圧では中心付近で気圧傾度が大きくなれないので、旋衡風は吹かない。低気圧の力の釣り合いの式において、気圧傾度力と風速が大きい場合には、コリオリ力は気圧傾度力や遠心力よりも相対的にきわめて弱くなり、旋衡風の力の釣り合いの式は次のようになる。

$$P_n = C_e$$

✗ コリオリ力は北半球では運動の方向に対して直角右向きに働く。その大きさは風速と $\sin\phi$（ϕは緯度）に比例するので、赤道上では働かず、両極で最大となる。

この式から旋衡風の風速は次のようになり、旋衡風では左回りの風（$V > 0$）も右回りの風（$V < 0$）も吹くことがわかる。

$$V = \pm\sqrt{rP_n}$$

2-4 慣性振動

慣性振動とは、気圧傾度力が働いていない場合に、コリオリ力と遠心力が釣り合って運動している状態のことです。北半球では右回り（時計回り）の円運動となり、その周期は風速には依存しません。ただし、慣性振動が通常の天気図で観測されることはほとんどありません。

重要な数式

気圧傾度力が働いていない状態で、空気塊が初速Vで動いているとき、北半球では進行方向右向きにコリオリ力を受けて曲がり、空気塊の運動は半径がrで右回り（時計回り）の円運動となり、遠心力も働く。慣性振動では、このようにコリオリ力C_oと遠心力C_eが空気塊に働き、この2つの力が釣り合うので、以下の式が成り立つ。

$$C_o = C_e$$
$$fV = \frac{V^2}{r}$$

この式から慣性振動の風速は次のようになる。

$$V = fr = 2\,\Omega\,r\sin\phi$$

慣性振動は、この風速Vでの円運動であり、円周の長さ（$2\pi r$）を風速Vで割ることによって、その周期Tを次のように求めることができる。

$$T = \frac{2\pi r}{2\,\Omega\,r\sin\phi} = \frac{\pi}{\Omega\sin\phi}$$

この式から、円運動の周期が風速には依存せず、緯度のみに依存することがわかる。

 地衡風は、気圧傾度力とコリオリ力が釣り合って、等圧線と平行に、北半球では気圧の低い側を左にみて吹く。

2-5　地表面付近の風

　地表面付近に吹く風（地上風）は地表面との摩擦の影響を受けるので、地衡風や傾度風の場合に働く力に**摩擦力**も加えた力が釣り合った状態で、等圧線をある角度で横切るようにして気圧の低いほうへ吹き込みます。

　摩擦力があると地衡風よりも風速は弱くなり、風向は等圧線を横切って吹くようになります。そして、摩擦力が大きいほど風は弱く、等圧線となす角度は大きくなります。摩擦力は海上よりも陸上のほうが大きいため、風向が等圧線となす角度は海上より陸上のほうが大きく、海上では15〜30°くらい、陸上では30〜45°くらいになります。

Chap.
5
大気の力学

> ### 重要な数式
>
> 　簡単のために摩擦力Fが風向と逆向きに働くと仮定すると、等圧線が直線の場合に対する力の釣り合いは図：般5・3のようになる。風向が等圧線となす角をαとしたとき、風向と平行な方向と垂直な方向の力の釣り合いの式はそれぞれ次のようになる。
>
> $$F = P_n \sin\alpha$$
> $$C_o = P_n \cos\alpha$$
>
> 　地表面付近の風はこの2つの式を満足するような風速V、角度αで吹く。
>
> 　これらの式から、摩擦力がある（$F \neq 0$）と$\alpha \neq 0$なので、風は等圧線と平行には吹かないこと、さらに$\alpha \neq 0$ならば、$\cos\alpha < 1$なので、C_oつま
>
> **図：般5・3　地上風**（北半球の場合）
>
>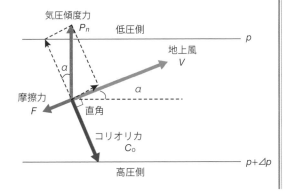

A ○ 記述の通り。地衡風の風速は、緯度が同じならば気圧傾度が大きいほど、気圧傾度が同じならば緯度が低いほど速くなる。

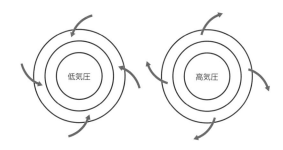

図：般5・4　高・低気圧の地上風（北半球の場合）

低気圧

高気圧

り風速は地衡風よりも弱くなることがわかる。また、これらの式から、

$\tan\alpha = F/C_0$

となるので、角度αは摩擦力とコリオリ力の比で決まることもわかる。

　低気圧や高気圧のまわりに吹く風も地表面付近では地表面との摩擦の影響を受けて、図：般5・4のように等圧線をある角度で横切るように気圧の低いほうへ吹く。

2-6　温度風

　温度風は、実際に空気が動くふつうの風とは異なり、2つの高度の地衡風（上層の地衡風と下層の地衡風）のベクトル的な差です。

　2つの高度に挟まれた空気層の鉛直方向の平均気温を考えたとき、温度風はその<u>平均気温の等温線と平行に北（南）半球では低温部分を左（右）にみるように吹き</u>、水平方向の温度傾度が大きい（つまり、等温線の間隔が狭い）ほど強くなります。

　簡単のために図：般5・5の左図のように、地上での気圧はどこも同じ1000hPaで、南北方向には南側に暖気、北側に寒気という温度傾度があり、東西方向には温度傾度がない場合を考えます。このときの層厚は寒気側では薄く、暖気側では厚くなるため、たとえば1000hPaの等圧面が水平でも、900hPaの等圧面（左図の色実線）は傾斜して暖気側の高度が寒気側よりも高くなります。

　このことは等高度面上（図の破線）でみると、寒気側では900hPaでも暖気側では900hPaより大きな値（たとえば920hPa）になるということであり、南北方向に気圧傾度ができることになります。この南北方向

北半球の低気圧の周りの風は、気圧傾度力がコリオリ力と遠心力の合力と釣り合って、等圧線に沿って反時計回りに吹く。

図：般**5・5** 高度による地衡風の変化の概念図（北半球の場合）

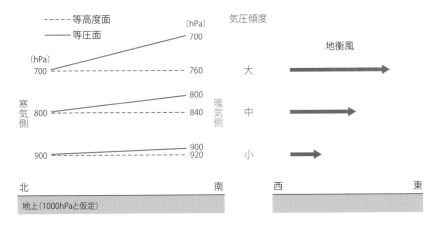

の気圧傾度によって図：般5・5の右図のように、西から東に向かって地衡風が吹きます。

　つまり、1000hPaでは気圧傾度がなく地衡風が吹いていなくても、水平の温度傾度があると900hPaでは気圧傾度が生じて地衡風が吹きます。さらに800hPa、700hPaと等圧面の高さが高くなるほど等圧面の傾斜（気圧傾度）は大きくなり、その気圧傾度による地衡風も速くなります。こ

図：般**5・6** 地衡風、温度分布、温度風の関係（北半球の場合）

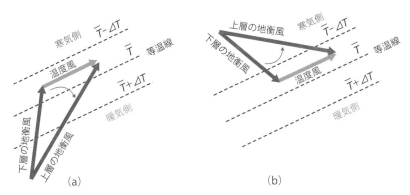

 気圧傾度力とコリオリ力と遠心力の3力が釣り合って吹く風を傾度風といい、高気圧の場合には、気圧傾度力と遠心力の合力がコリオリ力と釣り合って時計回りに吹く。

のように水平の温度傾度があると、高度とともに地衡風が増加し、温度風が吹きます。

より一般的な上層と下層の風向が異なる場合の地衡風、温度分布、温度風の関係を図：般5・6に示します。図：般5・6（a）のように、高度とともに風向が時計回りに変化している場合は、平均して風が暖気側から寒気側に吹いているので暖気移流があり、反対に図：般5・6（b）のように、高度とともに風向が反時計回りに変化している場合は、平均して風が寒気側から暖気側に吹いているので寒気移流があるとわかります。

3 大気の流れ

3-1 発散と収束

ある場所から空気が周りに広がる（その場所の空気が少なくなる）ことを発散といい、ある場所に空気が周りから集まる（その場所の空気が多くなる）ことを収束といいます。

気象学では多くの場合、水平方向の発散、収束を扱い、それぞれ水平発散、水平収束、あるいは単に発散、収束といいます。

重要な数式

図：般5・7のように、x方向に$\triangle x$だけ離れた$x_1 = x$と$x_2 = x + \triangle x$でのx方向の風速がそれぞれ$u_1 = u$と$u_2 = u + \triangle u$、y方向に$\triangle y$だけ離れた$y_1 = y$と$y_2 = y + \triangle y$でのy方向の風速がそれぞれ$v_1 = v$と$v_2 = v + \triangle v$のときに、水平風速$V = (u, v)$の水平発散Dは次のようになる。

$$D = \mathrm{div}V = \frac{u_2 - u_1}{x_2 - x_1} + \frac{v_2 - v_1}{y_2 - y_1} = \frac{\triangle u}{\triangle x} + \frac{\triangle v}{\triangle y}$$

（divは、「発散」を意味する数学記号）

気象学では通常、x方向を東西方向東向き、y方向を南北方向北向き、z方向を鉛直方向上向きにとる。

地上付近に直線の等圧線がある場合に、風は、気圧傾度力とコリオリ力と摩擦力の3つの力が釣り合って吹く。

　発散について知るため
に、図：般5・7の破線で
描いた四角の面積の変化
を考える。x方向の風を
見ると、u_1よりもu_2の矢
印のほうが長く、x_1より
もx_2の風のほうが強いの
で、破線の四角はx方向
に伸びて面積が増加す
る。このとき$\dfrac{\varDelta u}{\varDelta x}>0$で
ある。y方向も同様に考
えることができる。

図：般5・7　発散の計算

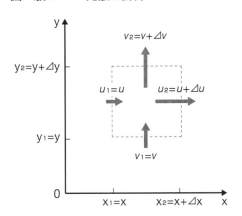

　このことから、発散D
の値が正になるときには四角の面積が増加することになるので、空気が
広がる発散となり、負になるときは四角の面積が減少することになるの
で、空気が集まる収束になることがわかる。

3-2　渦　　度

　低気圧や高気圧の風のような回転運動に関する量が渦度です。渦度は
回転が速いほど大きく、反時計回り（北半球の低気圧と同じ）の回転の
ときに正、時計回り（北半球の高気圧と同じ）の回転のときに負の値と
なります。気象学では多くの場合、水平面内の回転を扱い、回転の軸が
鉛直方向を向いているので、渦度の鉛直成分、鉛直渦度、あるいは単に
渦度といいます。

重要な数式

　図：般5・8のように、x方向に$\varDelta x$だけ離れた$x_1=x$と$x_2=x+\varDelta x$で
のy方向の風速がそれぞれ$v_1=v$と$v_2=v+\varDelta v$、y方向に$\varDelta y$だけ離れ
た$y_1=y$と$y_2=y+\varDelta y$でのx方向の風速がそれぞれ$u_1=u$と$u_2=u+\varDelta$
uのときに、風速$V=(u,v,w)$（wは風速の鉛直（z）方向の成分）の渦

度の鉛直成分ζは次のようになる。

$$\zeta = (\mathrm{rot}V)_z = \frac{v_2 - v_1}{x_2 - x_1} - \frac{u_2 - u_1}{y_2 - y_1} = \frac{\varDelta v}{\varDelta x} - \frac{\varDelta u}{\varDelta y}$$

（rotは、「回転」を意味する数学記号）

　渦度は低気圧のように風が回転している場合だけではなく、水平方向に風速勾配がある（風速に違いがある）場合にも存在する。図：般5・8のy方向の風を見ると、v_1とv_2は同じ方向を向いているが、v_1よりもv_2の矢印のほうが長いので、x_1よりもx_2の風のほうが強いことがわかる。このとき$\frac{\varDelta v}{\varDelta x} > 0$である。図に色破線で示したような中心の黒丸のところで固定された仮想的な十字の板（以後、風車と呼ぶ）を考えると、風車の左側（x_1）よりも右側（x_2）の部分にあたる風のほうが強い（$v_1 < v_2$）ので、風車は反時計回りに回転することになる。このように渦度は、風の流れが回転しているかではなく、風の流れの中においた風車がどのように回転するかを表している。そして、風車の回転が速いほど、つまり風速勾配$\frac{\varDelta v}{\varDelta x} > 0$が大きいほど渦度の絶対値は大きくなる。

　x方向の風も同様に考えることができるが、y方向の風の場合とは回転の向きが逆で時計回りに回転する。そこで、風車が反時計回りに回転するときに渦度の値が正になるように、x方向の風による項は引き算になっている。

図：般5・8　渦度の計算

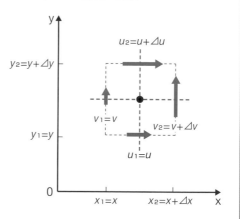

　地球は北極から見ると反時計回りに自転しているので、地面に対して回転していなくても、人は北極に立っただけで鉛直軸の周りを地球の自転と同じ角速度で回転しています。つまり、北極に立っただけで鉛直渦度があることになります。

Q 温度風は、平均気温の等温度線に平行に、北半球では低温部を右にみるように吹く。

　一方、赤道に立った場合にも自転軸の周りを回転していますが、このときの回転軸が水平方向を向いているので、鉛直渦度はありません。

　このように、地球の自転の影響を受けて、地球上では地表面に対して回転していなくても、その緯度に応じた渦度があります。この渦度のことを**惑星渦度**といいます。また、地表面に相対的な渦度を**相対渦度**といい、惑星渦度と相対渦度の和を**絶対渦度**といいます。絶対渦度は発散、収束がなければ保存されます。これを**絶対渦度保存則**といいます。

　発散、収束がない状態で渦が高緯度のほうへ移動すると、惑星渦度が増加するため相対渦度は減少し、逆に、低緯度の方へ移動すると相対渦度は増加します。つまり、低気圧などは移動して緯度が変わるだけで相対渦度が変化するのです。

　　┃ **重要な数式** ┃

　　惑星渦度 f は地球の自転の角速度を Ω とすると、緯度 ϕ では次のように表され、コリオリパラメータと同じ値である。

$$f = 2\,\Omega \sin \phi$$

　　つまり、絶対渦度は $f + \zeta$ である。

3-3　質量保存則（連続方程式）

　空気や水蒸気などのすべての物質は、何もないところから突然現れたり、消え去ったりすることはありません。これを**質量保存則**といいます。たとえば、空気中のある領域を考えたときに、その領域への空気の流出入があった場合には、その領域内の空気の質量の変化量は、流入する空気の質量と流出する空気の質量の差（つまり質量収支）に等しくなります。また、このことから、領域内の空気の質量が変化しない場合には、領域のある面での風速がわからなくても、その他のすべての面で流出入する空気の質量収支を求めることにより、その風速を求めることができます。

豆テスト **A** ✕　上層の地衡風と下層の地衡風のベクトル的な差を温度風といい、北半球では低温部を左にみるように吹く。

このような質量保存則を表す式を連続方程式といいます。これにより、空気の水平運動（ある領域での収束・発散）と鉛直運動（その領域での上昇流・下降流）の関係を知ることができます。

詳しく知ろう

- **連続方程式**：大気中に図：般5・9(a)のような、各辺がx、y、z方向を向いた仮想的な直方体領域を考え、この領域への空気の流出入を考える。この直方体のx、y、z方向の各辺の長さはそれぞれΔx、Δy、Δz〔m〕とし、各方向の風速はu、v、w〔m/s〕とする。ただし、簡単のために、空気の密度ρ〔kg/m³〕は時間、場所によらず一定とする。

　まず、x方向について考えることにして、この直方体の左側の面から流入する空気の質量を図：般5・9(b)のように考える。この面に垂直な方向の風速がu_1〔m/s〕であるから、空気はΔt秒間に$u_1 \Delta t$〔m〕だけ移動する。このことから図：般5・9(b)のように、Δt秒間にこの面を通過する空気は、この面の風上側の$u_1 \Delta t$〔m〕の範囲にある空気、つまり、この面（面積$\Delta y \Delta z$〔m²〕）を底面とし、高さが$u_1 \Delta t$〔m〕の直方体領域の空気であることがわかる。したがって、この面をΔt秒間に通過する空気の体積は、$u_1 \Delta t \Delta y \Delta z$〔m³〕となり、その質量は$\rho u_1 \Delta t \Delta y \Delta z$〔kg〕となる。

　左側の面と同様に、右側の面から流出する空気も考え、これらの収支からx方向の空気の流れによる領域内の質量の微小変化ΔM〔kg〕

図：般5・9　領域内への空気の流出入

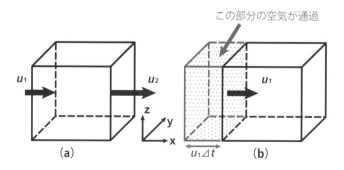

下層の雲が南西から北東に向かって動き、上層の雲が南から北に動く場合、これら2つの層の間では暖気移流がある。

が求められる。$\triangle t$ 秒間に右の面から流出する空気の質量は $\rho u_2 \triangle t \triangle y \triangle z$ 〔kg〕となるから、x方向に $\triangle t$ 秒間に流出入する空気の質量収支は、$\rho (u_1 - u_2) \triangle t \triangle y \triangle z$ 〔kg〕となる。これがx方向の風による $\triangle t$ 秒間での領域内の質量の変化量 $\triangle M$ 〔kg〕であるから、以下の式が成り立つ。

$$\triangle M = \rho (u_1 - u_2) \triangle t \triangle y \triangle z$$

上式の両辺を $\triangle t$ で割り、さらに、この領域の体積 $V(= \triangle x \triangle y \triangle z)$ 〔m³〕で割ると、上式は次のようになる。

$$\frac{\triangle \rho}{\triangle t} = \rho \frac{(u_1 - u_2)}{\triangle x} = -\rho \frac{\triangle u}{\triangle x}$$

ここで、$\rho = M/V$ の関係を使い、x方向の風速差 $u_2 - u_1$ を $\triangle u$ とした。

さらに、y、z方向も同様に考え、y、z方向の風速差をそれぞれ $\triangle v$、$\triangle w$ とすると、以下の式が成り立つことがわかる。

$$\frac{\triangle \rho}{\triangle t} + \rho \left(\frac{\triangle u}{\triangle x} + \frac{\triangle v}{\triangle y} + \frac{\triangle w}{\triangle z} \right) = 0$$

この式を**連続方程式**という。

4 運動のスケール

大気の運動の大きさをスケール（規模）といい、空間的な大きさなので**空間スケール**、また水平方向の大きさなので**水平スケール**ともいいます。時間に関しても、さまざまな寿命の運動があり、この時間の長さを**時間スケール**といいます。

さまざまな気象現象の空間スケールと時間スケールの関係を、縦軸に空間（水平）スケール、横軸に時間スケールをとって図：般5・10 に示します。

さまざまな現象が図の左下の時間空間スケールの小さい部分から、右上の時間空間スケールの大きい部分に向かって対角線上に並んでいますが、これは空間スケールの大きな現象は時間スケールも長いことを表し

× 雲の動き、つまり風は下層から上層に向かって反時計回りに変化しているので、寒気移流がある。

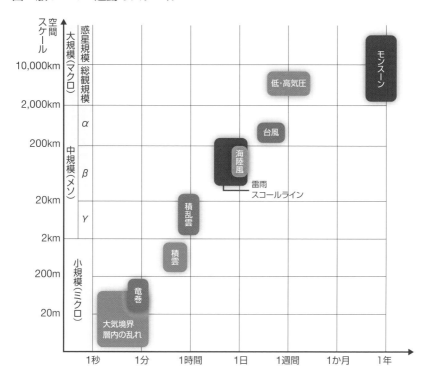

図：般5・10　運動のスケール

ています。また大きさによって現象のスケールを分類しており、その名称を図：般5・10の縦軸に示しています。<u>静力学平衡、地衡風、傾度風などは、水平スケールが約2000km以上、時間スケールが約1週間以上の総観規模の現象</u>です。

5 大気境界層

地表面からある程度の高さまでの大気層は、風や温度などの鉛直分布が地表面の影響を受けて上空の大気とは異なっています。この地表面の影響を受ける大気層を**大気境界層**といいます。これに対して、大気境界層の上にあって地表面の影響を受けない大気を**自由大気**といいます。

 地上に水平収束があると下降流が生じやすい。

　大気境界層はさらに、地表面に接している**接地層**とその上にある**対流混合層（エクマン層）**に分けられます。これらを模式的に図：般5・11に示します。また、森林や都市では裸地の上の接地層とは違った性質の層となっていて、これを**キャノピー層**といいます。<u>大気境界層の厚さは中緯度ではふつう1kmくらい、接地層の厚さは数十mくらいです</u>。ただし、この厚さは時刻、地表面の状態、大気の状態によって大きく変化します。

　大気境界層で吹く風は、地表面との摩擦の影響のために等圧線をある角度で横切るようにして気圧の低いほうへ吹き、この角度は摩擦が大きいほど大きくなります。地表面との摩擦は地表に近いほど大きいので、地表付近では等圧線との角度が大きく、上空ほど角度が小さくなり、自由大気に入ると角度が0度となって等圧線と平行に風が吹きます。したがって、風ベクトルの先端は高度が高くなるにつれてらせんを描くようにして地衡風に近づいていきます。これを**エクマンらせん**といいます。

　大気境界層内には大小さまざまな渦があり、大気の流れは乱れています。この乱れた渦を**乱渦**といい、乱れた流れを**乱流**といいます。この乱流によって大気境界層内の空気はよくかき混ぜられており、特に日中は

Chap.
5

大気の力学

図：般5・11　大気境界層

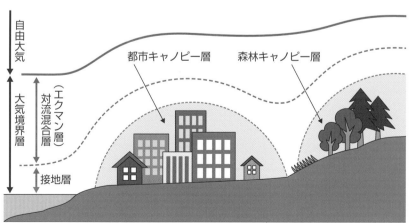

豆テスト **A** ✕　地上で収束により集まった空気は上方に行くほかないので上昇流が生じ、上空で雲が発生しやすい。下降流が生じるのは地上に発散がある場合である。

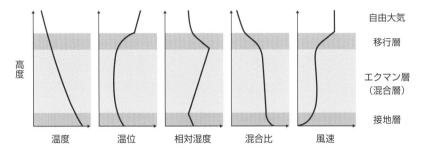

図：般5・12 大気境界層における日中の物理量の鉛直分布

日射の影響もあって空気がよく混ざっており、さまざまな気象要素が図：般5・12に示すように特徴的な鉛直分布となっています。

理解度 check テスト

Q1 北半球の自由大気中の水平面内に反時計回りの円形循環があり、この循環内の点における風の鉛直分布を調べたところ、中心付近以外では、風向はどの高さも同じで風速は高度が高くなるほど小さくなるように分布していた。

　この循環において温度風の関係が成り立つ場合、このような風の鉛直分布の要因となる気温分布として最も適切なものを、下記の①～⑤の中から一つ選べ。

① 循環の中心から遠くなるほど気温が高くなる。
② 循環の中心から遠くなるほど気温が低くなる。
③ 高度が高くなるほど気温が高くなる。
④ 高度が高くなるほど気温が低くなる。
⑤ 水平方向、鉛直方向ともに気温が一定となる。

Q2 図のように、大気中に、一辺の長さが2kmの立方体の領域が4つの側面をそれぞれ東西南北に向け、底面を水平にして二つ重

 発散・収束がない状態で渦が高緯度側に移動すると、惑星渦度は増加し、相対渦度は減少する。

なっており、これらの立方体の各面では図に示すような一定の風が吹いている。この上側の立方体の西側面での風速の値に最も近いものを、下記の①～⑤の中から一つ選べ。

ただし、各高度における空気密度の比は、上面：中面：下面＝6：8：10で、その間は高度に対して直線的に変化しており、各高度では時間的に一定であるものとする。

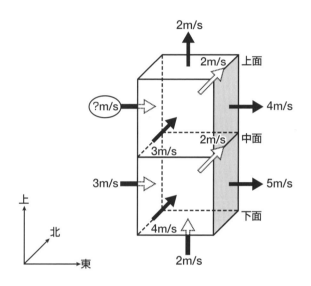

①　1m/s　　②　2m/s　　③　3m/s　　④　4m/s　　⑤　5m/s

ヒント：面積Sの面を単位時間当たりに通過する空気の質量は、空気の密度をρ、風速をuとすると、$\rho u S$である。

📖 解答と解説

Q1 　**解答②**　**第44回（平成27年度第1回）一般・問6**

温度風に関する問題です。

反時計回りの円形循環とは、図1の矢印のような循環です。まずは、

 ○　発散・収束がない場合、絶対渦度（＝惑星渦度＋相対渦度）は保存されるので、高緯度側への移動により惑星渦度が増加すると相対渦度は減少する。

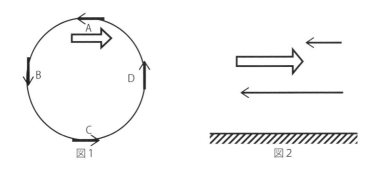

図1　　　　　　　　　　　図2

地点Aの近傍を考えます。この循環の風向はどの高さも同じで風速は高度が高くなるほど小さくなることから、地点Aの２つの高度の風速を循環の中心からみると、図2の実線の矢印のようになります。上層の地衡風と下層の地衡風のベクトル的な差が温度風なので、温度風は図の白抜きの矢印のようになります。温度風の関係が成り立つ場合を考えているので、<u>温度風は平均気温の等温線と平行に北半球では低温部分を左にみるように吹く</u>ことから、図1の白抜きの矢印の進行方向左側（循環の外側）は気温が低く、右側（循環の中心側）は気温が高くなります。同様なことを地点B、C、Dなどで考えると、循環の中心から遠くなるほど気温が低くなることがわかります。したがって、正解は②となります。

Q2 　**解答②　第40回（平成25年度第1回）一般・問7**

　領域に流出入する物質の量に関する問題です。質量保存則によって、領域内の質量が時間的に変化しなければ、領域へ流出入する空気の質量収支は0になります。また、ある面を単位時間に通過する空気の質量は、その面の面積が S [m²]、その面を通過する空気の速度が u [m/s]、空気の密度が ρ [kg/m³] のとき、$\rho u S$ [kg] で表されます。したがって、各面を出入りする空気の質量から、領域内の質量収支を考えれば、空気密度が時間的に一定なので、問われている風速を求めることができます。

　各面を通過する空気の質量を求めるときには密度と面積が必要になります。この問題では空気密度が高さによって異なるので、それぞれの高

 大気運動の水平スケールが大きいほど、地球の自転の影響は小さくなる。

さでの密度の値が必要になりますが、上面、中面、下面での密度は、問題文の密度の比からそれぞれ6ρ、8ρ、10ρとします。さらに、側面での密度は平均値を用いることにして、上側では7ρ、下側では9ρとします。また、面積Sは、一辺の長さが2kmの立方体の領域なので、$S = 2\text{km} \times 2\text{km} = 4\text{km}^2$です。

上側の西側面での風速を求めるには、上側の立方体の下面（つまり中面）での風速が必要ですが、その値がわかりません。そこでまず、その中面（つまり下側の立方体の上面）の風速wを下側の立方体の質量収支から求める必要があるので、下側の立方体の各面から領域に入ってくる空気の質量を求めます。ただし、出て行く場合は負の値としています。下面は$+10\rho \times 2 \times S$、西面は$+9\rho \times 3 \times S$、南面は$+9\rho \times 4 \times S$、東面は$-9\rho \times 5 \times S$、北面は$-9\rho \times 2 \times S$、上面（流出と仮定します）は$-8\rho \times w \times S$となります。

以上から、下側の立方体の質量収支は、

$$(+10 \times 2 + 9 \times 3 + 9 \times 4 - 9 \times 5 - 9 \times 2 - 8 \times w)\rho S = (5 - 2w)\rho S$$

となり、これが0となることから、中面の風は上向きで風速$w = 5/2\,[\text{m/s}]$であることがわかります。

次に、上側の西側面での風速uを求めるために、上側の立方体の各面から領域に入ってくる空気の質量を求めます。下面は$+8\rho \times 5/2 \times S$、西面（流入と仮定します）は$+7\rho \times u \times S$、南面は$+7\rho \times 3 \times S$、東面は$-7\rho \times 4 \times S$、北面は$-7\rho \times 2 \times S$、上面は$-6\rho \times 2 \times S$となります。以上から、上側の立方体の質量収支は、

$$(8 \times 5/2 + 7 \times u + 7 \times 3 - 7 \times 4 - 7 \times 2 - 6 \times 2)\rho S = (7u - 13)\rho S$$

となり、これが0なので、上側の西側面での風速は$u = 13/7 = 1.9\,[\text{m/s}]$となります。

したがって、上側の立方体の西側面での風速の値に最も近いのは2m/sで②が正解となります。

豆テスト **A** ✕ 大気運動の水平スケールが大きいほど、地球の自転の影響は大きくなる。

これだけは必ず覚えよう！

- コリオリ力は、北半球では運動の方向に対して直角右向きに働き、大きさは風速と sin φ（φは緯度）に比例する。
- 地衡風は、気圧傾度力とコリオリ力が釣り合った状態で、等圧線と平行に、北半球では気圧の低い側を左にみて吹く。
- 傾度風は、気圧傾度力とコリオリ力と遠心力が釣り合った状態で、曲率のある等圧線に沿って、北半球では気圧の低い側を左にみて吹くため，低気圧では反時計回り、高気圧では時計回りに風が吹く。
- 旋衡風は気圧傾度力と遠心力が釣り合って吹く。
- 地上風は地表面の摩擦の影響を受け、等圧線をある角度で横切って気圧が低いほうへ吹き、等圧線との角度は海上で15〜30°くらい、陸上で30〜45°くらい。
- 温度風は、等温線と平行に、北半球では低温部を左にみるように吹く。
- 風向が高度とともに時計回りに変化している場合は暖気移流があり、反時計回りに変化している場合は寒気移流がある。
- 発散：$D = \mathrm{div} V = \dfrac{u_2 - u_1}{x_2 - x_1} + \dfrac{v_2 - v_1}{y_2 - y_1} = \dfrac{\Delta u}{\Delta x} + \dfrac{\Delta v}{\Delta y}$
- 渦度：$\zeta = (\mathrm{rot} V)_z = \dfrac{v_2 - v_1}{x_2 - x_1} - \dfrac{u_2 - u_1}{y_2 - y_1} = \dfrac{\Delta v}{\Delta x} - \dfrac{\Delta u}{\Delta y}$
- 発散・収束がなければ、絶対渦度（＝惑星渦度＋相対渦度）は保存される。
- 空間スケールが約2000km以上、時間スケールが約1週間以上の気象現象を総観規模現象という。
- 大気境界層とは、地表の影響を受ける大気層をいい、この層は接地層と対流混合層（エクマン層）に分けられる。
- 自由大気とは、地表面の影響を受けない大気をいう。

豆テスト Q コリオリ力は、緯度が同じであれば風速が大きいほど大きく働く。

Chapter 6

大気の大規模な運動

出題傾向と対策

◎一般知識、専門知識のどちらかで毎回１問は出題されている。
◎地球全体の大気の流れと毎日の天気を支配することの多い温帯低気圧について しっかり理解しておこう。

1　エネルギーの流れ

1-1　高緯度への熱輸送

　４章で学習したように、緯度別の放射エネルギー収支では、低緯度で過剰、高緯度で不足となり、極域と赤道域の温度差は80℃くらいになります。しかし、実際はおよそ40℃程度です。低緯度で過剰、高緯度で不足する緯度別の放射エネルギー収支の過不足分を緩和するために、低緯度帯の余分な熱量が高緯度帯に運ばれています。

　この低緯度から高緯度にエネルギーを運ぶのは、図：般6・1（長く太い矢印は輸送量が大きいことを示す）と図：般6・2に示すように、①大気（大気の大循環）による熱輸送、②海洋（海流）による熱輸送、③大気中の水蒸気の凝結（潜熱）による熱輸送です。

図：般6・1　地球の熱収支の概念図
（浅井ほか「大気科学講座2　雪や降水を伴う大気」東京大学出版会、1981）

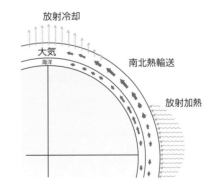

○ コリオリ力C_0は、緯度φと風速Vに比例する（$C_0 = 2\Omega V\sin\phi$、Ωは地球自転の角速度）ので、緯度が同じならば風速が大きいほど大きく働く。

図：般6・2　年平均でみた大気・海洋系における熱の南北輸送量の緯度分布

（浅井ほか「大気科学講座2　雲や降水を伴う大気」東京大学出版会、1981；一部加筆）

← は北向きの輸送、→ は南向きの輸送

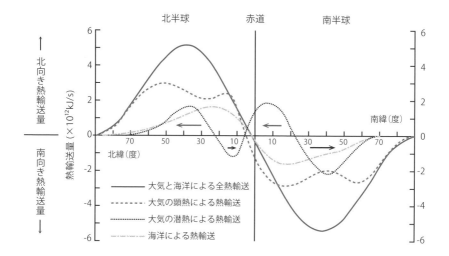

　熱の輸送量は、熱収支が過剰と不足の境になる緯度37度付近で最も大きくなっています（図：般6・2およびp.89の図：般4・6参照）。

　海洋による熱輸送は、暖流（日本付近では黒潮）が低緯度から高緯度へ、寒流（日本付近では親潮）が高緯度から低緯度へ流れた場合、高温の海水が高緯度地方に、低温の海水が低緯度地方に向かって流れ、平均して見れば熱を高緯度に輸送しています。

2　大気大循環

2-1　大気の子午面循環（南北方向の循環）

　大気の流れを空間的・時間的に平均した地球規模の流れを**大気大循環**といいます。図：般6・3は、経度ごとに平均した緯度と高度（気圧）ごとの子午面循環（南北方向の循環）をみたものです。

 大気による顕熱エネルギーの極向き輸送は、低緯度ではフェレル循環の寄与が大きい。

図：般6・3　対流圏を中心とした地球上の大気の流れの総合図

（浅井ほか、「大気科学講座2　雲や降水を伴う大気」東京大学出版会、1981）

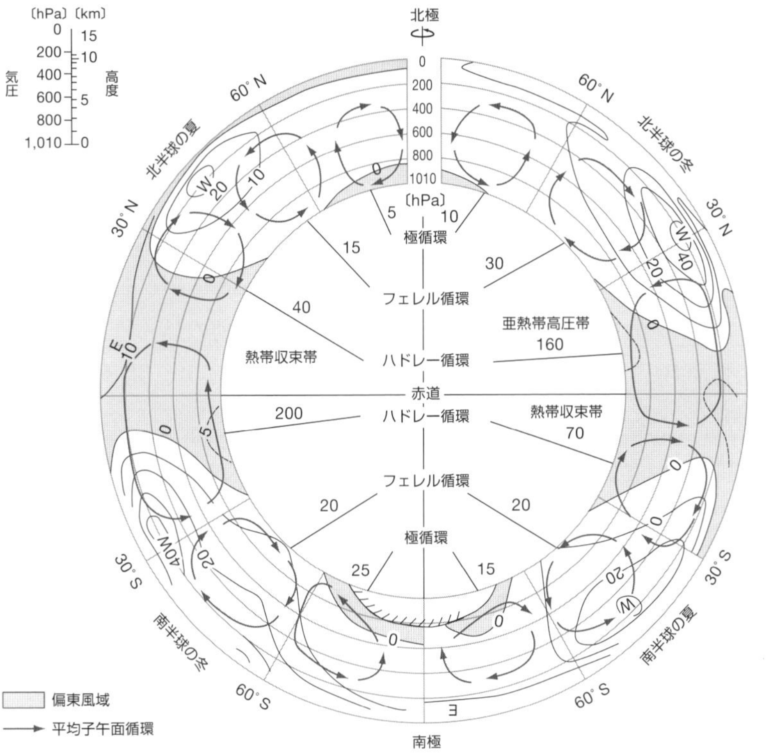

鉛直－緯度断面でみた帯状平均東西風と帯状平均子午面循環。3つの循環細胞は、それぞれ矢印で代表的な流れを示す。実線（一部破線）は東西方向帯状流の地衡風成分の等値線（コリオリパラメータを一定と仮定）。Wは西風、Eは東風（m/s）。

赤道付近で上昇し30度付近で下降する循環を**ハドレー循環**といい、60度付近で上昇し極付近で下降する循環を**極循環**といいます。これらの循環は相対的に温度の高い空気が上昇し、温度の低い空気が下降している循環であり、これを**直接循環**といます。

これに対して、60度付近で上昇し30度付近で下降する循環を**フェレル循環**といいます。フェレル循環は相対的に低温域で上昇し、高温域で下降している循環であり、これを**間接循環**といいます。この循環は、緯

豆テスト A　×　大気の子午面循環において低緯度での熱輸送は、赤道付近の熱帯域で上昇して30度付近の亜熱帯高圧帯で下降するハドレー循環の寄与が大きい。

度線に沿ってぐるりと平均をとると、60度付近では温帯低気圧に伴う上昇流が下降流を上回ることで統計上現出する見かけ上のものです。

30度付近の下降流域を**亜熱帯高圧帯**（通常サブハイと略称）といいます。亜熱帯高圧帯から吹き出す下層の風はコリオリ力で**偏東風**となり、北半球では**北東貿易風**、南半球では**南東貿易風**となって赤道付近で収束し、**熱帯収束帯**（p.124〜125 参照）を形成します。

2-2　水蒸気の南北輸送

図：般6・4に年平均した緯度別の降水量と蒸発量を示します。

降水量の極大は、熱帯収束帯にあたる対流活動の盛んな赤道付近と、温帯低気圧に伴って降水のある40〜50度付近にあり、降水量のほうが蒸発量より多くなっています。

一方、亜熱帯高圧帯の30度付近では、蒸発量が降水量よりも多くなっています。図の矢印部分は、亜熱帯高圧帯での大気中の余分な水蒸気

図：般6・4　年平均で見た降水量と蒸発量

（C. W. Newton ed., Meteorological Monographs, 13. No. 35, 1972 より一部引用追加）

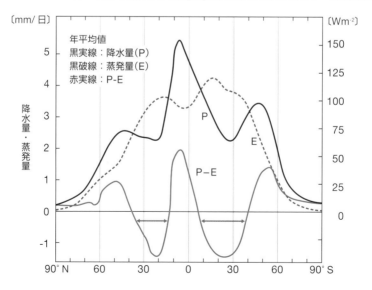

 中・高緯度での熱の南北輸送は、傾圧不安定で生じる波動によって、暖気が高緯度へ、寒気が低緯度へ運ばれている。

を示しています。その一部は熱帯収束帯に向かって輸送されて積乱雲の雨となり、一部は中緯度に輸送されて温帯低気圧・前線に伴う雨となります。

2-3　東西方向の循環

　冬季の北半球500hPa等圧面高度分布図（図：般6・5）をみると、極域から高緯度で高度が低く、低緯度域で高度が高く、等高度線は南北に波打って（蛇行して）おり、大気は低高度側を左に見て等高度線に沿って流れており、西よりの風（偏西風）となっています。等高度線が込んでいるところで偏西風が強くなっています。

　中緯度帯の偏西風の流れには、①西から東に流れる**東西流型**、②南北に蛇行して流れる**南北流型**、③偏西風が大きく蛇行して北と南に枝分かれする**ブロッキング型**があります。中緯度帯の高・低気圧はこの偏西風

Chap.
6

大気の大規模な運動

図：般6・5　北半球1月における月平均500hPa等高度線
　　　図の中心は北極、線の間隔は60mごと、破線は強風帯

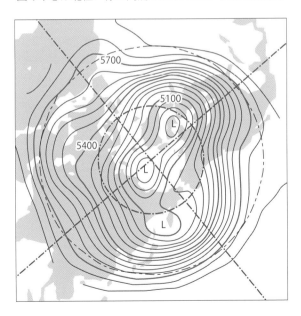

 ○　中・高緯度では、傾圧不安定で生じる波動、つまり温帯低気圧によって寒気が低緯度へ、暖気が高緯度へ運ばれている。

帯上の波動で西から東へ移動します。

①東西流型では、波動の変動は小さく、低気圧・高気圧は周期的に西から東に移動します。

②南北流型では、暖気が北上する所と寒気が南下する所ができ、波動の変動は大きく低気圧・高気圧は発達します。

③ブロッキング型では、極側に暖かいブロッキング高気圧（切離高気圧）、赤道側に冷たい切離低気圧ができ、大気の流れがブロックされるため、低気圧・高気圧の動きは遅くなったり、停滞したりします。

図：般6・6に、東西流型から南北流型を経てブロッキング型に移行する例を示します。

月平均図（図：般6・5）では、蛇行の振幅が小さく、緩やかに波打ち、周囲に比べて高度が低くなっている気圧の谷が3か所にみられます。これはチベット高原やロッキー山脈などの地形による力学的効果と、大陸と海洋による熱的効果による強制波です。これらは定常的にみられる停滞性の超長波であり、波長が地球の半径より長い波であることから、**プラネタリー波**（惑星波）あるいは**ロスビー波**といわれます。

図：般6・6　東西流型からブロッキング型への転換

（和達清夫監修「気象の事典」東京堂出版、1993）

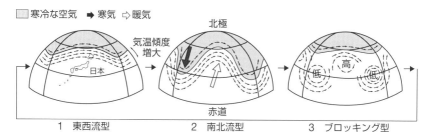

2-4　ジェット気流

中緯度の対流圏上層にみられる強い偏西風の軸をジェット気流といい、亜熱帯ジェット気流と寒帯前線ジェット気流に分類されます（図：

 緯度30度付近の下降流域である亜熱帯高圧帯から吹き出す下層の風はコリオリ力で偏東風となって赤道付近で収束し、熱帯収束帯を形成する。

般6・7）。

　亜熱帯ジェット気流（Js） の軸は、熱帯圏界面の下で、南北両半球の30度付近の200hPa（高度約12000m）レベルで明瞭にみられ、時間的にも空間的にも変動が少ない流れです（図：般6・8）。

　寒帯前線ジェット気流（Jp） の軸は、中緯度圏界面の下で、亜熱帯ジェット気流より高緯度側で、300hPa（高度約9000m）レベルで明瞭です（図：般6・8）。

図：般6・7　ジェット気流の平均的な分布

（Jet Stream of the Atmosphere, U.S.Naval Weather Service, 発行年不詳）

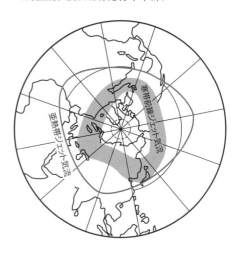

Chap.
6

大気の大規模な運動

この寒帯前線ジェット気流は寒帯前線に伴っており、前線の動きや水平温度傾度の大きさによって位置や強さが変化するので、日々の500hPa

図：般6・8　ジェット気流の緯度－高度分布図　（気象庁）

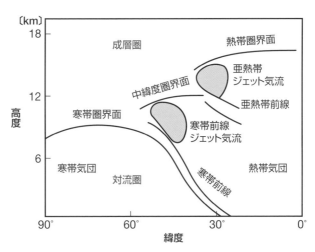

　この偏東風を貿易風（北半球では北東貿易風、南半球では南東貿易風）という。熱帯収束帯では上昇流によって積乱雲が発生しやすく、熱帯低気圧・台風の発生地帯である。

（高度約5500m）高度分布図にはみられますが、時間的・空間的変動が大きいために1か月間を平均した月平均図では不明瞭になり、その存在がわかりにくくなります。

2-5 地表付近の大気の流れ

2-1で述べた子午面循環を地上付近の流れでみた1月と7月の月平均の海面気圧分布と風系を図：般6・9および図：般6・10に示します。赤道〜南北緯度10度付近の間にあって南北両半球にまたがる**熱帯収束帯**（ITCZ）という、地球をほぼ一周するような風の収束帯がみられ、1月（南半球が夏）は赤道よりも南半球側で、7月（北半球が夏）は赤道よりも北半球側で顕在化します。

この収束帯は、両半球の緯度20〜30度に見られる**亜熱帯高圧帯**（いくつかの地域に分かれて、高気圧のセルとなっている）から吹き出す気流が収束して形成されます。

1月の場合、大陸上にある亜熱帯高圧帯は、放射冷却によって生じる

図：般6・9　1月の月平均海面気圧と風系分布
（白木正規「百万人の天気教室」成山堂書店、2013）

気圧はhPa単位の下2桁。矢印は風。赤道付近の色実線は熱帯収束帯の位置を示す。

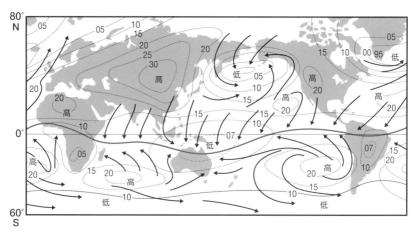

豆テスト **Q** 亜熱帯高圧帯では、降水量よりも蒸発量のほうが多い。

図：般6.10　7月の月平均海面気圧と風系分布

（白木正規「百万人の天気教室」成山堂書店、2013）

気圧はhPa単位の下2桁。矢印は風。赤道付近の色実線は熱帯収束帯の位置を示す。

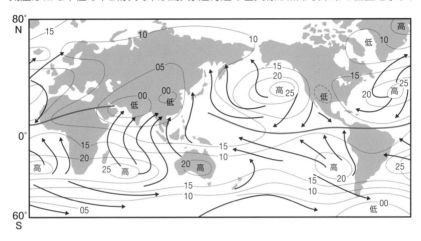

Chap.
6
大気の大規模な運動

寒冷な高気圧に併合され、強力になります。図：般6・9のシベリア高
気圧がそれです。

　亜熱帯高圧帯から熱帯収束帯に向かう流れは**貿易風**と呼ばれ、コリオ
リ力の影響を受けて**偏東風**となり、北半球では北東風、南半球では南東
風となります。

 3 偏西風帯の波動と前線

3-1　偏西風帯の波動

　毎日の高層天気図を見ると、中緯度帯の大気は大小さまざまな波長を
もって西から東に流れており、この流れを**偏西風**と呼んでいます。偏西
風の強い緯度帯を偏西風帯と呼んでおり、南北に波打つ波動がみられま
す。この波動を**偏西風波動**といいます。

　偏西風波動のうち、高度が周囲より高くて高気圧性（北半球では時計

 ○　亜熱帯高圧帯はハドレー循環の下降流域で天気がよくて降水量は少ないが、年間で
1000mm以上の水の層が蒸発しており、降水量より蒸発量のほうが多い。

回り）の曲率をもつ（高緯度側に凸になっている）山のところを**気圧の尾根（リッジ）**といい、反対に高度が周囲より低く低気圧性（北半球では反時計回り）の曲率をもつ（低緯度側に凸になっている）谷底のところを**気圧の谷（トラフ）**といいます。上層の気圧の谷に対応し、地上での気圧の谷にあたる**温帯低気圧**と結びつく波動を**傾圧不安定波**と呼びます。傾圧不安定波は、南北方向の水平温度傾度が大きくなり、鉛直シアーがある臨界値を超えた場合に生じる不安定性の波です。その波長は2000〜6000kmで、最も発達しやすいのは波長4000km前後の波です。

3-2　気団と前線の形成

　密度が一様な大規模な空気の塊を**気団**といいます。日本付近の主な気団は次の4つです（図：般6・11）。

①**シベリア気団**：寒冷・乾燥の大陸性寒帯気団で、冬期の中国大陸、モンゴル、バイカル湖方面が発源地で、北西の季節風を伴い、日本海側の地方での雪、太平洋側の地方での晴天をもたらします。

②**小笠原気団**：温暖・湿潤な海洋性熱帯気団で、北太平洋の亜熱帯高気圧が発源元です。夏季には日本に高温・多湿の晴天をもたらします。

③**オホーツク海気団**：寒冷・湿潤な海洋性寒帯気団で、オホーツク海付近を発源地とし、梅雨期や秋霖<ruby>霖<rt>しゅうりん</rt></ruby>期に顕著となります。北日本・東日本の低温や霧・曇天をもたらします。

④**揚子江気団**：温暖・乾燥の大陸性熱帯気団で、長江（揚子江）流域が発源地です。主に春秋の移動性高気圧の気団です。

　そのほかに、熱帯低気

図：般6・11　日本付近の気団

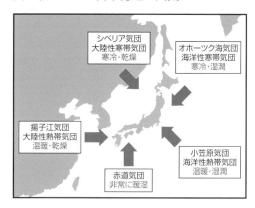

シベリア気団
大陸性寒帯気団
寒冷・乾燥

オホーツク海気団
海洋性寒帯気団
寒冷・湿潤

揚子江気団
大陸性熱帯気団
温暖・乾燥

小笠原気団
海洋性熱帯気団
温暖・湿潤

赤道気団
非常に暖湿

亜熱帯高圧帯で余った水蒸気は、すべて熱帯収束帯に向かって輸送され、積乱雲の雨となる。

圧（台風）に伴う高温・湿潤な**赤道気団**があります。

2つの気団の境界を前線といい、立体的にみると、図：般6・12のような構造をしています。

密度（温度）の異なる寒気団と暖気団が接する層を**転移層**といい、成層状態は安定な気層で、地上から上層にかけて寒気側に傾いています。その前面を**前線面**と

図：般6・12　前線の立体構造

（「最新気象の事典」東京堂出版（1993）に加筆）
実線：等風速線〔m/s〕、破線：等温線〔℃〕

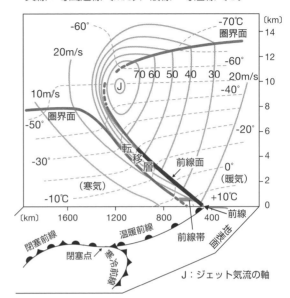

J：ジェット気流の軸

いい、前線面が地表面や特定の気圧面と交わる線を**前線**といいます。転移層を気圧面で切ると等温線が集中した帯状になっており、これを**前線帯**といいます。つまり、前線帯の暖気側の端（南縁）が前線となります。前線帯では温度傾度が大きいので、地上や850hPaの天気図では等温線の集中帯になっており、その南縁が前線になります。

前線帯は温度傾度が大きいので温度風の関係から偏西風が強く、図：般6・12に見られるように、対流圏界面の下に最も強いジェット気流（寒帯前線ジェット気流）が存在します。温度傾度だけでなく、気圧傾度、風向・風速、湿度にも不連続がみられ、以前は前線を不連続線といっていました。温度傾度は、変形、収束、渦度などの大気の運動によって寒気と暖気が接近することで生じます。この温度傾度が増大することで前線は形成・強化されます。

 × 亜熱帯高圧帯で余った水蒸気の一部は熱帯収束帯に送られて積乱雲の雨となり、一部は中緯度に送られて温帯低気圧や前線に伴う雨となる。

3-3　前線の種類と性格

- -

　前線には、寒冷前線、温暖前線、閉塞前線、停滞前線（梅雨前線を含む）の4種類があります。

(1) 寒冷前線

　寒気が暖気側に侵入してくる前線で、低気圧の中心から南西方向に伸びています。寒気と暖気の境界面の傾斜は1/50〜1/100であり、温暖前線に比べると急傾斜です。寒気が暖気の下にもぐり込んで暖気を押し上げるので、鉛直方向に発達する雲（積雲、積乱雲などの対流雲）が生じ、暖気側に移動し、寒冷前線の通過時には南西の風から北西の風に急変し、比較的狭い範囲で風速の強まりと強い降水をもたらし、雷を伴うこともあります。前線通過前の温暖・湿潤な空気から、通過後は寒冷・乾燥した空気に入れ替わるので気温が急降下し、湿度も下がります（図：般6・13）。

図：般6・13　寒冷前線の鉛直断面

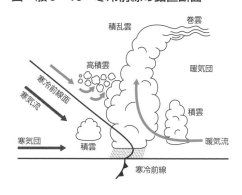

(2) 温暖前線

　暖気が寒気の上を滑昇して寒気側に進んでくる前線で、低気圧の中心から南東（東南東）方向に伸びています。寒気と暖気の境界面は1/100〜1/200程度の緩やかな傾斜なので、形成される雲は水平方

図：般6・14　温暖前線の鉛直断面

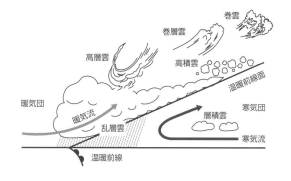

緯度30度付近を通る偏西風を亜熱帯ジェット気流といい、60度付近を通る偏西風を亜寒帯前線ジェット気流という。

向に広がった層状の雲です。温暖前線の接近に伴い、巻雲、巻層雲、高層雲が現れ、やがて雨雲といわれる乱層雲となって持続的な降水となります。前線の通過に伴って東寄りの風から南西の風に変わり、降水をもたらし、気温が上昇します（図：般6・14）。

（3）閉塞前線

　寒冷前線は温暖前線より動きが速いので、いずれ寒冷前線は温暖前線に追いつきます。この2つの前線が一緒になったところが閉塞前線です。閉塞前線で、追いついた寒冷前線の後方の寒気が、先行していた温暖前線の前方の寒気より冷たい場合を寒冷型閉塞前線といいます。反対に、追いついた寒冷前線の後方の寒気が、先行していた温暖前線の前方の寒気より暖かい場合を温暖型閉塞前線といいます。閉塞前線が寒冷前線と温暖前線に分岐する点を閉塞点といい、図：般6・15でみるように、発達した積乱雲がみられ、しばしば強い降水がみられます。

図：般**6・15　閉塞前線（左：寒冷型、右：温暖型）の鉛直断面**

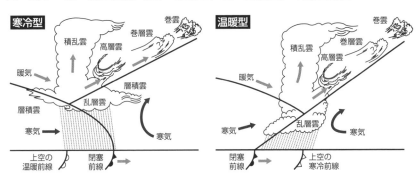

（4）停滞前線

　等圧線が前線に平行なときは、前線に直角方向の風速成分がないか非常に小さいため、前線は移動しないか、非常に小さな動きしかしません。温度傾度も小さく活動も弱いですが、上層の気圧の谷の接近によって前線上に低気圧が発生すると、温暖前線や寒冷前線の性格に変わり、活動が強まって局地的に激しい悪天をもたらすことがあります。

 × ジェット気流は、中緯度の対流圏上層の強い偏西風の軸のことで、亜熱帯ジェット気流と寒帯前線ジェット気流がある。

(5) 梅雨前線

　梅雨前線は、オホーツク海気団と小笠原気団との境界に形成される停滞前線ですが、寒冷前線や温暖前線とは性格がだいぶ違います。

　特に、オホーツク海気団の及ばない西日本〜中国大陸にかけての梅雨前線の特徴は、水平温度傾度が小さく、等温線の集中はあまりみられず、下層での水蒸気量の水平傾度が大きいことです。したがって、梅雨前線は水蒸気量の多寡を考慮した相当温位傾度に着目して、850hPaの等相当温位線集中帯の南縁に850hPa面での前線を決め、それをもとに地上の前線を求めます。

　オホーツク海気団からなるオホーツク海高気圧から東日本や北日本に冷湿な気流が流入し、曇天、霧、弱い雨をもたらします。前線上には、傾圧不安定波に伴う小低気圧に比べて背が低く水平スケールの小さい小低気圧（波長1000km程度のメソαスケール）が発生します。この小低気圧の通過に伴って多量の雨や集中豪雨をもたらすのが特徴です。

　梅雨前線の南側は高相当温位の気団のために対流不安定な気層になっており、ときには水蒸気量の多い突出域としての湿舌もみられます。大雨が生じている場所の付近で900〜700hPa（高度およそ1〜3km）に局部的な西南西〜南南西の強風（約35ノット以上で下層ジェットという）がしばしば観測されます。気象衛星やレーダーによる観測では、前線の南側に発達した対流雲がみられ、ときには積乱雲の集団（クラウドクラスターといい、波長100km程度のメソβスケール）や線状降水帯を形成します。

　線状降水帯は、降水セルが風上側で次々に発生・発達するバックビルディング型形成により、強い降水域が同じ地域に停滞して降水が持続するために集中豪雨になります。線状降水帯が大雨をもたらす場合には、地上付近には暖湿な空気が流入し、乾燥した空気が上から下降し、不安定が強まって積乱雲が発達します。

 偏西風が南北に波打つ波動を偏西風波動といい、この波動のうち高気圧性の曲率をもつ山の部分をトラフ（気圧の谷）という。

4 温帯低気圧

4-1 温帯低気圧の立体構造

　温帯低気圧は図：般6・16に示すような構造をしており、<u>上層の気圧の谷は地上の低気圧より西側にあって</u>、地上の低気圧の中心と上層の気圧の谷を結ぶ気圧の谷の軸（地上低気圧の中心と上層の正渦度中心を結んだ渦軸）が西に傾いています。

　上層のトラフの西方にサーマルトラフ（温度場の谷）があり、トラフの後面では北西風が吹いて**寒気移流**になっています。一方、トラフの東方にはサーマルリッジ（温度場の尾根）があり、トラフの前面では南西風が吹いて**暖気移流**になっています。

Chap.
6
大気の大規模な運動

図：般6・16　温帯低気圧の立体構造

上層の実線：等高度線、上層の破線：等温線、地上の実線：等圧線、一点鎖線：地上低気圧の中心と上層のトラフを結ぶ渦軸、太矢印：下降気流と上昇気流、C：寒気、W：暖気、H：高気圧、L：低気圧

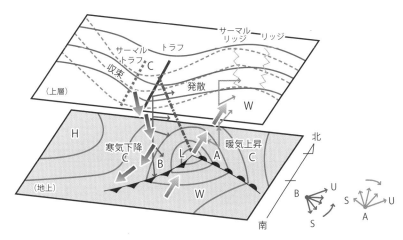

地点Bでの地上（S）から上層（U）への風向の変化（反時計回りに変化している）
地点Aでの地上（S）から上層（U）への風向の変化（時計回りに変化している）

 ✕　偏西風波動の高気圧性曲率（北半球では時計回り）をもつ山の部分はリッジ（気圧の尾根）である。トラフは低気圧性の曲率をもつ谷底部分である。

図：般6・17　傾圧不安定波に伴う熱輸送を示す図

（小倉義光「一般気象学」第2版補訂版、東京大学出版会、2016）

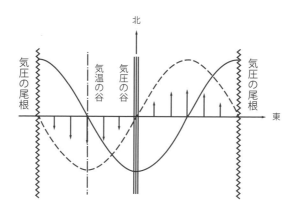

等温線（破線）で示す気温の谷（サーマルトラフ：一点鎖線）が等圧線（実線）で示す気圧の谷（トラフ：三重縦線）の西側に位相が90°ずれている。気圧の谷前面では、南寄りの風で暖気が北に、気圧の谷後面では、北寄りの風で寒気が南に運ばれる。

　等高度線と等温線が交差している大気の状態を**傾圧大気**といい、図：般6・17の南北方向の矢印で示すように、トラフの前面（東側）では暖気を北に、後面（西側）では寒気を南に運ぶことができ、暖気は上昇し、寒気は下降します。つまり、<u>暖気が上昇し、寒気が下降することで、（有効）位置エネルギーが減少し、運動エネルギーが増加することによって低気圧は発達します。</u>傾圧大気では、位置エネルギーから運動エネルギ

図：般6・18　位置エネルギー減少の模式図

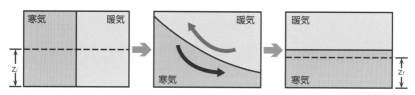

寒気（重い空気）が暖気（軽い空気）の下にもぐり込み、全体の重心がz_iからz_fに下がって位置エネルギーが減少し、その分の運動エネルギーが増加する。

傾圧不安定波は温帯低気圧を発生させて東に移動させるが、高気圧を発生させることはない。

ーへの転換によって**傾圧不安定波**と呼ばれる**温帯低気圧**が発達します。

　傾圧不安定波は、南北の熱輸送の結果として、温度の南北傾度を弱め、傾圧不安定は弱まります。エネルギーの転換を模式的に示したものが図：般6・18です。現実に当てはめてみると、寒気（重い空気）は極側の寒冷な密度の大きい空気、暖気（軽い空気）は赤道側の温暖な空気と考えればよいことになります。

　低気圧の南東方向に温暖前線が、南西方向に寒冷前線が形成され、これらの前線に挟まれた南側の暖気団（W）内を暖域といい、北側は寒気団（C）です。図：般6・16において、温暖前線前方のAでは、矢印に見られるように下層Sから上層Uに向かって風向が時計回りに変化しており、**暖気移流**です。一方、寒冷前線後方のBでは、下層Sから上層Uに向かって風向が反時計回りに変化しており、**寒気移流**であることがわかります。なお、上層の気圧の尾根に対応し、地上での気圧の尾根にあたる高気圧が結びついています。

4-2　温帯低気圧の発生・発達・衰弱過程

　温帯低気圧の発生から衰弱までの過程を上層（500hPa面）・下層（850hPa面）・地上でモデル的に示すと、図：般6・19のように考えることができます。

①**発生期～発達初期**（aステージ）：上層には偏西風の大気の流れの中で気圧の谷ができ、谷の前面（東側）では南寄りの風とともに暖気が流入し、後面（西側）では寒気が流入しています。850hPaでは等温線が集中して波打ち、暖気・寒気の流入が見られます。地上でも暖気と寒気による南北方向の水平温度傾度が大きくなり、つまり等温線が集中し、鉛直シアーがある臨界値を超えると前線上に波動が生じ、低気圧が発生します。地上の低気圧は上層の気圧の谷の東側にあって、地上の低気圧と上層の気圧の谷が結合（カップリング）すると低気圧は発達し始めます。つまり、上層の気圧の谷は地上の低気圧より西側にあって、上層の気圧の谷と地上の低気圧の中心を結ぶ気圧の谷の軸

豆テスト **A** ✕　傾圧不安定波は南北の水平温度傾度が大きく、鉛直シアーがある臨界値を超えた場合に生じる波長2000~6000kmの波動で、低気圧や移動性高気圧を発生させる。

図：般6・19　温帯低気圧の発生・発達の模式図

一点鎖線：地上低気圧の中心と上層のトラフを結ぶ渦軸、太実線：トラフ、太破線：サーマルトラフ、実線：等高度線または等圧線、破線：等温線、L：低気圧、C：寒気、W：暖気、矢羽：風向

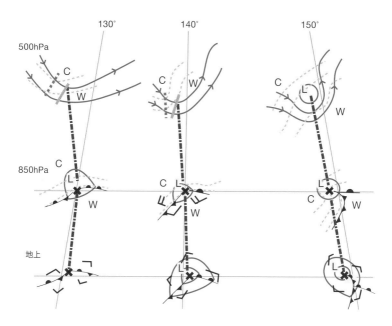

aステージ（発生〜発達初期）　　bステージ（発達期）　　　cステージ（最盛期）

が高度とともに西に傾いています。この段階では、地上の低気圧に対して上層の気圧の谷は500〜1000km程度西にずれています。

②**発達期**（bステージ）：偏西風の波の振幅が増し、上層の気圧の谷が深まって谷の東側では南西風が、西側では北西風が強まってきます。寒気の中心は気圧の谷の西側にあり、谷の前面への暖気の流入が強まり、後面への寒気の流入が強まってきます。850hPa面では、500hPaの気圧の谷の東側に気圧の谷があり、その中心が低気圧です。暖気と寒気の境目にあたる温度集中帯の南縁に前線があり、低気圧の東南東方向に温暖前線が、南西方向に寒冷前線が強化されます。気圧の谷に

 西日本から中国大陸にかけての梅雨前線は、温度傾度が小さく、水蒸気の水平傾度が大きい。

沿う前線を挟んで風のシアー、つまり温暖前線の寒気側の東〜南東風、暖気側の南西風と、寒冷前線の寒気側の北西風、暖気側の南西風がみられます。地上の低気圧は850hPa面の低気圧の東側にあり、地上低気圧に伴う温度分布と風分布は850hPa面と同じですが、摩擦の影響で風向は低圧側に横切ります。上層の気圧の谷と地上の低気圧の中心を結ぶ気圧の谷の軸の傾きは小さくなってきます。

③**最盛期**（cステージ）：偏西風の波の振幅がさらに増し、上層の気圧の谷が深まり、ときには上層の気圧の谷が切り離されて、**切離低気圧**となることもあります。この段階が、谷の前面での暖気の流入、後面での寒気の流入が最も強く、谷の前面にまで寒気の一部が流入しています。850hPaでは前面の暖気が低気圧の後面にまで流入し、後面の寒気が前面にまで流入してきます。地上の低気圧に伴う寒冷前線は温暖前線に追いついて閉塞前線を形成し、気圧の谷の軸はほとんど鉛直になってきます。

④**衰弱期**：上層の気圧の谷と地上の低気圧の中心を結ぶ気圧の谷の軸の西への傾きはなく、鉛直になります。暖気は谷の後面にまでに流入し、一方、寒気は谷の前面にまで流入してきます。850hPa では、谷の後面への暖気、谷の前面への寒気の流入が進み、暖気・寒気の存在が次第に不明瞭化してきます。低気圧の閉塞化がさらに進み、低気圧は衰弱してきます。

理解度 **check** テスト

Q1 中高緯度における大気の波動に関する次の文(a)〜(c)の正誤の組み合わせとして正しいものを、下記の①〜⑤の中から一つ選べ。

(a) 停滞性のプラネタリー波は、南極環海（南極海）があって風速が大きい南半球の方が、北半球よりも振幅が大きい。

A ○ 温度傾度が小さいために等温線の集中はみられず、前線上の小低気圧の通過に伴って多量の雨や集中豪雨をもたらす。

(b) 傾圧不安定な場で発生する低気圧は、それによる熱輸送の結果として、傾圧不安定をさらに強める働きをする。

(c) 偏西風の蛇行が大きくなると、南北の気圧傾度が大きくなるために、高低気圧の東進速度も大きくなる。

	(a)	(b)	(c)
①	正	正	誤
②	正	誤	正
③	誤	正	正
④	誤	正	誤
⑤	誤	誤	誤

 Q2 温帯低気圧の構造やエネルギーについて述べた次の文(a)～(d)の正誤の組み合わせとして正しいものを、下記の①～⑤の中から一つ選べ。

(a) 温帯低気圧は、大気中に水蒸気が存在しないと発生しない。

(b) 温帯低気圧は、熱を南北に輸送することにより南北温度差を弱める。

(c) 発達期にある温帯低気圧においては、対応する気圧の谷の西側に上昇気流、東側に下降気流がある。

(d) 発達期にある温帯低気圧においては、南北の熱輸送のため上空にいくほど気圧の谷の軸が東に傾いている。

	(a)	(b)	(c)	(d)
①	正	正	正	正
②	正	誤	誤	正
③	正	誤	誤	誤
④	誤	正	誤	誤
⑤	誤	誤	正	正

豆テストQ 温帯低気圧を発達させるエネルギーは、主に地球の自転によって得られている。

解答と解説

Q1 解答⑤ 第40回（平成25年度第1回）一般・問8

(a) 誤り。プラネタリー波（惑星波）は波長が7000km以上の超長波で、大きく分けて、①停滞波・強制波・定常波、②移動波・自由波・非定常波の2種あります。①の停滞性のプラネタリー波は、月平均500hPa高度図で明瞭にみられ、大規模な地形や海陸間の熱コントラストによって励起される超長波です。北半球は大規模地形（ヒマラヤやロッキー山脈）や海陸分布（ユーラシア大陸・アメリカ大陸および太平洋・大西洋）によって流れが乱れて振幅が大きく、蛇行しています。一方、南半球は大部分が海洋で覆われ大規模地形が少ないので、極を中心にほぼ同心円の流れで、北半球よりも風速が大きく、振幅は小さくなっています。

(b) 誤り。傾圧不安定とは、南北の温度差が大きく、上層ほど強い西風が吹いている場合で、南北の温度傾度がある臨界値（閾値<ruby>閾値<rt>しきいち</rt></ruby>）を超すと傾圧不安定波（温帯低気圧）が発生し、その波動による南北の熱輸送の結果として南北の温度傾度が弱まるため、傾圧不安定は弱まります。

(c) 誤り。偏西風は、大きく蛇行することで南北の温度差を減少させ、東西方向に平均した気圧傾度は小さくなり、高低気圧の東進速度は減少します。

Q2 解答④ 第36回（平成23年度第1回）一般・問9

(a) 誤り。温帯低気圧は、前線上で南北の温度傾度がある臨界値を超えると発生する傾圧不安定波であって、水蒸気の存在には関係しません。水蒸気が多いと、水蒸気の凝結による潜熱の放出によって低気圧の発達を促進する働きはあります。

(b) 正しい。温帯低気圧は、南北の温度傾度が存在し、暖気を北に、寒気を南に運び、全体として南北の温度傾度（南北温度差）を弱める

× 暖気が上昇し寒気が下降することで、エネルギー保存則により位置エネルギーが減少し、運動エネルギーが増加して低気圧は発達する。

Chap. **6** 大気の大規模な運動

ことになります。

（c）誤り。発達期の温帯低気圧は、上層の気圧の谷の東側に下層の気圧の谷（地上の低気圧）があり、気圧の谷の軸は高度とともに西に傾いています。気圧の谷の東側では暖気が上昇し、西側では寒気が下降しています（p.131の図：般6・16参照）。

（d）誤り。発達期の温帯低気圧は、上空へいくほど気圧の谷の軸は西に傾いて、気圧の谷の前面に暖気が、後面に寒気が入り、南北の熱輸送をもたらします。

これだけは必ず覚えよう！

・亜熱帯ジェット気流は、200hPaレベルの緯度30度付近にあり、時間的にも空間的にも変動が少ない。寒帯前線ジェット気流は、300hPaレベルの中・高緯度にあり、時間的・空間的変動が大きい。

・定常的にみられる停滞性のプラネタリー波は、地形による力学的効果と、大陸と海洋の熱的効果による強制波である。

・寒冷前線では対流性の雲が発生し、温暖前線では層状の雲が発生する。

・西日本〜中国大陸にかけての梅雨前線は温度傾度が小さく、水蒸気量の傾度が大きいことが特徴。

・気圧の谷の東側（前面）では南から暖気が流入して上昇流となり、西側（後面）では北から寒気が流入して下降流となる。

・温帯低気圧は、位置エネルギーから運動エネルギーへの転換によって発達する。

一問テスト Q　上層の気圧の谷と地上の低気圧の中心を結ぶ渦軸は、低気圧の発達中は鉛直から東側に傾いてくる。

Chapter 7

メソスケール（中小規模）の現象

出題傾向と対策

◎平均して毎回１問は出題されている。

◎頻繁に出題される積乱雲と局地風についてはしっかり学習しておこう。
これらは専門知識の「局地予報」のジャンルでも出題されることがある。

◎局地風のうち、フェーン現象は一般知識編２章の分野の問題として出題
されることもある。

1 メソスケール現象と積乱雲

1-1 メソスケール現象の種類

　主な気象現象の水平スケールと時間スケールの関係は、水平スケールの大きい現象ほど時間スケールも長いという特徴があります。このうち水平スケール約2,000km以下、時間スケール約１日以下の現象を**中小規模現象（メソスケール現象）**と呼びます。メソスケール現象は、さらにメソα（水平スケール2,000〜200km）、メソβ（200〜20km）、メソγ（20〜2km）に分類されています。ここでは主に、メソβ、γスケール現象について述べます。

　メソスケール現象発生のきっかけからみると、大気の鉛直不安定によって発達する積乱雲およびそれらが組織化された現象と、熱的（地表面の温度差に起因）ないし地形的強制力（山岳などの障害物）が原因で引き起こされる現象とに分類されます。

1-2 対流現象

　大気の鉛直不安定に起因する現象には、その不安定を解消するために

× 上層の気圧の谷と低気圧の中心を結ぶ渦軸は、低気圧の発生期には西に傾いているが、最盛期から衰弱期へと進むにつれて鉛直になってくる。

生じる対流運動があります。対流は降水を伴う激しい局地的な現象であるばかりでなく、大気の熱収支や大気の大循環にとっても重要な現象です。

最も簡単な形の対流のひとつがベナール型対流です。<u>ベナール型対流は、大気下層を一様に加熱したときに起こる不安定現象であり</u>、ある臨界値を超えると六角形状の細胞状対流が発現します。ベナール型対流は、衛星の雲画像において、寒気が吹き出す海洋上のオープンセル型（開細胞型）とクローズドセル型（閉細胞型）の雲としてしばしば見られます。<u>オープンセル型</u>は細胞の中心部で下降気流、周辺部で上昇気流となり、雲がドーナツ状に現れます。逆に<u>クローズドセル型</u>は中心部が上昇流で雲域となり、周辺は下降流となって雲がありません。

<u>鉛直不安定な成層状態で鉛直シアーのある流れ</u>（風速が高さとともに変化している状態）の中で発生する対流は、流れに平行な縞模様のロール型になります。冬の日本海にみられるすじ状雲は、シベリア気団から寒冷な空気が北西季節風として日本海に出たとき、下から暖められて対流が起こって発生した積雲が、北西季節風の鉛直シアーの中で流れに沿って並んだものであり、ベナール型対流の一種です（専門知識編5章4－4（11）、（13）、（14）参照）。

詳しく知ろう

- **オープンセルとクローズドセル**：通常、オープンセルは、寒気場内で大気と海面水温との差が大きい（寒気が強い）場合にみられ、クローズドセルは、寒気場内で大気と海面水温との差が小さい（寒気が弱まった）場合にみられる。

1-3　積乱雲

大気が水平方向に一様に加熱や冷却される場合と異なり、局所的に加熱された空気塊をサーマル（熱気泡）といいます。サーマルはその周りの大気との間に密度差が生じ、浮力によって上昇運動（対流）を生じま

一般風の鉛直シアーが弱い場に出現する孤立型積乱雲の寿命は、30分から1時間程度である。

す。一般に、大気中では水平に一様な加熱は実現しにくいので、サーマルが対流雲の有力な要因です。

　対流雲の発生・発達は、小さな空気塊の断熱上昇運動（凝結高度までは乾燥断熱、その上では湿潤断熱）に伴う熱力学的過程によります。

　水蒸気を多く含む空気塊が対流圏界面近くの高度まで上昇してできた雲を積乱雲（かなとこ雲）と呼びます。積乱雲は雷・ひょう・突風などの激しい現象をもたらし、雷雲とも呼ばれます。雷雲は外からは1個の大きな雲の塊に見えますが、しばしば内部では数個の積乱雲が共存しています。雷雲を構成する個々の積乱雲は、降水セル（または雷雨細胞）と呼ばれます。

　観測から得られた積乱雲の構造は、（風の鉛直シアーが弱い場合）図：般7・1のようになっており、発達期、成熟期、衰弱期の3段階に分けられ、水平スケールは10km程度、寿命は30〜60分程度です。

Chap.
7

メソスケール（中小規模）の現象

図：般7・1　積乱雲の発達期・成熟期・衰弱期の構造

（H.R.Byers and R.R.Braham,Jr.,The Thunderstorm,U.S.Weather Bureau,1949）

●水滴、○雪片、+氷晶、↑上昇流、↓下降流（長さは風速を表す）

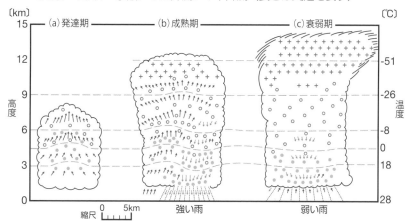

（a）発達期は強い上昇流
（b）成熟期は上昇流と下降流
（c）衰弱期は下降冷気流

A　○　このような孤立型（単一セル）の積乱雲は、降水によって引きずりおろされる下降流が上昇流を抑制するために寿命が短い。

①発達期（成長期）は、雲内全域が上昇流で占められ、中層に雨粒が形成される段階です。

②成熟期（最盛期）は、地上に降水が達するとともに、数m/sの下降流が雲内の一部に現れる段階です。同じ高さの周りの空気と比べて上昇流中の気温は高く、下降流中の気温は低くなっています。

③衰弱期（消滅期）は、冷たい下降流がセルの下部に広がり、やがて弱まって消滅する段階です。

1-4　ダウンバースト

積乱雲の成熟期に、雨粒が雲の中を周りの空気から抵抗を受けながら落下するとき、周りの空気を引きずり下ろすことになり、下降流が生じます。また、雨粒が雲底下を落下するときには、そこは未飽和なので雨粒の一部が蒸発し、潜熱が奪われた空気は冷えて重くなり、下降流が強まります。そして地表に達した下降流は地上で水平に発散します。雲底下にたまる冷気のために周囲よりも気圧が高くなり、局地的な**雷雨性高気圧（メソハイと呼ぶ）**を生じます。この高気圧から地表面に沿って放射状（円状または楕円状）に流れ出す冷気を**冷気外出流**といい、その先端が周囲の暖かい空気と衝突するところが**ガストフロント（突風前線）**です。ガストフロントは局地前線の一種で、通過時には突風が吹くとともに気温が急降下し、相対湿度が増加します。また、ガストフロントは上昇流を伴っており、ガストフロントに沿って**アーク雲**と呼ばれる特徴的な雲が発生することがあります。

成熟期の積乱雲の下降流は、普通、数m/sですが、大気の不安定度が強いときは強烈な下降流となります。この下降流と、これに伴う冷気外出流を**ダウンバースト**といいます。冷気外出流の風速は10〜75m/sにも及ぶことがあります。

1-5　雷

雷は、成熟期の積乱雲の中で正負に分かれた電荷間の大きな電位差に

 積乱雲の発達期に降水がないのは、この段階ではまだ降水粒子が形成されていないためである。

よる火花放電です。雲の中の正負電荷間で起こる空中放電と、雲と地面の間で起こる対地放電（落雷）があります。上層に主要な正電荷、中層に主要な負電荷、下層に二次的な正電荷が分布し、通常、積乱雲の雲頂が－20℃以下の高さまで発達すると発雷します。夏季、冬季ともに雷の起こり方は同じですが、電荷発生が雲内温度と関係するので、雷雲の高度は夏では約12〜16km、冬では3〜5km程度となっています。積乱雲を発生させる上昇流の原因によって、雷は熱雷、界雷、渦雷、熱界雷に分類されます。

熱雷は主に夏に起こり、強い日差しを受けて地面付近の湿った空気が熱せられて、激しい勢いで上昇して雷雲になるものです。大きさは10km程度で移動距離も短く、影響範囲も比較的限られています。

界雷は、寒冷前線付近で発生する雷で、前線雷とも呼ばれ、前線の移動につれて影響は広範囲に及びます。

渦雷は、発達した低気圧や台風などの中心付近で周囲から吹き込む気流が強い上昇流をもたらすために発生する場合が多い雷です。

熱界雷は熱雷と界雷が要因となって発生する雷で、上層に強い寒気が入っていることが多く、しばしば大雷雨になります。

1-6　積乱雲の組織化

風の鉛直シアーが弱い孤立した降水セル（単一セル）の場合には、寿命は30分から1時間程度ですが、鉛直シアーが強いときには、次々に降水セルが発生・発達・衰弱して長続きすることがあります。

風の鉛直シアーが強いとき（図：般7・2(a)）、降水セルは雲を含む層全体の平均的な風で流されます。その結果、（移動中の降水セルからみた）降水セルに相対的な風は、下層では逆に右から左へ降水セルに吹きこむように吹いています（図：般7・2(b)）。降水セル（親雲）から流れ出る冷気外出流がこの下層の風と衝突するところでは、重い冷気外出流が湿った暖かい空気の下に潜り込んで暖気を上昇させます。この上昇流によって新たな雲（子雲）が発生します（図：般7・2(c)）。水蒸気を含んだ

 ✕　発達期の積乱雲内では強い上昇流による断熱冷却が起きて降水粒子が形成されるが、降水がないのは、数十m/sの上昇流で降水粒子が落ちてこないからである。

（小倉義光「一般気象学」第2版補訂版、東京大学出版会、2016）

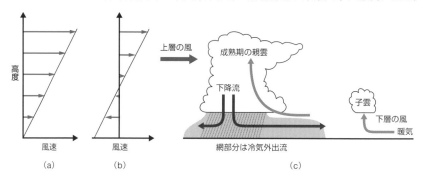

下層の一般風の気流は、上昇流のある子雲に吸い込まれ、親雲は衰弱し、子雲が成長します。これを**降水セルの自己増殖**または**降水セルの世代交代**といいます。2つの親雲が接近して存在する場合には、それぞれの冷気外出流から子雲が生まれることもあります。

　このように自己増殖や世代交代を繰り返すと、降水系全体としての寿命は単独の降水セルの寿命よりもずっと長くなります。世代交代を繰り返しながら進んでいくひとつの巨大雷雨を**組織化されたマルチセル（多重セル）型雷雨**といい、その多くは10km～数百kmの中規模スケールに組織化されて出現します。こうして中規模に組織化されたものを中規模対流系といいます。

　数個の降水セルが線状に並んだ雲バンド（**降水バンド**）や降水セルが100km以上の長さで線状に組織的に並んだ**スコールライン**や、数個以上の積乱雲がかたまって発達した雲の集合体である**クラウドクラスター**を形成する場合もあります。これらは寿命が長いので、進行速度が遅い場合には集中豪雨（冬季には豪雪）の原因となります。

　一方、積乱雲の集合ではなく上昇流域と下降流域をもった単一の巨大な雲の塊を**スーパーセル（巨大単一細胞）型雷雨**（図：般7・3）と呼びます。

Q 孤立型の積乱雲の最盛期には、雲内全体に下降流が卓越している。

図：般7・3　スーパーセル（巨大単一細胞）型雷雨の模式図

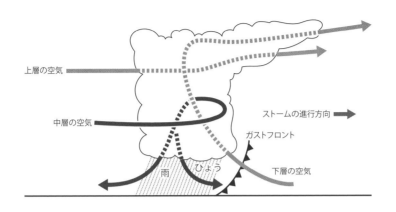

この雷雨の特徴は、レーダーで見ると強い上昇流のある所には反射強度が弱い領域（ヴォルトと呼ばれる）があり、その近くにかぎ形をした**フックエコー**が観測され、大きなひょうが降ること、ストーム全体が低気圧性回転をしていること、などです。上昇流の位置も回転しており、この上昇流域の回転は**メソサイクロン**と呼ばれています。スーパーセル型雷雨に伴って発生する竜巻（トルネード）は、しばしばフックエコーの付近で起きます。

1-7　竜巻（トルネード）

竜巻（アメリカではトルネードと呼びます）は、スーパーセル型雷雨の中の強い上昇流と雲底付近の鉛直軸周りの回転（メソサイクロン）から発生する渦巻です。最大風速が中心から約100m以内にあり、風速の中心では遠心力がコリオリ力に比べて圧倒的に大きく、遠心力と気圧傾度力が釣り合う旋衡風平衡にある（p.99参照）ので、回転は、時計回り・反時計回りの両方があります。中心付近では周辺より気圧が数十hPa低く、中心に吹き込んで上昇する空気は断熱膨張して冷え、水蒸気が凝結して特有の漏斗雲を生じます。日本で竜巻の発生が最も多いのは9月です。

A ✕ 下降流が卓越するのは衰弱期である。最盛期には主に雲内の上部は上昇流、下部が下降流となり、中層では上昇流と下降流が同居している。

竜巻のスケールは、1-1で述べたγスケールより小さく、通常の地上気象観測や気象レーダー観測では、現象を直接とらえることは困難です。このため、過去に生じた竜巻とこれらがもたらした建物被害の状況を調査して、竜巻の激しさをF0からF5までの6段階の尺度として表し、対応する風速が推定されています。この尺度は、提唱した藤田哲也博士にちなんで**藤田スケール**あるいは**Fスケール**と呼ばれています。最近のアメリカでは被害の対象を増やした改良藤田スケール（EFスケール）が用いられています。日本ではさらに被害指標を30種に増やした日本版改良藤田スケール（JEFスケール）を決め、2016年4月から使用しています。

局地風

2-1　海陸風

　一般風が弱い、よく晴れた海岸では、太陽放射（日射）のために、熱容量の小さい陸地のほうが熱容量の大きい海面より早く高温になります。反対に夜間は、地球放射（赤外放射）による放射冷却によって陸地のほうが早く低温になります。

　この温度差で生じた気圧差が原動力となって、<u>日中は海から陸へ**海風**が吹き、夜間は陸から海へと**陸風**が吹きます</u>。この1日周期で繰り返される風系を**海陸風**（かいりくふう）といいます。大きな湖の湖岸で、これと同じ原因による局地風は湖陸風といいます。<u>海陸風が影響を及ぼす範囲は、水平方向に10～100km程度、鉛直方向に1km程度です</u>。

　日中、陸上の気温が海上の気温より高くなると、陸上では上昇気流が起きて気圧が低下するので、海上の空気がこれを補う形で流入します。その先端で地上風の収束によって局地的な海風前線を形成し、積雲を生じることもあります。

　陸上で生じた上昇気流は上空で向きを転じ、海風の**反流**として海上へ

一般風の鉛直シアーが大きい場で発生する積乱雲が巨大化して長続きするのは、雲内で降水粒子の落下に伴う下降流が上昇流とは異なる領域に形成されるからである。

図：般7・4 海風循環と陸風循環

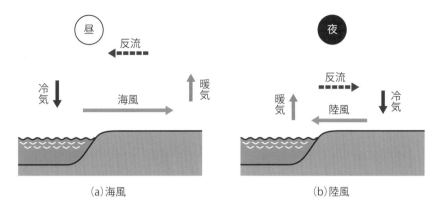

(a)海風　　　　　　　　　　　　　　　(b)陸風

向かいます。このような循環を海風循環といいます（図：般7・4(a)）。

　夜間にはこの状況が逆転し、陸風循環が形成されます（図：般7・4(b)）。

　一般に海風は200〜300mの高さで、最大風速は5〜6 m/s程度です。これに対して陸風は50〜100mの高さで、最大風速は2〜3m/s程度です。海風の反流の高さは約1kmに達し、陸風より高くなっています。

　海風と陸風が交代する朝夕には、凪（なぎ）と呼ばれる無風状態が現れます。

　海陸風は、一般場の風速に比べるとあまり強くないので、通常、風が強いときや曇雨天の日には観測されません。晴れた日でも、陸面が湿っているときは蒸発の潜熱で温度上昇が弱められ、陸面が乾燥しているときよりも海風は弱くなります。一般風が海から陸のほうへ向かう場合、海風に重なって海風は強く、海風層は厚くなり、逆に弱い陸風は打ち消されて観測されなくなります。

　海陸風は地形の影響を大きく受け、複雑な地形をした地域では、海陸風と次項の山谷風が重なって観測されます。最近は、暑い時期の一般風が弱いときに、関東平野に吹く海風が、京浜工業地帯で排出された大気汚染物質を遠く長野県まで輸送する気流として注目されています。

　○　このような構造の積乱雲をスーパーセル型雷雨といい、ひょうが降ったり竜巻を伴ったりすることが多い。

詳しく知ろう

- **海陸風とコリオリ力**：北半球のある地点の海陸風の風ベクトルは、通常、一日のうちに時計回りに回転する。これは海陸風のスケールの運動にコリオリ力の影響が見られるためである。

2-2　山谷風

　山谷風も海陸風と同様に、一般風が弱い場合に吹く、風向の日変化が顕著な局地風です。

　日中、日射で暖められた山の斜面上の空気と、同じ高さの平野部上空の空気との温度差が原因で、平野から山頂に向かってはい上がる風（滑昇風：アナバ風）を谷風といいます（図：般7・5(a)）。夜間は、放射冷却で冷やされた斜面の空気は重くなり、平野へと吹き降りる風（滑降風：カタバ風）を山風といいます（図：般7・5(b)）。

図：般7・5　谷風循環と山風循環

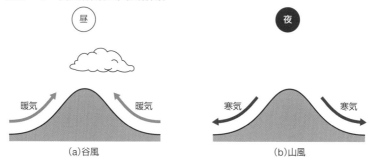

昼　　　　　　　　　　　　　　　夜

暖気　　　　暖気　　　　　　　　寒気　　　　寒気

(a)谷風　　　　　　　　　　　　(b)山風

2-3　おろし（フェーンとボラ）

　おろしとは、山から吹き降りてくる強風のことで、吹き降りる空気がふもとの空気より暖かい場合を**フェーン**、冷たい場合を**ボラ**と呼びます。

　フェーンには、2つのタイプがあります。

　ひとつは図：般7・6(a)に示すように、山越えする気流が潜熱の放出

豆テスト
積乱雲内での氷粒子の融解と雲底下での雨粒の蒸発で潜熱を奪われた冷気下降流が地上で水平発散し、周囲の暖かい空気と衝突するところをガストフロントという。

図：般7・6　湿ったフェーンと乾いたフェーン

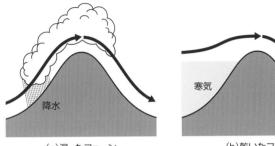

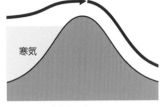

（a）湿ったフェーン　　　　　　　（b）乾いたフェーン

によって風下で乾燥した高温の風になる場合です。風上側斜面を吹き上がる空気塊が水分を含む場合、凝結高度までは乾燥断熱減率で冷え、凝結が始まると湿潤断熱減率で冷えます。凝結した水分が降水として空気塊から除かれると、風下側を吹き降りるときには乾燥断熱減率で昇温するので、山麓風下に乾燥した高温の空気をもたらします。このタイプを**熱力学的フェーン**または**湿ったフェーン**といいます。

　もうひとつは図：般7・6（b）のように、温位の高い上空の空気が山麓風下に降りてきて、地上で乾燥した高温の空気になる場合です。これは降水を伴わないフェーンで、**力学的フェーン**または**乾いたフェーン**といいます。

　日本では、台風や低気圧が日本海で発達しながら通過するとき、太平洋側から湿潤な空気が脊梁山脈を越えて日本海側に吹き降りる場合に、しばしばフェーンが発生します。風下側の山麓では乾燥と異常高温が重なって、大火が発生することがあります。

　ボラは、海岸の背後に台地があるような地方で、冬季に台地から海岸に向かって乾燥した非常に冷たい風が突然吹き降りる現象です。図：般7・7はボラの仕組みを模式的に示したもので、風上側の台地に冷たい寒気が溜まり（図：般7・7（a））、やがて溢れ出して山の尾根を越えて寒気が吹き降ります（図：般7・7（b））。

　寒気が斜面を吹き降りるとき、フェーンと同じように断熱昇温します。

A ○　地表面に発散する冷気を冷気外出流といい、風速が10〜75m/sに及ぶことがある。また、積乱雲からの強烈な下降流とそれに伴う冷気外出流をダウンバーストという。

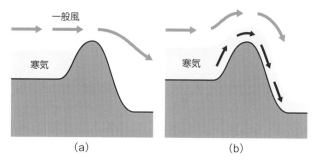

一般風
寒気
(a)

寒気
(b)

しかし、もともと台地にあった寒気が非常に低温であれば、昇温しても山麓の気温より低いことがあり、このときの風がボラです。ボラは、山岳の尾根や峠に風が集中して吹き出すため、気流が集中する効果で強風になります。また、寒気が斜面を吹き降りるときに、重力の作用が重なることも強風の原因です。

2-4 山岳波

気流が山に当たったとき、地表付近ではおろしのような強い風が吹くことがあります。そのとき、上空でも特徴のある流れが見られます。図：般7・8に示すように、山を越える気流が山頂付近や山の風下側で、上

図：般7・8 山岳波の構造

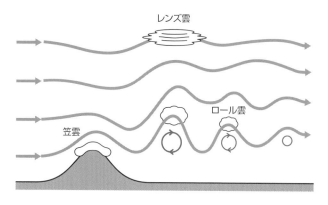

レンズ雲
ロール雲
笠雲

Q 自己増殖（世代交代）を繰り返しながら進んでいく巨大雷雨を組織化されたマルチセル型雷雨といい、その水平スケールは数千kmに及ぶ。

下方向に振動する現象を山岳波または風下波といいます。

　山岳波は、大気の鉛直成層が安定な場合に発生し、山を越える気流の
パターンは、気流の鉛直方向の速度分布や大気の安定性によって異なり
ます。図：般7・8は、風の鉛直シアーが大きい場合の山岳波のでき方
を示したものです。山を越えた空気は、断熱冷却しながら上昇して、周
りの空気より冷えて重くなり、やがて下降しはじめます。ある程度下降
すると断熱昇温のために周りの空気より軽くなり、再び上昇するように
なります。

　このようにしてできる山岳波の上昇気流の部分では、凝結による雲が
発生します。山の上にできる雲を笠雲といい、それ以外の所にできるも
のを吊るし雲といいます。吊るし雲にはレンズ雲やロール雲などがあり、
雲の形から気流の性質を知ることができます。

Q1 積乱雲について述べた次の文章の空欄(a)〜(d)に入る適切な
語句または数値の組み合わせを、下記の①〜⑤の中から一つ選
べ。

　風の鉛直シアが弱い場に発生する積乱雲は、通常、水平スケールが（a）
km、寿命が（b）時間程度の現象である。地上付近の空気塊が何らか
の原因で持ち上げられて（c）まで到達すると、空気塊は浮力によりさ
らに上昇を続け、積乱雲が成長する。対流圏界面に達した空気塊は安定
に成層した成層圏に阻まれて水平に広がってかなとこ雲となる。

　上昇する空気塊に含まれる水蒸気や雲粒は、気温の低い上空に運ばれ
て、複雑な雲物理過程を経て雪やあられ、時にはひょうにまで成長して
落下を始める。雪やあられが落下しながら融けて雨粒となるときの蒸発・
融解による冷却や、大きな水滴や氷の粒子による周囲の空気の引きずり
下ろしによって下降流が作り出される。下降流は上昇流の源となる暖か

Chap.
7
メソスケール（中小規模）の現象

A ✕　組織化されたマルチセル型雷雨は、10km〜数百kmの中規模スケールの現象である。こ
のように中規模に組織化されたものを中規模対流系という。

く（d）空気の流入を断ってしまうため、積乱雲は急激に衰弱して一生を終わる。

	(a)	(b)	(c)	(d)
①	1	1	凝結高度	乾いた
②	1	10	自由対流高度	乾いた
③	10	1	自由対流高度	湿った
④	10	1	凝結高度	湿った
⑤	100	10	自由対流高度	湿った

 山風および谷風について述べた次の文(a)～(c)の正誤の組み合わせとして正しいものを、下記の①～⑤の中から一つ選べ。

(a) 山の斜面が日中の日射によって加熱されると、斜面に沿って麓から山頂に谷風が吹く。これは、海陸風と同様に、斜面の比熱の方が麓の比熱よりも小さいためである。

(b) 谷風により大気が山の斜面に沿って上昇すると気温が下がる。このとき、水蒸気が凝結して発生する雲は、ほとんどの場合層状性の雲である。

(c) 夜間、山の斜面が放射冷却などによって冷えると山風となって麓に流れ出す。山の斜面で冷やされた空気のうち、その斜面における温度が麓の平地の空気の温度より低いものは、そのまま麓の平地まで下りてきて冷気湖を形成する。

	(a)	(b)	(c)
①	正	正	誤
②	正	誤	正
③	誤	正	誤
④	誤	誤	正
⑤	誤	誤	誤

豆テストQ　一般に海風は陸風よりも風速が大きく、反流の高さは陸風のほうが高い。

解答と解説

Q1　解答③　第40回（平成25年度第1回）一般・問9

(a) 10。問の冒頭に風の鉛直シアーが弱い場合の積乱雲とあるので、単一セルとして発生した積乱雲が対象であり、この現象の場合、通常、代表的な水平スケールは、10km程度です。

(b) 1。この現象の場合、通常、代表的な時間スケール（寿命）は、1時間程度です。

(c) 自由対流高度。地上付近の空気塊が何らかの原因（地表面の局地的な加熱によるサーマルの発生や、気流が山岳にぶつかって強制的な上昇流が生じるなどが考えられる）で持ち上げられると、乾燥断熱減率による上昇が起こります。その後、空気塊の中の水蒸気の凝結が始まって雲ができ始めると（この高さを持ち上げ凝結高度と呼ぶ）湿潤断熱減率で上昇が続き、空気塊の温度が周りの大気の温度より高くなることがあります。この場合、空気塊には正の浮力が生じて雲内で自由な上昇が始まります。この高度は、自由対流高度と呼ばれています。

(d) 湿った。空気塊が、持ち上げ凝結高度まで上昇すると、水蒸気が凝結して雲粒が発生します。上昇流が卓越しているときは、下層からの湿った空気が次々と上昇して雲粒を作り、ある大きさまで成長すると重力によって下降し始め、これが周りの空気を引きずり下ろし、雲の中には下降流が生じます。下降流は湿った空気の上昇を妨げ、新たな雲粒の発生がなくなり、雲は消滅の段階に入ります。

Q2　解答⑤　第43回（平成26年度第2回）専門・問10

(a) 誤り。山風と谷風は一般風が弱い場合に、風向の日変化が顕著な局地風です。風向の日変化をもたらす点では、海陸風と同じですが、海陸風は海水と陸地の比熱の違いによって海と陸に温度差が生じ、これが原因の気圧差によって昼と夜に風向が反対になる風系が生じ

 ✕　海風の風速は最大で5〜6m/sで、陸風の2〜3m/sよりも大きいが、海風の反流の高さは約1000mに達し、陸風の反流よりも高い。

Chap.
7

メソスケール（中小規模）の現象

るものです。一方、山風と谷風は山の斜面とこれと高度が同じ平野上空の間に、昼間は日射の加熱の違いにより、平野から山間に向かって這い上がる風（滑昇風：アナバ風）が谷風で、夜間は放射冷却の違いにより、山間から平野に向かって吹き降りる風（滑降風：カタバ風）が山風です。比熱の違いを原因との記述が誤りです。

(b) 誤り。谷風により平野から山間に向かって這い上がる風は、上昇により気温が下がり、水蒸気の凝結により雲が発生します。局地的な上昇流により鉛直方向に生じる雲は層状性の雲ではなく対流性の雲です。

(c) 誤り。冷気湖は、盆地や谷間の地表付近で、冷たい空気が留まった状態をいいます。夜間、山の斜面に沿って放射冷却された空気が山風として吹き降りる場合、断熱昇温により山風の温度は上がるので、山風の空気が平地まで降りてきて冷気湖を形成することにはなりません。冷気湖が生じるには、平地の地表面が放射冷却によって冷やされるという条件も必要です。

これだけは必ず覚えよう！

- オープンセルは、大気と海面水温との差が大きい（寒気が強い）場合に見られ、クローズドセルはその差が小さい（寒気が弱い）場合に見られる。
- 積乱雲の発達期には上昇流のみで、成熟期には下降流が発生し、衰弱期には冷たい下降流のみとなる。
- ダウンバーストは、積乱雲の成熟期に大気の不安定度が強いときに生じる強烈な下降流と、これに伴う冷気外出流で、風速は10〜75m/sになる。
- 雷雲の高度は、夏は12〜16km程度、冬は3〜5km程度である。
- 風の鉛直シアーが強い場合、降水セル（子雲）が次々に発生し、組織化されたマルチセル型雷雨となる。
- スーパーセル型雷雨は、単一の上昇流域と下降流域をもつ巨大な雲の塊で、大きなひょうが降り、気象レーダーでフックエコーが観測される。

 山の斜面の地表付近の冷却された空気が、重力によって斜面を吹き降りる風をカタバ風という。

Chapter 8

台　風

出題傾向と対策

◎台風は、「一般」「専門」のどちらかで毎回出題されている。

◎台風の発生と発達、構造、進路、大きさと強さの階級などをしっかり学習しておこう。

1 台風の定義と台風の発生

1-1 台風の定義

　北西太平洋の熱帯・亜熱帯域で発生する**熱帯低気圧**のうち、<u>中心付近の最大風速が**34ノット(17.2m/s)**以上になったものを台風</u>といいます。台風と同じ性質をもつ仲間には、北大西洋および北東太平洋での「ハリケーン」、インド洋の「サイクロン」などがあります。

注：１ノット（kt）は１時間に１海里（緯度１分の子午線弧長で、約1852m）進む速さで、1kt = 1.852km/h = 0.515m/s。つまり、1kt ≒ 2km/h ≒ 0.5m/s

詳しく知ろう

- **最大風速と最大瞬間風速**：最大風速は10分間平均風速の最大値、最大瞬間風速は瞬間風速(風速計の測定値を3秒間平均した値)の最大値。
- **ハリケーンとサイクロン**：構造と発達のメカニズムは台風と同じだが、最大風速が64kt以上の熱帯低気圧をいう。

1-2 台風の発生

　台風の発生条件は次の３つです。

①海面水温が約26～27℃以上の海域。

 ○ 放射冷却で冷やされた山の斜面の空気が重くなって平野へと吹き降りる風を滑降風またはカタバ風といい、山谷風循環の夜間の山風が生じる原因ともなる。

②コリオリ力が働く海域（北緯5度以北の海域）。

③熱帯収束帯の気流の乱れや偏東風波動が渦形成の引き金となること。

　台風は水蒸気が凝結して積乱雲が形成されるときの潜熱がエネルギー源なので、海面水温が高く、水蒸気が多い熱帯・亜熱帯の海域で発生・発達します。台風の渦が発達するには、地球の自転によるコリオリ力が重要なので、赤道から5度以内のコリオリ力が小さい海域では発生しません。台風の渦を形成する引き金は、熱帯収束帯（ITCZ）の気流の乱れや偏東風波動です。

2 台風の構造と発達

2-1　台風の構造

　図：般8・1の気象衛星画像でみるように、発達した台風の中心は下降流域で雲が発生しにくいために、**台風の眼**が存在します。眼の周りは、発達した背の高い積乱雲よりなる**眼の壁雲**が取り巻いています。

　眼の中の温度は、台風の中心を取り巻く眼の壁雲の積乱雲によって放出される凝結の潜熱による加熱と、眼の中の下降流による断熱昇温によって周囲の温度よりも高く、図：般8・2で示すように対流圏の中層に**暖気核**が見られます。なお、下部成層圏から対流圏界面付近のもうひとつのピークは、台風の上空にある高気圧による下降流の断熱昇温によるものです。

図：般8・1　最盛期の台風（1998年第10号）

中心域に明瞭な眼がみえ、積乱雲群よりなるスパイラルバンドが中心付近の雲域（CDO）を取り巻いている。

豆テスト **Q** 台風の渦を形成する引き金となるのは、コリオリ力である。

図：般8・2　台風中心近傍の気温偏差の鉛直断面図

ハリケーン「イネズ」（1966年9月28日）の事例　（ホーキンスとイムベンボ、1976）

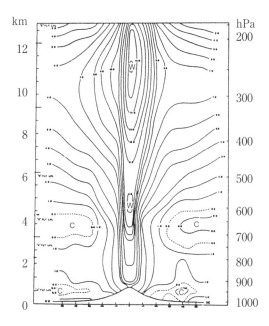

図：般8・3　台風と積雲対流群の相互作用（CISK）

（気象ハンドブック編集委員会編「気象ハンドブック」朝倉書店、1979）

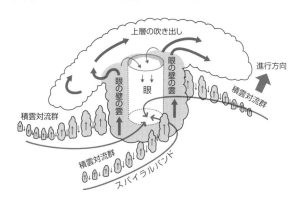

地表付近では反時計回りに回転しながら中心付近に気流が収束し、上層では時計回りに回転しながら周囲に気流が発散している。

× 台風の渦が維持・発達するにはコリオリ力が必要だが、渦の形成の引き金となるのは熱帯収束帯の気流の乱れや偏東風波動である。

Chap.
8
台

風

暖気核が形成されることにより、台風の中心は気圧が低くなります。また、同じ高度における中心付近と周囲の気圧差は、高度が高いほど小さくなります。

眼を含む中心域には、雲域をらせん状に取り巻いている積雲・積乱雲からなる雲バンド（**スパイラルバンド**）があります。図：般8・3にみるように、地表付近では暖湿な空気が周辺から台風の中心に向かって反時計回りに回転しながら吹き込み、上昇して雲を形成し、対流圏界面に達した後は逆に時計回りに回転して吹き出しています。

詳しく知ろう

- **ドボラック法**：気象衛星画像の雲パターンから、台風の中心付近の雲域（CDO）とそれを取り巻く雲バンド（スパイラルバンド）の特徴の変化に基づいて台風の勢力の強さを数値化して見積もる方法（p.294参照）。

2-2　台風の風速分布

台風は傾度風平衡が成り立ち、等圧線分布は軸対称で、発達した台風ほど中心気圧が低く、中心に近づくほど等圧線の間隔が込んでいるので、中心に近づくほど風速は強まります。最大風速は眼の壁雲付近で、地面摩擦の影響のない大気境界層の上端付近である高度1〜2kmにみられます。ただし眼の中では風速が弱くなっています。

台風が移動している場合には、台風の進行方向の右側では、

図：般8・4　台風に伴う風速分布が非対称性となる理由

（大西晴夫、1995）

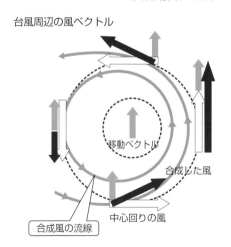

台風周辺の風ベクトル

移動ベクトル

合成した風

中心回りの風

合成風の流線

台風のエネルギー源は、水蒸気が凝結するときに放出される潜熱である。

台風固有の風（台風の中心周りの風）に台風の移動速度が加わるために風速が強まります。左側では、台風固有の風に対して台風の移動速度が反対方向を向いているために両者が打ち消し合うために風速は弱まります（図：般8・4参照）。この意味で、台風進行方向の右側を**危険半円**、左側を**可航半円**と呼びますが、可航半円でも船舶が安全に航行できるわけではないことに注意を要します。

　図：般8・5は、過去の台風の地上での風速分布を進行方向の右半円と左半円に分けて示した図で、右半円のほうが風が強いことがわかります。中心（気圧の最も低い所）の近傍の眼は、比較的風の弱い領域になっています。その周辺は最も風の強い領域で、眼の壁雲付近にあたります。

Chap.
8
台
風

図：般8・5　台風の中心からの距離による地上風速の分布 (気象庁)

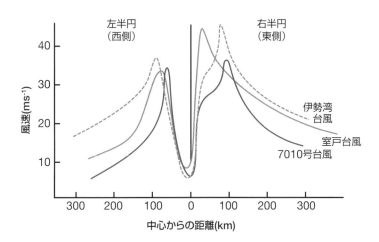

詳しく知ろう

- **台風の通過に伴う風向の変化**：台風が観測点のどちら側を通過するかによって、風向の変化は異なる。台風が観測点の左側を通過すると、風向は順転（時計回りの変化）し、右側を通過すると、逆転（反時計回りの変化）する。

A ○　台風のエネルギー源は、水蒸気が凝結して積乱雲が形成されるときの潜熱なので、台風は海面水温が高く水蒸気が多い熱帯・亜熱帯の海域で発生する。

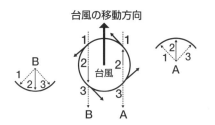

図：般8・6　台風の進行方向の右側のＡ地点と左側のＢ地点での風向の変化

台風の移動方向

台風が北上する（上向きに進む）と、台風の進行方向の右側のＡ地点の風向は時計回り方向に変化し、左側のＢ地点の風向、反時計回り方向に変化する。

2-3　台風の発達と衰弱

　台風は、数百kmの水平スケールをもった渦循環と、数kmスケールの積雲対流群が互いに強め合って相互作用することで発達します（図：般8・3）。このような台風の発達を促すメカニズムを**第二種条件付き不安定**（**シスク：CISK**）といい、図：般8・7はその流れを示します。

　台風のエネルギー源は、水蒸気の凝結に伴う潜熱なので、緯度が高くて海面水温の低い海域に進んだり、上陸したりすると、水蒸気の補給が少なくなるために衰弱します。また、上陸すると、地表面摩擦の影響を受けるので、勢力が弱まります。

　台風が中緯度の偏西風帯の気圧の谷の前面に進んでくると、中心部に乾燥した寒気が流入し、温帯低気圧に変わります（台風の**温低化**という）。温低化すると強風域が拡大することがあります。また、台風の構造を維持したまま衰弱して中心付近の最大風速が34ノット未満になると**熱帯低気圧に格下**

図：般8・7　第二種条件付き不安定（CISK）

渦運動
↓
地表摩擦による収束
↓
大気境界層上面を通る上昇流　←─┐
↓　　　　　　　　　　　　　　│
積乱雲群の発達　　　　　　　　│
↓　　　　　　　　　　　　　　│
凝結熱の放出　　　　　　　　　│
↓　　　　　　　　　　　　　　│
中心の高温化　　　　　　　　　│
↓　　　　　　　　　　　　　　│
中心気圧の低下　　　　　　　　│
↓　　　　　　　　　　　　　　│
渦運動の強化　　　　　　　──┘

豆テスト Q　台風の眼が存在する要因のひとつは、強い回転風の遠心力で中心部の雲が吹き飛ばされて壁雲を形成するからである。

げになります。この場合は大雨に対する注意を要します。

 3 台風についての統計

3-1 台風の移動

　台風は対流圏中層の大規模な流れ（指向流という）に流されて進むため、普通は**太平洋高気圧**の縁辺に沿うように移動します。つまり、台風の移動は太平洋高気圧の動向に従うので、図：般8・8にみるように月別の移動経路はほぼ決まってしまいます。

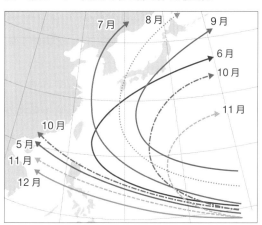

図：般8・8　台風の移動経路の月変化

　進路が西寄りから東寄りに変わることを転向といいます。**転向**の直前頃が台風の最盛期であることが多く、眼の直径は20～40kmになっています。指向流が弱い場では、**β効果**というコリオリ力の影響によって台風は北上傾向を示します。

　複数の台風がおよそ1,000km以内に接近すると、相互に影響し、反時計回りに回転しながら移動します。これを**藤原効果**といいます。

3-2 台風の発生・上陸・接近数

　台風の発生数は8月が最も多く、次いで9月が多く、年平均で約26個です。日本への接近数は、年平均約11個で、8月、9月が多く、発生数の約1割が上陸し、8、9月が約1個で最も多くなっています（表：般8・1）。

 台風の眼が形成されるのは、このほか、台風の中心部は下降流域のために雲が発生しにくいからである。

（1991〜2020年の30年間　気象庁）

月	1	2	3	4	5	6	7	8	9	10	11	12	年間
発生	0.3	0.3	0.3	0.6	1	1.7	3.7	5.7	5	3.4	2.2	1	25.1
接近				0.2	0.7	0.8	2.1	3.3	3.3	1.7	0.5	0.1	11.7
上陸					0	0.2	0.6	0.9	1	0.3			3.0

注：「日本への接近」とは台風の中心が日本（島嶼を含む）の海岸線から300
　　km以内に近づくこと。「本土への上陸」とは台風の中心が北海道、本州、四
　　国、九州の海岸線に達したこと（短時間で海上に戻る場合は「上陸」ではな
　　く「通過」）。

なお、日本への接近数、上陸数は、ともに台風シーズンと言われる9月
よりもむしろ8月のほうが多くなっています。

4　台風の階級と台風による災害

4-1　台風の階級

　国際的な階級を表：般8・2に、日本式の階級（大きさ・強さ）を表：
般8・3、表：般8・4に示します。大きさは風速15m/s以上の強風域の
半径の大きさで、強さは台風の中心付近の風速で分類されます。
　なお、最大風速は10分間観測した平均値です。また、最大瞬間風速

表：般8・2　最大風速による熱帯低気圧の国際的な階級分け

階　　級		最大風速	備　　考
熱帯低気圧	TD（Tropical Depression）	34kt未満	
台　　風	TS（Tropical Storm）	34kt以上 48kt未満	海上強風警報に相当
	STS（Severe Tropical Storm	48kt以上 64kt未満	海上暴風警報に相当
	T（Typhoon）	64kt以上	海上台風警報に相当

地表付近では台風の周囲から中心に向かって時計回りに空気が吹き込み、上昇して雲を形成し、
上層では逆に反時計回りに回転しながら吹き出る。

表：般8・3　台風の大きさの階級分け

階　級	強風域（風速15m/s以上）の半径
表現しない	500km未満
大　型	500km以上800km未満
超大型	800km以上

表：般8・4　台風の強さの階級分け

階　級	最　大　風　速
表現しない	64kt（33m/s）未満
強　い	64kt（33m/s）以上85kt（44m/s）未満
非常に強い	85kt（44m/s）以上105kt（54m/s）未満
猛烈な	105kt（54m/s）以上

Chap. 8
台風

は文字通りの瞬間値であり、最大風速の1.5〜2.0倍になります。風速25m/s以上の風が吹いているか、吹く可能性がある範囲を暴風域と呼びます。なお、台風の中心位置の確度は、表：般8・5によって表現されます。

表：般8・5　台風の中心位置の確度の階級

階　　級		確　　度
正確	GOOD	概ね30海里（60km）以下
ほぼ正確	FAIR	概ね30海里（60km）超、60海里（110km）以下
不正確	POOR	概ね60海里（110km）超

4-2　台風による気象災害

　台風は災害のデパートと呼ばれるくらい多種多様な災害をもたらします。主な気象災害としては次のものがあります。

　①大雨による浸水害、洪水害、土砂災害

　②暴風・強風による風害

 × 地表付近では空気は反時計回りに回転しながら中心部に吹き込み、対流圏界面に達した後は時計回りに回転しながら吹き出る。

③波浪害

④高潮害

風害には、海の波しぶきの塩風によって植物や送電線が受ける被害(塩風害) もあります。

詳しく知ろう

- 高潮：台風の接近に伴う気圧降下による海面の**吸い上げ効果**（気圧が1hPa下がると海面は1cm上昇する）と強風による**吹き寄せ効果**、さらに満潮による潮位の上昇の3つの効果によって引き起こされる。台風が接近するとき、台風の進路の右側で、風の吹いてくる方向に開いている港湾では、風速の2乗に比例する吹き寄せ効果によって誘起された高潮の被害を受けやすい。また、V字型の湾の遠浅の海岸では高潮の危険性が増す。

- 台風による海面水温の低下：台風の強い風で海面が吹き乱されて冷たい海水が湧昇してくることに加え、海面での蒸発が強いために熱が奪われて水温が下がる。

理解度 check テスト

Q1 台風に関して述べた次の文(a)〜(c)の正誤の組み合わせとして正しいものを、下記の①〜⑤の中から一つ選べ。

(a) 北緯5°以南の赤道付近は、北緯5°より北と比較してコリオリ力が弱いため、台風が発生するのはまれである。

(b) 北西太平洋の熱帯域の海面水温が低い1月から3月にかけては、台風の発生数が他の時期に比べ少ない。

(c) 台風の通過直後には、台風がもたらした暖かい空気により海水が暖められて、台風の通過した進行方向右側の海面水温が一時的に上昇することが多い。

一言テスト Q 台風は、数百kmの水平スケールの渦循環と、数kmスケールの積雲対流群が互いに強め合って相互作用することで発達する。

	(a)	(b)	(c)
①	正	正	誤
②	正	誤	正
③	正	誤	誤
④	誤	正	正
⑤	誤	誤	誤

Q2 台風の一般的な特徴について述べた次の文(a)～(c)の正誤の組み合わせとして正しいものを、下記の①～⑤の中から一つ選べ。

(a) 最盛期の台風の中心をとりまく壁雲の付近の風速は、大気境界層の上端付近で最大になる。

(b) 最盛期の台風の中心付近では、対流圏の下層から中層にかけて周辺より気温の高い暖気核が見られる。一方、対流圏の上層では気温が周辺より低く、鉛直方向の不安定性が強い。

(c) 北上している台風の地上付近の風速は、一般に北側のほうが南側よりも大きい。

	(a)	(b)	(c)
①	正	正	正
②	正	正	誤
③	正	誤	誤
④	誤	正	正
⑤	誤	誤	誤

Chap. 8 台風

解答と解説

Q1 　**解答①　第46回（平成28年度第1回）専門・問10**

(a) 正しい。熱帯低気圧（台風）の渦の形成には、地球の回転効果が必

 ○ このようにして台風の発達を促すメカニズムを第二種条件付き不安定（CISK）という。

要で、コリオリ力の小さい北緯5°以南の赤道付近では台風はほとんど発生しません。

(b) 正しい。北西太平洋の熱帯域の海面水温が低い1～3月にかけては、台風の発生数が他の時期に比べ少ないです（表：般8・1参照）。

(c) 誤り。台風が通過すると、台風の強い風で海面が吹き乱されて冷たい海水が湧昇し、また、海面での蒸発が強いために熱が奪われて海面水温は下がります。

Q2　解答③　第46回（平成28年度第1回）一般・問9

(a) 正しい。台風の最大風速は、台風の中心を取り巻く壁雲付近にあり、大気境界層の上端付近（1~2km）にみられます。

(b) 誤り。台風の中心付近では、台風の中心を取り巻く眼の壁雲の積乱雲によって放出される凝結の潜熱による加熱と、眼の中の下降流による断熱昇温により、周囲の気温より高く、図：般8・2で示すように対流圏の下層から中層にかけて周辺より気温の高い暖気核がみられます。また、下部成層圏から対流圏界面付近にも、台風の上空にある高気圧による下降気流の断熱昇温による暖気核がみられます。

(c) 誤り。p.158の図：般8・4で見るように進行中の台風周辺の風ベクトルに南北での差（つまり風速の差）はありません。進行方向の右（東）側では台風固有の風に移動速度が加わって強まるのに対し、左（西）側では台風固有の風に対し移動速度が逆向きなので弱まります。

これだけは必ず覚えよう！

・台風は中心付近の最大風速が34kt（17.2m/s）以上になった熱帯低気圧。
・台風の発生・発達条件は、約26～27℃以上の海面水温、コリオリ力、地表付近の空気の収束と上層での発散である。
・台風のエネルギーは、吹き込んだ暖湿空気が上昇して凝結する際に放出する潜熱である。
・台風の発達を促すメカニズムを第二種条件付き不安定（CISK）という。

166

 Q 台風が中緯度の偏西風帯の気圧の谷の前面に進んできて中心部に乾燥した寒気が流入すると温帯低気圧に変わり、強風域は縮小する。

Chapter 9

★★★★

中層大気の大規模な運動

◎日々の天気現象とは直接結びつかない対流圏より上の高層の大気の運動なので、出題頻度はあまり高くなく、2〜3回に1問程度である。

1 中層大気

　対流圏より上の気層である高度約10〜110kmの成層圏・中間圏・下部熱圏は、ひとつのまとまった風系を成しているので中層大気と呼んでいます。

1-1 中層大気の温度分布

　図：般9・1は、中層大気の1月の平均的な温度の緯度・高度分布です。図の右半分が北半球、左半分が南半球であり、1月なので、右半分は冬半球、左半分は夏半球となります。7月の場合は、左右が入れ替わった図になります。この図から次のよう

図：般9・1　1月の中層大気の気温〔K〕

(COSPAR International Reference Atmosphere, 1986)

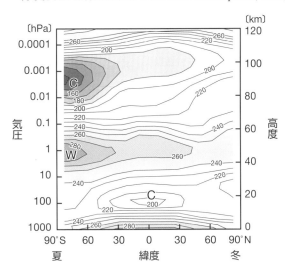

豆テスト **A** ✕ 台風の中心部に乾燥した寒気が流入すると温低化するが、強風域が拡大することがあるので、引き続き風に対する注意が必要である。

Chap. 9 中層大気の大規模な運動

なことがわかります。

①地表面から高度約10kmの対流圏では、赤道を中心に両半球でほぼ対称になっている。

②高度10〜20kmでは、赤道上空の温度が最も低く、高緯度に行くほど上昇している。

③高度20〜60kmでは、夏半球の極が最高気温で、そこから冬半球の極にかけて温度が下がり、冬半球の極が最低気温になっている。

④高度70km以上の温度は夏半球の極が最低気温で、冬半球の極が最高気温になっている。

1-2　中層大気の風の分布

図：般9・1の温度分布に対応する温度風の関係により、北半球では低温域を左手（高温域を右手）に、南半球では低温域を右手（高温域を左手）に見るように温度風が吹きます。その結果、図：般9・2に示すような東西風の緯度・高度分布になります。この図から次のことがわかります（1月なので、北半球が冬半球、南半球が夏半球です）。

①対流圏では、中緯度帯に西風のジェット気流があり、赤道を中心に両半球でほぼ対称になっている。

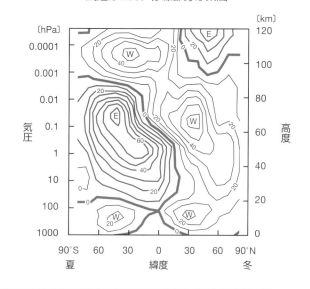

図：般9・2　1月の帯状平均東西風の緯度・高度分布
（COSPAR International Reference Atmosphere,1986）
風速はm/s、赤線部分は東風

 ブリューワー・ドブソン循環は、低緯度で生成されたオゾンを中・高緯度へ輸送している。

②高度90kmくらいまでは夏半球では全域で東風、冬半球では全域で西風となっている。

③高度90kmより上では、夏半球では全域で西風、冬半球では全域で東風になっている。

 2 成層圏

2-1 成層圏の気圧配置と気温・風の分布

成層圏循環に対して対流圏の超長波（プラネタリー波）が次のような影響を及ぼしています。

①成層圏の緯度線に沿う平均風が東風のときは、プラネタリー波は上方の成層圏には伝播しない。

②成層圏の緯度線に沿う平均風が西風のときは、プラネタリー波は上方の成層圏に伝播します。

図：般9・3を例に、成層圏の北半球における夏季と冬季についてみると、夏季の成層圏では東風循環なので、対流圏のプラネタリー波は成層

図：般9・3 5hPa（高度35〜37km）の成層圏中部における7月と12月の天気図
（NASA Reference Publication 1023）
Hは高気圧、Lは低気圧の中心を示す

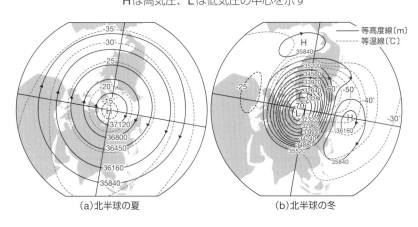

(a)北半球の夏　　　　　(b)北半球の冬

 ○ 熱帯域の対流圏界面付近で吹き出た空気が成層圏下部の両半球中・高緯度へ向かうブリューワー・ドブソン循環は、低緯度で生成されたオゾンを中・高緯度へ運ぶ。

圏に伝播できないため、（a）に示すように、成層圏は北極に高気圧があり、極域が最も高温で、全域で東風であり、等高度線と等温線が極を中心とした同心円となっています。

　一方、冬季の成層圏では西風循環なので、対流圏のプラネタリー波は成層圏に伝播するため、成層圏の極域を中心とした低気圧の同心円の西風循環に対流圏のプラネタリー波が重なり、同心円は崩れ、等高度線は不規則に蛇行します。（b）に示すように、極域が低温域で極付近に低気圧があり、全体的に西風が吹いていますが、低気圧の中心は北極からずれ、等高度線、等温線とも同心円ではなく、波打っています。

　なお、南半球については、対流圏のプラネタリー波が弱いために成層圏循環を大きく乱すようなことはないので、夏、冬とも、南極を中心とした同心円に近い循環になっています。

2-2　成層圏の突然昇温

　図：般9・3（b）にみられる冬の北半球成層圏の極域に存在する寒冷化された低気圧の渦を極渦（極夜ジェット）と呼んでいます。

　春先、対流圏のプラネタリー波が伝播してくると、この渦が崩れ、断熱下降運動が生じて数日で温度が40℃ほど上昇することがあり、この現象を成層圏突然昇温と呼んでいます（図：般9・4参照）。この異常な高温は成層圏の上部から始まり、次第に弱まりながら下部に移動してきます。

　なお、対流圏のプラネタリー波が弱い南半球では、大規模な突然昇温が

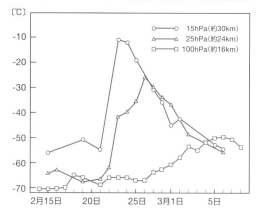

図：般9・4　成層圏突然昇温の典型例
（小倉義光「一般気象学 第2版」、東京大学出版会、2016）
1952年ベルリン上空の高度別の気温の時間的変化

 北半球の7月の成層圏の気温は赤道上が最も高く、高緯度に行くほど低くなる。

観測されたことはありません。

2-3　準2年周期振動

　図：般9・5は、赤道域の下部成層圏にみられる月平均の東西風の時間・高度による変化を示したものです。これによると、東風（西風）が次の東風（西風）になるのに平均して準2年（約26か月）かかっています。これを準2年周期振動といいます。

　東風も西風も上層の高度40〜50kmに始まって時間とともに下層に下りてきて、高度約25kmで変動が最大で、約18kmの高度に下がったころに次の風系が上層に生成されています。

図：般9・5　準2年周期振動：カントン島における月平均東西風の時間・高度変化

（R.J.Reed and D.G.Rogers,Journal of the Atmospheric Sciences,19,1962）
風速の単位はm/s、Wは西風、Eは東風

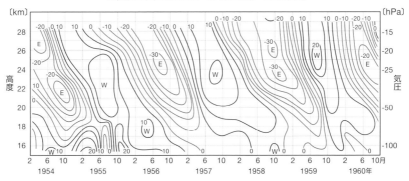

Chap.
9

中層大気の大規模な運動

理解度 **check** テスト

Q1　図は、緯度線に沿って帯状平均した南北両半球の6月〜8月の3か月平均気温の分布を、横軸に緯度、縦軸に高度をとって表したものである。この図について述べた次の文章の空欄(a)〜(d)に入る適切な語句の組み合わせを、下記の①〜⑤の中から一つ選べ。

A　✕　成層圏の夏半球では、高緯度ほどオゾンの紫外線吸収による加熱が多いので、気温は高緯度のほうが高くなる。

この図の気温分布から、図の左半分が（a）であると考えられる。

対流圏内の気温の南北傾度は低緯度で小さく中緯度では大きく、温度風の関係から両半球とも中緯度では高度とともに（b）が増大している。

成層圏の高度25km以上では夏半球の極から冬半球の極に向かって気温が（c）くなっており、高度20km付近では冬半球の高緯度で気温の南北傾度が大きく（d）が強い。

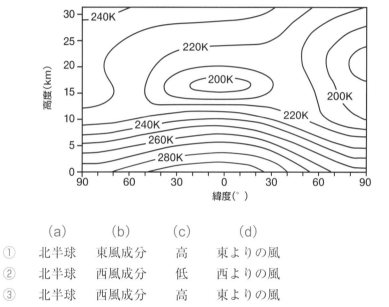

	(a)	(b)	(c)	(d)
①	北半球	東風成分	高	東よりの風
②	北半球	西風成分	低	西よりの風
③	北半球	西風成分	高	東よりの風
④	南半球	東風成分	低	東よりの風
⑤	南半球	西風成分	高	西よりの風

 成層圏に関して述べた次の文(a)～(c)の下線部の正誤の組み合わせについて、下記の①～⑤の中から正しいものを一つ選べ。

(a) 冬の北半球の中・高緯度における上部成層圏では西風が卓越しており、対流圏から伝播してきたプラネタリー波によって、流れは大きく蛇行している。

 赤道域の成層圏の中下層では西風と東風が約2年周期で交代している。この交代は下層から始まって時間とともに上層に及んでいく。

(b) 夏の北半球の中・高緯度における上部成層圏では東風が卓越しており、対流圏のプラネタリー波はここに伝播できず、流れは極を中心にしたほぼ同心円となっている。

(c) 赤道域の下部成層圏ではほぼ2年周期で東風と西風が交代している。風系の交代は下層から始まり時間の経過とともに上層に及んでいく。

	(a)	(b)	(c)
①	正	正	正
②	正	正	誤
③	正	誤	正
④	誤	正	誤
⑤	誤	誤	正

解答と解説

Q1　解答②　第36回（平成23年度第1回）一般・問1

図：般9・1、図：般9・2 参照（ただし、両図とも1月の図なので、緯度は左右が逆です）。6〜8月の3か月平均気温の分布なので、季節は北半球が夏で、南半球が冬となります。したがって、夏のほうが冬より太陽エネルギーは強いので、対流圏の温度分布は、赤道（緯度0度）を挟んで全体的に高温域は北半球のほうに寄っています。また、成層圏では、オゾンによる紫外線の吸収により加熱されるので、紫外線の多い夏のほうが高温になります。よって、左半分が夏半球で、(a) **北半球**となります。

対流圏の気温の南北傾度は低緯度で小さく中緯度で大きくて、南北の温度傾度に対応する温度風(上層の地衡風と下層の地衡風の鉛直シアー)は、北半球（南半球）では低温側を左（右）にみて温度風は存在するので、両半球とも中緯度では高度とともに (b) **西風成分**が増大しています。成層圏の高度25km以上では、図でみてもわかるように図の左半分の夏

A ✕ この風系の交代を準2年周期振動といい、交代は上層から始まって次第に下層に及んでいく。

半球の極から図の右半分の冬半球の極に向かって気温が（c）**低くなっ**ています。図の高度20km付近において冬半球（南半球）の高緯度で気温の南北傾度が大きくなっており、低温部は極側にあるので、温度風の関係から（d）**西よりの風**が強くなります。

Q2 解答② 第22回（平成16年度第1回）一般・問1

（a）正しい。冬の北半球の中高緯度における上部成層圏では、西風が卓越しており、対流圏から伝播してきたプラネタリー波によって、大きく蛇行しています（図：般9・3（b）参照）。

（b）正しい。一方、夏の北半球の中高緯度における上部成層圏では、東風が卓越しており、対流圏のプラネタリー波はここに伝播できず、流れは極を中心にしたほぼ同心円になっています（図：般9・3（a）参照）。

（c）誤り。赤道付近の下部成層圏では東風と西風が平均約26か月で交代する準2年周期振動（QBO）を起こします。対流圏から伝播してくる東進波のケルビン波と西進波の混合ロスビー重力波との相互作用によって東風と西風が交代しますが、風系の交代は上層（高度40〜50km）から始まり次第に下層（高度約17km）に及んでいきます（図：般9・5参照）。

これだけは必ず覚えよう！

・中層大気の温度分布と風分布は温度風の関係で説明されるが、夏半球・冬半球の温度分布（図：般9・1）と風分布（図：般9・2）を記憶しておこう。
・夏と冬の成層圏の気圧配置と気温・風の分布を記憶しておこう。
・成層圏の突然昇温は、春先に北半球の高緯度地方で起き、準2年周期振動は赤道域の下部成層圏で起きる東風と西風の風系の交代で、その現象はともに上層から下層に及んでくる。

  冬半球の成層圏の極域には、非常に強い東風の循環が存在する。

Chapter 10

気候変動と地球環境

出 題 傾 向 と 対 策

◎毎回1問は出題され、特に地球温暖化は50％の確率で出題されている。
◎二酸化炭素以外の温室効果気体にも着目しよう。
◎エーロゾルの気候への影響も確認しておこう。

 ## 過去の気候変化

　図：般10・1は、1万8千年前から現在までの平均気温の変化を示したものです。1万8千年前は現在よりも気温が平均約4℃低く、北米の北東部や北欧は氷河で覆われていました。その後現在より1℃ほど気温の高い時期もありましたが、気温の上下を繰り返し、現在の間氷期につながっています。

　これらの気候変動の主な原因は地球軌道の変動、つまり、①太陽を回る地球の軌道の形（離心率）の変化、②地軸の歳差運動、③地軸の傾きの変化など、地球が受け取る太陽エネルギー量が変化したことが考えられます。

　また、太陽活動の変化、火山噴火によるエーロゾル量の変化なども気候を変える可能性が指摘されています。そして近年は、以上のような自然要因以外の人為的な気候変動が注目

図：般10・1　過去1万8千年前から現在までの平均気温の変化

（J.T.Houghton *et.al.*, Climate Change, CambridgeUniversity Press, 2001 ほか）

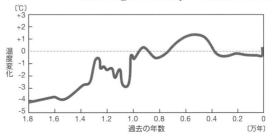

× 冬半球の成層圏の極域には極夜渦といわれる低温の低気圧があり、極夜ジェットと呼ばれる強い西風が吹いている。

されています。

 2 地球温暖化

2-1 温室効果気体

　大気中に含まれる水蒸気や二酸化炭素は、太陽放射を吸収することなく透過します。しかし、それらの気体は地球放射（赤外放射）を吸収し、地表面近くの大気を暖めています。これを**温室効果**と呼びます。この温室効果により、地球大気の気温は約33℃暖められていると考えられています。

　現在、人為的な要因による**二酸化炭素**などの温室効果気体の経年的な増加が観測され、**地球温暖化**が懸念されています。温室効果気体の中では**水蒸気**の量が多く、温室効果に大きな役割を担っています。しかし、地域的な偏在はありますが、長期的な変動はないので、気候変動という面では原因物質から除外されています。

　二酸化炭素以外の温室効果気体としては、メタン、一酸化二窒素、オゾン、そして本来自然界にはなく人間が作った**フロン**などがあり、いず

表：般10・1　温室効果気体の地球温暖化係数と寄与率

（IPCC特別報告（2001）による）

気　体	地球温暖化係数	寄与率（%）
二酸化炭素	1	60
メタン	24.5	20
一酸化二窒素	320	6
フロン11	4000	14
フロン12	8500	
その他のフロン	－	0.5以下
オゾン	－	－

注：地球温暖化係数は100年積算値。
　　－は定量的な評価ができないことを示す。

 水蒸気や二酸化炭素などの温室効果気体は、太陽放射（短波放射）を吸収して地表面付近の大気を暖めている。

れの気体も増加の傾向を示しています。

　二酸化炭素1分子当たりの温室効果能力を1としたときの各気体1分子当たりの温室効果能力を**地球温暖化係数**と呼びます（表：般10・1）。温室効果能力としては二酸化炭素以外の気体のほうが大きいのですが、大気中の濃度を考えると、二酸化炭素の寄与率が過半数になります。

　メタンの排出源は、化石燃料の採掘、バイオマスの燃焼、水田、湖沼、および畜産などです。このメタンについてはシベリア地方の永久凍土地帯から大量に排出され、温暖化を加速すると危惧されています。一酸化二窒素は、農耕地に施された窒素肥料の分解や有機物の分解などから排出されます。

2-2　二酸化炭素の収支と変化の傾向

　温室効果の寄与が最も大きい二酸化炭素は、その収支および将来予測などの面で特に着目されています。大気中の二酸化炭素の濃度を変える要因には以下のものがあります。

①二酸化炭素の発生：動植物の呼吸・火山の噴火・人間の化石燃料の消費・森林の伐採。

②二酸化炭素の消費：植物の炭酸同化作用（光合成）・海洋の吸収。

Chap.
10
気候変動と地球環境

図：**般10・2　現在までの二酸化炭素の変化**　（気象庁）

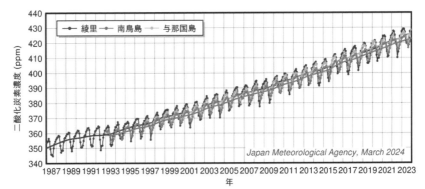

 ✕　水蒸気や二酸化炭素などの温室効果気体は、太陽放射ではなく、地球放射（赤外放射）を吸収して地表付近の大気を暖めている。

北半球の中・高緯度における大気中の二酸化炭素濃度は、植物による光合成が活発になる暖候期、9月頃に極小、不活発な3月頃に極大という季節変化をしながら、毎年確実に約1.5ppm（約0.4％）の割合で増加しています。その増加率は地球上の地域による差は小さく、季節変動の振幅は赤道付近より中・高緯度のほうが大きくなっています（図：般10・2参照）。

　増加傾向の始まりは18世紀、産業革命の時期と考えられており、20世紀に入り増加傾向が大きくなりました。現在、大気中の二酸化炭素の増加量は、化石燃料の消費によって排出される二酸化炭素総量の約半分と考えられています。この増加傾向は人為的な発生源が大きい北半球だけでなく、南半球や極地でも同様です。

　上記のように、森林は炭酸同化作用により大気中の二酸化炭素を消費して減らす役割をしていますが、現在、熱帯地域で行われているような森林伐採は実質的には二酸化炭素の発生源になり、国際社会において重要な問題になっています。

詳しく知ろう

- **海洋の二酸化炭素の吸収**：海洋全体を考えると、海面は二酸化炭素を吸収するが、海水の温度により海面は放出源にもなる。海水の温度が高いと放出、低いと吸収する。観測結果から赤道域の海面は二酸化炭素素を放出し、中・高緯度の海面は吸収していることがわかる。赤道域の海面からの二酸化炭素の放出にはエルニーニョ現象も関係している。南米のペルー近海の赤道領域は、通常、深海から高濃度の二酸化炭素を含む湧昇流が生じており、二酸化炭素を大量に大気中に放出している。エルニーニョが起こると湧昇が止まり、二酸化炭素の海面からの放出は減る。

　海水中には深さ数十〜200mに深くなるにつれて急激に海水温度が下がり、「温度躍層」が存在する。温度躍層より浅い海水と大気中とは比較的短期間に二酸化炭素のやり取りがあるが、温度躍層以下の海水との二酸化炭素の循環は数千年の期間を要する。

 Q 地球温暖化によって雪や氷に覆われる地表の面積が減少すると、地表面が受け取る太陽放射エネルギーは減少する。

　海の酸性度が進むと二酸化炭素を吸収しにくくなる。二酸化炭素が海水に溶け込むと、海水中に水素イオンを作るが、酸性の海水中には既に水素イオンが大量に含まれており、新たに水素イオンを生成する二酸化炭素の吸収ができにくくなるからである。

2-3　地球温暖化の現状と予測

　地表面の平均気温の値は年々変動しています。その傾向は、移動平均値（数年の平均値）をとるとはっきりわかります。温室効果気体の増加によって過去100年間に地表面気温は約0.68℃上昇したと考えられています。

　数値モデルによる気候シミュレーションは、温室効果気体の濃度増加により今世紀末までに全球平均の気温は1990年の平均地上気温よりも1.4〜5.8℃上昇すると予測しています。精密な最新モデルでは、大気と

Chap.
10

気候変動と地球環境

図：般10・3　過去100年間の平均気温の変化　（気象庁）

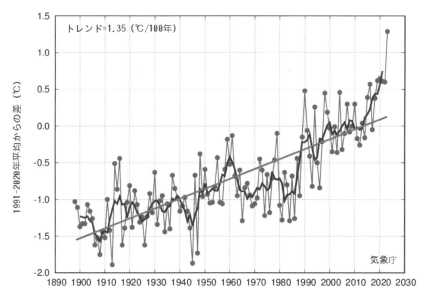

 ✕　地球表面のアルベド（反射率）は雪や氷よりも草地や裸地のほうが小さいので、地表面が受け取る太陽放射エネルギーは増加する。

海洋の相互作用、硫酸塩エーロゾルによる冷却効果などが取り入れられています。

また、このモデル計算は、全球一様に温暖化されるのではなく、冬季、北半球の高緯度で特に大きく昇温することを示しています。その主な理由としては、雪に覆われたツンドラ地帯が深緑色の北方森林地帯に変わることで、太陽エネルギーの吸収が増えて温暖化が加速されることが考えられています。

地球温暖化による影響としては、次のようなことが懸念されています。温暖化の進行とともに南極や北極およびグリーンランドの氷床、高山の氷河が融け出して海面水位が上昇します。同時に、海水温の上昇による熱膨張で体積が増え、海面水位はさらに上昇します。この海面水位の上昇については観測により実証されています。

また、急速な温暖化は、植生分布や穀物生産への影響、降水特性の変化、空気中に含まれる水蒸気が増えることで集中豪雨型降雨の頻度の高まり、といったことが懸念されています。

現在注目されている地球温暖化の議論での将来予測は、最大で数℃の気温上昇ですが、このような小さな変化が大きな気候変動の暴走に結びつくのではないかと懸念されています。そのひとつが、**アイス・アルベドフィードバック**と呼ばれる地球の急激な寒冷化です。何らかの理由で気温が少し下がると雪氷に覆われるアイスキャップの面積が増えて地球表面の太陽放射のアルベドが増え、それが気候にフィードバックし、さらにアイスキャップの面積が増える、という気候の暴走が始まるという現象です。

また、地球が温暖化すると大気中に含まれる水蒸気量が増えます。水蒸気が増えると、より多くの地球放射を吸収します。また、雲が増えることによって大気中への潜熱の放出量も増え、さらなる温暖化を促進する可能性があります。これは**水蒸気フィードバック**と呼ばれています。しかし、この場合は雲の増加が雲によるアルベドを増やし、気温を低下させ、それが温暖化の暴走を止める可能性もあります。

豆テスト Q 北半球中・高緯度における大気中の二酸化炭素濃度は、夏に最小になる。

3　エルニーニョ現象

　赤道に近い東部太平洋のペルー近海では、東よりの貿易風のために表層下の冷たい海水が海面に現れます（これを**湧昇**と呼びます）。そのため、東部太平洋の海面水温が低くなります。一方、西部太平洋では貿易風により海水が西に輸送されている間に暖められ、海水温が高くなります。

　しかし、東寄りの貿易風が弱まると湧昇が止まり、東部太平洋の海水温が上がり、赤道付近を中心に気候が変わります。この現象が1年間以上続く場合を**エルニーニョ**と呼んでいます。逆に東風が強くなり、東部太平洋の海水温が一層低くなった場合を**ラニーニャ**と呼んでいます。

　エルニーニョが現れると、高い海水温による対流活動の主体がインドネシア、オーストラリア東部などの西部太平洋から中部太平洋に移動します。西部太平洋の国々では降雨が減少し、干ばつを招き、農業に大きな打撃をもたらします。一方、ペルー沖などは養分豊富な海水の湧昇が起こっている間は大変よい漁場ですが、エルニーニョが起こると漁業は大きな打撃を受けます。

　赤道付近の大気中では、通常は図：般10・4(a)のような**ウォーカー循環**と呼ばれる東西方向の循環ができていますが、エルニーニョが現れ

図：般10・4　太平洋域の海洋と大気循環の模式図

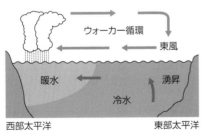
(a)通常の年またはラニーニャ

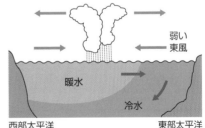

(b)エルニーニョ

A ○　大気中の二酸化炭素濃度は、植物の活発な光合成（炭酸同化作用）によって二酸化炭素が消費される9月頃に最小となり、光合成が不活発な3月頃に最大となる。

るとウォーカー循環は弱まります。このため、通常は西部（オーストラリア北部ダーウィン）で気圧が低く、中部（タヒチ島）で気圧が高いのですが、エルニーニョが起こるとそれが逆になります。気圧は空気の重さなので、このことは大気が東西方向に行ったり来たり振動していることになります。これを**南方振動**といいます。このように海洋と大気の間には強い相互作用が働いており、両者を一体なものと考える必要があります。そこで、エルニーニョと南方振動をあわせて**エンソ（ENSO）**といいます。

また、赤道付近の異常気象が遠く離れた地域の気象に影響することがあります。これを**テレコネクション**と呼んでいます。日本列島付近ではエルニーニョ現象が発生すると冷夏になりやすく、梅雨明けが遅れる傾向があります。

 4 オゾンホール

4-1 オゾンホールとは

オゾン層の紫外線の吸収は、地表に住む人類を含めた生物にとって有害な紫外線を取り除いてくれるという大切な役割があります。オゾン濃度の減少は皮膚がんや白内障などの健康被害をもたらすと危惧されています。

春先の南極上空に一時的（南半球の春、9～10月）にオゾン量が低い領域が現れ、その領域が年々拡大し、オゾン濃度の極小値が次第に低下していることが明らかになりました。南極上空に穴が開いたようにオゾン濃度が低い領域ができることから、それは**オゾンホール**と呼ばれています。

オゾンホールの生成、つまり成層圏のオゾンの破壊にクーラーや冷蔵庫の冷媒や噴霧剤用のスプレーなどに広く使われてきた塩素やフッ素などのハロゲンなどからなる**フロン**という人為的に作られた物質が関係す

ることがわかりました。フロンは対流圏では化学反応が弱いため、成層圏まで運ばれます。そこでフロンを構成する塩素が活性化してオゾンを壊す反応が進みます。しかし、南極上空の冬以外の季節・地域では目立ったオゾンの破壊は起こっていません。大気中のメタンや二酸化窒素がフロン起源の塩素を不活性塩素の硝酸塩素に変えるからです。

4-2　オゾンホール発生の仕組み

　南極のオゾンホールの発生には、フロンの放出量の増加と南極上空の特殊な気候が関連していることがわかりました。南極の冬季（6〜8月）には太陽は一日中沈んだままです。上空の成層圏に発達した低気圧により、偏西風が同心円になる**極渦**ができ、その渦が低緯度との大気の混合を遮断します。その結果、非常に冷えた大気になり、氷の粒子からなる**極成層圏雲**と呼ばれる雲ができます。

　氷の粒ができることにより、氷の表面特有の、不活性塩素である硝酸塩素を塩素分子に変える化学反応が進みます。春になり太陽が昇ると、冬の間に作られた塩素分子は紫外線によって**光解離**され、塩素原子になり、オゾンを多量に破壊します。しかし、春も深まり、極域成層圏の温度が上がる11月頃、低緯度からオゾン濃度が高い空気が流入し、オゾンホールは消滅します。

　北極は南極と似た環境ですが、北半球の北極では対流圏で発生するプラネタリー波（地形の影響などによる気圧の波）の影響が大きく、南極のようにきれいな円形の極夜渦ができないため、オゾンホールはできません。

5　都市気候

　都市は郊外と比べて暖かいことが知られています。この現象は**ヒートアイランド現象**と呼ばれています。

　昼間、田園地域では太陽からのエネルギーのかなりの部分は植生や土

Chap. **10**

気候変動と地球環境

○　気温が上昇すると飽和水蒸気圧が増加し、大気中の水蒸気量は増大する。水蒸気の増加は降水強度を強めると同時に、水蒸気は温室効果気体なので温暖化を加速する。

壌からの水の蒸発に使われ地表面が冷却されます。都市では太陽エネルギーが複雑な建造物やアスファルト道路などに吸収されるために、また、地表面からの蒸発量が少ないので蒸発による冷却効果も低いために、地表気温は高くなります。一方、夜間は、昼間に建造物などに蓄えられた熱が放出されるほか、人為的な放熱があるために、郊外よりも気温は高くなります。

以上から、<u>ヒートアイランド現象が強く出るのは、風が弱く、晴天の冬の夜間</u>であり、最低気温を上昇させる効果が大きくなります。また、都市では気温以外に、相対湿度の低下や弱い雨の増加などが起こります。

 6 酸性雨

酸性度の指標としてpH（溶液 1 ℓ 中の水素のグラムイオン濃度 H⁺、または水酸化物イオン OH⁻）が用いられ、水素イオン濃度と次のような関係があります。

$$pH = \log \frac{1}{[H^+]}$$

酸性度が大きくなる（pHが小さくなる）ことは雨滴中の水素イオンが多くなることを意味しています。

大気汚染がない場合でも雨滴は中性（pH7）ではなく、大気中の二酸化炭素を吸収して、弱酸性（pH5.6）になっています。それを基準とし、<u>降雨のpHが5.6未満になった場合を酸性雨</u>と呼びます。

雨を酸性にする主な酸性化物質は、硫黄酸化物や窒素酸化物です。それら物質は火山活動など自然要因でも発生しますが、その多くは化石燃料などの燃焼過程で発生します。大気中に混入したそれらの物質は主に大気中で粒子化したエーロゾルとして雨滴に取り込まれ、雨滴中でイオン化し、水素イオンを増やします。

酸性化物質の雨滴への取り込み方法は、雲粒の生成、降水粒子への成長時の核としての取り込み（**レインアウト**）と雨滴の落下時の補足（**ウ**

 タヒチ（太平洋中部）の地上気圧からダーウィン（太平洋西部）の地上気圧を引いた値を南方振動指数といい、その値がプラスの年はエルニーニョ現象が発生していると考えられる。

ォッシュアウト）があります。

　酸性雨の影響は、健康への被害、湖沼の生態系の破壊、森林の衰退、石灰岩などでできた建造物への被害などです。

　酸性雨は、汚染物質が移流や拡散によって長距離輸送されて近隣諸国で酸性雨をもたらすことがあるので、国際的な問題になっています。

7 エーロゾルと黄砂の気候への影響

7-1　エーロゾルの気候への影響

　エーロゾルは降水過程で重要な役割を演じることは3章で述べましたが、気候にも大きな影響力をもっています。

　大気中に含まれるエーロゾルの発生要因には、自然要因と人為的要因があります。自然要因としては地表から吹き上げられた土壌粒子、海面のしぶきから形成された海塩粒子、火山噴火により放出された粒子などがあります。一方、人為的な要因によるものとしては、自動車、工場、各種燃焼過程など人間活動に伴う粒子には直接粒子として放出されたものの他に、気体として放出され、その後化学反応などで粒子化されたものがあります。

　したがって、海洋ではエーロゾル濃度が低く、陸上、特に都市では非常に高濃度になっています。エーロゾルの発生源は地上にあるものが多く、上空へ行くほど濃度が下がります。

　火山噴火によってエーロゾルや硫黄ガスが成層圏に運ばれます。硫黄ガスは、太陽光の助けで水蒸気と結合して硫酸エーロゾルとなり、長い場合は数年間成層圏にとどまります。これら成層圏のエーロゾルは太陽光を散乱し、直達日射量を減らします。一方、対流圏下層でのエーロゾルの増加は散乱日射を増やし、地表に達する放射量を増やす効果があります。エーロゾルの総合的な効果としては、散乱光の増加よりも直達日射量の減少のほうが勝っているので、気温を下げると考えられています。

豆テスト **A** × 南方振動指数がプラスの場合、太平洋西部のほうが気圧は低く、対流活動が活発である。西部で対流活動が活発なのはエルニーニョではなく、ラニーニャまたは通常年である。

温室効果気体の二酸化炭素とともに排出される硫酸エーロゾルは、太陽光の吸収より散乱の効果が大きいために、その増加は地球の温暖化を抑制する働きをもつと考えられています。

また、エーロゾルの増加は雲の粒径や数に影響し、雲による反射などの光学的な特性を変える可能性があります。この雲の特性の変化を通しての気候への影響も指摘されています。

7-2　黄砂現象の気候への影響

ゴビ砂漠やタクラマカン砂漠などの東アジアの砂漠域や黄土地域から、強風によって上空に吹き上げられたエーロゾル（砂塵）が上空の風で多量に運ばれ、それが地表に落下して被害をもたらす現象を**黄砂現象**と呼びます。

黄砂として舞い上がる量は風の強さに依存しますが、その他、積雪、地面の凍結、土壌水分量、土壌粒子の粒径などにも依存します。

日本では春先から初夏にかけて黄砂現象が多く発生します。黄砂現象が起こると視程が悪化し、交通機関に影響すると同時に、呼吸器・循環器・眼を中心とした健康被害をもたらすことがあります。

理解度 **check** テスト

Q1 エルニーニョ現象について述べた次の文章の空欄(a)〜(c)に入る適切な語句の組み合わせを、下記の①〜⑤の中から一つ選べ。

エルニーニョ現象の発生時には、太平洋赤道域の南米沿岸から日付変更線あたりにかけての広い範囲で海面水温が平年より高くなり、このような状態が1年程度継続する。このとき、太平洋赤道域の東部では、エルニーニョ現象が発生していないときに比べて海面気圧が（a）くなり、ウォーカー循環に伴う太平洋赤道域の対流圏下層の（b）風が弱まる。

 Q オゾンホールが北極よりも南極上空で顕著なのは、南極では地形などにより強まるプラネタリー波が弱いために、低緯度との空気の混合が少なく、強い極夜渦ができるためである。

また、太平洋赤道域の（c）部では活発な対流活動が弱まる傾向がある。

	(a)	(b)	(c)
①	低	東	西
②	低	西	中
③	高	東	西
④	高	東	中
⑤	高	西	西

 地球温暖化予測に関する次の文章の空欄(a)～(c)に入る最も適切な語句の組み合わせを、下記の①～⑤の中から一つ選べ。

　地球の気候系は、太陽活動、地球の軌道要素、火山噴火などの自然起源の外力や、二酸化炭素の排出、土地利用の変化などの人為起源の外力を受けて変動している。地球温暖化の予測結果としてはこれまでにかなりの知見が得られてきたが、まだ不明な点もあり不確実性が残されている。

　特に放射により地球の熱収支に大きな影響を与える（a）については、その分布や特性の変化、そしてそれらの影響の見積りが難しい。また温暖化が進むと、単位質量あたりの温室効果が比較的大きい（b）が永久凍土から放出されて温暖化が大幅に加速されたり、（c）の変化で地球規模の熱輸送形態が変わったりすることで、より大きい規模の気候変動につながる可能性も指摘されている。

	(a)	(b)	(c)
①	降水	メタン	人間活動
②	降水	二酸化炭素	人間活動
③	雲	メタン	海洋循環
④	雲	二酸化炭素	海洋循環
⑤	雲	二酸化炭素	人間活動

Chap. **10**

気候変動と地球環境

A ○　極夜渦が強いと成層圏下部に氷の粒から成る極成層圏雲が発生し、その表面で化学反応が加速され、オゾン破壊の触媒となる塩素分子が多く放出されるためとされている。

解答と解説

Q1 解答① 第44回（平成27年度第1回）一般・問11

　平常時またはラニーニョ現象とエルニーニョ現象が現れたときの、海水温分布、下層空気の東西方向の流れ、対流活動領域などは図：般10・4に示すとおりです。通常時は東部太平洋赤道域の南米沿岸では深層からの湧昇流が生じており、その海水域の海水温は低く、気圧は相対的に高くなっています。一方、太平洋赤道域の西部では海水温が高く、気圧は低くなり、低気圧ができ対流活動が活発になっています。そのような気圧配置では太平洋東部から西部に向かう東風、つまりウォーカー循環の地表の流れができています。

　エルニーニョ現象が発生すると、上記の現象と逆なことが起こります。赤道領域の東部太平洋の気圧が西部太平洋と比べて（a）**低く**なり、ウォーカー循環の下層の（b）**東**風が弱まり、場合によっては西風になります。

　西部太平洋で活発であった対流活動領域は、表面海水の駆動力であった東風が弱まったことにより、高温な海水域が東の太平洋中部に移動し、そこで対流活動が活発になります。それゆえ、太平洋（c）**西部**の対流活動は弱まります。

　したがって、（a）は「低い」、（b）は「東」、（c）は「西」で①が正解です。

Q2 解答③ 第40回（平成25年度第1回）一般・問11

（a）雲。放射による地球の熱収支に大きな影響を及ぼすのは、常に地表面の半分近くをおおっている雲です。雲の特性、雲粒の数密度や粒径分布は、太陽放射の反射、吸収、散乱、地球放射の吸収を通して熱収支に大きく影響します。雲の分布状態や特性は一定でなく変化するため、熱収支への影響の見積もりを難しくしています。降水は地表面と大気のエネルギー収支に影響しますが雲ほど重要ではありません。

 豆テスト Q 火山の大規模噴火によって成層圏に達したエーロゾルは、太陽光を反射・散乱して地表に到達する太陽放射エネルギーを減少させるので、地球温暖化とは逆の作用をする。

(b) メタン。温室効果気体の中で単位質量当たりの温室効果（地球温暖化係数）が最も小さい気体は二酸化炭素であり、それが「比較的大きい」というのでメタンと推定できます。メタンは天然ガスの採掘、バイオマスの燃焼、地中での微生物による有機物の分解などで発生しますが、最近では永久凍土が温暖化によって融けた結果、微生物の分解によりメタンが発生し、温暖化を加速すると懸念されているので、この点からメタンと特定できます。

(c) 海洋循環。地球表面の7割を占める海洋は二酸化炭素の吸収、気候変動の緩和など、地球環境に重要な役割を果たしています。海洋は大気と比べて熱容量が大きく、地球温暖化が進んでも、即座に海洋循環に影響することはありませんが、いったん変化すると地球規模の熱輸送形態が変わるので、さらに大きな気候変動につながると考えられています。地球温暖化により人間活動が変化する可能性はありますが、それがさらなる大きな気候変動につながるとは考えにくいといえます。

Chap.
10

気候変動と地球環境

これだけは必ず覚えよう！

・地球温暖化に関連した温室効果気体には、二酸化炭素のほか、メタン、一酸化二窒素、オゾン、フロンなどがある。
・二酸化炭素の地球温暖化係数は小さいが、大気中での濃度が高く、温暖化に対する寄与率は60%に及ぶ。
・赤道域において、通常は対流活動の主体が西部太平洋であるが、エルニーニョが起こると対流活動域が東に移動する。
・南極上空のオゾンホールは、南半球の春に生じる。
・最も顕著なヒートアイランド現象は、冬の夜間の最低気温を上げることである。
・雨滴は汚染がなくても大気中の二酸化炭素を吸収して弱酸性（pH5.6）になっている。
・硫酸エーロゾルは地球気温を下げる効果をもつ。
・日本での黄砂現象は、春先から初夏にかけて多く発生する。

○ 成層圏エーロゾルは数年にわたって成層圏に滞留し、太陽光を反射・散乱させて地表に到達する太陽放射エネルギーを減少させ（これを日傘効果という）、温暖化とは逆の作用をする。

Chapter 11

気象法規

出題傾向と対策

◎気象法規は最も出題数の多いジャンルで、毎回4問は出題されている。
◎気象業務法とその関連法規や防災情報関連法規をよく読んで、理屈抜き
　に覚えよう。
◎この章では、関連法令の必須条項の条文を抜粋提示することで重要ポイ
　ントを示す。

1　気象業務法

1-1　総　　則

(1) 気象業務法の目的

◆気象業務に関する基本的制度を定めることによって、気象業務の健全
　な発達を図り、もって災害の予防、交通の安全の確保、産業の興隆等
　公共の福祉の増進に寄与するとともに、気象業務に関する国際的協力
　を行うことを目的とする（第一条）。

(2) 用語の定義

◆「気象」とは、大気（電離層を除く）の諸現象をいう（第二条第一
　項）。

◆「地象」とは、地震及び火山現象並びに気象に密接に関連する地面及
　び地中の諸現象をいう（同第二項）。

◆「水象」とは、気象、地震又は火山現象に密接に関連する陸水及び海
　洋の諸現象をいう（同第三項）。

◆「気象業務」とは、次に掲げる業務をいう（同第四項）。

　一　気象、地象及び水象の観測並びにその成果の収集及び発表

 気象業務法でいう「予報」とは、観測の成果に基づく現象を予想することである。

二　気象、地象（地震・火山現象を除く）及び水象の予報及び警報

三　気象、地象及び水象に関する情報の収集及び発表（四は省略）

五　前各号の事項に関する統計の作成及び調査並びに統計及び調査の成果の発表

六　前各号の業務を行うに必要な研究

◆「観測」とは、自然科学的な方法による現象の観察及び測定をいう（同第五項）。

◆「予報」とは、観測の成果に基づく現象の予想の発表をいう（同第六項）。

　なお、現象の予想は科学的な合理性が確保されている手法による必要があります。また、**予報業務**とは、反復継続して業務として行われる予報行為をいい、外部への発表を伴わない自家用の予想または予報解説は含まれません。

◆「**警報**」とは、重大な災害の起こるおそれのある旨を警告して行う予報をいう（同第七項）。

◆「**気象測器**」とは、気象、地象及び水象の観測に用いる器具、器械及び装置をいう（同第八項）。

(3) 気象庁長官の任務

◆気象庁長官は、第一条の目的を達成するため、次に掲げる事項を行うように努めなければならない（第三条）。

一　気象、地震及び火山現象に関する観測網を確立し、及び維持すること。

二　気象、津波及び高潮の予報及び警報の中枢組織を確立し、及び維持すること。

三　気象の観測、予報及び警報に関する情報を迅速に交換する組織を確立し、及び維持すること。

四　気象の観測の方法及びその成果の発表方法について統一を図ること。

五　気象の観測の成果、気象の予報及び警報並びに気象に関する調査

A　✕　「予報」には、観測（観測とは自然科学的な方法による現象の観測および測定をいう）の成果に基づく現象の予想だけでなく、その発表も含まれる。

及び研究の成果の産業、交通その他の社会活動に対する利用を促進すること。

1-2 観 測

(1) 観測などの委託

◆気象庁長官は、必要があると認めるときは、政府機関、地方公共団体、会社その他の団体又は個人に、気象、地象、地動及び水象の観測又は気象、地象、地動及び水象に関する情報の提供を委託することができる（第五条第一項）。

(2) 気象庁以外の者の行う気象観測

◆気象庁以外の政府機関又は地方公共団体が気象の観測を行う場合には、国土交通省令で定める**技術上の基準**に従ってこれをしなければならない。但し、次に掲げる気象の観測を行う場合は、この限りではない（第六条第一項）。

一　研究のために行う気象の観測

二　教育のために行う気象の観測

三　国土交通省令で定める気象の観測

> **詳しく知ろう**
>
> ・**技術上の基準**：気象観測の技術上の基準は、国土交通省令の気象業務法施行規則によって、使用する測定機器や測定最小単位などが具体的に定められている。

◆政府機関及び地方公共団体以外の者が、その成果を発表又は災害の防止に利用する等のための気象の観測を行う場合には、前項の技術上の基準に従ってこれをしなければならない。ただし、国土交通省令で定める場合は、この限りではない（同第二項）。

◆前二項の規定により気象の観測を技術上の基準に従ってしなければならない者が観測施設を設置したときは、国土交通省令で定めるところ

豆テスト　気象業務法でいう「予報業務」とは、反復継続して業務として行われる予報行為をいい、これにはテレビやラジオでの予報解説も含まれる。

により、その旨を気象庁長官に届け出なければならない。これを廃止したときも同様とする（同第三項）。

◆気象庁長官は、気象に関する観測網を確立するため必要があると認めるときは、前項前段の規定により届出をした者に対し、気象の観測の成果を報告することを求めることができる（同第四項）。

◆無線電信を施設することを要する船舶で政令で定めるものは、国土交通省令の定めるところにより、気象測器を備え付けなければならない（第七条第一項）。

詳しく知ろう

- 省令で定める無線電信を施設することを要する船舶：電気通信業務を取り扱う船舶と、気象庁長官の指定する船舶（施行令第一条）。

◆国土交通省令で定められた区域を航行するときは、技術上の基準に従い気象及び水象を観測し、その成果を気象庁長官に報告しなければならない（同第二項）。

（3）観測に使用する気象測器

◆第六条の規定により気象の観測に用いる気象測器は、気象庁長官の登録を受けたものが行う検定に合格したものでなければ、使用してはならない（第九条、「本観測」という）。

これに該当するのは、温度計・気圧計・湿度計・風速計・雨量計・日射計・積雪計の7種の測器です。

◆第十七条の許可を受けた者が予報業務を行うに当たり、検定に合格していない測器による観測（本観測の「補完観測」という）であっても、予報業務に資することが気象庁長官の確認を受けたときには使用することができる（第九条二項）。

（4）観測成果などの発表

◆気象庁は、気象、地象、地動、地球磁気、地球電気及び水象の観測の成果並びに気象、地象及び水象に関する情報を直ちに発表することが

 ✕　「予報業務」とは反復継続して業務として行われる予報行為であり、予報の解説や外部へ発表しない自家用の予想は含まれない。

公衆の利便を増進すると認めるときは、<u>放送機関、新聞社、通信社その他の報道機関の協力を求めて、直ちにこれを発表し、公衆に周知させるように努めなければならない</u>（第十一条）。

1-3　予報および警報

（1）気象庁が行う予報業務

①予報・警報の発表

◆気象庁は、気象、地象（地震及び火山現象を除く）、津波、高潮、波浪及び洪水についての<u>一般の利用に適合する予報及び警報をしなければならない</u>（第十三条第一項）。

> 詳しく知ろう
>
> ・**地象**：ここでは、大雨・大雪などによる山崩れ、地滑り、霜、地面凍結などを指す。

◆気象庁は、予報及び警報をする場合は、自ら予報事項及び警報事項の周知の措置を執る外、報道機関の協力を求めて、これを公衆に周知させるように努めなければならない（同第三項）。

◆気象庁は、予想される現象が特に異常であるため<u>重大な災害の起こるおそれが著しく大きい場合</u>として降雨量その他に関し気象庁が定める基準に該当する場合には、気象、地象、津波、高潮および波浪についての一般の利用に適合する警報（「**特別警報**」も含む）をしなければならない（第十三条の二第一項）。

◆気象庁は、前項の基準を定めようとするときは、あらかじめ関係都道府県の意見を聴かなければならない（同第二項）。

◆気象庁は、気象、地象、津波、高潮及び波浪についての航空機及び船舶の利用に適合する予報及び警報をしなければならない（第十四条第一項）。

◆気象庁は、気象、地象及び水象についての<u>鉄道事業、電気事業その他</u>

市役所の防災課が災害研究のために気象観測をする場合には、国土交通省令で定める技術上の基準に従って行わなければならない。

特殊な事業の利用に適合する予報及び警報をすることができる（同第二項）。

◆気象庁は、気象、高潮及び洪水についての<u>水防活動の利用に適合する予報及び警報をしなければならない</u>（第十四条の二第一項）。

◆気象庁は、水防法第十条第二項の規定により<u>指定された河川について、</u>水防に関する事務を行う<u>国土交通大臣と共同して、水位又は流量を示</u><u>して洪水についての水防活動の利用に適合する予報及び警報をしなけ</u><u>ればならない</u>（同第二項）。

◆気象庁は、水防法第十一条第一項の規定により指定された河川につい<u>て、都道府県知事と共同して、水位又は流量を示して洪水についての</u><u>水防活動の利用に適合する予報及び警報をしなければならない。</u>この場合、水防法第十一条の二第二項の規定による情報の提供を受けたときは、これを踏まえて行い（同第三項）、提供を受けた情報を活用するに当たって、必要とする専門的な知識を国土交通大臣の技術的助言を求めなければならない（同第四項）。

②警報の通知

◆気象庁は、気象、地象、津波、高潮、波浪及び洪水の警報をした時には、直ちにその警報事項を<u>警察庁、消防庁、国土交通省、海上保安庁、</u><u>都道府県、東日本電信電話株式会社、西日本電信電話株式会社、又は</u><u>日本放送協会（NHK）の機関に通知しなければならない。</u>警戒の必要がなくなった場合（解除という）も同様とする（第十五条第一項）。

◆前項の通知を受けた警察庁、都道府県、東日本電信電話株式会社及び西日本電信電話株式会社の機関は、直ちにその通知された事項を関係<u>市町村長に通知するように努めなければならない</u>（同第二項）。

◆前項の通知を受けた市町村長は、直ちにその通知された事項を<u>公衆及び</u><u>所在の官公署に通知させるように努めなければならない</u>（同第三項）。

◆第一項の通知を受けた国土交通省の機関は、直ちにその通知された事項を<u>航行中の航空機に周知するように努めなければならない</u>（同第四項）。

一問テスト　Ａ　✕　気象庁以外の政府機関・地方公共団体が気象観測をする場合には技術上の基準に従う必要があるが、研究または教育目的の場合にはその限りではない。

◆第一項の通知を受けた海上保安庁の機関は、直ちにその通知された事項を<u>航海中及び入港中の船舶に周知する</u>ように努めなければならない（同第五項）。

◆第一項の通知を受けた日本放送協会の機関は、直ちにその通知された事項の<u>放送をしなければならない</u>（同第六項）。

◆気象庁は、気象、地象、津波、高潮及び波浪の**特別警報**をしたときは、直ちにその特別警報に係る警報事項を警察庁、消防庁、海上保安庁、都道府県、東日本電信電話株式会社、西日本電信電話株式会社又は日本放送協会の機関に通知しなければならない。地震動の特別警報以外の特別警報をした場合において、当該特別警報の必要がなくなったときも同様とする（第十五条の二第一項）。

◆前項の通知を受けた都道府県の機関は、直ちにその通知された事項を関係市町村長に通知しなければならない（同第二項）。

◆前条第二項の規定は、警察庁、消防庁、海上保安庁、都道府県、東日本電信電話株式会社及び西日本電信電話株式会社の機関が第一項の通知を受けた場合に準用する（同第三項）。

◆第二項又は前項において準用する前条第二項の通知を受けた市町村長は、直ちにその通知された事項を公衆及び所在の官公署に周知させる措置をとらなければならない（同第四項）。

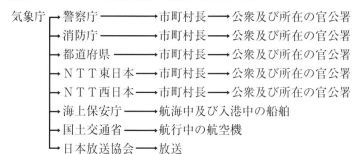

詳しく知ろう

・気象庁からの警報・特別警報の伝達（通知）経路：

気象庁 → 警察庁 ――――→ 市町村長 ―→ 公衆及び所在の官公署
　　　 → 消防庁 ――――→ 市町村長 ―→ 公衆及び所在の官公署
　　　 → 都道府県 ―――→ 市町村長 ―→ 公衆及び所在の官公署
　　　 → ＮＴＴ東日本 ―→ 市町村長 ―→ 公衆及び所在の官公署
　　　 → ＮＴＴ西日本 ―→ 市町村長 ―→ 公衆及び所在の官公署
　　　 → 海上保安庁 ―――→ 航海中及び入港中の船舶
　　　 → 国土交通省 ―――→ 航行中の航空機
　　　 → 日本放送協会 ―→ 放送

 豆テスト Q 鉄道会社が災害防止を目的に気象観測をする場合には、技術上の基準に従って行う必要がある。

◆前条第五項の規定は海上保安庁の機関が第一項の通知を受けた場合に、同条第六項の規定は日本放送協会の機関が第一項の通知を受けた場合に、それぞれ準用する（同第五項）。

(2) 気象庁以外の者が行う予報業務

①予報業務の許可

◆気象庁以外の者が気象、地象、津波、高潮、波浪又は洪水の予報の業務（以下「予報業務」という）を行おうとする場合は、気象庁長官の許可を受けなければならない（第十七条第一項）。

◆前項の許可は、予報業務の目的及び範囲に土砂崩れ（崖崩れ、土石流及び地滑り）、高潮、波浪又は洪水の予報の業務（「気象関連現象予報業務」という）を含む場合には、気象関連現象予報業務のための気象の予想を行うか否かを定めて行う（同第二項）。

◆噴火、火山ガスの放出、土砂崩れ、津波、高潮又は洪水の予報業務(「特定予報業務」という)を含む場合の許可は、第十九条の三の規定による説明を受けた者にのみに限られる（同第三項）。

▼予報業務の許可を受けようとする者は、次に掲げる事項を記載した予報業務許可申請書を、気象庁長官に提出しなければならない（第一項）。

　　一　氏名又は名称及び住所並びに法人にあっては、その代表者の氏名

　　二　予報業務の目的（一般向けか、それとも特定の利用者向けか）

　　三　予報業務の範囲

　　　イ　予報の種類

　　　ロ　対象としようとする区域

　　四　予報業務の開始の予定日

▼前項の申請書には、次に掲げる書類を添付しなければならない（第二項）。

　　一　事業所ごとの次に掲げる書類に関する予報業務計画書

　　　イ　予報業務を行おうとする事業所の名称及び所在地

　　　ロ　予報事項及び発表の時刻

　　　ハ　収集しようとする予報資料の内容及びその方法

○　鉄道会社のように政府機関または地方公共団体以外の者が災害防止の目的、または成果を発表する目的で気象観測をする場合には、技術上の基準に従う必要がある。

ニ　現象の予想の方法

　　ホ　気象庁の警報事項を受ける方法

　二　事業所ごとに置かれる気象予報士の氏名及び登録番号を記載した書類

　三　事業所ごとに予報業務に従事する要員の配置の状況及び勤務の交替の概要を記載した書類

　四　予報業務のための観測を行おうとする場合にあっては、次に掲げる事項を記載した書類（観測施設について記載した書類）

　　イ　観測施設の所在地

　　ロ　観測施設の明細

　　ハ　観測の種目及び時刻

　五　事業所ごとに次に掲げる施設の概要を記載した書類

　　イ　予報資料の収集及び解析の施設

　　ロ　気象庁の警報事項を受ける施設

②許可の基準

◆気象庁長官は、前条第一項の規定による許可の申請書を受理したときは、次の基準によって審査しなければならない（第十八条第一項）。

　一　当該予報業務を適確に遂行するに足りる観測その他の予報資料の収集及び予報資料の解析の施設及び要員を有するものであること。

　二　当該予報業務の目的及び範囲に係る気象庁の警報事項を迅速に受けることができる施設及び要員を有するものであること。

　三　特定予報業務を行う場合には、第十九条の三の規定による説明を適確に行うことができる施設及び要員を有すること並びに当該説明を受けた者以外の者に予報事項が伝達されることを防止するために必要な措置が講じられていること。

　四　気象又は地象（地震動、火山現象及び土砂崩れを除く）の予報の業務を行う場合には、業務に係る気象又は地象の予想を行う事業所につき、気象予報士を置かなければならない。

国土交通省令で定める技術上の基準に従って気象観測をしなければならない者が観測施設を設置・廃止した場合には、国土交通大臣に届け出なければならない。

六　気象関連現象予報業務を行う場合には、次のイ又はロの区分に応じ、それぞれイ又はロに定める基準に適合すること。

　イ　当該気象関連現象予報業務のための気象の予想を行わない場合

　　　当該気象関連現象予報業務に係る土砂崩れ、高潮、波浪又は洪水の予想の方法がそれぞれ国土交通省令で定める技術上の基準に適合するものであること。

　ロ　当該気象関連現象予報業務のための気象の予想を行う場合

　　　当該気象関連現象予報業務のための気象の予想を行う事業所につき第十九条の二前段の要件を備えることとなっていること及び当該気象関連現象予報業務に係る土砂崩れ、高潮、波浪又は洪水の予想の方法がそれぞれイの技術上の基準に適合するものであること。

◆気象業務法の規定による罰金以上の刑に処せられるか、又は許可の取り消しを受けた場合、一定期間（**執行後二年以内**）は許可を受けられない（同第二項）。

③変更認可

◆予報業務の目的又は範囲を変更しようとするときは、気象庁長官の認可を受けなければならない（第十九条第一項）。

　変更の認可を受けるための方法は、施行規則第十一条（予報業務の目的又は範囲の変更認可の申請）で次のように規定されています。

▼予報業務の目的又は範囲の変更の認可を受けようとする者は、次に掲げる事項を記載した予報業務変更認可申請書を、気象庁長官に提出しなければならない（第一項）。

　一　氏名又は名称及び住所並びに法人にあっては、その代表者の氏名

　二　変更しようとする事項

　三　変更の予定日

　四　変更を必要とする理由

▼前項の申請書には、予報業務の目的又は範囲の変更に伴いその内容が変更されるものを添付しなければならない（第二項）。

Chap. 11 気象法規

 × 観測施設の設置・廃止の届出は、国土交通大臣に対してではなく、気象庁長官に対してである。

④気象予報士の設置及び業務

◆次の各号のいずれかに該当する者は、予報業務のうち気象又は地象の予想を行う事業所ごとに、国土交通省令で定める気象予報士を置かなければならない。この場合、気象又は地象の予想については、気象予報士に行わせなければならない。

　一　気象又は地象の予報の業務をその範囲に含む予報業務の許可を受けた者

　二　気象関連現象予報業務をその範囲に含む予報業務の許可を受けた者で、気象関連現象予報業務のための気象の予想を行うもの

▼現象の予想を行う事業所ごとに、一日当たりの現象の予想を行う時間が八時間以下ならば二人以上、八時間を超え十六時間以下ならば三人以上、十六時間を超える時間ならば四人以上の専任の気象予報士を置かねばならない。これに抵触するに至った事業所では、二週間以内に、規定に適合させるため必要な措置をとらなければならない（第二項）。

⑤特定予報業務をその範囲に含む予報業務の許可を受けた者の説明義務

◆特定予報業務を含む予報業務の許可を受けた者は、特定予報業務を利用しようとする者に対し、留意すべき事項を説明しなければならない(第十九条の三)。

⑥警報事項の伝達

◆予報業務の許可を受けた者は、当該業務の目的及び範囲に係る気象庁の警報事項を、当該予報業務の利用者に迅速に伝達するように努めなければならない（第二十条）。

⑦業務改善命令

◆気象庁長官は、予報業務の許可を受けた者が許可基準のいずれかに該当しなくなった場合、予報業務の適正な運営を確保するため必要があると認めるときは、当該許可を受けた者に対し、その施設及び要員又はその現象の予想の方法について、予報業務の運営を改善するために必要な措置をとるべきことを命じることができる（第二十条の二）。

⑧許可の取り消し

気象庁以外の者が、気象、地象、津波、高潮、波浪、洪水の予報業務を行うには、予報業務の目的と範囲を定めて気象庁長官の許可を受けなければならない。

◆気象庁長官は、予報業務の許可を受けた者が気象業務法若しくはこの法律に基づく命令若しくはこれらに基づく処分又は許可若しくは認可に付した条件に違反したときは、期間を定めて業務の停止を命じ、又は許可を取り消すことができる（第二十一条）。

⑨予報業務の全部または一部の休廃止

◆予報業務の許可を受けた者が予報業務の全部又は一部を休止し、又は廃止したときは、その日から三十日以内に、その旨を気象庁長官に届け出なければならない（第二十二条）。

予報業務の休廃止の届出については、施行規則第十二条で次のように規定されています。

▼予報業務の休止又は廃止をしようとする者は、次に掲げる事項を記載した予報業務休止（廃止）届出書を、気象庁長官に提出しなければならない。

　一　氏名又は名称及び住所並びに法人にあっては、その代表者の氏名

　二　休止又は廃止した予報業務の範囲

　三　休止又は廃止の日及び休止の場合にあっては、その予定期間

　四　休止又は廃止を必要とした理由

⑩予報事項等の記録（施行規則第十二条の二）

▼予報業務の許可を受けた者は、予報業務を行った場合は、事業所ごとに次に掲げる事項を記録し、かつ、その記録を二年間保存しなければならない。

　一　予報事項の内容及び発表の時刻

　二　予報事項に係る現象の予想を行った気象予報士の氏名

　三　気象庁の警報事項の利用者への伝達の状況（当該許可を受けた予報業務の目的及び範囲に係るものに限る）

⑪警報の制限

◆気象庁以外の者は、気象、地象、津波、高潮、波浪及び洪水の警報をしてはならない。ただし、政令で定める場合は、この限りでない（第二十三条）。

○ 気象庁以外の者がこれら6種の予報業務を行うには、予報業務の目的（特定利用者向けなど）と範囲（予報の種類と対象区域）を定めて許可を受けなければならない。

気象庁以外の者が警報を行えるのは次のケースです。

- ・指定河川の洪水警報：気象庁と国土交通省が共同発表（p.215）
- ・都道府県指定の河川の洪水警報：気象庁と都道府県が共同発表（p.215）
- ・水防警報：河川管理者（国土交通大臣または都道府県知事）（p.215）
- ・火災警報：市町村長（p.217）
- ・津波警報：市町村長（施行令第八条の規定による緊急災害時の特例）

1-4　気象予報士

(1) 試験

◆気象予報士になろうとする者は、気象庁長官の行う気象予報士試験に合格しなければならない（第二十四条の二第一項）。

◆試験は、気象予報士の業務に必要な知識及び技能について行う（同第二項）。

(2) 試験の一部免除

◆国土交通省令で定める業務経歴又は資格を有する場合は、試験の一部を免除することができる（第二十四条の三）。

　試験の一部については施行規則第十八と十九条で次のように規定されています。

▼学科試験に合格、又は学科試験の一部の科目に合格点を得た者については、申請により、合格の日から一年以内に行われる、学科試験又は合格点を得た科目に係る学科試験を免除する。

(3) 気象予報士となる資格

◆試験に合格した者は、気象予報士となる資格を有する（第二十四条の四）。

(4) 合格の取り消し

◆気象庁長官は、不正な手段により試験を受け、又は受けようとした者に対しては、試験の合格の決定を取り消し、又はその試験を停止することができる（第二十四条の十八第一項）。

気象庁長官に予報業務の許可申請を行うには気象予報士の資格が必要である。

◆気象庁長官は、取り消し処分を受けた者に対して、情状により、**二年以内**の期間を定めて試験を受けることができないものとすることができる（同第三項）。

(5) 登録

◆気象予報士の資格を有する者が気象予報士となるには、気象庁長官の登録を受けなければならない（第二十四条の二十）。

(6) 欠格事由

◆次の各号の一に該当する者は、登録を受けることができない（第二十四条の二十一）。

　一　気象業務法の規定により罰金以上の刑に処せられ、その執行を終わり、又はその執行を受けることがなくなった日から**二年**を経過しない者

　二　登録の抹消の処分を受け、その処分の日から**二年**を経過しない者

(7) 登録の申請

◆登録を受けようとする者は、登録申請書を気象庁長官に提出しなければならない（第二十四条の二十二第一項）。

◆前項の登録申請書には気象予報士となる資格を有することを証する書類（試験合格証明書の写し）を添付しなければならない（同第二項）。

(8) 登録の実施

◆気象庁長官は、申請を受け、その者が欠格事由に該当する場合を除き、次に掲げる事項を気象予報士名簿に登録しなければならない（第二十四条の二十三）。

　一　登録年月日及び登録番号

　二　氏名及び生年月日

　三　その他国土交通省令で定める事項

(9) 登録事項の変更の届出

◆気象予報士は、気象予報士名簿に登録を受けた事項に変更があったときには、遅滞なく、その旨を気象庁長官に届け出なければならない（第二十四条の二十四）。

 ✕　予報業務許可の申請者が気象予報士である必要はない。

登録事項の変更の届出については施行規則第三十六条で次のように規定されています。

▼登録事項の変更の届出をしようとするときは、次に掲げる事項を記載した気象予報士登録事項変更届出書を、気象庁長官に提出しなければならない。

　一　氏名及び住所

　二　登録年月日及び登録番号

　三　変更を生じた事項及びその期日

(10) 登録の抹消

◆気象庁長官は、気象予報士が次の各号の一に該当する場合又は本人からの登録の抹消の申請があった場合には、当該気象予報士に係る当該登録を抹消しなければならない（第二十四条の二十五第一項）。

　一　死亡したとき。

　二　欠格事項に該当することとなったとき。

　三　偽りその他不正な手段により登録を受けたことが判明したとき。

　四　試験の合格の決定を取り消されたとき。

◆気象予報士が前項第一号又は第二号に該当することとなったときは、その相続人又は当該気象予報士は遅滞なく気象庁長官に届け出なければならない（同第二項）。

1-5　雑　　則

(1) 気象証明等

◆気象庁は、一般の依頼により、気象、地象及び水象に関する事実について証明及び鑑定を行う（第三十五条第一項）。

◆前項の証明又は鑑定を受けようとする者は、国土交通省令の定めるところにより、手数料を納めなければならない（同第二項）。

(2) 報告及び検査

◆気象庁長官は、この法律の施行に必要な限度において、許可を受けた者等に対し、それらの行う気象業務に関し、報告させることができる

 予報業務の許可を受けている者が予報の対象区域を変更するときには、事前に気象庁長官に届け出なければならない。

（第四十一条第一項）。

　この報告書の記載事項は、施行規則の第五十条で次のように定められています。

▼報告しようとするときには、次に掲げる事項を記載した報告書を提出しなければならない（第四項）。

　一　氏名および住所並びに法人にあっては、その代表者の氏名

　二　報告事項

　三　報告事由の発生日

◆気象庁長官は、この法律の施行に必要な限度において、その職員に、許可を受けた者若しくは技術上の基準に従ってしなければならない気象の観測を行うものの事業所若しくは観測を行う場所に立ち入り、気象記録、気象測器その他の物件を検査させ、又は、関係者に質問させることができる（第四十一条第四項）。

1-6　罰　　則

　気象業務法の規定に違反した場合の罰則については、第四十四〜五十条で規定されています。

◆第三十七条の規定に違反した者は**三年以下の懲役若しくは百万円以下**の罰金に処し、又はこれを併科する（第四十四条）。

> **詳しく知ろう**
>
> ・**第三十七条の規定に違反した者**：正当な理由がないのに、気象庁または技術上の基準に従わなければならない気象の観測（政府機関・地方公共団体が行う気象観測、成果を発表するため、または成果を災害の予防に利用するための観測、電気事業の運用に利用するための観測）を行う者が屋外に設置する気象測器または気象などの警報の標識を壊し、移し、その他これらの効用を害する行為をした者。

◆次の各号の一に該当する者は、**五十万円以下の罰金に処する**（第四十六条）。

✕　予報業務の範囲を変更する場合には、届出ではなく、事前に気象庁長官に変更の認可を受ける必要がある。

一　検定に合格した観測機器でなければ、使用してはならないとされ
　　ていることに、違反した者（第九条の規定に違反）

二　許可を受けないで予報業務を行った者（第十七条第一項の規定に
　　違反）

三　認可を受けないで予報業務の目的及び範囲を変更した者（第十九
　　条の規定に違反）

四　気象予報士以外の者に現象の予想を行わせた者（第十九条の三の
　　規定に違反）

五　気象庁長官からの業務停止命令に違反した者（第二十一、二十六
　　条第二項の規定に違反）

六　警報を行った者（第二十三条の規定に違反）

七　許可を受けないで気象の観測の成果を無線通信で発表する業務を
　　行った者（第二十六条第一項の規定に違反）

◆次の各号のいずれかに該当する者は**三十万円以下の罰金**に処する（第
　四十七条）。

一　予報業務の許可を受けた者で、業務改善命令に違反した者（第二
　　十条の二、第二十六条の規定に違反）

二　観測を行うため必要がある場合に、当該業務に従事する職員が国
　　・地方公共団体又は私人が所有する土地等に立ち入ることを拒み、
　　又は妨げた者（第三十八条の規定に違反）

三　気象庁長官が必要あると認めた報告を行わないか、虚偽の報告を
　　した者（第四十一条の規定に違反）

四　気象庁長官が必要あると認めた検査を拒み、妨げ、若しくは忌避
　　し、又は質問に対し陳述をせず、若しくは虚偽の陳述をした者（第
　　四十一条の規定に違反）

◆次に該当する者は、**二十万円以下の過料**に処する（第五十条）。

一　予報業務の許可を受けた者で、業務の休止・廃止の届出をせず、
　　又は虚偽の届出をした者（第二十二条、第二十六条第二項の規定に
　　違反）

 予報業務の許可を受けている民間事業者が、観測の成果を発表する目的で自ら気象観測を行う
場合には、気象庁長官の許可を受けなければならない。

注・過料：制裁金を徴収するが、罰金や科料と異なり刑罰ではない。

2 気象業務法施行令と施行規則の関連事項

2-1 一般の利用に適合する予報と警報

◆気象業務法第十三条第一項及び第二項の規定による一般の利用に適合する予報及び警報は、定時又は随時に、国土交通省令で定める予報区を対象として行うものとする（施行令第四条第一項及び第二項）。

・**天気予報**：当日から三日以内における風、天気、気温等の予報

・**週間天気予報**：当日から七日間の天気、気温等の予報

・**季節予報**：当日から一か月間、当日から三か月間、暖候期、寒候期、梅雨期等の天気、気温、降水量、日照時間等の概括的な予報

・**津波予報**：津波の予報

・**波浪予報**：当日から三日以内における風浪、うねり等の予報

・**気象注意報**：風雨、風雪、強風、大雨、大雪等によって災害が起こるおそれがある場合に、その旨を注意して行う予報

・**土砂崩れ注意報**：大雨、大雪等による土砂崩れ災害が起こるおそれがある場合に、その旨を注意して行う予報（「気象庁予報警報規定」により、気象注意報に含めて行う）

・**津波注意報**：津波によって災害が起こるおそれがある場合に、その旨を注意して行う予報

・**高潮注意報**：台風等による海面の異常上昇の有無及び程度について、一般の注意を喚起するために行う予報

・**波浪注意報**：風浪、うねり等によって災害が起こるおそれがある場合に、その旨を注意して行う予報

・**洪水注意報**：洪水によって災害が起こるおそれがある場合に、その旨を注意して行う予報

・**気象警報**：暴風雨、暴風雪、大雨、大雪等に関する警報

Chap.
11
気象法規

 ✕ 気象観測することについては気象庁長官の許可を受ける必要はない。しかし技術上の基準に従い、使用する気象測器は検定合格品でなければならない。

- ・**土砂崩れ警報**：大雨・大雪等による土砂崩れの地面現象に関する警報（「気象庁予報警報規定」により、<u>気象警報に含めて行う</u>）
- ・**津波警報**：津波に関する警報
- ・**高潮警報**：台風等による海面の異常上昇に関する警報
- ・**波浪警報**：風浪、うねり等に関する警報
- ・**洪水警報**：洪水に関する警報

◆気象業務法第十三条の二第一項の規定による特別警報は、国土交通省令で定める予報区を対象として行うものとする（施行令第五条）。

- ・**気象特別警報**：暴風雨、暴風雪、大雨、大雪等に関する特別警報
- ・**土砂崩れ特別警報**：大雨、大雪等による土砂崩れの地面現象に関する特別警報（「気象庁予報警報規定」により、<u>気象特別警報に含めて行う</u>）
- ・**津波特別警報**：津波に関する特別警報
- ・**高潮特別警報**：台風等による海面の異常上昇に関する特別警報
- ・**波浪特別警報**：風浪、うねり等に関する特別警報

2-2　航空機と船舶の利用に適合する予報と警報

◆気象業務法第十四条第一項の規定による航空機及び船舶の利用に適合する予報及び警報は、定時又は随時に行うものとする（施行令第六条）。

- ・**海上予報**：国土交通省令で定める予報区を対象とする船舶の運航に必要な海上の気象、津波、高潮及び波浪の予報
- ・**海上警報**：国土交通省令で定める予報区を対象とする船舶の運航に必要な海上の気象、津波、高潮及び波浪に関する警報

2-3　水防活動の利用に適合する予報と警報

◆気象業務法第十四条の二第一項の規定による予報及び警報は、随時に、水防活動の利用に適合するよう行うものとする（施行令第七条）。

- ・**水防活動用気象注意報**：風雨、大雨等によって水害が起こるおそれがある場合に、その旨を注意して行う予報

208

予報業務の許可を受けた者が現象の予想をするために行う気象観測は、気象予報士に行わせなければならない。

・**水防活動用気象警報**：暴風雨、大雨等によって重大な水害が起こるおそれがある場合に、その旨を警告して行う予報

・**水防活動用津波注意報**：津波によって災害が起こるおそれがある場合に、その旨を注意して行う予報

・**水防活動用津波警報**：津波に関する警報

・**水防活動用高潮注意報**：台風等による海面の異常上昇の有無及び程度について注意を喚起するために行う予報

・**水防活動用高潮警報**：台風等による海面の異常上昇に関する警報

・**水防活動用洪水注意報**：洪水によって災害が起こるおそれがある場合に、その旨を注意して行う予報

・**水防活動用洪水警報**：洪水に関する警報

3 特別警報の発表基準

　特別警報の種類とその基準は次の通りです（気象業務施行令第五条、特別警報の基準を定める件（気象庁告示第七号））。

・**気象特別警報**：暴風、暴風雪、大雨、大雪の4種

　・**暴風特別警報**：数十年に一度の強度の台風や同程度の温帯低気圧により暴風が吹くと予想される場合

　・**暴風雪特別警報**：数十年に一度の強度の台風や同程度の温帯低気圧により雪を伴う暴風が吹くと予想される場合

　・**大雨特別警報**：台風や集中豪雨により数十年に一度の降雨量となる大雨が予想され、若しくは、数十年に一度の強度の台風や同程度の温帯低気圧により大雨となると予想される場合

　・**大雪特別警報**：数十年に一度の降雪量となる大雪が予想される場合

・**地震動特別警報**：震度6以上又は長周期振動階級4の大きさの地震動が予想される場合

・**火山現象特別警報**：居住地域に重大な被害を及ぼす噴火が予想される場合

 × 気象予報士にさせなければならないのは、現象の予想だけである。誰に観測を行わせるかについては規定がない。

Chap.
11

気象法規

・**土砂崩れ特別警報**：台風や集中豪雨により数十年に一度の降雨量となる大雨が予想され、若しくは、数十年に一度の強度の台風や同程度の温帯低気圧により大雨となると予想される場合
・**津波特別警報**：高いところで3mを超える津波が予想される場合
・**高潮特別警報**：数十年に一度の強度の台風や同程度の温帯低気圧により高潮になると予想される場合
・**波浪特別警報**：数十年に一度の強度の台風や同程度の温帯低気圧により高波になると予想される場合

4 災害対策基本法

4-1　災害対策の目的と基本的な枠組み

　災害対策基本法は、昭和34年の伊勢湾台風などによる甚大な被害の経験を通じ、国・地方を含めた総合的、体系的な防災体制を確立するために制定された災害に対する基本法です。

◆<u>国土並びに国民の生命、身体及び財産を災害から保護するため、防災に関し、国、地方公共団体及びその他の公共機関を通じて必要な体制を確立し</u>、責任の所在を明確にするとともに、<u>防災計画の作成、災害予防、災害応急対策、災害復旧及び防災に関する財政金融措置</u>その他必要な災害対策の基本を定めることにより、<u>総合的かつ計画的な防災行政の整備及び推進を図り</u>、もって社会の秩序の維持と公共の福祉の確保に資することを目的とする（第一条）。

◆（国の責務）国は、災害予防、災害応急対策及び災害復旧の基本となるべき計画を作成し、及び法令に基づきこれを実施するとともに、地方公共団体、指定公共機関、指定地方公共機関等が処理する防災に関する事務又は業務の実施の推進とその総合調整を行ない、及び災害に係る経費負担の適正化を図らなければならない（第三条）。

◆（都道府県の責務）都道府県は、関係機関及び他の地方公共機関の協

 予報業務の許可を受けた者は、気象庁の発表する注意報・警報を速やかに利用者に伝達し、その状況を記録しておく必要がある。

力を得て、当該都道府県の地域に係る防災に関する計画を作成し、及び法令に基づきこれを実施するとともに、その区域内の市町村及び指定地方公共機関が処理する防災に関する事務又は業務の実施を助け、かつ、その総合調整を行う責務を有する（第四条）。

第一条の目的に従い、災害対策の基本的な枠組みが定められており、その概要は次のようになります。

①国、地方公共団体その他の公共機関で災害対策に関与するものは、あらかじめ指定行政機関（気象庁を含む）、指定地方行政機関（各気象台を含む）、指定公共機関、指定地方公共機関として指定されます。**指定公共機関**とは、東日本・西日本電信電話（株）、日本郵政、日本銀行、日本赤十字社、日本放送協会、ＪＲ、その他の公共的機関、および電気、ガス、輸送、通信などの公益法人で、内閣総理大臣から指定されたものを指します。

②国（内閣府）には**中央防災会議**が、また地方では各都道府県に都道府県防災会議、各市町村には市町村防災会議などの**地方防災会議**が置かれます。

③災害に対処するため、中央防災会議は**防災基本計画**を、各地方防災会議は**地域防災計画**を作成します。

④各指定機関も、それぞれ**防災業務計画**を定めておく必要があります。

⑤災害が発生、または発生するおそれがあるときには、当該都道府県、市町村に**災害対策本部**が設置されます。災害対策本部長は、都道府県知事、市町村長が務めます。

⑥災害の規模が大きい場合などには、国の**非常災害対策本部**が設置されます。

⑦非常災害が発生し、その災害が国の経済および公共の福祉に重大な影響を及ぼすほど異常かつ激甚なものである場合に、災害応急対策を推進するため特に必要と認められるときは、内閣総理大臣は内閣府に緊急災害対策本部を設置することができ、関係地域について災害緊急事態の布告をすることができます。

気象庁の発表事項を利用者に伝達し、その状況を記録しなければならないのは警報事項だけであり、注意報はこの規定に含まれていない。

Chap.
11

気象法規

以上の体制のうえに、災害対策基本法では、災害対策を、災害予防、災害応急対策、災害復旧の3段階に大きく分けてとらえ、基本となる事項を整理、規定しています。災害応急対策における警報の伝達や避難の指示などについては以下に記します。

4-2　警報の伝達など

(1) 発見者の通報義務

◆災害が発生するおそれがある異常な現象を発見した者は、遅滞なく、その旨を市町村長又は警察官若しくは海上保安官に通報しなければならない（第五十四条第一項）。

◆何人も、前項の通報が最も迅速に到達するように協力しなければならない（同第二項）。

◆第一項の通報を受けた警察官又は海上保安官は、その旨を速やかに市町村長に通報しなければならない（同第三項）。

◆第一項又は前項の通報を受けた市町村長は、地域防災計画の定めるところにより、その旨を気象庁その他の関係機関に通報しなければならない（同第四項）。

(2) 都道府県知事の通知等

◆都道府県知事は、法令の規定により、気象庁その他の国の機関から災害に関する予報若しくは警報の通知を受けたとき、又は自ら災害に関する警報をしたときは、法令又は地域防災計画の定めるところにより、予想される災害の事態及びこれに対してとるべき措置について、関係指定地方行政機関の長、指定地方公共機関、市町村長その他の関係者に対し、必要な通知又は要請をするものとする（第五十五条）。

(3) 市町村長の警報の伝達および警告

◆市町村長は、法令の規定により災害に関する予報若しくは警報の通知を受けたとき、自ら災害に関する予報若しくは警報を知ったとき、法令の規定により自ら災害に関する警報をしたとき、又は前条の通知を受けたときは、地域防災計画の定めるところにより、当該予報若しく

予報業務の許可を受けた者が新たに気象予報士を雇用して予報業務に従事させる場合には、その旨を気象庁長官に報告しなければならない。

は警報又は通知に係る事項を関係機関及び住民その他関係ある公私の団体に伝達しなければならない。この場合において、必要があると認めるときは、市町村長は住民その他関係のある公私の団体に対し、予想される災害の事態及びこれに対して採るべき措置について、必要な通知又は警告をすることができる（第五十六条）。

4-3　事前措置と避難

（1）市町村長の避難の指示等

◆災害が発生し、又は発生するおそれがある場合において、人の生命又は身体を災害から保護し、その他災害の拡大を防止するために特に必要と認めるときは、市町村長は、必要と認める地域の居住者、滞在者その他の者に対し、避難のための立退きを勧告し、及び急を要すると認めるときは、これらの者に対し、避難のための立退きを指示することができる（第六十条第一項）。

◆前項の規定により避難のための立退きを勧告し、又は指示する場合において必要があると認めるときは、市町村長は、その立退き先を指示することができる（同第二項）。

◆災害が発生し、又はまさに発生しようとしている場合において、避難のための立退きを行うことによりかえって人の生命又は身体に危険が及ぶおそれがあると認めるときは、市町村長は、必要と認める地域の居住者等に対し、屋内での待避その他の屋内における避難のための安全確保に関する措置を指示することができる（同第三項）。

◆市町村長は、第一項の規定により避難のための立退きを勧告し、若しくは指示し、若しくは立退き先を指示したときは、速やかに、その旨を都道府県知事に報告しなければならない（同第四項）。

◆市町村長は、避難の必要がなくなったときは、直ちに、その旨を公示しなければならない（同第五項）。

◆都道府県知事は、当該都道府県の地域に係る災害が発生した場合において、当該災害の発生により市町村がその全部又は大部分の事務を行

〇 このケースは許可申請内容の変更に該当するので、気象庁長官に報告書を提出しなければならない。

なうことができなくなったときは、当該市町村の市町村長が第一項から第三項まで及び第五項の規定により実施すべき措置の全部又は一部を当該市町村長に代わって実施しなければならない（同第六項）。

（2）警察官等の避難の指示

◆市町村長が立退きを指示することができないと認めるとき、又は市町村長から要求があったときは、**警察官又は海上保安官**は、必要と認める地域の居住者、滞在者その他の者に対し、避難のための立退きを**指示することができる**（第六十一条第一項）。

◆**警察官又は海上保安官**は、避難のための立退きを指示したときは、直ちに、その旨を市町村長に通知しなければならない（同第二項）。

 5 水防法

5-1　総　則

（1）目的

◆この法律は、洪水、雨水出水、津波又は高潮に際し、水災を警戒し、防御し、及びこれによる被害を軽減し、もって公共の安全を保持することを目的とする（第一条）。

（2）定義

◆「水防警報」とは、洪水、津波又は高潮によって災害が発生するおそれがあるとき、水防を行う必要がある旨を警告して行う発表をいう（第二条第八項）。

5-2　水防活動

（1）国の機関が行う洪水予報

◆気象庁長官は、気象等の状況により洪水、津波又は高潮のおそれがあると認められるときは、その状況を国土交通大臣及び関係都道府県知事に通知するとともに、必要に応じ放送機関、新聞社、通信社その他

 気象庁長官の許可を得ないで予報業務を行った者や気象予報士以外の者に現象の予想を行わせた者は、50万円以下の罰金に処せられる。

の報道機関の協力を求めて、これを一般に周知させなければならない（第十条第一項）。

◆**国土交通大臣**は、二以上の都府県の区域にわたる河川その他の流域面積が大きい河川で洪水により国民経済上重大な損害を生じるおそれがあるものとして指定した河川について、気象庁長官と共同して、洪水のおそれがあると認められるときは水位又は流量を、はん濫した後においては水位若しくは流量又ははん濫により浸水する区域及びその水深を示して当該河川の状況を関係都道府県知事に通知するとともに、必要に応じて報道機関の協力を求めて、これを一般に周知させなければならない（同第二項）。

◆**都道府県知事**は、この通知を受けた場合においては、直ちに都道府県の水防計画で定める水防管理者及び量水標管理者（量水標等の管理者をいう）に、その受けた通知に係る事項を通知しなければならない（同第三項）。

（2）都道府県知事が行う洪水予報

◆**都道府県知事**は、国土交通大臣が指定した河川以外の流域面積が大きい河川で洪水により相当な損害を生じるおそれがあるものとして指定した河川について、洪水のおそれがあると認められるときは、気象庁長官と共同して、その状況を水位又は流量で示して直ちに都道府県の水防計画で定める水防管理者等に通知するとともに、必要に応じ報道機関の協力を求めて、これを一般に周知させなければならない（第十一条）。

（3）水防警報

◆**国土交通大臣**は、洪水、津波又は高潮により国民経済上重大な損害を生じるおそれがあると認めて指定した河川、湖沼、又は海岸について、**都道府県知事**は、国土交通大臣が指定した河川、湖沼、又は海岸以外の河川、湖沼、又は海岸で、洪水、津波又は高潮により相当な損害を生じるおそれがあると認めて指定したものについて、水防警報をしなければならない（第十六条第一項）。

◆**国土交通大臣**は、水防警報をしたときは、直ちにその警報事項を関係

○ その他、50万円以下の罰金刑に該当するのは、規定に反して検定合格品以外の測器で観測した者、認可を受けずに予報業務の目的・範囲を変更した者などである。

都道府県知事に通知しなければならない（同第二項）。

◆都道府県知事は、水防警報をしたとき、又は前項の規定により通知を受けたときは、都道府県の水防計画で定めるところにより、直ちにその警報事項又はその受けた通知に係る事項を関係<u>水防管理者その他水防に関係のある機関</u>に通知しなければならない（同第三項）。

◆国土交通大臣又は都道府県知事は、第一項の規定により河川、湖沼又は海岸を指定したときは、その旨を公示しなければならない（同第四項）。

◆水防管理者は、水防警報が発せられたとき、水位が都道府県知事の定める警戒水位に達したとき、その他水防上必要があると認めるときは、都道府県の水防計画で定めるところにより、水防団及び消防機関を出動させ、又は出動の準備をさせなければならない（第十七条）。

> **詳しく知ろう**
>
> - **水防警報の内容**：待機、準備、出動、警戒、解除からなり、各地域の水防団・消防団への具体的な対応策を示している。
> - **水防管理団体**：水防の責任を有する市町村又は水防に関する事務を共同に処理する市町村の組合（「水防事務組合」という）若しくは水害予防組合をいう（第二条第一項）。
> - **水防管理者**：水防管理団体である市町村の長又は水防事務組合の管理者若しくは長若しくは水害予防組合の管理者をいう（同第二項）。

6 消防法

(1) 目的

◆<u>火災を予防し、警戒し及び鎮圧し、国民の生命、身体及び財産を火災から保護するとともに、火災又は地震等の災害による被害を軽減するほか、災害等による傷病者の搬送を適切に行い、もって安寧秩序を保持し、社会公共の福祉の増進に資することを目的とする</u>（第一条）。

(2) 気象状況の通報と火災警報

◆気象庁長官、管区気象台長、沖縄気象台長、地方気象台長又は測候所

災害の発生のおそれのある異常な現象を発見した者は、遅滞なく、その旨を市町村長か警察官か海上保安官に通報しなければならない。

長は、気象の状況が火災の予防上危険であると認めるときは、その状況を直ちにその地を管轄する都道府県知事に通報しなければならない（第二十二条第一項）。

◆都道府県知事は、前項の通報を受けたときは、直ちにこれを市町村長に通報しなければならない（同第二項）。

◆市町村長は、前項の通報を受けたとき、又は気象の状況が火災の予防上危険であると認めるときは、火災に関する警報を発表することができる（同第三項）。

◆前項の規定による警報が発せられたときは、警報が解除されるまでの間、その市町村の区域内に在る者は、市町村条例で定める火の使用の制限に従わなければならない（同第四項）。

理解度 check テスト

Q1 気象業務法の目的を規定した次の条文の空欄(a)～(c)に入る語句の組み合わせとして正しいものを、下記の①～⑤の中から一つ選べ。

この法律は、気象業務に関する基本的制度を定めることによって、気象業務の健全な発達を図り、もって災害の予防、(a)、産業の興隆等 (b) に寄与するとともに、気象業務に関する (c) を行うことを目的とする。

	(a)	(b)	(c)
①	交通の安全の確保	公共の福祉の増進	国際的協力
②	交通の安全の確保	国民経済の健全な発展	技術開発
③	災害に因る被害の軽減	国民経済の健全な発展	国際的協力
④	環境の保全	国民経済の健全な発展	国際的協力
⑤	環境の保全	公共の福祉の増進	技術開発

A ○ これは発見者の通報義務である。通報を受けた警察官や海上保安官は、その旨を速やかに市町村長に通報しなければならない。

気象庁が行う特別警報について述べた次の文(a)～(c)の正誤の組み合わせとして正しいものを、下記の①～⑤の中から一つ選べ。

(a) 気象、地象、津波、高潮及び波浪についての特別警報のうち、気象特別警報の種類は、気象についての警報と同じく、暴風、暴風雪、大雨、大雪の四種である。

(b) 特別警報の基準を定めようとするときは、気象庁は、あらかじめ関係都道府県知事の意見を聴かなければならない。

(c) 気象庁は、特別警報をする場合は、報道機関の協力を求めて、公衆に周知させるように努めなければならない。

	(a)	(b)	(c)
①	正	正	正
②	正	正	誤
③	正	誤	誤
④	誤	正	正
⑤	誤	誤	正

 気象等の観測施設の届け出について述べた次の文(a)～(c)の正誤の組み合わせとして正しいものを、下記の①～⑤の中から一つ選べ。

(a) 地方公共団体に属する教育機関が、研究のために降水量の観測施設を設置したときは、その旨を気象庁長官に届け出なければならない。

(b) 鉄道会社が、横風による事故防止のために風の観測施設を設置したときは、その旨を気象庁長官に届け出なければならない。

(c) 河川の管理者が、住民に河川の状況を知らせるために河川の水位の観測施設を設置したときには、その旨を気象庁長官に届け出なければならない。

 市町村長は、災害により特に必要と認められる場合、地域の居住者などに避難の勧告をし、必要な場合には立ち退きを指示することができる。

	(a)	(b)	(c)
①	正	正	誤
②	正	誤	正
③	誤	正	誤
④	誤	正	正
⑤	誤	誤	正

 Q4 災害対策基本法に基づく災害対策における国及び都道府県の責務について述べた次の文章の空欄(a)～(d)に入る適切な語句の組み合わせを、下記の①～⑤の中から一つ選べ。

　国は、災害予防、災害応急対策及び災害復旧の基本となるべき (a) を作成し、及び (b) に基づきこれを実施するとともに、地方公共団体、指定公共機関、指定地方公共機関等が処理する防災に関する事務又は業務の実施の推進とその (c) を行ない、及び災害に係る経費負担の適正化を図らなければならない。

　都道府県は、関係機関及び他の地方公共団体の協力を得て、当該都道府県の地域に係る防災に関する (a) を作成し、及び (b) に基づきこれを実施するとともに、その区域内の市町村及び指定地方公共機関が処理する防災に関する事務又は業務の実施を助け、かつ、その (d) を行なわなければならない。

	(a)	(b)	(c)	(d)
①	目標	計画	指導	指導
②	目標	計画	総合調整	調整
③	目標	法令	指導	総合調整
④	計画	法令	指導	調整
⑤	計画	法令	総合調整	総合調整

Chap. 11

気象法規

A ○ 災害対策基本法の第60条の規定である。さらに必要な場合には、市町村長は立ち退き先を指示することができる。

異常な現象を発見したときの通報や、各種の警報、指示について述べた次の文(a)～(c)の正誤の組み合わせとして正しいものを、下記の①～⑤の中から一つ選べ。

(a) 災害が発生するおそれがある異常な現象を発見した者は、遅滞なく、その旨を、当地を管轄する気象庁の機関に通報しなければならない。

(b) 気象庁長官、気象台長、または測候所長が、気象の状況が火災予防上危険であると認め、その状況を都道府県知事に通報し、この通報を市町村長が知事から受けたときには、市町村長は火災に関する警報を発することができる。

(c) 災害が発生し、または発生するおそれがあり、人の生命又は身体を災害から保護し、災害の拡大を防止するため特に必要があると認められる場合において、市町村長が必要な指示をすることができないと認めるときは、警察官又は海上保安官は、必要と認める地域の居住者、滞在者等に対して避難のための立ち退きを指示することができる。

	(a)	(b)	(c)
①	正	正	誤
②	正	誤	誤
③	誤	正	正
④	誤	誤	正
⑤	誤	誤	誤

解答と解説

Q1 **解答①　第46回（平成28年度第1回）一般問14**

　気象業務法の目的を規定した気象業務法第一条（p.190）の内容を問う基本的な設問です。同法第一条は出題率が極めて高い問題なので、そのまま覚えましょう。

 気象の状況が火災予防上危険な状況である旨を気象官署から通報を受けた都道府県知事は、火災警報を発表することができる。

Q2　解答①　第45回（平成27年度第2回）一般問15

(a) 正しい。特別警報には、気象特別警報、地震動特別警報、火山現象特別警報、地面現象特別警報、津波特別警報、高潮特別警報、波浪特別警報があります。気象特別警報は、暴風、暴風雪、大雨、大雪の四種です（施行令第五条 p .208）。

(b) 正しい。気象庁は、気象庁が定める特別警報の基準を定めようとするときは、あらかじめ関係都道府県の意見を聴かなければならない（気象業務法第十三条の二第二項 p .194）。

(c) 正しい。気象庁は、予報及び警報（特別警報）をする場合は、自ら予報事項及び警報事項の周知の措置を執る外、報道機関の協力を求めて、これを公衆に周知させるように努めなければならない（気象業務法第十三条第三項 p .194）。

Q3　解答③　第43回（平成26年度第2回）一般問14

(a) 誤り。研究のために行なう気性の観測は、届け出の義務はありません（気象業務法第六条第一項第一号p.192）。

(b) 正しい。気象業務法第六条第二項（p.192）による。災害の防止に利用するための気象の観測。

(c) 誤り。河川の水位の観測施設は、気象及び海水象ではないので、届け出は必要ない。

Q4　解答⑤　第41回（平成25年度第2回）一般問15

災害対策基本法に基づく災害対策における国及び都道府県の責務についてで、(a)計画、(b)法令、(c)総合調整、(d)総合調整（p.210〜11）

Q5　解答③　第44回（平成27年度第1回）一般知識問15

(a) 誤り。気象庁その他の関係機関に通報する義務を負うのは、発見者ではなく、市町村長です（災害対策基本法第五十四条第一項、第四項 p .212）。

 ✕ 火災警報を発表できるのは市町村長である。火災予防上危険な状況である旨の通報を受けた都道府県知事は、これを直ちに市町村長に通報しなければならない。

（b）正しい。市町村長は火災に関する警報を発することができる（消防法第二十二条第一項、第二項、第三項p.217）。

（c）正しい。警察官又は海上保安官が避難指示を行うことができる（災害対策基本法第六十条第一項p.213、第六十一条第一項p.214）。

これだけは必ず覚えよう！

・政府機関と地方公共団体が行う気象観測、およびそれ以外の者で成果を発表するための気象観測は、国土交通省令の技術上の基準に従う。

・検定気象測器は、温度計・湿度計・気圧計・風速計・雨量計・雪量計・日射計の7種。

・気象庁のみが行う一般向け警報は、気象（大雨・大雪・暴風雨・暴風雪）・土砂崩れ・津波・高潮・波浪・洪水。例外は孤立したときの市町村長による津波警報。

・警報は新たな注意報または警報に切り替えられるまで、あるいは解除されるまで継続する。

・気象予報士になるには、試験に合格して資格を得て気象庁長官の登録を受ける必要がある。

・現象の予想は気象予報士でなければできないが、観測・予報の伝達・解説は気象予報士でなくてもできる。

・予報業務の許可は、目的（特定向け／一般向け）と範囲（予報の種類と区域）を定めて行い、これを変更する場合は気象庁長官の認可が必要。その一部または全部を休止・廃止したときは30日以内に気象庁長官に届け出る。

・国／都道府県の指定河川については、気象庁が国土交通大臣／都道府県知事と共同で水防活動用の予報・警報をする。

・異常現象の発見者は、市町村長または警察官・海上保安官に通報する。伝達経路は、警察官・海上保安官→市町村長→気象庁。

・避難のための立ち退き勧告や指示は市町村長（警察官・海上保安官が代行可能）が行い、都道府県知事に報告する。

・気象状況が火災の予防上危険な場合、その旨を気象官署長→都道府県知事→市町村長に通知し、火災警報は、市町村長が発表する。

予報業務に関する

専門知識編

Chapter 1

地上気象観測

◎毎回1問は出題されている。

◎観測要素が多くて覚えることが多いが、大半は基礎的なものである。しかし、最近はかなり専門的な知識を要する問題も見受けられる。

1 地上気象観測

　地上気象観測は、10型地上気象観測装置（図：専1・1）による自動的な観測と、観測者による目視観測で行われています。全国約60か所の気象台・測候所では、気圧、気温、湿度、風向、風速、降水量、積雪の深さ、降雪の深さ、日照時間、日射量、雲、視程、大気現象等の気象観測を行っています。管区・沖縄気象台及び5つの地方気象台では、雲、視程、大気現象等は目視で観測し通報していますが、その他は地上気象

図：専1・1　10型地上観測装置（気象庁）

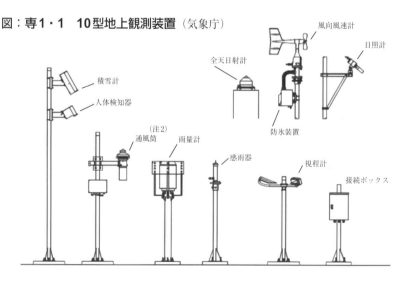

Q 地上天気図に記入されている気圧は、観測点での現地気圧である。

観測装置によって自動的に観測通報を行っています。

　目視観測通報を自動化した地方気象台等と全国約90か所の特別地域気象観測所（無人の測候所に自動観測システムを設置した施設）では、地上気象観測装置による自動観測のみを行っています。

　これらの観測データは、注意報・警報や天気予報の発表などに利用されるほか、気候変動の把握や産業活動の調査・研究などに活用されています。

1-1　気圧〔hPa〕

　気圧は空気の圧力であり、気体が単位面積（1m²）を押す力であり、その場所にある空気の重さです。水銀柱の76cmの高さを気圧の大きさとして760mmHgと表し、これに相当する圧力を1気圧（1atm）といいます。1気圧は、1013hPa（ヘクトパスカル）で標準気圧といいます。1hPaは1m²あたり100N（ニュートン）の力が働く圧力の大きさです。

　正式な気圧は水銀気圧計で測定しますが、地上気象観測装置による自動観測では**電気式気圧計**（静電容量式のセンサーを用いた気圧計）による自動測定を行っています。

　気象台などで測定された気圧を**現地気圧**といい、**海面更正**（標準海面高度、海抜0mの気圧に換算すること）した気圧を**海面気圧**といい、地上天気図では海面気圧を使用します。海面気圧は、静力学方程式と気体の状態方程式に基づいた換算式（p.29の「詳しく知ろう」参照）に観測地点の気圧、気温を代入して求めます。

　気圧は、通常、最高が9時頃に、最低が15時頃に観測されます。観測時と3時間前の観測時の気圧の変化傾向（気圧変化の型（9種）と量（＋、－0.1hPa単位））は、前線解析や気圧等変化線解析などに利用されます。

1-2　気温〔℃〕

　地表面上1.5mの高さで測定するので、積雪があるときは、雪面から

× 地上天気図の気圧は、現地気圧を静力学平衡の式と状態方程式によって標準海面高度（高度0m）の気圧に海面更正した海面気圧である。

1.5mの高さに温度計を調整して測定します。正式には、通風乾湿計で測定しますが、地上気象観測装置による自動観測では白金抵抗温度センサー（温度によって白金の電気抵抗が変化するのを検出するセンサー）を利用した電気式温度計によって自動測定しています。通常、最高気温は14時頃、最低気温は日の出後に観測されます。

詳しく知ろう

- 電気式温度計：温度によって白金線の電気抵抗値が変化することを利用して気温を測定する測器で、その感部は通風筒内に収容されている。通風筒は断熱材をはさむ金属製の二重の円筒容器で、その上部にはファンがあって円筒内を上向きに通風している。下部に取り付けた遮蔽板により地表面で反射した日射の影響を防ぐ構造になっている。設置する高さは通風筒の下端を地上から1.5mの高さとすることを基準とし、多雪地では雪面からこの高さを維持することとしている。

1-3　露点温度〔℃〕と湿度〔%〕

露点温度と湿度も気温と同様に地表面から1.5mの高さで測定します。露点温度は、塩化リチウムの吸湿性を利用した塩化リチウム露点計で測定します。地上気象観測装置による自動観測では、湿度は静電容量型の電気式湿度計で測定しています。通常、最小湿度は最高気温の出現時頃に、最大湿度は最低気温の出現時頃に観測されます。

1-4　風向〔360°〕・風速〔m/s〕

風の観測は、基本的には平坦な開けた場所の地上10mの高度で、風車型風向風速計を用いて観測時刻前10分間の平均風向・風速で測定します。実際には、地上10mの高度で測定しているとは限りませんが、高度10mで測定した値に補正はしていません。

風向は風の吹いて来る方向であり、国際式では36方位（01〜36）で、国内式では16方位（01〜16）で示します（図：専1・2）。「00」は「静

 国際式天気図の風向は36方位で示し、真北は「00」、真南は「18」である。

穏」を意味し、風速が0.2m/s以下であって風向が定まらないことを示します。なお、風速は単位時間に空気が移動した距離であり、m/sで測定しますが、通報はノット（kt）で行います。

図：専1・2　方向の表示

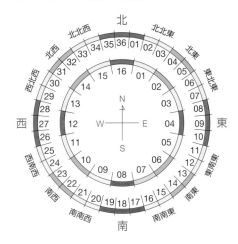

詳しく知ろう

- **方位の表示法**：風向や気象現象の方向の表示法としては、36方位、16方位、8方位による方法がある。36方位は図：専1・2のように10度刻みの値（たとえば20度）のように表現する。16方位は22.5度刻みの値で示す。8方位の場合は、北東、東、南東、南、南西、西、北西、北と表現する。
- **風速と瞬間風速**：風速は観測時刻前10分間の平均風速であり、その最大値が最大風速である。瞬間風速は時々刻々変わる瞬間の風速であり、0.25秒ごとに更新される3秒間（12サンプル）の平均風速で、その最大値が**最大瞬間風速**である。最大瞬間風速と平均風速の比（突風率）は1.5〜2程度である。
- **風圧**：風圧は風速の2乗に比例する。
- **日最大風速**：その日に観測された10分間の平均風速の最大値である。

1-5　降水量〔mm/ h〕

降水量は、ある時間内に地表の水平面に達した降水（雪やあられは融かして水にする）の量をいい、水の深さで表します。**転倒ます型雨量計**で測定します。測定は0.5mm単位（たとえば3.5mm）で、0.5mmに達

 ✕　36方位での真南は「18」だが、真北は「36」である。「00」は静穏（風速0.2m/s以下）であることを表す。

227

しない降水は0.0mmとし、降水がない場合は「−」とします。

1-6　降雪量〔cm〕と積雪量〔cm〕

降雪量は、ある時間内に降った積雪の深さ、積雪量は、積算された積雪の深さで、ともに1cm単位で、1cm未満は0cmで表します。

積雪の深さは、雪尺や超音波式積雪計で測定します。超音波式積雪計は、観測用ポールの上から発射した超音波が雪面に反射して戻ってくるまでの時間を測定することによって積雪の深さを求めます。

この場合、気温によって音波の速さが変わるので、気温の変化による補正をして正しい時間を測定します。ある時間内（たとえば6時間）の積雪の差をもって、その時間内（6時間）の降雪の深さ（降雪量）として求めています。ただし、積雪は圧縮や融解があるので正確な降雪量にはなりません。

1-7　日射量〔kW/m²〕と日照時間〔0.1時間〕

太陽放射の強さを日射といい、太陽面から直接地上に到達する日射を直達日射といい、太陽光線に垂直な面で受けた直達日射エネルギー量を直達日射量といい、直達電気式日射計で測定します。直達日射量は空気分子、火山噴出物、黄砂、大気汚染物質などのエーロゾルによる散乱や、雲、水蒸気、オゾンによる吸収、雲による反射によって減衰し、日本付近の直達日射量の最大値は、$0.9 \, \text{kW/m}^2$ 程度です。

直達日射と天空の全方位から入射する散乱日射および雲からの反射日射の合計を全天日射といい、全天日射量は、水平面で受けた全天日射エネルギー量です。

日照時間は0.12kW/m^2（1m²当たり120W）以上の直達日射量がある時間で、日照率は日照時間の可照時間に対する比です。日照は地形などによって遮られることがありますが、これに伴う日照率の補正はしていません。

Q　ある観測時間内の平均風速に対する最大瞬間風速の倍率を突風率といい、平均的には1.5~2.0倍程度である。

1-8　雲量（0～10）と雲形（十種）

　雲は**雲量**（全雲量と雲形別雲量）と**雲形**（十種）を目視で観測します。全雲量は、空全体のうち雲に覆われている割合で、雲形別の雲量は、ある雲形の雲に覆われている割合です。雲は部分的に重なっていることが多いので、雲形別雲量の合計と全雲量は一致するとは限りません。

　雲量は、まったく雲がない状態を雲量0、空全体が雲で覆われている状態を雲量10として、0～10の整数で表します。雲量が0以上で、1以下の場合は、「0⁺」、9以上で10以下のわずかに雲の隙間がある場合は、「10⁻」と観測されます。なお、雲量は天気図の記号では0～8の整数で表現されます（p.360の図：専8・5（a）参照）。

　雲形は、水平方向に広がっている層状の雲（層状雲）と鉛直方向に伸びている積雲系の雲（対流雲）に大別され、上・中・下層雲に分類されます（p.73参照）。濃霧のために空がまったく見えない場合は、霧を雲とみなして雲量を10とし、雲形は「霧」とします。

1-9　大気現象

　大気現象は、雨、雪、みぞれなどの**大気水象**、煙霧、黄砂などの**大気じん象**、かさ、光冠、虹などの**大気光象**、雷電や雷鳴などの**大気電気象**に大別されます（次ページの表：専1・1）。ただし大気光象は、天気とは直接関連ありません。

> **詳しく知ろう**
>
> ・雨：水滴の直径が0.2mm（200μm）以上のものをいい、このうち、0.2～0.5mmを霧雨、直径0.5mm以上を雨という。
> ・天気には関係しないが、大気水象のうちで重要なものとして、
> 　露：地面や地物などに大気中の水蒸気が凝結し水滴となって付着したもの。
> 　霜：大気中の水蒸気が昇華して、地面または地物に付着した結晶。
> 　霜柱：地中の水分が柱状の氷の結晶となり、地中または地面に析出したもの。

 A ○　記述の通り。平均風速は観測時刻前10分間の平均値、最大瞬間風速は瞬間風速（観測時刻の3秒前から0.25秒間隔で観測される12サンプルの平均値）の最大値である。

表：専1・1　大気現象と説明

大気現象	説　明
煙　　霧	肉眼で見えないごく小さな乾いた粒子が大気中に浮遊している現象
ち り 煙 霧	ちりまたは砂が風のために地面から吹き上げられ、風がおさまった後まで大気中に浮遊している現象
黄　　砂	主として大陸の黄土地帯で多量のちりまたは砂が風のために吹き上げられて全天を覆い、徐々に降る現象
煙	物の燃焼によって生じた小さな粒子が大気中に浮遊している現象
降　　灰	火山灰（火山の爆発によって吹き上げられた灰）が降る現象
砂じんあらし	ちりまたは砂が強い風のために高く吹き上げられる現象
高い地ふぶき	積もった雪が風のために高く吹き上げられる現象
霧	ごく小さな水滴が大気中に浮遊し、そのため視程が1km未満になっている現象
氷　　霧	ごく小さな氷の結晶が大気中に浮遊し、そのため視程が1km未満になっている現象
霧　　雨	多数の小さな水滴が一様に降る現象
雨	水滴が降る現象
み　ぞ　れ	雨と雪が混在して降る現象
雪	空気中の水蒸気が昇華してできた氷の結晶が降る現象
霧　　雪	ごく小さな白色で不透明な氷の粒が降る現象
細　　氷	ごく小さな氷の結晶が徐々に降る現象。ダイヤモンドダストとも呼ばれる
雪 あ ら れ	白色で不透明な氷の粒が降る現象
氷 あ ら れ	白色で不透明な氷の粒が芯となり、その周りに水滴が薄く氷結した氷の粒が降る現象。球形または不規則な形で、直径5mm未満
凍　　雨	水滴が氷結したり雪片の大部分が融けて再び氷結したりしてできた透明または半透明の氷の粒が降る現象。球形または不規則な形で、直径5mm未満。高層雲・乱層雲から降る
ひ　ょ　う	透明または透明な層と半透明な層とが交互に重なってできた氷の粒または塊りが降る現象（直径5mm以上）
雷　　電	電光（雲と雲との間または雲と地面との間で急激な放電による発光現象）と雷鳴がある現象
雷　　鳴	電光に伴う音響現象

1-10　天気（15種）

　天気とは雲と大気現象に着目した大気の総合的状態をいい、気象庁では表：専1・2に示すように15種類に分けており、**国内式天気**といっています。

日照時間は、1m²当たり120W以上の全天日射量がある時間であり、直達電気式日射計によって測定している。

表：専1・2　国内式天気種類（15種）と天気記号

種類番号	天気種類	説　明	天気記号
1	快　晴	雲量が1以下の状態	○
2	晴	雲量が2以上8以下の状態	①
3	薄　曇	雲量が9以上の状態であって、巻雲、巻積雲または巻層雲が見かけ上最も多い状態	⑪
4	曇	雲量が9以上の状態であって、高積雲、高層雲、乱層雲、層積雲、層雲、積雲または積乱雲が見かけ上最も多い状態	◎
5	煙　霧	煙霧、ちり煙霧、黄砂、煙もしくは降灰があって、そのために視程が1km未満になっている状態、もしくは視程が1km以上であって全天がおおわれている状態	∞
6	砂じんあらし	砂じんあらしがあって、そのために視程が1km未満になっている状態	ⓢ
7	地ふぶき	高い地ふぶきがあって、そのために視程が1km未満になっている状態	＋
8	霧	霧または氷霧があって、そのために視程が1km未満になっている状態	≡
9	霧　雨	霧雨が降っている状態	，
10	雨	雨が降っている状態	●
11	み　ぞ　れ	みぞれが降っている状態	＊
12	雪	雪、霧雪または細氷が降っている状態	✳
13	あ　ら　れ	雪あられ、氷あられまたは凍雨が降っている状態	△
14	ひ　ょ　う	ひょうが降っている状態	▲
15	雷	電光または雷鳴がある状態	◉

［注］同時に2種類以上に該当する場合は、種類番号の大きいものとする。

　国際式天気は、大気現象の有無や時間的連続性や強さに応じた100種類の「現在天気」と10種類の「過去天気」を用いて地上天気図上に表現しています。

1-11　視程〔km〕

　視程は、地表付近の大気の混濁度を距離で示したもので、目標を認めることのできる最大距離です。方向によって視程が違う場合は、最短距離で表します。

A ✕ 日照時間は、1m²当たり120W以上の直達日射量のある時間をいう。全天日射量は、直達日射量に散乱日射量を加えたものである。観測は直達電気式日射計による。

2　アメダスとライデン

2-1　アメダス観測

　アメダス（AMeDAS：地域気象観測システム）は、地上気象状況をきめ細かく監視するために気象庁が国内に配置している自動観測網です。その観測データは、<u>10分ごと</u>に自動送信され、気象災害の防止・軽減に重要な役割をはたしています。アメダスによる観測は、**降水量、気温、風向・風速、湿度**（2022年3月に日照時間の観測を廃止し、湿度の観測が始まった）の4要素（気圧は含まれていない）です。従来、測器で観測していた日照時間は、2021年3月から気象衛星等のデータを基に面的に推計した値が提供されています。アメダスの観測点は、全国に平均間隔21kmで設置され、4要素を観測している約840か所（気象台、測候所および特別地域気象観測所を含む）と、降水量観測所の450か所を合せた約1300か所が平均間隔17kmに配置されています。また、雪の多い地方約330か所に積雪深観測所があり、光電（レーザー）式積雪深計や超音波式積雪深計で積雪の深さも観測しています。アメダスによる観測データは<u>自動的に品質管理がされており</u>、気候統計資料としても使われています。

2-2　雷監視システム

　雷監視システム（LIDEN：ライデン）は、雷により発生する電波を受信し、その位置、発生時刻などの情報を作成するシステムで、全国30か所の空港に設置されています。

3　気象観測統計

　統計の期間には、日（日本標準時00時01分〜24時00分）、半旬、旬、

 天気とは大気現象と雲に着目した総合的な状態をいい、国内式では15種類に分けられている。

月、3か月（前々月～当該月の任意の3か月、四季の統計は3～5月（春）、6～8月（夏）、9～11月（秋）、12～2月（冬）の各3か月）、季節（10～3月（寒候期）、4～9月（暖候期））、年、累年があります。

複数年にわたる期間についての統計を累年の統計といい、西暦年の1位が1の年から数えて30年間の値を平均した**平年値**、統計開始からの値の極値・順位値があります。現在用いられている平年値は1991～2020年の30年間の累年平均値です。平年値は10年ごとに更新されます。年の統計は、当該年の1月から12月までの1年間について行われますが、「降雪の深さ」や「積雪の深さ」など、冬季に観測される要素については、年をまたいで統計します。その期間を**寒候年**といい、寒候年の統計は前年8月から当年7月までの1年間について行います。たとえば、2023年8月から2024年7月までの1年間は「2024寒候年」です。ただし、富士山では、真夏に降雪が観測されることがあるため、日平均気温の高極出現日を初終日（積雪が終わる日）および初冠雪を、求める寒候年の境界としています。

ある期間に観測された値の最大値（最高値）または最小値（最低値）を極値といいます。

夏の暑さを表す指標として、日最高気温が25℃以上の日を**夏日**、30℃以上の日を**真夏日**、35℃以上の日を**猛暑日**、最低気温が25℃以上である夜を熱帯夜といいます。また、冬の寒さを表す指標として、日最低気温が0℃未満の日を**冬日**、日最高気温が0℃未満の日を**真冬日**といいます。

理解度 check テスト

Q1 地上気象観測に関して述べた次の文(a)～(d)の正誤について、下記の①～⑤の中から正しいものを一つ選べ。

(a) 地上気圧は、地上における大気の上限まで鉛直に伸びた気柱内の単

A ○ 記述の通り。大気現象は、大気水象、大気じん（塵）象、大気光象、大気電気象に大別されるが、大気光象は天気とは直接的な関連がない。

233

位面積あたりの空気の重さである。

(b) 露点温度は、空気塊の圧力を一定に保ちながら冷却して飽和に達したときの温度である。

(c) 風速は、大気が単位時間あたりに移動した距離である。

(d) 全天日射量は、太陽から直接地上に到達する日射を太陽光線に垂直な面で受けた単位面積あたりのエネルギー量である。

① 　(a)のみ誤り
② 　(b)のみ誤り
③ 　(c)のみ誤り
④ 　(d)のみ誤り
⑤ 　すべて正しい

 気象庁が観測している大気現象の定義に関して述べた次の文(a)〜(d)の正誤について、下記の①〜⑤の中から正しいものを一つ選べ。

(a) 雨と雪が混在して降る現象をみぞれという。

(b) 観測時刻に全雲量が10分の9以上であっても、日照があれば天気は晴とする。

(c) ごく小さな水滴が大気中に浮遊し、水平視程が1km未満の場合を霧という。

(d) 球状または不規則な形をした透明の氷の粒の降水で、直径5mm未満のものを凍雨という。

① 　(a)のみ誤り
② 　(b)のみ誤り
③ 　(c)のみ誤り
④ 　(d)のみ誤り
⑤ 　すべて正しい

 アメダスの観測データは自動的に品質管理が行われており、通常は10分ごとに自動的に収集されている。

解答と解説

Q1　解答④　第31回（平成20年度第2回）専門・問1

(a) 正しい。気圧は大気が及ぼす圧力であり、水平面の単位面積上における大気の上限までの鉛直方向にとった気柱内の空気の重さです。1Pa（パスカル）は1N（ニュートン）の力が面積$1m^2$に及ぼす圧力なので、

気圧の単位$Pa = N/m^2 = kg \cdot m/s^2/m^2 = kg/m\,s^2 = kgm^{-1}s^{-2}$です。

(b) 正しい。露点温度は、水蒸気を含む空気塊の圧力を一定にして冷却し、飽和に達したときの温度をいいます。気象庁で行う地上気象観測では、露点温度は気温と相対湿度から算出されます。ある気温における飽和水蒸気圧をe_s、相対湿度をRH（%）で表すと、$(RH \times e_s)/100$で与えられる水蒸気圧を飽和水蒸気圧とする温度になります。

(c) 正しい。風は風向と風速で表示され、風向は風の吹いてくる方向で、風速は大気が単位時間（1秒）当たりに移動した距離（m）です。

(d) 誤り。全天日射は、大気中で散乱・反射することなく地球に到達する日射を太陽光線に垂直な面で受けた直達日射と、大気中を通過する間に空気分子、エーロゾル、雲などにより散乱されて天空の全方向から入射する散乱日射と、雲からの反射日射の和で表します。全天日射量は、水平面で受けた全天日射エネルギー量であり、単位は瞬間値が〔kW/m^2〕、積算値が〔MJ/m^2〕です。なお、日照時間は直達日射量が一定のしきい値（$0.12kW/m^2$）以上となった時間を合計したものです。問題文は、全天日射量でなく、直達日射量について述べているので、誤りです。

Q2　解答②　第34回（平成22年度第1回）専門・問1

(a) 正しい。雨は水滴での降水で、直径が0.2〜0.5mmの水滴は霧雨、0.5mm以上の水滴は雨として区別しています。雪は空気中の水蒸気が昇華してできた氷の結晶の降水です。雨と雪が混在して降る降

記述のとおり。アメダスは全国に平均21km間隔で配置され、降水量、気温、風向・風速、湿度の4要素（多雪地帯では積雪が加わる）を自動観測している。

水がみぞれです。

(b) 誤り。**天気**は、大気現象と雲に着目した大気の総合的な状態をいいます。同時に2種類の天気に該当する場合には、種類番号の大きいものを選びます（表：専1・2参照）。該当する大気現象がない場合は、種類番号1〜4の全雲量によって天気を決めます。問題文には、全雲量が10分の9以上とあるので、晴ではないので、誤りです。

(c) 正しい。**霧**はごく小さい水滴が大気中に浮遊する現象で、水平視程が1km未満（1km以下ではない）の場合をいいます。霧の中の相対湿度は一般に100%に近く、湿っぽくて冷たく感じます。**もや**は水平視程が1km以上で、相対湿度は霧の場合より小さく75%以上ですが100%になることはありません。もやの中では湿っぽさも冷たさも感じません。**氷霧**は多数のごく小さな氷の結晶が、大気中に浮遊する現象で、水平視程を著しく減少させます。大気じん象である**煙霧**は、肉眼では見えないごく小さい乾いた粒子が大気中に浮遊している現象で、粒が多いために空気が乳白色に濁って見えます。煙霧の中の相対湿度は、多くの場合75%未満です。

(d) 正しい。**凍雨**は直径が5mm未満の透明な氷の粒の降水で、球状または不規則な形で、まれに円錐状をしています。凍雨は一般に高層雲か乱層雲から降ります。

これだけは必ず覚えよう！

- ある時間内における最大瞬間風速を平均風速で割った値を突風率といい、一般には1.5から2.0くらい。
- 風圧は風速の2乗に比例し、一般的に陸上よりも海上のほうが平均風速は速く、逆に突風率は小さい。
- 全天日射量＝直達日射量＋散乱日射量＋反射日射量
- 霧はごく小さい水滴が大気中に浮遊している現象であり、水平視程が1km未満で相対湿度は100%に近い。
- もやは水平視程が1km以上10km未満で、相対湿度は75%以上。

 霜柱は、大気中の水蒸気が昇華して地物の表面で柱状の氷の結晶となる現象である。

Chapter 2

海上気象観測

出題傾向と対策

◎実技試験での出題頻度は高いが、学科試験では出題されたことはない。
◎発生原因による波の種類、波の情報の見方と意味を理解しておこう。

 1 波浪の観測

1-1 波浪の情報

　地球のおよそ7割の面積を占める海洋での気象観測も重要です。海上気象観測は、気象庁所属の海洋気象観測船、海洋気象ブイのほか、商船、漁船などによって行われています。

詳しく知ろう

• **海上の降水量測定**：海上気象観測では、降水量は測定していない。波の影響で船舶が揺れるために降水を正しく測定できないからである。

　海上気象観測は、地上気象観測の項目のほかに、**波浪の観測**が行われています。波浪には、風浪とうねり（次項参照）があり、波高、波長、周期、波向などの要素を観測します。

　波高は波の谷から山までの高さであり、0.5m単位で観測され、有義波高、平均波高、最大波高などで表現されます。**有義波高**は、ある地点を連続的に通過する波を高い順に並べ、高いほうから3分の1の波高についての一定時間（10～20分間）または一定数（普通100波）の平均値であり、目視による波の高さにあたります。

　波浪予報での波の高さは有義波高です。平均波高はすべての波高の平均値で、有義波高のおよそ0.6倍の波高に相当します。**最大波高**は、最

も波高の高い波で、100波に1波は有義波高のおよそ1.6倍、1000波に1波は有義波高のおよそ2倍の波高に相当します。

波長は、波の山（谷）から山（谷）までの距離で、1m単位で観測します。

周期は、波の繰り返し間隔を「秒」単位で示したものです。

図：専2・1　波長と波高

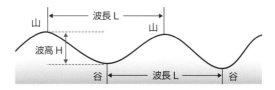

図：専2・2　風浪（上）とうねり（下）

波向は、波が進んでくる方向（16方位）をいいます。波浪図で波の進行方向を示す白抜き矢印（⇨）は、波向とは逆になるので注意を要します。通常、風浪は風向の方向から到来しますが、うねりのように周期の長い波は異なった方向からも到来します。

1-2　風浪とうねり

風浪（風波）は、その付近の海域の風で生じる波で、風下側に進行します。風浪は、①風速、②吹続時間（風が吹き続く時間）、③吹走距離（風が吹き渡る距離）によって波高が決まります（一般に、波長、周期とも短い）。風向と波向はほぼ同じです。風浪は発達過程の波に多く見られ、個々の波の形状は不規則で尖っており、発達した波ほど波高が大きく、周期と波長も長くなり、波速も大きくなります。

うねりは、遠くの海域で台風や発達した低気圧に伴って発生した波が、長時間かけて伝播してきたものです。周期は10秒内外で風浪に比べて長く、その形状は規則的で丸みを帯び、波の峰も横に長く連なっているので、ゆったりと穏やかに見え、波長も数十m～数百mと長くなっています。弱いうねりは波高2m以下、やや高いうねりは2～4m、高いうねりは4mを超えます。風向と波向が大きく異なることがよくあります。

Q 波浪予報での波の高さは、有義波高による。

図：専2・3　沿岸波浪実況図　2011年7月17日21時（12UTC）

実線、点線：等波高線（1m、0.5m）、矢羽：風向・風速、白抜き矢印：卓越波向、
数値：卓越周期（日本の南海上にある台風第6号により、うねりが発達している）

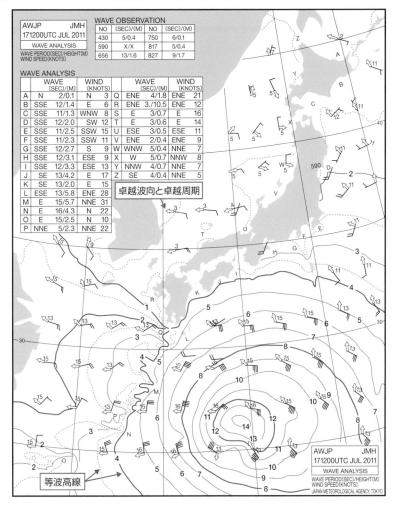

うねりは風浪よりも波長や周期が長いために、水深の浅くなる海岸地方
では、海底の影響を受けて波高が風浪よりも高くなります。

　うねりの代表例は**土用波**で、数千km南方の台風周辺で発生した波が
日本の沿岸まで伝わってきたものです。土用波の波速は非常に大きく、

〇　記述の通り。有義波高は、ある地点を一定時間（10〜20分間）に通過する波または一定数の
波（通常100波）を高い順位に並べ、高いほうから1/3の波高についての平均値である。

時には時速50km以上に達することもあり、うねりが台風自身よりもかなり早く沿岸に到達することもあります。

1-3　波浪実況図

　波浪実況図には、等波高線（実線は1mごと、点線は0.5mごと）、風向（16方位）、風速（ノット）、卓越波向（16方位）、卓越周期（秒）が表示されているほか、観測地点での波浪観測値、A～Z地点での波浪解析値が記入されています（図：専2・3参照）。

注・卓越波向と卓越周期：最もエネルギーの強い波の向きと周期。

詳しく知ろう

　複数の波が混在するときの波高は、それぞれの波高の2乗の和の平方根により推定され、これを合成波高と呼ぶ。たとえば風浪とうねりが混在する場合には、風浪の波高をH_w、うねりの波高をH_sとすると、合成波高H_cは、

$$H_c = \sqrt{H_w^2 + H_s^2}$$

となる。これは波のエネルギーが波高の2乗に比例するからである。

理解度 check テスト

Q1 気象庁の海上気象観測について述べた文(a)～(e)の正誤の組み合わせとして正しいものを、下記の①～⑤の中から一つ選べ。

(a) 風浪はその海域の風によって生じた波で、うねりは遠方の海域での台風や発達した低気圧によって生じた波が伝播してきた波である。

(b) 風浪は波長・周期とも短いが、うねりは波長・周期とも長い。

(c) 波高とは波の谷から山までの高さで、有義波高はある期間内の波のうち、波高の高い方から1/3の高さの波をいい、平均波高より低い。

(d) 天気予報で発表している波の高さは平均波高である。

豆テストQ 最大波高は観測したすべての波のうち最も波高の高い波であり、経験的に1000波に1波は平均波高の2倍の波高が観測される。

(e) 波向は波が進んでくる方向をいい、風浪の波向は風向に近いが、うねりの波向は風向と大きく異なっている場合が多い。

	(a)	(b)	(c)	(d)	(e)
①	正	誤	正	誤	正
②	正	誤	正	正	誤
③	誤	誤	正	正	正
④	誤	正	正	誤	正
⑤	正	正	誤	誤	正

解答と解説

Q1 解答⑤ （オリジナル）

(a) (b) 正しい。それぞれ風浪とうねりの定義と特徴です。

(c) 誤り。有義波高はある期間内の波のうち、波高の高いほうから1/3の高さまでの波の平均値で、平均波高より高くなります。

(d) 誤り。天気予報で発表している波の高さは有義波高です。

(e) 正しい。風浪の波向は風向に近いが、うねりの波向はその地点での風向とかなり異なることがしばしばあります。

これだけは必ず覚えよう！

・天気予報で発表される波の高さは、有義波高である。

・波向は波がやってくる方向（風向と同じ）であり、進んでいく方向ではない。

豆テスト **A** ✕ 経験的に1000波に1波は、（平均波高ではなく）有義波高の2倍の最大波高が観測される。平均波高は観測したすべての波の平均値で、経験的に有義波高の約0.6倍の波高である。

Chapter 3

気象レーダー観測

出題傾向と対策

◎ほぼ毎回1問が出題され、ドップラー気象レーダーに関する出題が多くなっている。

◎気象レーダー観測の特徴、レーダーエコー合成図、解析雨量図の見方と特徴、ドップラー気象レーダーによる風の観測原理などを理解しておこう。

◎気象レーダーやドップラー気象レーダー観測による降水強度や風速分布とウィンドプロファイラ観測による風向風速の時系列の比較から前線などの現象を考察する問題が出題されることがある。

1 気象レーダー観測の基礎知識

1-1 気象レーダーの原理

気象レーダーは、アンテナから電波を発射し、雲の中の降水粒子からの反射波（**レーダーエコー**または単に**エコー**と呼びます）を受信して画像化する観測機器で、反射電波が戻るまでの時間と方向で降水の範囲を、反射波の強さで降水の強さを判断します。

降水域を観測するレーダーには、波長が3〜10cm程度の電波が適しており、これよりも波長が短ければ雲や霧も観測できますが、近くの雲や霧で電波が反射されてしまうので、遠方の降水域が見えなくなります。

気象レーダーの探知範囲は半径約300kmの円内に限られます。レーダー電波を水平に発射しても地球が球形のため、発射地点から離れるほどレーダー電波の通過高度は高くなり、発射地点から300kmの地点で高さは約6kmとなります。雨雲の中で降水粒子が存在するのは、一般に数kmの高さまでなので、電波の発射地点から300km以上離れると、

気象レーダー観測では、発射した電波が降水粒子でレーリー散乱されて戻ってくるまでの時間によって降水の強さを判断する。

図：専3・1 気象レーダーによる雨雲観測の模式図

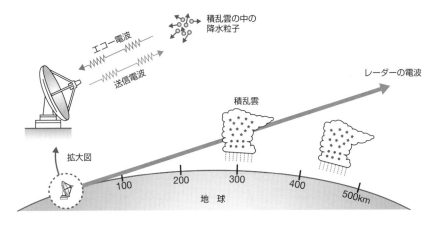

電波は雨雲の上を素通りして、レーダーエコーは観測されなくなります（図：専3・1）。ただし、山頂などレーダーアンテナの設置点が高ければ、レーダービームを水平より下向きに発射できるので、距離とともに地上から離れていく高さは小さくなり、探知範囲は広くなります。たとえば、観測点のアンテナの標高が300m以上の場合、400kmが探知範囲となります。

詳しく知ろう

• レーダービームの波長：10cm波をSバンド、5cm波をCバンド、3cm波をXバンドといい、気象庁のレーダーはCバンドを用いている。

1-2 レーダー方程式

　レーダーエコーの強さを表す受信電力は、レーダーアンテナと対象物との距離のほか、途中の気体による減衰と対象物のレーダー反射因子によって決まります。式で表すと次のようになり、これを**レーダー方程式**といいます。

✕ 発射した電波が降水粒子によってレーリー散乱されて戻ってくるまでの時間と方向によって降水までの距離と降水の範囲を判断できる。降水強度は反射波の強さで判断する。

$$\bar{P}_r = \frac{CI^2Z}{r^2}$$

ただし、$\bar{P}_r$は平均エコー強度（平均受信電力）、Iは途中の大気ガスによる電波減衰（I^2はIで表す場合もある）、rは反射体までの距離、Zはレーダー反射因子です。定数Cは、送信電力、アンテナ利得、電波の波長、ビーム半値幅、パルス幅、光速度、πなどの値をまとめたもので、レーダーの機器の仕様によって決まります。

　この式の受信電力は、伝播途中のさまざまな原因でエコー電波が変動するため、時間的な平均値を用います。電波を散乱させる降水粒子が含まれる領域を目標体積と呼びます。この中に一様に降水粒子が充満していると仮定すると、レーダー反射因子Zは、粒径（降水粒子の直径D）の6乗を加算したもの（ΣD^6）に比例します。したがって、同じ降水強度で比較すれば、粒径が小さくて個数が多い場合よりも、個数が少なくて粒径が大きな場合のほうが平均受信電力は強くなります。

　実際には、目標体積中の降水粒子の分布は雨雲の種類によってさまざまで、水滴の落下速度も均一ではないので、反射因子Zと降水強度Rの間に見出された統計的な関係式を用いています。これを「Z-R関係」と呼び、気象庁では、$Z = BR^\beta$という関係式で表し、$B = 200$、$\beta = 1.6$の値を用いています（つまり、$Z = 200R^{1.6}$）。このため、レーダー方程式は、平均受信電力$\bar{P}_r$からZを通して、降水強度Rを求める式といえます。

詳しく知ろう

- **Cバンドとのバンド**：レーダー方程式の定数Cの中には、電波の波長λはλ^2の反比例として含まれている。このことはCバンドよりXバンドのレーダーのほうが、平均受信電力が強くて観測には有利と思われるが、次項で述べる途中降雨による減衰を考慮すると、広い範囲で観測する気象庁のレーダー観測網にXバンドは適さない。自治体などが特別な目的（たとえば下水管理など）で狭い範囲の降水分布を観測する場合はXバンドの気象レーダーが用いられている。

 レーダーエコーの強さは平均受信電力で表され、レーダーから反射体までの距離の2乗に反比例する。

1-3 レーダーエコーの見方

レーダー方程式の中のl^2は、途中の大気ガスによる減衰ですが、気象庁のレーダー観測のエコー強度分布図では、これは補正されています。途中に降雨がある場合には同様に電波が減衰しますが、途中降雨強度は一般に未知なので、補正されていません。途中降雨による減衰は、途中降雨が強いほど減衰が大きく、レーダー電波の波長が短いほど減衰が強い性質があります（前ページの「詳しく知ろう」参照）。

電波の伝播経路は、地球表面に沿うように少し曲がる性質があります。しかし地球表面に完全に沿うほどは曲がらないので、レーダーからはるか遠方では下層の降水粒子からの反射はなく、豪雨が降っていても上空の弱いエコーしか観測できません（図：専3・1参照）。また、レーダーで雨粒からの反射を受けても、その雨粒が地上に届かない場合があります。これは雨粒が風で吹き流されたり、落下途中で蒸発したり、成長してひょうになることがあるためです。

気象レーダーは、降水粒子から返ってくるレーダービームの反射である降水エコーを捉えることを本来の目的としていますが、同時に、山や高層ビルなどから反射してくる地形エコーも捉えてしまいます。この地形エコーは降水の観測にとって大きな障害です。しかし、降水粒子群からのエコー強度は時間的に激しく変動するのに対して地形エコーの変動は小さいので、地形エコーと降水エコーを自動的に識別し、完全ではありませんが、地形エコーのほとんどを取り除く技術が開発されています。

降水エコーの探知を妨げるものとして、地形エコーのほかにエンゼルエコーや海面エコーがあります。エンゼルエコー（晴天エコー）は集団の虫や鳥からの反射や大気屈折率の乱れからの反射エコーです。海面エコー（シークラッター）は海面の波やしぶきからの反射エコーで、海が荒れているほど強く現れます。これらの非降水エコーは、降水エコーと同じように変動が激しいので、地形エコーの除去技術では除けません。

ある一定の高度に強いエコーが現れることがあり、このエコーをブラ

 平均受信電力（エコー強度）$\bar{P}_r$は、途中の大気による電波減衰をl、反射体までの距離をr、レーダー反射因子をZとすると、$\bar{P}_r = Cl^2Z/r^2$で表される（Cは定数）。

イトバンドと呼びます。**ブライトバンド**は、層状エコーの場合に見られる雲の中の0℃層（融解層）付近で層状に強い散乱が観測されるエコー分布のことです。一般知識編3章で説明した冷たい雨の仕組みで、氷粒子が0℃層より下で融けながら落下するとき、融けつつある氷粒子による電波の散乱は、氷粒子や水滴よりも強く観測されます。このため、ブライトバンドのエコー分布から計算されるレーダー雨量は、地上で実際に降る雨よりも強く現れます。

1-4　レーダーエコー合成図

　気象庁では、全国20か所に気象レーダー（波長5cm）を設置し、全国の陸地と沿岸をほぼカバーしています。各レーダー観測は、5分間隔で、アンテナ仰角を約0°から30°まで少しずつ変えて19段階で観測しています。これによって大気中の降水強度の分布が、時間的にほぼ連続に、3次元空間的に把握できます。全国のレーダーエコーの観測データは、デジタル形式で気象庁に集められ、水平方向に1km格子間隔、鉛直に2km高度ごとに加工しています。

　レーダーで観測した降水強度分布を同じ高さのレーダーエコーで見られるようにしたものが**レーダーエコー合成図**であり、2km高度のものが最もよく用いられています。合成図にすることにより、レーダーから距離が離れるとともに探知能力が低下する欠点や、山岳などで電波が届かずに観測できない障害を別のレーダーの観測値で補うことができるとともに、総観規模の広い領域の降水現象を一度に把握できる長所があります。レーダーエコー合成図は気象

図：専3・2　レーダーエコー合成図

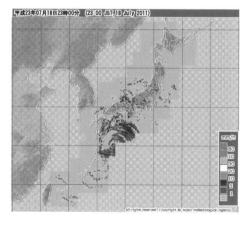

All rights reserved. Copyright © Japan Meteorological Agency

 同じ降水量をもたらす雨ならば、雨滴の直径が大きくて数が少ない降水よりも、直径が小さくて数が多い降水のほうが降水エコーは強い。

庁のホームページで公開されており、降水強度（単位mm/h）はカラー表示されています（図：専3・2参照）。

1-5　解析雨量図

　気象レーダーは遠隔観測なので、広い範囲の降水分布を観測できる点が長所です。しかし、電波の高度上昇と空間的広がりに起因する誤差や、途中降雨による減衰やZ–R関係による誤差などの問題もあり、補正が必要です。一方、地上で降雨を観測する雨量計の場合は、雨量を定量的に観測できますが、観測点の間隔が大きく、局地的な強雨の場合、観測点の中間での雨量がわかりません。

　そこで気象庁では、両者の長所を合わせた解析雨量図を作成しています。解析雨量図は、気象レーダー観測の雨量強度から推算したレーダー雨量を、地上雨量観測の1時間雨量と比較して補正したものです。5分間隔で測定した雨量強度を1時間積算して求めたレーダー雨量と、同じ格子単位に共存する地上雨量計の1時間雨量値とを比較してレーダー雨量を補正する係数（すなわち、地上雨量とレーダー雨量の比であり、雨量係数と呼ぶ）を得ます。この雨量計地点の雨量係数を内挿してレーダー観測域全域の雨量係数を求め、レーダー雨量に乗じて解析雨量を求めます。解析雨量は30分ごとに格子間隔1kmの図として作成され、気象庁のホームページにカラー表示で公開されています（図：専3・3参照）。

　解析雨量図の精度を検証した結果では、実用的な見地から1km間隔に雨量計を設置したのとほぼ同等の雨量監視能力をもつことがわかりました。海上の解析雨量について

図：専3・3　解析雨量図

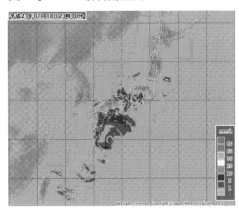

All rights reserved Copyright © Japan Meteorological Agency

一問一答　**A**　✕　降水エコー強度はレーダー反射因子Zに比例し、Zは単位体積中の各降水粒子の直径Dの6乗の和（$Z = \Sigma D^6$）なので、直径が大きくて数の少ない降水のほうが降水エコーは強い。

は、陸上における雨量係数を外挿して、最適な値が得られるように調整されています。気象庁では、解析雨量を雨量計で観測した実況雨量に準じたものとして位置づけており、大雨や短時間強雨などが予想される気象状況では、大雨域の監視や注意報・警報発表のための実況資料として利用するほか、府県気象情報のひとつである「記録的短時間大雨情報」（p.423参照）における観測雨量として発表されます。ただし、地名のあとに「付近」を付し、雨量値は「約」または「およそ」を付して表現します。

解析雨量の精度の向上に伴い、現在では雨量実況値として、数値予報におけるメソ解析に利用され、雨量予報の精度評価における基準雨量に用いられています。

2 気象ドップラーレーダー観測の基礎知識

2-1 気象ドップラーレーダーの原理

気象レーダーから発射された電波が、降水粒子で反射してエコー電波として戻るとき、電波の位相はレーダーと降水粒子までの距離によって決まります。降水粒子がレーダーに近づいたり遠ざかったりすると、位相は早くなったり遅くなったりします。位相が早まるのは周波数が高くなるからです。これを**ドップラー効果**といいます。この現象を利用して、エコー電波の電力と周波数を測定し、降水強度に加え、電波を発射した方向の降水粒子の速度成分（これを**動径速度あるいはドップラー速度**といいます）を得るのが気象ドップラーレーダーです。

降水粒子の速度は目標体積の水平風速と考えてよいので、エコー電波の周波数測定値を処理すれば、上空の風速に関する情報が得られます。ただし、ドップラーレーダーで直接測定できるのは実際の風速ではなく、降水粒子が存在する領域の動径速度である、という大きな限界があることに注意が必要です。

雪片が融解して雨滴に変わる上空の0℃層は、その上下よりもエコー強度が強い。

　なお、気象ドップラーレーダーの機能のひとつに**パルス繰り返し周波数**（PRF：Pulse Repetition Frequency）と呼ばれるものがあります。気象庁の気象ドップラーレーダーでは、探知範囲400kmまで降水強度のみを観測するモード（低PRF観測）、探知範囲250kmまでの速度観測が可能なモード（中PRF観測）、探知範囲150kmで降水強度と速度の両方を観測できるモード（高PRF観測）の3種類があります。観測の時系列の中でこれら3種類のモードを組み合わせて連続観測をしています。このことから、動径速度を観測できる最大距離は250kmで、降水強度を観測できる最大距離の400kmよりも狭くなっています。

詳しく知ろう

- **動径速度の求め方**：ドップラーレーダーから発射された電波の周波数をf_0、エコーとして受信した電波の周波数をf_1とすると、これらの差$f_d = f_1 - f_0$をドップラー周波数という。目標物の動径速度V_rとf_dの間には次の関係がある。

$$V_r = -\frac{cf_d}{2f_0}$$

ただし、cは電波の速度であり、真空中では$c = 3 \times 10^8$m/sだが、地上付近の大気中では真空中の速度より約0.03％遅くなる。動径速度V_rはレーダーから遠ざかる場合を正として表す。V_rとf_dの関係式から、ドップラー周波数f_dが測定できれば、動径速度V_rを求めることができる。

2-2　気象ドップラーレーダーの動径速度の利用方法

　ドップラーレーダーで直接測定できるのは、雲や雲底下にある降水粒子の動径速度だけという限界がありますが、離れた2台のドップラーレーダーを用いて、同時に降水粒子の2つの動径成分を測定すれば、降水粒子を流す風ベクトルを計算できます。しかし、2台のドップラーレーダーを用いる方式は、探知範囲が重複する狭い範囲しか風速を測定できないので、気象業務の観測網には使われていません。気象庁のドップラーレーダー観測網では、1台で測定した動径成分から風に関する情報を

豆テスト **A** ○ 0℃層より上では雪片なのでエコーが弱く、下では融解した雨滴の落下速度が増してやはりエコーが弱いために、0℃層は相対的にエコーが強く見える。これをブライトバンドという。

図：専3・4　VAD法の測定原理

(a)一様な風分布と動径速度の関係

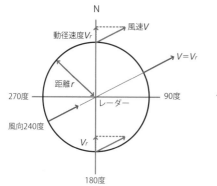

(b)方位角による動径速度の変化

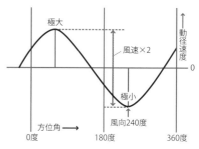

取り出す方法がとられています。

　そのひとつは**VAD法**（図：専3・4）と呼ばれる方法で、レーダー設置点の上空の風速分布がほぼ一様と仮定できる場合、1台のドップラーレーダーの動径成分の方位変化から風向風速を推定することができます。この場合、一定仰角・一定距離の動径成分が方位角によって正弦曲線となり、動径成分は風の吹いて行く方位で極大、風が吹いてくる方位（風向）で極小となり、その振幅が風速の2倍に相当します。

　動径成分から風速そのものが推定できなくても、動径速度分布の特徴的な形状から気象学的に有用な情報を引き出すことができます。動径速度は、ふつう、遠ざかる方向を＋（暖色）で表し、近づく方向を－（寒色）で表します。図：専3・5に示したドップラー速度の局所的パターンから、渦と発散（収束）を検出できます。渦は動径速度パターンで見ると、方位角方向に並んだ＋と－の極値として検出できます。また、積乱雲の雲底に発生するダウンバーストは風の発散であり、動径方向に並んだ＋と－の極値（－のほうがレーダー側）のパターンで発見できます。

　地上付近の激しい現象で最も被害を受けやすいのは、離着陸中の航空機です。東京国際空港（羽田）など9か所の空港にはドップラーレーダーが設置され、顕著なダウンバーストやシアーラインを観測した場合に

 ドップラーレーダーでは、アンテナを回転させて電波の発射方向を変えることで、一様な風が吹いていると仮定すると、風向風速を求めることができる。

図：専3・5 動径速度の局所的パターンから渦と発散を検出する模式図

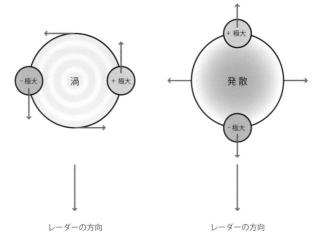

は航空局を経由して航空機に警報が通報されます。

近年、一般の気象レーダーのすべてにドップラーレーダー機能が付加され、レーダー観測網は雨量と風を同時に測定して、降水短時間予報の精度を向上するために利用したり、メソサイクロンの検出による「竜巻注意情報」（p.424参照）を発表するのに利用したりしています。

2-3 気象ドップラーレーダーの高度化

気象庁では2020年3月から従来の気象ドップラーレーダーを雨の強さや雨雲の動きが従来よりも正確に捉えられる**二重偏波気象ドップラーレーダー**に順次更新しています。このレーダーは、水平・垂直の2種類の電波を用いて雨粒の特徴を捉え、雨の強さや雨雲の動きを従来よりも正確に観測することができます。

雲中を落下する雨滴の扁平度は、空気の抵抗で大きな雨滴ほど扁平度が大きくなります。また、雪・あられ・ひょうは大きさによらず扁平度は1に近い性質があります。このためエコー電波の水平・垂直偏波の電力比から降水粒子の形を推定できます。一方、電波は水の中を通るとき

A ◯ ドップラーレーダーは周波数偏移から動径方向の速度を観測できるので、方位角による動径速度の変化曲線から降水粒子が流される方向と速さ、つまり風向風速を観測できる。

に速度が少し遅くなる性質があるため、二重偏波レーダーの電波が雨雲を通過する時、雨粒の変形により水平偏波のほうが垂直偏波よりも雨水の中を多く通ることになり、水平電波の速度は垂直電波の速度より遅くなります。この性質を利用して水平・鉛直偏波のエコー電波の位相差の測定で雨の強さを推定できます。今後、二重偏波気象ドップラーレーダーの整備によって、解析雨量図 (p.247) や降水短時間予報 (p.403) などの雨量予測精度が向上します。

なお、気象庁では、航空機の離発着が多い全国の9空港に**空港気象ドップラーレーダー**を設置し、ドップラー速度により、空港から半径20km以内に発生する低層ウィンドシアーと、半径100km以内の降水域と風の三次元分布を観測し、航空関係機関に情報提供することで、航空機の安全運航に寄与しています。羽田空港と関西空港では2016年に二重偏波気象ドップラーレーダーが導入されています。

Q1 気象レーダーの特性について述べた次の文(a)〜(c)の下線部の正誤の組み合わせとして正しいものを、下記の①〜⑤の中から一つ選べ。

(a) 水平に発射された電波はほぼ直進するが、地表面が曲率をもっているため、レーダーからの距離が遠くなるにつれて低い高度の雨や雪を観測できなくなる。

(b) Xバンドレーダーは、Cバンドレーダーより波長が短いことから、強い降水による電波の減衰は小さく、この減衰のために降水エコーが通常より極端に弱く観測されることはほとんどない。

(c) 降水がないところに強いエコーが現れる異常伝搬は、気温の逆転層があるときなど、電波屈折率が高さ方向に大きく変化する場合に発生しやすい。

 ドップラーレーダーは、ダウンバーストや風のシアーの検出に利用できる。

	(a)	(b)	(c)
①	正	正	正
②	正	誤	正
③	正	誤	誤
④	誤	正	誤
⑤	誤	誤	正

Q2 気象ドップラーレーダーとその観測について述べた次の文(a)～(c)の正誤の組み合わせとして正しいものを、下記の①～⑤の中から一つ選べ。

(a) 気象庁の気象ドップラーレーダーは、パルス状に発射した電波が、降水粒子によって反射（後方散乱）されるときの周波数の偏移を測定することにより、周囲の風に流されている降水粒子の3次元速度ベクトルの各成分を観測している。

(b) 気象ドップラーレーダーは、パルス状に発射した電波が、降水粒子によって反射（後方散乱）されて戻って来るまでの時間を測定することにより、降水粒子までの距離を求めている。

(c) 気象庁の気象ドップラーレーダーでドップラー速度を観測できる最大距離は、降水粒子を観測できる最大距離よりも短い。

	(a)	(b)	(c)
①	正	正	正
②	正	正	誤
③	正	誤	誤
④	誤	正	正
⑤	誤	誤	正

A ○ 動径速度の分布から、風の急変を監視して、風のシアーや降雨を伴うダウンバースト、竜巻を引き起こすメソサイクロンなどを検出できる。

解答と解説

Q1 　**解答②**　**第45回（平成27年度第2回）専門・問2**

（a）正しい。気象レーダーの電波は、大気中をほぼ直進するので、水平に発射された電波は、発射地点から進むにつれて、地球が丸いことで曲率をもった地平面から次第に離れていきます。300km進むと地表面から約6km離れ、気象レーダー電波を散乱する降水粒子の上を進むことになり、雨や雪の観測ができなくなります。

（b）誤り。気象レーダーはふつう約3cm、5cm、10cmの波長の電波が用いられ、それぞれX、C、Sバンドと呼ばれます。気象レーダーで観測する平均エコー強度は、アンテナの大きさが同じなら、電波波長の2乗に逆比例します。このため、波長が短いほど平均エコー強度は大きくなり、降水の探知に有利になります。しかし、途中降雨による減衰という性質は波長が短くなるほど激しくなります。Xバンドの電波はCバンドの電波より途中降雨の減衰が大きいので、遠方の降水はCバンドより極端に弱く観測されます。このためレーダー観測では目的に合わせて電波波長が選択されています。

（c）正しい。電波は、通常、空気中をほぼ直線に進みますが、大気の屈折率の分布状態に応じて電波が曲げられ、通常の伝搬経路から大きく外れることがあります。この現象は「異常伝搬」と呼ばれます。この現象により降水がないところに強いエコーが現れる場合がありますが、データの品質管理で完全に取り除くことはできません。<u>異常伝搬は、気温が高度とともに急増するなど屈折率が高さ方向に大きく変化する場合に発生し、高気圧内の下降気流や夜間の放射冷却などが原因となります。</u>

Q2 　**解答④**　**第46回（平成28年度第1回）専門・問2**

（a）誤り。気象ドップラーレーダーは、アンテナからパルス状に発射した電波が、降水粒子によって反射（後方散乱）して戻ってきたとき

豆テスト **Q** 気象レーダー観測では、降水エコー以外の地形エコーやエンゼルエコー、海面エコーをすべて取り除くことができる。

の周波数を測定し、発射した電波との周波数の偏移を求めます。この周波数偏移は、電波を反射した降水粒子の速度と関係づけられ、ドップラー速度と呼ばれます。すなわち、気象ドップラーレーダーから測定できるドップラー速度は、電波を発射した方向（動径方向と呼ぶ）の降水粒子の速度成分だけです（このため動径速度とも呼ばれます）。気象庁の気象ドップラーレーダーは、1台のレーダーにより動径速度を観測しているため、3次元の速度ベクトルの各成分は観測できません。

(b) 正しい。気象レーダーにより降水粒子までの距離を測定する方法は、降水強度のみを測定するレーダーでも動径速度も測定するドップラーレーダーでも同じで、パルス状に発射した電波が、降水粒子によって反射（後方散乱）されて戻って来るまでの時間を測定することで求められます。

(c) 正しい。気象庁の気象ドップラーレーダーには、パルス繰り返し周波数（PRF）と呼ばれる機能があり、このPRFによって観測モードが3種類に分けられています。すなわち、探知範囲400kmで降水強度のみを観測するモード（低PRF観測）、探知範囲250kmまでのドップラー速度観測が可能なモード（中PRF観測）、探知範囲150kmで強度とドップラー速度の両方を観測できるモード（高PRF観測）です。観測の時系列の中でこれら3種類のモードを組み合わせて連続観測をしています。このことから、ドップラー速度を観測できる最大距離は250kmで、降水強度を観測できる最大距離の400kmよりも短くなっています。

昼テスト **A** ✕ 地形エコーは変動が少ないので自動的に識別して、そのほとんどを取り除くことができるが、エンゼルエコー（晴天エコー）や海面エコー（シークラッター）を取り除くことはできない。

これだけは必ず覚えよう！

・気象レーダーの探知範囲は半径約300kmの円内に限られる。

・同じ降水強度で比較すれば、粒径が小さくて個数が多い場合よりも、個数が少なくて粒径が大きな場合のほうが平均受信電力は強くなる。

・レーダー反射因子 Z と降水強度 R の関係を Z-R 関係といい、気象庁では $Z = 200R^{1.6}$ を採用している。

・ブライトバンドは、大気の0℃層（融解層）付近で実際の降水よりも強く測定されるエコーである。

・ドップラーレーダーでは、降水強度と動径速度を観測でき、動径速度から風の情報が得られる。

・動径速度は、ふつう、遠ざかる方向を＋で表すことで、その分布から渦や発散の風系を推測できる。

Q 二重偏波気象ドップラーレーダーでの観測によって、降水粒子が雨滴とその他の雪やひょうなどとを識別できる。

Chapter 4

高層気象観測

出題傾向と対策

◎高層気象の観測内容と方法について問われ、ほぼ毎回出題されている。
◎最近はウィンドプロファイラについての出題が多く、その原理と特徴だけでなく、従来実技試験で出題されていた高層風時系列図を解釈する問題が出題されている。

1 ラジオゾンデ観測とウィンドプロファイラ観測

　高層気象観測は、大気高層の状態を知るのに重要な観測で、数値予報には欠かせないデータです。気象庁の高層気象観測網には、ラジオゾンデ観測点が16か所、ウィンドプロファイラ観測点が33か所あります。また、地上の高層観測所のほか、海洋気象観測船（啓風丸、凌風丸）でも高層気象観測をしており、観測データは気象衛星を経由して受信しています。

1-1　ラジオゾンデ観測

　ラジオゾンデ（レーウィンゾンデということもあります）観測は、水素またはヘリウムガスを詰めた気球に気圧計、温度計、湿度計を一体化した測器をつるして飛ばし、地上から電波で追尾して高度約30kmまでの気圧（hPa）、気温（℃）、湿度（%）の観測データを受信します。

　受信した気圧、気温、湿度から状態方程式と静力学平衡の式を用いて高度が計算されます。昼間の温度の観測値は、日射による補正を行います。湿度は、気温が－40℃になるまで観測されます。

　高度および気球の方位角と高度角から航跡を求め、移動方向と移動速度によって風向（360度）・風速（m/s）が求められます（図：専4・1参

○ 雨滴は落下中に空気抵抗で扁平になるので、二重偏波気象ドップラーレーダーによるエコー電波の水平・垂直偏波の電力比から降水粒子の形を推定できる。

257

図：専4・1　ラジオゾンデ観測方式　（気象庁）

ラジオゾンデは風に流され、水素ガスの浮力で上昇しながら刻々と測定した気圧・気温・湿度を電波で送信する。

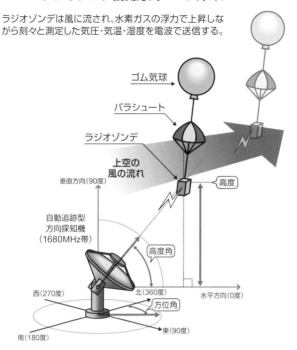

照）。最近では、気球の位置をGPS（全球測位システム）衛星を用いて測定する方式（GPSゾンデ観測方式、図：専4・2参照）を、離島や気象観測船で採用しています。

観測データのうち、湿度は湿数（気温－露点温度）で通報され、風速はノットで通報されます。観測結果は、指定気圧面

図：専4・2　GPSゾンデ観測方式　（気象庁）

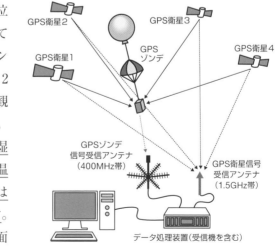

ラジオゾンデ観測では、－40℃以下における湿度の観測を行っていない。

（1000、925、850、700、500、300hPaなど）と特異点（気温・湿度や風の顕著な変動点）の高度が報告されます。気球は風で流されますが、<u>観測データは観測所真上のデータとして扱われます</u>。通常の観測時刻は9時（00UTC）と21時（12UTC）の1日に2回です。

　かつてはレーウィン観測という高層風の観測（1日2回）と、気象ロケット観測（週1回）がありましたが、現在は中止されています。

　注・UTC：Universal Time Coordinated の略で「協定世界時」のこと。

1-2　ウィンドプロファイラ観測

（1）ウィンドプロファイラの原理

　ウィンドプロファイラは、「ウィンド（風）のプロファイル（横顔・輪郭）を描くもの」という意味の英語の合成語です。地上から上空に向けて電波を発射し、大気の乱れ（空気の密度や水蒸気の不均一に伴う大気屈折率の揺らぎ）によって散乱（**ブラッグ散乱**という）されて戻って

図：専4・3　ウィンドプロファイラ観測の仕組みと観測原理　　（気象庁）

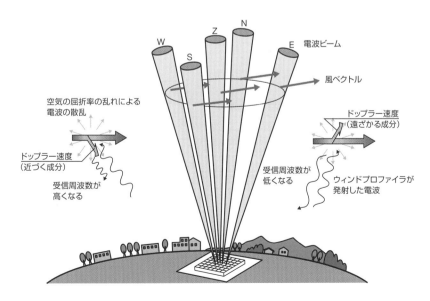

 ○ ラジオゾンデ観測で使用している湿度計は低温になると測定精度が低下するので、−40℃以下での湿度の観測は行っていない。

くる電波を受信・処理することで、上空の風向・風速を測定します（図：専4・3参照）。

地上に戻ってきた電波は、ドップラー効果により散乱した大気の流れに応じて周波数が変化しているので、発射した電波の周波数と受信した電波の周波数偏移（ずれ）から風の動きがわかります。上空の5方向（東西・南北と鉛直方向）に電波を発射することで、風の立体的な流れがわかります。

波長の長い電波ほど高度の高いところの観測に適しており、気象庁で使用している波長は約22cm（周波数は約1.3GHz）で、平均観測高度は約5.5kmです。観測データは、変化の速い中小規模の大気現象の把握や、きめ細かな天気予報の基となる数値予報などに利用されています。この観測・処理システムは「局地的気象監視システム（ウィンダス）」と呼ばれています。

（2）ウィンドプロファイラ観測の特徴

ウィンドプロファイラ観測の特徴をまとめると次のようになります。

①ドップラーレーダーと異なり、降水がない晴天時にも観測ができる。

②観測データは、水平風と鉛直流の10分間平均値を、地上約400mから上を高度約300mごとに、10分間隔に表示される（図：専4・4参照）。

③観測データが得られる高度は、季節や天気などの気象条件によって変わるが、最大で12km程度までの上空の風向・風速を観測することができる。大気屈折率は湿度の依存性が高く、測定可能な高度は水蒸気量の多寡によって大きく左右され、乾燥している高度では受信能力が落ちて観測欠落域となる。つまり乾燥した空気が流入している層である。22cm波長の場合には、一般に、水蒸気量の多い夏では6～7km、水蒸気量の少ない冬では3～4kmで、平均の測定高度は約5.5kmといわれている。

④降雨時には、気象ドップラーレーダー同様、レーリー散乱による降水粒子の動きから、上空約7～9kmまで観測できる。これは、降水粒子によって散乱した電波のほうが大気による散乱電波より強いためで、

ウィンドプロファイラの降水時の観測可能高度は、降水がないときよりも高い。

図：専4・4　ウィンドプロファイラによる風のプロファイル　（気象庁）

（上）背景色は受信した信号の強さ

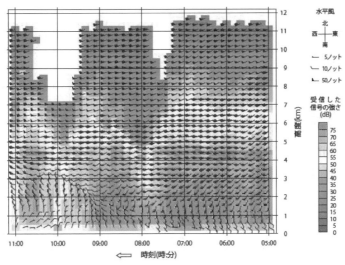

高層風（矢羽）とウィンドプロファイラが受信した信号の強さ（背景色）

（下）背景色は大気または降水粒子の鉛直速度

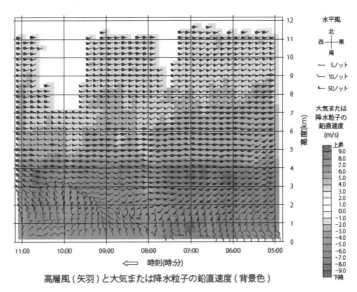

高層風（矢羽）と大気または降水粒子の鉛直速度（背景色）

○　ウィンドプロファイラの観測高度は、降水のないときには上空約3～6kmまで、降雨時には上空約7～9kmまで観測できる。鉛直方向は、雨粒の落下速度となる。

降水粒子の水平・鉛直方向の運動、すなわち風向・風速および降水粒子の落下速度（下降速度）を観測できるが、降水粒子の鉛直速度の変化が大きい層ではデータが得られないことがある。ただし、鉛直方向は、雨粒の下降速度となる。

(3) 風のプロファイル

ウィンドプロファイラによる風のプロファイル（高層風時系列図）から以下のようなことを把握できます。

①上空の気圧の尾根・谷の通過：上空の気圧の尾根が西から東へと通過するときは、北西よりであった風向が次第に南西よりに変わる。また、上空の気圧の谷が通過するときは、南西よりであった風向が次第に北西よりに変わる。

②暖気移流・寒気移流：観測点でのある時刻での鉛直方向の風向が下層から上層にかけて時計回りに変化している場合は暖気移流、反時計回りに変化している場合は寒気移流となる。

③前線の通過時と前線面：寒冷前線の通過時には、風向が南西（西南西）から北西（西北西）の風に変わる。時間経過とともに風向が変わる高度を結んだ線が寒冷前線面となる。温暖前線の通過時には、風向が南東〜北東の東成分から南西風主体の西成分の風に変わる。時間経過とともに風向が変わる高度を結んだ線が温暖前線面となる。

④台風や低気圧の通過に伴う風向の変化：下層での風向が反時計回りに変わった場合は台風（低気圧）が観測点の東側を通過したことがわかり、風向が時計回りに変わった場合は台風（低気圧）が観測点の西側を通過したことがわかる。

⑤降水による下降流の層で、ある高度（たとえば、4.5km）を境に降水粒子の落下速度が上方で遅く、下方で速い不連続がある場合は、その高度（4.5km）付近に融解層（0℃層）がある。また、融解層では、その高度付近に受信信号の強い部分が連なってみえ、これは気象レーダーでみるブライトバンドに相当する。

  ウィンドプロファイラ観測による風の時系列図から、寒冷前線が通過したことが読み取れる。

その他の高層気象観測

2-1　航空機による観測

　航空機は、運行中、航空機前部側面から取り込んだ空気の静圧を電気式気圧計で気圧高度として観測します。また、航空機の対地速度と対気速度の差から高層風が測定できます。

　気温は、取り込んだ空気を電気式温度計で測定しています。航空機が離陸したときには、地上から定高度飛行までの鉛直方向の気圧、気温、高層風の観測ができ、定高度に移行したあとは一定高度での風のデータが取得できます。これらの観測データは空港付近および航空路での高層データとして数値予報などに利用されています。

2-2　GPSによる可降水量観測

　GPS衛星から出される電波が地上のGPS受信装置に到達するまでの時間は、大気中に含まれる水蒸気量が多くなると遅れるという性質があります。受信した複数のGPS衛星電波の遅れを組み合わせることにより、GPS受信装置の真上にある水蒸気の総量（可降水量）を得ることができます。

　気象庁では、可降水量のデータをメソ数値予報モデルの客観解析（専門知識編6章参照）に利用して、水蒸気量の初期値分布作成の精度向上に役立てています。

2-3　オゾンゾンデ観測

　オゾンゾンデ観測は、高度約35kmまでの大気中のオゾン量の鉛直分布を測定する特殊な高層観測です。観測データは、電波によって地上に送信されます。札幌、つくば（館野）、鹿児島、那覇、南鳥島のほか、南極で週1回行われており、観測高度は約35kmです。

　地上付近の風向が南よりから北よりに変わり、北成分の風の層が時間とともに厚くなっていることで寒冷前線が通過したことがわかる。

Q1 気象庁が行っているラジオゾンデ観測について述べた次の文(a)〜(c)の正誤の組み合わせとして正しいものを、下記の①〜⑤の中から一つ選べ。

(a) ラジオゾンデには、気圧計、温度計、湿度計、風向風速計が搭載されている。

(b) ラジオゾンデ観測においては、気温が一定の基準値以下に低下すると湿度の正確な測定が難しくなるので、その後は湿度の観測は行わない。

(c) ラジオゾンデ観測における高度は、気球に充填する水素やヘリウムの量から計算される上昇速度と放球後の経過時間から求める。

	(a)	(b)	(c)
①	正	正	誤
②	正	誤	正
③	正	誤	誤
④	誤	正	正
⑤	誤	正	誤

Q2 気象庁のウィンドプロファイラおよびその観測データについて述べた次の文章の下線部(a)〜(c)の正誤の組み合わせとして正しいものを、下記の①〜⑤の中から一つ選べ。

ウィンドプロファイラは、地上から天頂方向を中心に5つの方向に電波を発射し、それぞれの受信信号に含まれる (a) 大気からの散乱強度の情報を用いて、上空の風向風速を測定する測器である。

図は5月のある日にウィンドプロファイラで観測された高層風時系列図である。14時過ぎに地上付近を寒冷前線が通過し、南寄りの風から

 GPS衛星からの電波を受信することで、受信装置の上方の可降水量（水蒸気の総量）を得ることができる。

北西の風に変化している。前線通過時前後には、(b)寒冷前線に伴う対流で大気の下降気流が強化されたため、鉛直下向きの速度が大きくなっているが、17時頃からは鉛直流が0m/sに近い観測データが多くなった。その後、寒冷前線後面の乾燥した空気が入り、(c)水蒸気の減少に伴い電波の散乱が弱まったため、観測可能な高度が次第に低下し、20時以降は3〜4kmまで下がっている。

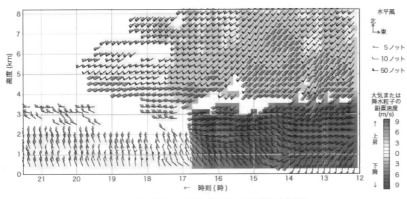

ウィンドプロファイラで観測された高層風時系列図

	(a)	(b)	(c)
①	正	正	正
②	正	正	誤
③	正	誤	誤
④	誤	正	誤
⑤	誤	誤	正

解答と解説

Q1 解答⑤　第46回（平成28年度第1回）専門・問3

(a) 誤り。ラジオゾンデには、風向風速計は搭載されていません。気球の方位角と高度角から航跡を求め、移動方向と移動速度から風向風速を求めます。

豆テスト **A** ○ GPS衛星から発信される電波は、大気中の水蒸気量が多いと地上の受信装置に到達するまでの時間が遅れるので、複数の受信電波の遅れを組み合わせることで可降水量を推測できる。

(b) 正しい。ラジオゾンデ観測では、気温が－40℃以下になると、湿度の観測は行われません。

(c) 誤り。ラジオゾンデ観測における高度は、受信した気圧、気温、湿度から状態方程式と静力学平衡の式を用いて計算して求めます。

Q2　解答⑤　第36回（平成23年度第1回）専門・問2

(a) 誤り。ウィンドプロファイラは、気温、水蒸気量、気圧の不連続に伴う大気の屈折率の変化である「ゆらぎ」によって散乱（ブラッグ散乱）された電波を受信し、「ゆらぎ」の移動速度を捉え、上空の風向・風速を測定して水平風と鉛直流を測定しています。

(b) 誤り。高層風時系列図で、14時過ぎに地上付近を寒冷前線が通過し、南よりの風から北西の風に変化しています。前線通過の前後でおよそ6~9m/sの下降流が観測されていますが、これは前線の通過に伴う降雨による降水粒子のレーリー散乱によるもので、大気の下降流ではなく、降水粒子の落下速度です。

(c) 正しい。17時頃から鉛直流がほぼ0m/sとなっているのは、降水がほとんど終わったためと考えられます。その後に見られるデータの空白域は、寒冷前線後面の乾燥した空気が入ってきたもので、水蒸気の減少に伴い電波の散乱が弱まったため、観測可能な高度が次第に低下し、20時以降は3~4kmまで下っています。

これだけは必ず覚えよう！

・ラジオゾンデの観測高度は上空30kmまでである。

・ウィンドプロファイラは、大気の屈折率の乱れを測定するので、晴天時にも観測ができる。降水時は、ドップラーレーダーと同様、降水粒子でレーリー散乱される電波を測定する。この場合の下降流は降水粒子の落下速度である。

ラジオゾンデ観測で得られた観測データは、観測所の真上のデータとして扱われる。

Chapter 5

★★★★

気象衛星観測

出題傾向と対策

◎衛星画像の解析力を要する問題が毎回1問は出題されている。

◎典型的な画像の特徴を把握し、気象状態を読み取れるようにしよう。

1 気象衛星観測の基礎

1-1 静止気象衛星「ひまわり」と極軌道気象衛星

現在運用中の静止気象衛星「ひまわり9号」は2016年に打ち上げられ、東経140.7度の赤道上空約35,800kmで観測しています。ひまわり8号と同様に観測時間を短縮したラピッドスキャン（Rapid Scan＝高頻度観測）機能が強化され、10分間に1枚の全球観測と同時並行して2.5分ごとに日本域（固定された枠で北日本および南西日本域の2,000km×1,000kmの2か所）、台風や低気圧によるシビアウェザー発生時には観測する領域を自由に選べる小領域観測（1,000km×1,000km）、さらに0.5分ごとに姿勢制御の海岸線（ランドマーク）画像、台風や急発達する積乱雲を選んで任意の狭領域（東西1,000km、南北500km）2か所を観測しています。なお、2014年に打ち上げられた「ひまわり8号」は2022年12月から待機運用となりました。

そのほかの気象衛星としては、図：専5・1のものがあり、世界の衛星監視網となっています。このうち極軌道気象衛星は、静止気象衛星より低い軌道（概ね350km～1,400km）から観測する衛星で、北極と南極の上空を南北方向に周回する極軌道衛星と、赤道を中心に東西に周回する衛星があります。極軌道衛星は静止軌道衛星とは異なり、南極や北極を含め地球上の全表面を観測することができますが、低高度で観測する

○ ラジオゾンデの気球は風によって流されるが、観測データは観測所の真上のデータとして扱われる。

図：専5・1　気象衛星世界観測網　　（気象庁）

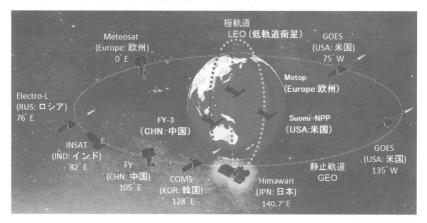

ため観測幅は500km〜2,000kmと静止気象衛星より狭く、また、同一地点の上空を1日2回しか観測できません。しかし長所は高解像度の観測が可能で、マイクロ波の波長帯を利用して大気温度の鉛直分布や雨雲の観測、さらには海上風速を観測できる衛星などもあります。極軌道気象衛星は、静止気象衛星よりもはるかに解像度が高いことが長所です。

1-2　静止気象衛星で得られる雲画像の活用

　静止気象衛星の長所は、常に同じ地域を観測できることです。

　ひまわり9号はひまわり8号と同じ「次世代型」の可視赤外放射計（観測センサ、AHI：Advanced Himawari Imager）を搭載し、ひまわり8号の観測を引継ぎ、かつてない豊富な雲画像の情報を提供し続けています。

　この可視赤外放射計のバンド数は、可視域3バンド、近赤外域3バンド、赤外域10バンドの計16バンドで、一世代前のひまわり7号の可視域1バンド、赤外域4バンドの計5バンドに比べ大きく増強されたうえ、高解像度の画種が増えました。0.64μm可視画像（VS）の衛星直下の解像度は0.5kmで（V1、V2は1km）、ひまわり7号の1kmと比べ倍増しています。

　また、可視域を3バンドに分割し、R（Red：赤）、G（Green：緑）、

268

静止気象衛星ひまわり9号は、日本列島の画像が最も鮮明に観測できるように、東経145度、北緯35度の上空約35,800kmに位置している。

B（Blue：青）の波長帯に割り当てて合成したカラー画像の観測が可能
となりました。これらのデータは雲画像としての利用のほか、上空の風
向・風速や温度などの物理量が計算され、数値予報に活用されています。

 ひまわり９号が観測する画像

2-1　地球からの放射

地球は、陽の当たる日中の時間帯は太陽から短波放射によるエネルギ
ーを受け取り、地球自体は日中、夜間をとおして長波放射によるエネル
ギーを宇宙空間へ放出しています。大気圏外の高度約35,800km の宇宙
空間に浮かんでいるひまわり９号は、対流圏内で発生する雲や水蒸気、
地球表面から放射される可視光や赤外線を観測しています。

2-2　長波放射を吸収する温室効果気体

ひまわり９号による画像観測では、大気に微量に含まれている二酸化
炭素や、亜硫酸ガス、オゾン、水蒸気、火山灰やエーロゾルの分布など
が観測対象となります。大気に微量に含まれる水蒸気や二酸化炭素など
は長波放射（赤外線）をよく吸収する特性をもっています。長波放射を
よく吸収する気体を温室効果気体と呼びます。一方、地球の大気には可
視光線を吸収する気体はほとんどありません。

このため、太陽から到達する可視光線は、その大部分が大気を透過し
て地表に届くのに対し、地表から放出される長波放射（赤外線）は、そ
の大部分が大気圏外へ出る前に大気中の温室効果気体に捕捉吸収されて
しまうため、観測できる波長帯は限られたものとなっています。

2-3　気象衛星画像の種類

ひまわり９号が観測しているのは、中心波長0.47μm、0.51μm、0.64
μm帯の３種の可視画像（V1、V2、VS）と中心波長0.86μm、1.6μm、

 × ひまわり９号は東経145度の赤道上空約35,800kmに位置している。解像度は衛星直下が
最も高く、可視画像VSで0.5km、赤外画像で2kmで、高緯度へ行くほど解像度は低くなる。

2.3μm帯の3種の近赤外画像（N1、N2、N3）、中心波長3.9〜13.3μm帯の10種の赤外画像の計16種のバンドです（表：専5・1参照）。その一部には下層からの赤外線が最も衛星まで到達する中心波長10.4〜12.4μm帯の3種の赤外画像（IR、L2、I2）が含まれ、この波長帯は「**大気**

表：専5・1　ひまわり9号の観測バンドの特性　　（気象衛星センター）

バンド番号	略称	波長帯名	中心波長（μm）	解像度衛星直下点（km）	想定される用途	
9号のAHI観測バンド						
1	V1	可視	0.47	1	植生、エアロゾル、B	カラー合成画像
2	V2		0.51		植生、エアロゾル、G	
3	VS		0.64	0.5	下層雲・雲、　　　　R	
4	N1	近赤外	0.86	1	植生、エアロゾル	近赤外域の拡充
5	N2		1.6	2	雲相判別	
6	N3		2.3		雲粒有効半径	
7	I4	赤外	3.9	2	下層雲・雲、自然火災	火災域
8	WV		6.2		上・中層水蒸気量	水蒸気バンドの分割
9	W2		6.9		中層水蒸気量	
10	W3		7.3		中・下層水蒸気量	
11	MI		8.6		雲相判別、SO$_2$	熱赤外バンドの追加
12	O3		9.6		オゾン全雲	
13	IR		10.4		雲画像、雲頂情報	
14	L2		11.2		雲画像、海面水温	
15	I2		12.4		雲画像、海面水温	
16	CO		13.3		雲頂高度	

豆テスト**Q**　静止気象衛星「ひまわり」よりも極軌道気象衛星NOAAのほうが解像度が高い。

の窓」と呼ばれています。

一方、大気の窓とは逆に、水蒸気による吸収の多い中心波長6.2μm〜7.3μm帯の赤外3画像は水蒸気画像と呼ばれ、上・中層の水蒸気を観測する画像（WV）と中層の水蒸気を観測する画像（W2）、中・下層を観測する画像（W3）の3種のバンドから、上・中層・下層の水蒸気の多寡を知ることができます。

近赤外画像は、可視画像と同様に太陽光の反射エネルギーを観測しています。このため、観測できるのは日中のみです。近赤外画像は輝度温度ではなくアルベド（太陽光の入力エネルギーを1.0とした反射率）を観測しており、N1画像では、海面（水面）からの反射エネルギーが非常に小さくて「黒く」見え、陸面は植生により反射エネルギーが異なるためその階調がまちまちとなります。

3 気象衛星画像の特徴

3-1 可視画像

可視画像は太陽光線のうちの可視光線による放射をとらえたもので、人間の眼で見るのと同様な雲分布の画像です。可視光線なので、太陽光のあたる昼間しか画像を得られません。ひまわり9号の可視画像は、波長帯を3つに分けて観測したV1、V2、VSがあり、それぞれの画像を赤、緑、

図:専5・2　可視画像（VS）
2016年8月16日09時（気象庁）

Himawari-8 B03+B13 16.AUG.2016 00:00UTC

豆テスト **A** ○ 極軌道気象衛星NOAAは、高度約800kmの軌道を1日に2周回しており、直下付近では高度約35,800kmにある「ひまわり」に比べてはるかに解像度が高い。

青の三原色に割当てて合成することでカラー画像ができます。

　なお、V1、V2、VS画像単独では、これまでと同様に雲や地球表面で反射された太陽光線の反射光の強いところは「白く」見え、反射光が少ないところは黒く見えます。このため、厚い雲ほど白く表現されます。太陽高度によっても雲の濃淡に違いが生じるので、朝夕や高緯度地方では、太陽光が斜めに当たるために入射光が少なく、その分だけ反射率が小さいので暗く見えます。

　VS画像の解像度は衛星直下点では0.5km（V1、V2は1km）で、赤外画像の空間分解能（衛星直下点で2km）に比べて4倍であり、下層雲の移動や霧域の判別など、メソ現象の把握には非常に重要です。

3-2　赤外画像

　ひまわり9号での赤外画像は10バンドで観測されています。これらはすべてが昼夜に関係なく、24時間情報を取得できます。

　一般に、対流圏では高度が高いほど温度が低く、雲の表面温度は周囲の温度と同一と仮定できるので、赤外画像で観測した雲頂の温度を測定す

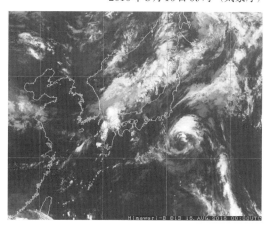

図：専5・3　赤外画像図（IR）
2016年8月16日09時（気象庁）

ることで雲頂高度を知ることができます。

　赤外画像では、温度が高いほど黒く（暗く）、温度の低いところほど白く（明るく）表示されます。したがって、赤外画像で白く表示されるのは高度の高い雲です。ただし、隙間のある雲の場合、雲頂温度には、それより下層の放射が混じるので、実際の高度より画像は暗くなります。

可視画像は、太陽光線の反射光を人間の眼と同じようにとらえるので、朝夕や高緯度地方は反射光が弱いため比較的暗く見える。

3-3　水蒸気画像

ひまわり9号の水蒸気画像は中心波長6.2〜7.3μm帯の画像で、この波長帯の赤外線が水蒸気により吸収されやすい性質を用いて作られています。

一般に、6〜8μmの波長帯では、波長が長いほど水蒸気の吸収率が小さくなり、透過率が大きくなります。

図：専5・4　水蒸気画像（WV）
2016年8月16日09時（気象庁）

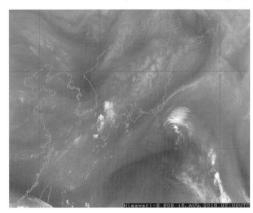

つまり波長が短いWV画像（6.2μm帯）では、下層および中層の水蒸気が放射したエネルギーは、ほとんど上層の水蒸気に吸収されて再放射されるために、気象衛星では主に上層の水蒸気の放射エネルギーを観測することになり、全体的に白い（輝度温度が低い）画像となっています（図：専5・4参照）。

WV画像は、夏季は概ね400hPa付近より上空の、冬季は概ね600hPa付近より上空の「情報」が得られます。一方、波長の長いW3画像（7.3μm帯）は、WV画像と比較して水蒸気による吸収率が小さいことから、下層および中層の水蒸気が放射したエネルギーの一部が上層の水蒸気を透過し、WV画像に比べ黒い（輝度温度が高い）画像となります。このため、上中層の場が乾燥した状態では、冬の日本海のすじ状雲（下層雲）も判別できるようになりました。

標準的な大気を上・中・下層の3層に単純化し、全層が湿潤の場合の放射エネルギーの吸収・放射の概念図を図：専5・5に示します。

下層〜上層まで十分な水蒸気が存在する中緯度〜低緯度帯では、地表面付近から大気下層の放射エネルギーは、中層の水蒸気によって吸収さ

 ○　白黒の可視画像では、雲や地表面で反射された太陽光線の反射光をとらえるので、反射光が強いほど白く見え、反射光が弱いと暗く見える。

れた後、この高度の気層自身の温度に応じた量の放射エネルギーが再放射され、その放射エネルギーがさらに上層の水蒸気により吸収され、圏界面を超えて衛星に到達する量はほとんどありません。

中層からの放射エネルギーも同様に上層の水蒸気によって吸収された後、放射

図：専5・5　放射量の吸収・放射の概念図
（全層が湿潤の場合）
（伊東譲司ほか「ひまわり8号気象衛星講座」東京堂出版、2016、一部改変）

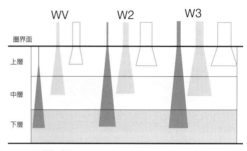

エネルギーが再放射され衛星に到達します。また、上層から放射された赤外線は気温が低く、水蒸気量も少ないので、放射エネルギーはわずかですが、吸収されずに衛星に到達します。

したがって、水蒸気による吸収率の大きいWV画像は、下層からの放射はほとんど衛星には届かないために、中・上層の大気の放射を観測するだけでした。これに対してW2画像（7.0μm帯）およびW3画像では、水蒸気による吸収率が比較的小さく、透過率が比較的大きいので、中層から下層の情報も観測できるようになりました。

水蒸気画像で白い領域（明域）は輝度温度が低く上層に水蒸気が存在する領域で、黒い領域（暗域）は輝度温度が高く乾燥している領域が上・中・下層のどこかに存在していることを推定できます。

もし中層が乾燥している

図：専5・6　放射量の吸収・放射の概念図
（中層が乾燥している場合）
（伊東譲司ほか「ひまわり8号気象衛星講座」東京堂出版、2016、一部改変）

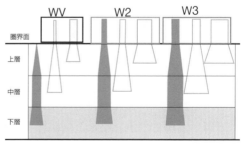

赤外画像で白く表示されるのは高度の高い雲である。

場合は、図：専5・6に示すように、下層の水蒸気の放射エネルギーは、中層での吸収がないため、そのまま上層に達します。WV画像では、上層の水蒸気に放射エネルギーが大部分吸収されますが、W2、W3の画像では上層で放射エネルギーがそれほど吸収されず、かなり透過するため、WVと比較してW2およびW3の画像の輝度温度は高くなります。

したがって水蒸気画像の明暗の違いから、大気の湿潤、乾燥が見分けられることになります。一般的にW2画像は、500hPaとの対応がよく、WV画像は300hPa～400hPaとの対応がよいとされています。W3－WVの差分画像ではその差が大きく、中・下層の水蒸気の多寡がより見分けやすくなり、この差分画像の暗域は700hPaの乾燥域と対応がよいといわれています。

3-4　3.9μm画像

3.9μm画像（I4）は中心波長3.9μm帯で、水雲と氷雲の判別や大気下層の状態を観測するのに適しています。このセンサーは、昼間は太陽光の反射と地表や雲などからの放射を、夜間は地表や雲などからの放射を測定するので、画像の読み取り段階では昼夜の区別が大事です。

3.9μm画像も他の赤外画像と同様に輝度温度の画像で、輝度温度の高い（暖かい）領域を黒く、輝度温度の低い（冷たい）領域を白く表現しています。この波長帯は太陽光の反射光の影響を受けるため、日中は太陽光の反射エネルギーと物体からの放射エネルギーの両方を、夜間は物体からの放射エネルギーのみを観測しており、日中と夜間の画像は見え方が大きく異なります。

このうち日中の太陽光の反射エネルギーは、通常は物体からの放射エネルギーよりも大きいため、輝度温度が低い（冷たい）雲も太陽光の反射エネルギーが大きい（白く輝いている）場合は、合計したエネルギーが大きくなるため、結果的に黒く表現されます。一方、夜間は太陽光の影響がなくなるため物体からの放射エネルギーのみを観測することになります。

○ 赤外画像では、温度が高いほど黒く（暗く）、低いほど白く（明るく）見える。温度は高度とともに低くなるので、白く表示されるのは高度の高い雲である。

Chap.
5

気象衛星観測

275

3.9μmの波長帯には以下の特徴があります。

①水雲の場合、雲の厚さが一定以上あれば、地面や海面が放射するエネ
　ルギーの吸収率は、3.9μm画像（I4）および10.4μm画像（IR）もほ

図：専5・7　3.9μm画像（I4）と10.4μm（IR）の見え方の違い
（伊東譲司ほか「ひまわり8号気象衛星講座」東京堂出版、2016）

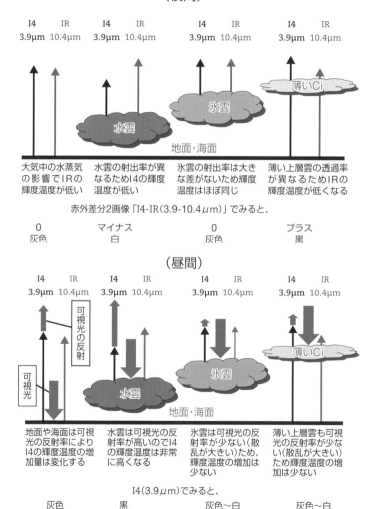

豆テスト**Q**　水蒸気画像は、主に中上層の大気の赤外放射をとらえたものである。

図：専5・8　3.9μm画像と可視画像、赤外画像の比較　（気象庁）
上左：3.9μm画像、上右：可視画像、下：赤外画像（2015年7月7日12時）

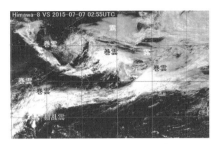
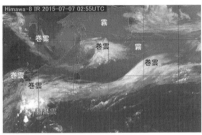

ぼ同じですが、放射エネルギーは、3.9μm帯では黒体放射で仮定されるエネルギーよりも小さいため、10.4μm帯で観測した輝度温度と比べると低く（冷たく）なります。この特徴を利用して、3.9μm画像（I4）と10.4μm画像（IR）との輝度温度差の差分画像（この画像を赤外差分画像S2という）を作成することにより、周辺の陸面や海面との温度差が小さい雲頂高度の低い水雲（霧や層雲、層積雲や積雲などの下層雲）も、夜間には霧や層雲は「白く」、下層雲は「白～灰色」に見えます（図：専5・7参照）。

②観測する格子（ひまわり9号では2km×2km）の中に、格子の大きさよりもかなり小さいが非常に高温な部分（火山の火口や森林火災）があった場合、その格子の平均輝度温度が10.4μm画像（IR）と比較して高くなります（これを**ホットスポット**と呼ぶ）。この特徴を利用し、赤外差分画像の動画によって連続観測を行うことで、火山の噴火や森林火災の場所やその拡大状況などを解析できます（図：専5・41参照）。

豆テスト **A** ○ 記述の通り。大気下層は気温が高いので水蒸気量が多く、そこでの赤外放射はほとんどが水蒸気に吸収されてしまい、衛星まで届くのは中上層からの赤外放射である。

3-5 差分画像

　2種類の赤外センサーで得られた輝度温度の差を画像化したものを差分画像（スプリット画像：Sp）といいます。代表的な差分画像は、赤外1・赤外2差分画像（S1）と3.9μm差分画像（S2）です。

(1) 赤外1・赤外2差分画像（S1）：赤外1と赤外2の輝度温度の差を表示した画像です。図：専5・9の赤外1画像では、積乱雲（A、B）も巻雲（E1、E2、E3）も白く見えます。それを赤外1・赤外2差分画像で見ると、積乱雲は白く映っていますが、巻雲はその下方の水蒸気による吸収の差を反映し、E2、E3など水蒸気が多いところは黒地に白い点々が入り、下が透けて地表面の輝度温度を反映するE1北縁は黒く見えます。

図：専5・9　赤外1画像（左）と赤外1・赤外2差分画像（右）の比較

2015年7月7日12時（気象庁）

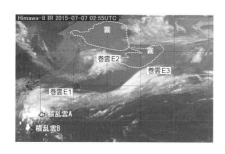 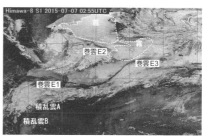

(2) 3.9μm差分画像（赤外差分画像S2）：3.9μm帯（赤外4）の輝度温度から10.4μm帯（赤外1）の輝度温度を差し引いた画像です。図：専5・10は、内陸の低地や盆地に発生した放射霧（白く見えているところ）の3.9μm差分画像です。3.9μm差分画像では、夜間における層雲または霧は白くて雲頂表面が滑らかな雲域として、薄い巻雲は下が透けて下層の放射により黒く表現されます。特に、高気圧に覆われて快晴となっている夜間に、低地や盆地に発生する放射霧は、3.9μm差分画像によりあざやかに見分けることができます。

Q　水蒸気画像では、対流圏中上層に雲が多いほど白く（明るく）見える。

図：専5・10　**3.9μm差分画像**　2015年10月16日6時（気象庁）

白く見えるところが内陸の低地や盆地の放射霧

4 衛星雲画像の利用

4-1　雲解析

　静止気象衛星の衛星画像から、そこに含まれている気象情報を抽出し、気象学的な解釈をもって大気の立体構造を把握することを雲解析といいます。雲解析により、台風の発生から消滅までの動きや、発達・衰弱の状況を克明に把握することができるし、低気圧の発生・移動、発達・衰弱などの過程も逐一把握することができます。

　また、いろいろな衛星画像から得られる情報をもとに、上層トラフ・リッジ、渦度、ジェット気流、低気圧、前線、高気圧、寒気移流・暖気移流、各層の風向・風速などの物理量などを把握して現在の大気の状態を推定することができます。

4-2　各種雲型の見え方と判別

　衛星観測で判別する雲型（雲パターン）は雲頂を見る観測なので、主に雲底を見る地上気象観測法に則った雲形とは異なります。衛星観測から見た雲型は、次ページの表：専5・2で見るように、可視画像・赤外

 ○ 水蒸気画像では、中上層の水蒸気量が多いほど白く（明るく）見え、乾燥しているほど黒く（暗く）見える。

表：専5・2　気象衛星画像上での各種雲型の見え方

気象衛星から判別できる雲型と略語		地上観測の10種雲形		衛星画像上の特徴	
				赤外	可視
上層雲	Ci	巻雲 巻積雲 巻層雲	Ci Cc Cs	白色 筋状・帯状・層状	灰色～明灰色 層状（滑らか）・帯状・筋状（中・下層雲が透けてみえることがある）
中層雲	Cm	高積雲 高層雲 乱層雲	Ac As Ns	灰色～明灰色 層状	灰色～白色 層状（細かい凹凸がみえることあり）
層積雲	Sc	層積雲	Sc	暗灰色～灰色 層状・粒状・集団	灰色 粒状・集団
霧または層雲	St	層雲	St	暗灰色～黒色 層状	灰色 層状（平坦で滑らか、境界が明瞭）
積雲	Cu	積雲	Cu	暗灰色～明灰色 粒状・列状	明灰色～白色 粒状・列状・団塊状
雄大積雲	Cg	積雲	Cu	暗灰色～明灰色 粒状・列状	明灰色～白色 粒状・列状・団塊状
積乱雲	Cb	積乱雲	Cb	白色 団塊状	白色 団塊状・凸凹（影がみえることあり）

画像の特性（①輝度（白黒度）、②形状、③きめ、④大きさ、⑤輪郭、⑥組織的パターンなど）から判別します。

　衛星のセンサーの分解能よりも小さくて判別の難しい巻雲・巻積雲・巻層雲は上層雲（Ci）、高積雲・高層雲・乱層雲は中層雲（Cm）と総称しています。

　地上気象観測における雄大積雲は、積雲（Cu）と区別して衛星観測では略号をCgとしています。層雲（St）と霧は衛星からは判別できないので、「霧または層雲」としています。

　赤外画像では、雲頂高度の高い雲は明るく、雲頂高度の低い雲は暗く見えます。一般

図：専5・11　可視画像・赤外画像の組み合わせによる雲型判別ダイアグラム
（気象庁）

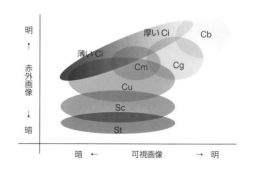

可視画像で白く（明るく）滑らかに見え、赤外画像で黒く（暗く）みえるのは層積雲である。

に層状雲の場合、Ciが最も明るく、次いでCm、Stの順の明るさとなります。対流性の雲では、発達の程度は雲頂高度で分類できます。つまり発達した対流性の雲の雲頂高度は積乱雲（Cb）が高く、次いでCgが続き、発達程度が低いCuは最も低いので、可視画像と赤外画像による雲型判別ダイアグラムは、図：専5・11のようになります。

4-3　可視画像・赤外画像による積乱雲と巻雲の判別

(1) 形状による判別：<u>積乱雲（Cb）は、赤外画像、可視画像ともに非常に白くて明瞭な縁をもった塊状（ゴツゴツした）の雲域</u>として現れます。赤外画像では風上側の縁は明瞭で、風下側には羽毛状の巻雲がみられることがあります。巻雲（Ci）は、可視画像ではCbに比べて輝度が低く変化が穏やかで、帯状またはすじ状になります。濃い塊状のCi（dense Ci）は、Cbとの判別が難しく、形状だけでは判断できません。

(2) 移動速度による判別：動画でみるとCbは発生場所に停滞するか、ゆっくり移動します。通常、発生場所は風上側にあり、風下側には羽毛状の巻雲が流されます。一方、Ciは、上層風の速い流れに乗って移動します。

(3) 存在する場所による判別：Cbは寒冷前線、停滞前線、雲バンドの南縁、雲渦付近、暖湿気流域、上昇流域、強い寒気移流域などに発生します。Ciは上層の正渦度移流域、上層ジェット軸付近、雲バンドの北縁、じょう乱の北側に存在します。地形性巻雲（p.283参照）は山脈の風下側にみられ、停滞します。

表：専5・3　積乱雲と巻雲の判別

	積乱雲（Cb）	巻雲（Ci）
形状による判別	白く鋭い縁、団塊状	筋状、可視画像では輝度低い
移動速度による判別	遅いか停滞	一般に速い
上昇流による判別	激しい上昇流	穏やかな上昇流
存在場所による判別	寒冷前線、停滞前線、雲バンドの南縁、雲渦付近、暖湿気流域、上昇流域、強い寒気移流域	上層の正渦度移流域、上層ジェット軸付近、雲バンドの北縁、擾乱の北側、地形性のCiは山脈の風下側

 ✕ 可視画像で白く（明るく）滑らかに見え、赤外画像で黒く（暗く）みえるのは、霧または層雲である。衛星画像では、地表面付近では霧と層雲の判別はできない。

4-4　重要な雲パターン

(1) シーラスストリーク：細長
　くすじ状の巻雲を**シーラスス**
　トリーク（巻雲のすじ）とい
　い、低気圧や前線など、広範
　囲に広がる雲域の縁辺に沿っ
　て現れ、走向はその場所の上
　層風にほぼ平行しています。

図：専5・12　シーラスストリーク

赤外画像

その曲率の変化から、低気圧の発達状況を知ることができます。一般
に、シーラスストリークはジェット気流軸に沿ってみられることが多
く、この場合の巻雲を**ジェット巻雲**といいます。

(2) トランスバースライン：上
　層の流れの方向にほぼ直角な
　走向に巻雲の小さな波状の雲
　列をもつシーラスストリーク
　を**トランスバースライン**と呼
　びます。一般に、トランスバ
　ースラインの極側にジェット
　気流の強風軸が存在し、80
　ノット以上の風速を伴ってい
　ます。トランスバースライン

図：専5・13　トランバースライン

赤外画像

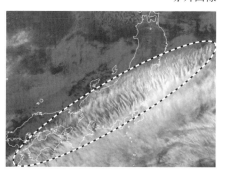

は圏界面直下で励起された**ケルビン・ヘルムホルツ波**が可視化された
もので、**晴天乱気流（CAT）**が発生しやすくなります。また、台風
からの吹き出しにもみられます。

詳しく知ろう

- **ケルビン・ヘルムホルツ波**：密度が違う空気が接し、それぞれの動く
  方向や速度が異なるときに両者の境界面に生じる波動。

赤外画像でも可視画像でも、積乱雲は白く表現されることと、雲の表面がゴツゴツしていることで判別できる。

> • 晴天乱気流（CAT：Clear Air Turbulence）：対流によらない乱気流でエアポケットともいう。

（3）バルジ：極側（北側）への膨らみ（高気圧性曲率）をもった雲域をバルジといい、気圧の谷から尾根の上層の発散場に形成されます。南からの暖気移流によって雲域は極側への膨らみを増すので、高気圧性曲率が増大した場合は低気圧の発達を示します。

図：専5・14　バルジ　　赤外画像

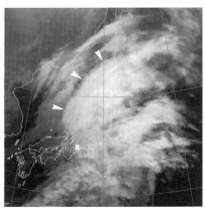

図：専5・15　地形性巻雲　　赤外画像

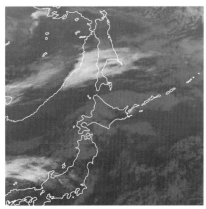

（4）地形性巻雲：山脈の風下側に発生する停滞性の巻雲を地形性巻雲といい、赤外画像では白く見え、風上側の雲縁が山脈と平行な直線状となり、風下側に長くのびます。地形性巻雲はほとんど移動せず、見かけ上同じ場所に留まるので、動画では容易に識別できます。山頂付近から対流圏上部までほぼ安定成層をなし、風向もほぼ一定であるときに発生します。

（5）波状雲：山脈や島などの山岳波により、風下に等間隔に並んだ雲域を波状雲といいます。積雲や層積雲などの下層雲からなる場合が多く、山脈のように細長い障害物の場合は、風下側への走向をもち、山脈に平行で等間隔に並んだ雲列となります。波状雲が発生する条件は、上層まで風向がほぼ一定で、障害物の走向にほぼ直交していること、上

> 豆テスト **A** ○ 赤外画像では温度の低い上層の雲ほど白く、可視画像では積乱雲のように厚い雲は白く表示される。積乱雲はどちらの画像でも縁が明瞭で、表面がゴツゴツしていることが特徴である。

層までのかなり厚い層にわたって絶対安定であること、山頂付近でおよそ10m/s以上の風速があることです。

波状雲の雲列の間隔は風速に比例し、風速が強いと雲列の間隔が広くなるといわれます（詳細は小倉義光著『メソ気象の基礎理論』東京大学出版会を参照）。

図：専5・16　波状雲 可視画像　**図：専5・17　コンマ雲** 赤外画像

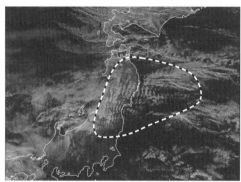 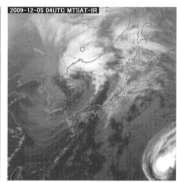

(6) **コンマ雲**：低気圧後面の寒気場内に生じる小低気圧による<u>コンマ状の雲システム</u>を**コンマ雲**といい、これには対流雲よりなる**ポーラー・ロウ**などがあります。冬季に冷たい陸上で形成された寒気が、相対的に暖かい海上に吹き出しているようなときに、海から大気へ多量の熱と水蒸気が供給され、積雲対流が活発となることで、熱帯低気圧と似たメカニズムにより、南北の温度差がないときは渦状、南が暖かく北が冷たい傾圧性があるときは、コンマ状の雲域ができます。

(7) **テーパリングクラウド**：雲域の風上の縁が明瞭で、<u>風下側に毛筆の穂先状に広がった積乱雲域</u>を**テーパリングクラウド**といい、形が人参に似ていることから「**にんじん状雲**」ともいわれます。ライフタイムは10時間未満ですが、しばしば強雨、雷雨、強風（突風）、降ひょうなどを伴います。テーパリングクラウドは、低気圧の中心付近、寒冷前線前面の暖域側の暖湿気流の強いところ、相当温位傾度の大きいところなどで、上層が発散場である場合に現れます。

Q 雲のない領域については、赤外画像で陸面や海面の温度を推定できる。

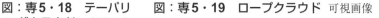

図：専5・18　テーパリングクラウド　赤外画像

図：専5・19　ロープクラウド　可視画像

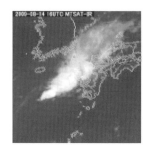

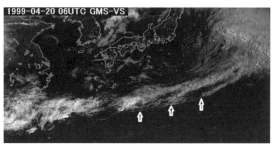

Chap.
5
気象衛星観測

(8) 対流雲の列とロープクラウド：対流雲の列には、寒冷前線対応の雲列、太平洋高気圧の縁辺に沿う雲列、暖域内の雲列、テーパリングクラウドに伴う雲列、寒気移流場のすじ状雲などがあります。図：専5・19の矢印の積雲の雲列を**ロープクラウド**といい、主に海上で前線性雲バンドの暖域側に沿って見られます。

注：雲列は幅が緯度で1度未満のものをいい、幅が1度以上ある場合は雲バンドという。

(9) クラウドクラスター：積乱雲が集合して巨大な塊を形成したものを**クラウドクラスター**またはCb（シービー）クラスターと呼び、さまざまなサイズや発達段階の対流雲で構成され、水平スケールは数百kmに達し、熱帯や夏の大陸上で多く発生します。

図：専5・20　クラウドクラスター　赤外画像

図：専5・21　寒冷渦　水蒸気画像

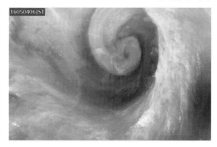

(10)　寒冷渦：上層のトラフの振幅が増し、北の流れ（本流）から切離

 ○　雲のない大気は、赤外画像で使用している波長帯の放射の吸収が少ないので、赤外画像化された輝度温度は地表面からの赤外放射の観測値なので、温度を推定できる。

（カットオフ）された上層の寒気をもつ低気圧を寒冷渦または寒冷低気圧といいます。寒冷渦は中・上層では低気圧性循環が顕著ですが、地上低気圧は必ずしも明瞭とはなりません。寒冷渦の前面は中層での正渦度移流域で、通常、その前面の下層には暖湿気が流入しているので、寒冷渦の前面にあたる東～南東象限は上昇流域となり、対流活動が活発化し、上層の寒気によって不安定になり、積乱雲が発達します。

（11）すじ状雲：寒気移流場にみられるすじ状の積雲列をすじ状雲といい、冬型の気圧配置が強まったときに日本海や黄海・東シナ海などで見られます。寒気の吹き出しが非常に強いときには、日本列島を越えて太平洋上で形成されることもあります。日本海では、大陸からの離岸距離が狭い場合には寒気移流が強く、離岸距離が広がってくると寒気移流が弱まってきたことを示します。

図：専5・22　すじ状雲　可視画像　　　図：専5・23　帯状対流雲　赤外画像

 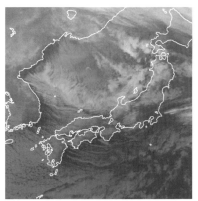

（12）帯状対流雲：帯状対流雲は冬の日本海で、寒気の吹き出しに伴って現れます。日本海寒帯気団収束帯（**JPCZ**）と呼ばれる局地的な収束帯の形成によって発生します。寒気の吹き出しに伴うすじ状雲の走向とほぼ直交する走向（Tモード）をもつ雲と、南縁に積乱雲や雄大積雲を含む活発な対流雲列（Cu – Cb列）で構成されています。この雲は朝鮮半島の付け根付近から始まり、季節風の風向に沿って伸び、

Q　ドライスロットは赤外画像では低気圧の中心に巻き込まれるような細長い溝状の暗域として見える。

主に北陸地方や山陰地方に里雪型の大雪をもたらします。

（13）オープンセル（開細胞）：**オープンセル**は、寒気場内の海上にみられる、雲のない領域を取り囲んだドーナツ状（周辺にだけ雲があって、中心部にはない）の積雲域です。風の鉛直シアーが小さく、<u>大気と海面水温の温度差が大きいとき</u>に発生します（図：専5・24のO、E参照、Cはクローズドセル）。雲のない領域で下降気流、雲壁で上昇気流となっています。オープンセルは積乱雲などの激しい対流雲を伴うこともあります。下層から均一に暖められて発生する蜂の巣状の規則的な雲列については、ベナールが室内実験で実現させて報告したので**ベナールセルの雲**または**ベナール型対流雲**と呼んでいます。

図：専5・24　オープンセルとクローズドセル　可視画像

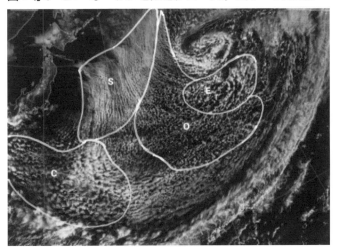

（14）クローズドセル（閉細胞）：**クローズドセル**は、オープンセルよりも<u>海水温と気温の温度差が小さいとき</u>に発生する房状の層積雲域で、オープンセルとは反対に中心付近だけに雲があり、周辺部にはありません。雲頂は逆転層で抑えられ、一般に風向の鉛直シアーは小さく、風速は10m/s以下となっています（図：専5・24のC参照）。図：専5・25のカルマン渦の周辺の雲はすべて、典型的なクローズドセルです。

豆テスト **A** ✕ ドライスロットは発達中の低気圧中心へ寒気側から流れ込む乾燥気塊の流れで、水蒸気画像では溝状の暗域として見え、可視または赤外画像では雲がないか下層雲の領域として見える。

(15) カルマン渦：カルマン渦は孤立した山岳や島の風下側にできる左右対称的な2本の層積雲からなる渦列で、左右の渦は半波長ずれています。冬型の気圧配置が緩んで寒気移流が弱まり、逆転層の上に山頂が突き出ている場合に発生します。韓国の済州島（チェジュ島）、鹿児島県の屋久島、北海道の利尻島の風下などでみられます。

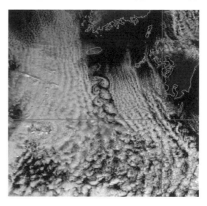

図：専5・25 カルマン渦　可視画像

(16) 北東気流に伴う典型的な雲域：オホーツク海方面の高気圧から吹き出す北東風が卓越し、冷たい空気が北海道や東北・関東地方の太平洋側に達する過程で、暖かい海面から顕熱と水蒸気（潜熱）の供給を受け、大気の最下層で不安定化して関東以北の太平洋側とその沿岸海上で層積雲や層雲・霧などを発生し、弱い雨や霧雨を伴うこともあります。北東気流時に発生する雲

図：専5・26　北東気流の下層雲
可視画像

の雲頂高度は通常1,000m程度で、標高1,500〜2,000mの関東以北の脊梁山脈を越えられず、陸地にかかる雲の風下側の輪郭は脊梁山脈の山腹の等高線に沿った形になります。

4-5　水蒸気画像から得られる主な情報

(1) 暗域：図:専5・27で黒く見える領域Aを暗域と呼びます。暗域は、上・

赤外画像でジェット気流の強風軸の高緯度側に、ジェット気流と平行にのびる帯状の巻雲をシーラスストリークという。

中層が乾燥していることを表します。

(2) 明域：図：専5・27で白あるいは灰色にみえる領域を明域と呼びます。明域は、温度の低い領域を示し、上・中層が湿っているか、上・中層に雲頂をもつ背の高い雲域であることを表します。なお、明域・暗域は定量的な基準で判別されるものではなく、画像上で明るい部分や暗い部分を指す定性的な概念です。

図：専5・27　暗域や明域の水蒸気画像　1999年10月20日03時

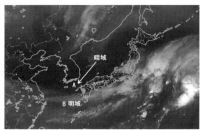

図：専5・28　水蒸気画像の暗化
1999年10月20日15時

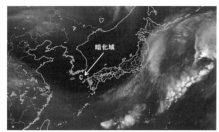

(3) 暗化：暗域が時間の経過とともに暗さを増すことを暗化といいます。暗化域は上・中層の活発な沈降場に対応し、トラフの深まりや高気圧の強まりを表しています。水蒸気画像では、図：専5・27の暗域Aに比較すると、12時間後の図：専5・28の暗化域Cは暗さを増しています。

(4) 乾燥貫入：低気圧近傍の下層に下降してくる極めて乾燥した空気の流れを乾燥貫入といいます。水蒸気画像では、下降してきた乾燥気塊は明瞭な暗域や暗化域として認識できます。乾燥気塊は圏界面付近から下降し、低い相当温位によって対流不安定および対流の発生と密接に関

図：専5・29　乾燥貫入とハンマーヘッドの模式図
(Young *et.al.*, 1987)

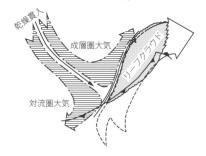

連しています。下降する乾燥気塊は、寒冷前線後面で低気圧中心に向かう流れと高気圧性の流れに分離します。このとき、水蒸気画像では暗域が「ハンマーヘッド」パターンを示すことがあります。

(5) ドライスロット：発達中の低気圧中心に向かって寒気側から流れ込む乾燥気塊の流れをドライスロットといい、水蒸気画像では低気圧中心に巻き込まれるような細長い溝状の暗域としてみえます。可視画像や赤外画像では、雲がない領域か下層雲域としてみえます。

図：専5・30　ドライスロットの水蒸気画像（左）と可視画像（右）

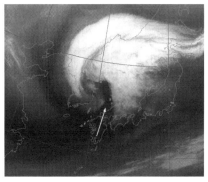

(6) バウンダリー：水蒸気画像における明域と暗域の境界をバウンダリーといいます。バウンダリーは、上・中層における異なる湿りをもつ気塊の境界です。空間的に湿りが著しく変化すれば明暗域のコントラストが明瞭に現れます。水蒸気画像で現れるバウンダリーは、大気の鉛直方向の運動や水平方向の変形運動で形成され、さまざまなパターンを示します（表：専5・4参照）。

(7) ジェット気流：一般に、ジェット気流を境に極側の気団は赤道側の気団に比べて冷たくて乾燥し、赤道側では暖かくて湿っており、前線に対応した雲域が存在して明域を形成することでバウンダリーが現れます。ジェット気流近傍の前線帯上空の極側では沈降が強まり、乾燥域が圏界面から下方へ伸びます。ジェット気流北側の暗域はこの乾燥域に対応し、明瞭なコントラストをもつバウンダリーとなります。

 冬の日本海や黄海に見られるすじ状雲の大陸からの離岸距離が狭いのは、寒気移流が強い場合である。

表：専5・4　バウンダリーの分類

ジェット気流に関連したバウンダリー	ジェット気流平行型バウンダリー 傾圧リーフバウンダリー
ブロッキングに関連したバウンダリー	ヘッドバウンダリー インサイドバウンダリー
サージ*を示すバウンダリー	ドライサージバウンダリー ベースサージバウンダリー
その他	リターンモイスチャーバウンダリー

*水蒸気画像で暗域が流れに沿って上流から一気に押し寄せてくるように見えること。

図：専5・31　水蒸気画像による暗域とジェット気流　　2007年10月20日6時

(8) トラフ（気圧の谷）：トラフは、バウンダリーの低気圧性曲率の極
大域（暗域が南側に凸）に
解析できます（図：専5・32
参照）。水蒸気画像で解析
できるトラフは400hPa付
近にある上層のトラフに対
応しており、バウンダリー
の形や暗域の暗化の度合い
からトラフの深まり程度を
推定できるので、数値予報
の遅れや進み、じょう乱の

図：専5・32　上層トラフ　　水蒸気画像

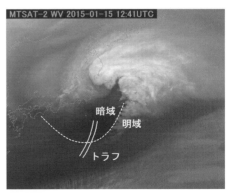

 ○ すじ状雲は、冬型の気圧配置が強まった寒気移流場に見られるすじ状の積雲列であり、離
岸距離が狭いと寒気移流が強く、広がると弱まってくる。

発達などをチェックできます。

(9) 上層渦：水蒸気画像では上層で低気圧性に巻き込む渦や、高気圧性に回転する多くの渦を観測できます。水蒸気画像で特定できる渦を<u>上層渦（寒冷渦）</u>と呼び、<u>低気圧性に巻き込む渦は上・中層における低気圧や、</u><u>400〜500hPaのトラフ</u>に対応しています。

図：専5・33　上層渦　　水蒸気画像

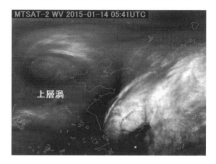

4-6　低気圧の発達過程に伴う雲パターン

低気圧の発達に伴う典型的な雲パターンの各段階における上層トラフと地上低気圧との位置関係、およびジェット気流と地上低気圧との位置関係を図：専5・34に示します。

図：専5・34　典型的な低気圧発達の雲パターン　　赤外画像

①発生期

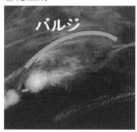

②発達期

③最盛期

④衰弱期

豆テスト **Q** オープンセルは、大気と海面水温の差が大きいときに発生する積雲域であり、衛星画像では蜂の巣状に見える。

①**発生期**：前線波動の南側で対流活動が活発となり、中・下層雲よりなる**リーフパターン**（木の葉状パターン）を形成します。これに上層の気圧の谷が接近すると、東西にのびた雲域が極側に膨らんで、高気圧性曲率をもつ雲域（バルジ）となり、低気圧は発達を始めます。

②**発達期**：気圧の谷が深まり、低気圧の発達に伴って雲域は南北方向に立ちあがり、バルジは高気圧性曲率を一層増すとともに、雲域の南西部での低気圧性曲率も示し、雲域全体として**S字型のフックパターン**となります。暖気移流が強いと暖域内や前線付近の対流雲が発達します。

③**最盛期**：低気圧の後面から乾燥した寒気が流入し、低気圧は閉塞段階に入ります。ピークには**ドライスロット**（溝状の乾燥域）が中心に入ります。

④**衰弱期**：低気圧の中心から閉塞前線が離れ、コンマ状の雲パターンになり、低気圧の中心付近の雲頂高度が下がり、下層雲が主体の雲域になります。

4-7　台風の発達過程に伴う雲パターンと台風解析

台風の発生・発達・衰弱過程での雲パターンは概ね次のように変化します（次ページの図：専5・35参照）。

①不規則な積乱雲クラスターがまとまり、次第に渦状になる。

②中心に向かって、らせん状の雲の帯が巻き込んでくる。

③中心の周りに円形の厚い雲域ができる。

④円形状の台風中心付近の厚い雲域（CDO：Central Dense Overcast）の中心部に眼ができる。

⑤衰弱して眼や円形状の雲域が不明瞭になる。

⑥温帯低気圧に変わる段階で雲域は非対称となり、厚い雲域は進行方向前面に偏る。

これら台風に伴う典型的な雲パターンの変化を指標に、台風の強度解析の手法として、ドボラック（Dvorak）法と呼ばれる一種の統計的手

○　記述の通り。これとは逆に、気温と海面水温の差が小さいときに発生する層積雲域をクローズドセルといい、衛星画像では房状に見える。

図：専5・35　台風の発達と衰弱を示す雲パターン

① ② ③
④ ⑤ ⑥

法が用いられています。

ドボラック法とは、衛星画像の解析によって多くの熱帯低気圧・台風のライフサイクルを観測した結果をもとに、熱帯低気圧・台風に伴う雲パターンの発達段階によって、台風の強度の変化を識別するもので、可視画像に見られる積乱雲クラスター、下層渦、シアーパターン、バンドパタ

図：専5.36　ドボラック法のT数分類

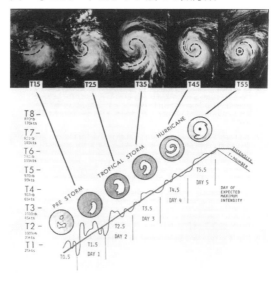

水蒸気画像に現れる明域と暗域の分布から、対流圏上・中層のトラフやリッジ、ジェット気流の位置などを推定できる。

ーン、眼パターンなどの雲の特徴からT数を決め、台風の発達過程を推測する方法です。T数が大きいほど、台風は発達しています。

　なお、ここで述べたドボラック法は、可視画像による特徴から決める主観的解析ですが、ほかに、赤外画像での雲パターンおよび眼とCDOの雲頂温度をコンピュータ処理する客観的解析（ODT）もあります。気象庁ではODTの一種である強調赤外画像（EIR）によるドボラック法が用いられています。

　ドボラック法で得られた台風の強度推定をもとに、10分間隔で取得した3枚の衛星画像から台風周辺の雲の移動をとらえて風向風速を求め、海上の風観測データや数値予報のデータ、船舶や気象官署の観測データなどを使って、台風の中心気圧や最大風速、暴風域、強風域の大きさなどを解析しています。

　なおドボラック法には、赤外画像の輝度温度分布からバンドの長さや眼の壁の厚さなどを測定し、それらの特徴からT数を求める方法もあります。

4-8　雲パターン以外の現象

（1）潮目：潮目に伴う海面水温の違いは、可視画像では、単に黒く見えるだけですが、<u>赤外差分画像では、明瞭な灰色の濃淡の差として表現されます</u>。海面水温は時間変化が小さいため、動画を見れば雲域との識別が容易にできます。

図：専5・37　潮目　S1差分画像

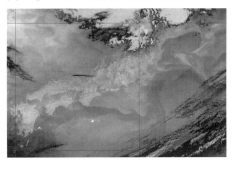

（2）海氷：海氷は日本付近では、オホーツク海から北海道沿岸で発生します。11月上旬ごろにオホーツク海北部で始まり、しだいに広がりながら南下し、1月中旬〜2月上旬に北海道のオホーツク海沿岸に達

Ⓐ ◯ 記述の通り。たとえば、明域と暗域の境界（バウンダリー）が示す低気圧性曲率の極大域にトラフを解析できる。

します。海氷は海の水が凍ったものですが、オホーツク海は、ロシアのアムール川から大量に流入する真水のせいで塩分が少ないため、凍結しやすいという特徴があり、世界で最も低緯度に見られる海氷が存在します。したがって、<u>可視・近赤外・赤外合成画像では海氷の反射率の違いや、温度の違いを利用することで、海氷をカラーで判別することができます</u>。グレー階調の合成画像の場合は、海の黒色に比べ灰色〜明灰色に見えます（図：専5・38参照）。また、雲との判別は、すじ状雲とは形状の違いがわかるうえ、霧または層雲との違いは動画で見た場合、動きがほとんどないのが海氷で、霧または層雲は流れに沿って移動したり形が変化したりします。

図：専5・38　海氷　グレー階調の合成画像

(3) 積雪：積雪は、日中の赤外画像では地表面との温度差が小さいところでは暗く、下層雲との温度が近いところでは下層雲と同様に灰色に見えます。しかし、積雪表面は反射率が大きいので、可視画像では比較的滑らかな白色域として表現されます。また、ひとつの画像では雲域と識別しにくい場合でも、動画で見ると数日間同じ様相なので積雪と判別できます。図：専5・39は、南岸低気圧によって雪が降った2014年2月9日12時の可視画像と赤外画像です。この時刻には、関東甲信地方は全体によく晴れており、動画画像で判別した巻雲と積雲（波線で囲った部分）がかかっています。これ以外に可視画像で白く見えているところは、雲ではなく積雪で、富士山の雪は特に白く見えています。

一口テスト Q 気象衛星の赤外画像で低気圧の中心付近にコンマ状の雲パターンが現れると、低気圧は発達期にあると判断できる。

図：専5・39　関東甲信の雪（左：可視画像、右：赤外画像）　2014年2月9日12時

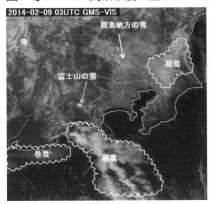 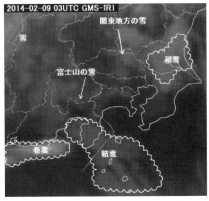

(4) 黄砂：毎年3〜5月になると、中国の黄土地帯やゴビ砂漠などでは、冬の間に乾燥した細かい砂が低気圧に伴う強風と上昇気流にのって高く舞い上がり、大気の流れにより広範囲に移動・拡散します。高いときで10kmほどまで舞い上がる砂塵は、偏西風によって広範囲に飛散し、数日間で朝鮮半島や日本、ときには太平洋上にまで達して降り注ぎます。黄砂のため視程が悪くなったり、景色がぼんやりと黄みがかったように見えたり、車の上や窓ガラスなどに汚れがついたりします。発生当初の黄砂は、可視画像では明灰色の比較的明瞭な境界をもち、

赤外差分画像では白
い領域として観測で
きます。しかし、赤
外画像で観測するこ
とは困難で、一般的
に黄砂は、日本付近
に達するころには拡
散によって薄くな
り、可視画像でも判
別が難しくなりま

図：専5・40　黄砂　可視画像

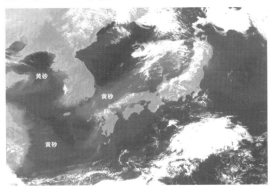

 × コンマ状の雲パターンが現れるのは低気圧の衰退期であり、発達期には雲域全体がＳ字型のフックパターンを呈する。

す。黄砂が海上にある場合には、可視画像でも階調を調整すれば、海面とのコントラストがはっきりし、黄砂の領域が確認できます。黄砂の情報は気象庁ホームページに防災情報として掲載されています。数値予報による予測と、日本とその周辺（北緯20度～50度，東経110度～150度の範囲）の気象観測所で、黄砂を含む小さな砂やちりが大気中に浮遊している状態を、観測者が目視で観測した場合、その地点を視程（水平方向の見通し）によって区分して表示しています。

(5) ホットスポット：3.9μm差分画像（S2）で夜間の火山の噴火口をとらえた画像では、温度の高いところが、黒い格子点として観測できます。噴煙も温度の高い状況から、風下に流れていく様子が黒く表現されます。

図：専5・41　ホットスポット
3.9μm差分画像　2015年7月23日23時

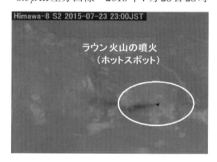

理解度 **check** テスト

Q1 図A～D（次ページに掲載）は気象衛星の可視画像または赤外画像である。破線内の雲域の主な発生要因が山岳によると考えられる図の組み合わせとして正しいものを、下記の①～⑤の中から一つ選べ。

①　　A、C
②　　A、B、D
③　　A、C、D
④　　B、C、D
⑤　　A、B、C、D

雲域の風上の縁が明瞭で、風下側が毛筆の穂先状の積乱雲域をテーパリングクラウドといい、低気圧の中心付近、相当温位傾度の大きいところなどに現れる。

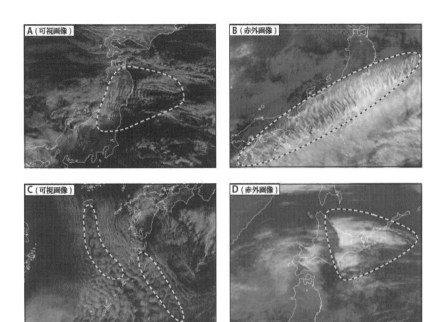

 気象衛星の水蒸気画像（複数の水蒸気チャンネルを持つひまわり8号においては6.2μm帯の画像）とその利用について述べた次の文(a)〜(c)の下線部の正誤の組み合わせとして正しいものを、下記の①〜⑤の中から一つ選べ。

(a) 水蒸気画像は、対流圏の上・中層の水蒸気の情報に加え、<u>寒気の吹き出しに伴う日本海の対流雲も、赤外画像と同様に観測することができる。</u>

(b) 水蒸気画像が上・中層トラフや寒冷渦の推移の解析に利用されるのは、<u>乾燥域が対流圏の上・中層の大気の沈降場に対応しており</u>、上・中層のトラフや寒冷渦において、上昇域との差を明確に可視化できるからである。

(c) 水蒸気画像で<u>暗域が移動しながら時間の経過とともにより暗くなってくるのは大気の沈降が強化されていることを示しており</u>、その領

 ○ 記述の通り。上層が発散場である場合に現れ、ライフタイムは10時間未満だが、強雨、雷雨、突風、降ひょうなどをもたらすことが多い。

域がジェット気流の付近にあれば、晴天乱気流が発生しやすい場とみなすことができる。

	(a)	(b)	(c)
①	正	正	正
②	正	誤	正
③	正	誤	誤
④	誤	正	正
⑤	誤	正	誤

 図（次ページに掲載）は発達中の低気圧を模式的に表したものであり、左から順に気象衛星赤外画像、850hPa気温解析図および500hPa高度解析図である。それぞれの図のA、B、Cは、ある日の12時、21時、および翌日の6時のいずれかであり、図の種類ごとに順不同で並んでいる。21時に対応する各図の組み合わせとして正しいものを、下記の①〜⑤の中から一つ選べ。

	気象衛星 赤外画像	850hPa 気温解析図	500hPa 高度解析図
①	A	A	B
②	A	B	A
③	B	C	C
④	C	B	A
⑤	C	B	B

豆テスト Q バルジとは極側に高気圧性の曲率をもった雲域のことで、気圧の谷から尾根の上層の発散場に形成される。高気圧性の曲率の増大は低気圧の衰弱を意味する。

気象衛星赤外画像　　850hPa気温解析図*　　500hPa高度解析図*

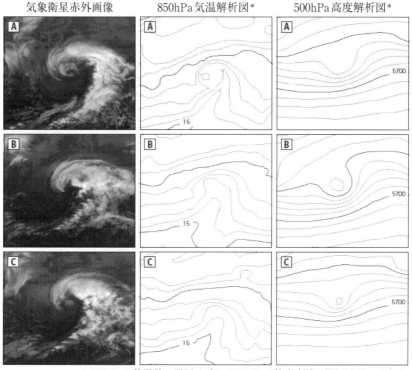

＊850hPaの等温線の間隔は3℃，500hPaの等高度線の間隔は60mである。

解答と解説

Q1　　**解答③　第46回（平成28年度第1回）専門・問7**

　図Aの可視画像の雲域は、山岳の風下側に発生した<u>山岳波による波状雲</u>であり、積雲や層積雲などの下層雲からなる場合が多く、山脈のような細長い障害物がある場合に風下側への走向をもち、山脈に平行で等間隔に並んだ雲列となります。

　図Bは<u>トランスバースライン</u>です。赤外画像で白色、帯状の巻雲で、ジェット気流に沿ってジェット巻雲の寒気側の縁付近に風向とほぼ直角にさざ波のような縦じま模様の雲列となっています。

　図Cの可視画像の雲域は、孤立した島の山岳の風下側にできる層積雲

 ✕　バルジの説明は正しい。しかし、高気圧性の曲率の増大は低気圧の衰弱ではなく、発達を意味する。

よりなる雲渦の列で、カルマン渦です。寒気の吹き出しがやや緩んだときに、済州（チェジュ）島、屋久島や千島列島などの風下に見られます。

図Dの赤外画像の雲域は、風上側の雲縁が山脈と平行な直線状となり、白く見える巻雲が風下側に長くのびている地形性巻雲です。地形性巻雲はほとんど移動せず、同じ場所に留まってみえます。

したがって、主な発生要因が山岳によると考えられる画像はA、C、Dで、③が正解です。

Q2　解答④　第44回（平成27年度第1回）専門・問7

複数の水蒸気チャンネルを持つひまわり8号においては、6.2μm帯・6.9μm帯・7.3μm帯の3つのバンドで観測を行っています。このうち、6.2μm帯の水蒸気画像は、これまでの水蒸気画像の波長帯と近いことから、見え方は同じで、水蒸気画像は、上・中層の水蒸気の多寡により水蒸気量が多ければ白く、少なければ黒く表現されています。

（a）誤り。ひまわり8号の6.2μm帯では、対流圏の上・中層の水蒸気の情報はわかりますが、最下層の状態は水蒸気の吸収によりほとんど情報を得ることができません。したがって6.2μm帯では、下層雲は見えないので、誤りです。ただし、7.3μm帯では、寒気の吹き出しに伴う日本海の対流雲（下層雲）は観測できます（本章「3-3水蒸気画像」参照）。

（b）正しい。暗域は、上・中層が乾燥していることを表し、暗域が時間とともに暗さを増すことを暗化と呼びます。暗化域は上・中層の沈降場に対応し、トラフの深まりや高気圧の強まりを表すことができます。上・中層のトラフや寒冷渦において、上昇域が雲の領域に対応することから、明域となり、暗化域との差を明確に可視化できるからです。このことを利用し水蒸気画像により上・中層トラフや寒冷渦の推移の解析が可能となっています。

（c）正しい。水蒸気画像で現れる明域と暗域の境界をバウンダリーと呼んでいます。バウンダリーは上・中層における異なる湿りを持つ気

低気圧の発達期には雲域の南西部での低気圧性の曲率を示し、雲域は全体としてS字型のフックパターンとなる。

塊の境界を示しています。ジェット気流近傍の前線帯上空の極側では、沈降が強く低温で乾燥域が圏界面から下方へのびます。暗域はこの乾燥域に対応し、赤道側では暖かく湿った（雲域が存在する場合もある）明域を形成することで、明瞭なコントラストをもつバウンダリーを形成します。暗域が移動しながら時間の経過とともにより暗くなってくることを暗化と呼んでいます。暗化域は大気の沈降が強化されていることを示しており、ジェット気流の付近では、晴天乱気流が発生しやすいことが知られています。

したがって、(a) 誤、(b) 正、(c) 正で④が正解です。

Q3 **解答④　第44回（平成27年度第1回）専門・問8**

温帯低気圧の発達を示す衛星画像の雲パターンの特徴から、コンマ状の雲パターンとなって、下層雲だけの下層渦が明瞭となったAが衰弱期とわかります。BとCを比較して見ると、BよりもCのほうがバルジが明瞭で、後面の寒気の流入に伴うすじ状の雲が、より中心まで入り込んでいます。また、寒冷前線に伴う積乱雲もCのほうがより活発となっています。以上からBが発達期、Cが最盛期（21時）とわかります。

850hPaの等温線は、低気圧の前面で暖気が北上し、後面で寒気が南下する様子から、Cが発達期、Bが最盛期、Aが衰弱期となります。

図　シャビロ・カイザーモデルによる低気圧の発達期から最盛期、閉塞した衰弱期の等温度線
（「気象ハンドブック」を一部改変）

　発達期　　最盛期　　閉塞した衰弱期

500hPaの等高度線は、低気圧の発達に伴い低気圧中心に対応する低圧部の高度が低くなっていくことが示されています。順番に並べると、Cが発達期、Aが最盛期、Bが衰弱期となります。

したがて、最盛期の21時に対応する図は、C、B、Aで、④が正解です。

A ○　低気圧の発達期には、バルジが高気圧性の曲率を増すとともに、雲域全体はＳ字型フックパターンを示す。また、暖気移流が強いと暖域内や前線付近の対流雲が発達する。

これだけは必ず覚えよう！

・水蒸気画像は対流圏中・上層が観測対象で、暗域は乾燥域、明域は湿潤域。

・水蒸気画像の明暗域の境界の低気圧性曲率の極大域にトラフを解析できる。

・赤外画像は、温度が低いほど白く（明るく）、温度が高いほど黒い（暗い）。

・可視画像は、反射が大きいほど白く（明るく）、小さいほど黒い（暗い）。

column

気象衛星と地上システムの運用構成

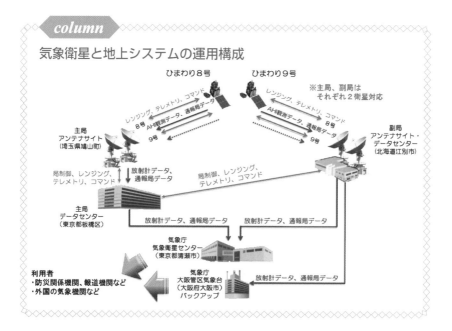

304

 低気圧の衰弱期には低気圧の中心から閉塞前線が離れていき、雲域はにんじん状（テーパリングクラウド）となり、低気圧中心付近の雲頂高度が上昇する。

---

1 予報と数値予報

1-1 数値予報の考え方と処理の流れ

　数値予報とは、大気の状態を風向・風速、気温（温位）、気圧、湿度（比湿）の4つの物理量（数値）で表し、その変化を物理法則に基づいて計算することで大気の将来の状態を予測する手法です。現在、テレビなどの報道で発表されている予報はすべて数値予報が基礎となっています。

　具体的には、世界中の気象機関などが観測した観測データをできる限り早く多く収集し、それをもとに、ある時刻の大気の状態を解析します。次に、解析された状態を出発点とし、大気状態の時間変化を与える予報方程式を将来方向に向かって解くこと（初期値問題という）により、10分後、1時間後といった将来の大気の状態の予測値を得ます。これを繰り返せば、明日、明後日、1週間後、そして原理的には遠い将来の大気状態も予測できます。

　これらの処理には膨大な量の数値計算が必要です。観測データの収集・処理から明日の天気の予測計算までを数時間のうちに完了させて「予報」として発表するには、演算速度が速く、大きな記憶容量をもつスーパー

図：専6・1　数値予報における情報処理の流れ図

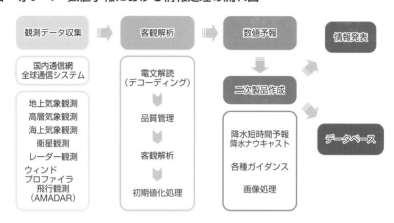

コンピュータが必要です。各種気象観測データの収集から情報発表に至るまでの数値予報における情報処理の流れの概略を図：専6・1に示します。

1-2　数値予報のための観測データの収集

　正確な数値予報を行うには、多くの観測データを収集し、いかに精度の高い大気の状態を格子点上に求めるかが最初の決め手となります。

　高度なデータ解析法が開発されたので、定められた時刻に定められた方法で行われる地上気象観測や高層気象観測などの観測データに加え、レーダーやウィンドプロファイラや航空機などによる非定時の観測データと、さまざまな衛星によるさまざまな波長帯での観測データなど、空間的にも時間的にも連続的な観測データが数値予報に活用されるようになりました。

　これらのデータは、世界気象機関（WMO）の全球通信システム（GTS）やインターネットおよび国内通信網（ADESS）を通じて気象庁に集められます。収集された観測データの多くはコード化された電文形式なので、まずこの解読（デコーディング）を行います。解読された観測データは品質管理にかけられ、明らかに誤りと思われるデータはこの段階で

Q 数値予報モデルの予報変数は、温位、相当温位、気圧、風向風速、比湿の5要素である。

排除されます。

　観測データを全世界から収集するにはそれなりの時間を要しますが、新しい数値予報の結果をなるべく早く予報作業で利用すべく、日本付近を予測するためのデータ収集（メソ解析）では観測時刻の50分後、地球全体を予測するためのデータ収集（全球解析）では2時間20分後をデータ受信の打ち切り時刻として、次に述べる客観解析を行っています。

1-3　客観解析

　観測データは地球上を均一にカバーしているわけではなく、海上や大気上層にはデータのほとんど得られない「空白域」も多く存在します。観測データの空白域について精度の高い大気状態の推定を行えるかどうかが、数値予報の予測精度を大きく左右します。

　時間的・空間的に不規則な分布をしている観測データから、格子点と呼ばれる水平方向、鉛直方向に規則的に分布した空間内の座標点での解析値を求めることを**客観解析**といいます。数値予報で将来値を計算することも、この格子点で行われます。各格子点で求められた値を**格子点値**（Grid Point Value）といい、**GPV**と略称されます。GPVはコンピュータ処理に適したデータであり、天気図の作図や天気予報ガイダンスの計算にも使われます。

　ある気象要素を客観解析する場合、**第一推定値**と呼ばれる天気図が出発点として準備されます。近年の解析では、第一推定値には直近の数値予報の結果（全球数値予報モデル（p.323参照）では、普通、6時間予報値）が用いられます。次に、個々の観測データと、数値予報のGPVから内挿して求めたその地点での第一推定値との偏差を求め、その偏差の分布状況から一番もっともらしいと推定される解析値を各格子点について決定します。

　このようにして求めた客観解析値をもとに数値予報を行い、その数値予報の結果が次の客観解析の第一推定値として用いられます。客観解析と数値予報を一体として解析と予報の作業を繰り返す手法を**予報解析サ**

×　数値予報モデルの予報変数は、温位、気圧、風向風速、比湿の4要素である。相当温位は、温位と比湿から求める。

イクルとか４次元データ同化といいます。図：専6・2は、４次元データ同化における第一推定値に予報値を用いる概念図です。

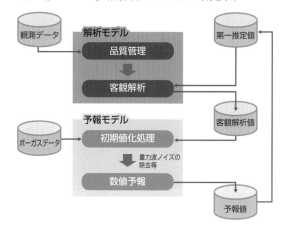

図：専6・2　予報解析サイクルの概念図

　この手法では、周辺に多数の観測値がある領域については第一推定値に代わって観測値に近い値を解析値とします。逆に、周辺に観測データがない領域では、第一推定値が解析値として採用されます。このため、予報モデルに**系統的な誤差**がある場合には、「モデルのくせ」が解析値に悪影響を及ぼすことになります。性能のよい予報モデルからはよい解析値が得られ、それは数値予報の精度向上につながります。

　第一推定値をもとに解析値を計算する手法は、初期に用いられた最も単純な修正法から、その後長く使われた最適内挿法、今世紀に入って利用された3次元変分法、最新の手法である**４次元変分法**と改善されてきました。

　変分法は、気象学的関係を拘束条件として、物理量の観測値と解析値の差の総合計を最小にするように解析値を求める計算方法です。

　図：専6・3は4次元変分法と3次元変分法の違いを示す概念図です。

　3次元変分法は、非定時観測値は使わず、解析時刻（の前後）にある観測値と解析値の空間分布だけで変分法を用いるものです。一方、拘束条件に予報方程式までを加え、解析時刻以外の時刻に観測された非定時観測値も利用する計算法を4次元変分法といいます。４次元変分法の採用によって、解析精度と予報精度の大幅な向上がもたらされました。

　客観解析に3次元変分法までの手法を用いた場合、解析値をそのまま

　数値予報では、3次元格子の格子点値（GPV）として、その格子点に最も近い観測地の観測データを割り当てている。

図：専6・3　4次元変分法と3次元変分法の違いを示す概念図　（気象庁）

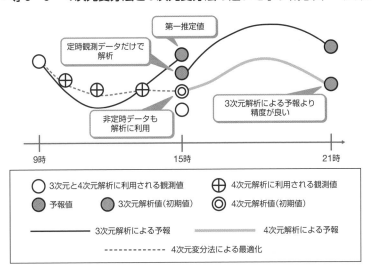

初期値として数値予報を行うと、慣性重力波などの好ましくないノイズが発生してしまいます。力学的にバランスのとれた数値予報用の初期値場を求め、計算開始直後のノイズの発生を抑えるために、初期値化（イニシャリゼーション）と呼ばれる処理をしてから数値予報の計算をする必要があります。

　4次元変分法では、予報方程式も拘束条件としているため、解析値の物理量はモデルに適したバランス関係を作り出せるようになっており、特別な初期値化処理を必要としない利点があります。<u>現在では、予報解析サイクルとその中の4次元変分法で初期値化の処理を行っていることになります。</u>

1-4　数値予報モデルの基本方程式

　大気の初期状態が得られたあとは、時間変化を正確に記述する物理方程式を用いていかに計算を進めるかが、次の決め手です。現在は、プリミティブ方程式系と非静力学方程式系が用いられています。

 ✕ 3次元格子の格子点値は、不規則に分布する観測データを客観的な方式でコンピュータ処理したものである。このように観測データから格子点値を推定する過程を客観解析という。

ここで述べる基本方程式において、水平座標のx軸は東西方向（東向きが正）、y軸は南北方向（北向きが正）にとります。鉛直座標のz軸は上向きが正です。プリミティブ方程式系では鉛直座標に気圧pを用いることが多く、この場合は気圧が増加する方向である下向きが正です。

　なお、以下の式で用いる記号の意味は次の通りです。

　　u、v、w：風速の東西、南北および鉛直成分

　　T：気温、θ：温位、ρ：空気の密度、p：気圧、q：比湿

　　ϕ：緯度、Ω：地球自転の角速度、g：重力加速度

　　R_d：乾燥空気の気体定数、C_p：乾燥空気の定圧比熱

表：専6・1　数値予報モデルで用いられる基本方程式

①	$\dfrac{\partial u}{\partial t} = -u\dfrac{\partial u}{\partial x} - v\dfrac{\partial u}{\partial y} - w\dfrac{\partial u}{\partial z} + fv - \dfrac{1}{\rho}\dfrac{\partial p}{\partial x} + F_x$
②	$\dfrac{\partial v}{\partial t} = -u\dfrac{\partial v}{\partial x} - v\dfrac{\partial v}{\partial y} - w\dfrac{\partial v}{\partial z} - fu - \dfrac{1}{\rho}\dfrac{\partial p}{\partial y} + F_y$
③	$\dfrac{\partial p}{\partial z} = -\rho g$
③′	$\dfrac{\partial w}{\partial t} = -u\dfrac{\partial w}{\partial x} - v\dfrac{\partial w}{\partial y} - w\dfrac{\partial w}{\partial z} - \dfrac{1}{\rho}\dfrac{\partial p}{\partial z} - g + F_z$
④	$\dfrac{\partial \rho}{\partial t} = -u\dfrac{\partial \rho}{\partial x} - v\dfrac{\partial \rho}{\partial y} - w\dfrac{\partial \rho}{\partial z} - \rho\left(\dfrac{\partial u}{\partial x} + \dfrac{\partial v}{\partial y} + \dfrac{\partial w}{\partial z}\right)$
④′	$\left(\dfrac{\partial u}{\partial x} + \dfrac{\partial v}{\partial y} + \dfrac{\partial \omega}{\partial p}\right) = 0$
⑤	$\dfrac{\partial \theta}{\partial t} = -u\dfrac{\partial \theta}{\partial x} - v\dfrac{\partial \theta}{\partial y} - w\dfrac{\partial \theta}{\partial z} + H$
⑥	$\dfrac{\partial q}{\partial t} = -u\dfrac{\partial q}{\partial x} - v\dfrac{\partial q}{\partial y} - w\dfrac{\partial q}{\partial z} + M$

（1）水平方向の運動方程式

　水平面内の大気の運動を支配する運動方程式は、東西成分u、南北成分vについて、それぞれ次の式と表：専6・1の①式と②式で表されます。ただし、$f = 2\Omega\sin\phi$であり、fはコリオリパラメータです。

　　　水平速度の時間変化＝水平速度の移流効果＋コリオリ力

　　　　　　　　　　　　　＋水平方向の気圧傾度力＋摩擦力

観測データの品質管理とは、客観解析で用いた観測データの中に品質の悪いものが含まれていたかどうかを客観解析後に行う点検のことである。

表：専6・1の①式と②式の偏微分$\partial/\partial t$は、空間内の固定点でみたときの物理量の時間変化傾向を表し、$\partial/\partial x$、$\partial/\partial y$、$\partial/\partial z$ はそれぞれ、ある瞬間におけるx、y、z軸方向の物理量の空間変化傾向を表します。①式と②式の右辺第1～3項は、上に示した**水平速度の移流効果**で、ある物理量（ここではuあるいはv）が3次元の風（u、v、w）によって流される効果を表しています。第6項（F_x, F_y）は、それぞれ摩擦力のx、y方向の成分です。

（2）鉛直方向の運動方程式（静力学平衡の式と非静力学方程式）

天気予報の対象となるような大気現象は、対流圏内で生じています。このため、その鉛直方向の大きさ（鉛直スケール）は大きく見積もっても20km程度です。いま、数千kmの水平方向の大きさ（水平スケール）をもつ現象（移動性高・低気圧など）を予測対象とする場合には、大気の運動はほとんど水平面内で起こるとみなせます。この場合には、次の**静力学平衡の式**（あるいは静水圧平衡の式）の近似が極めてよく成り立ちます。

　　　鉛直方向の気圧傾度力＝**重力**

この関係を微分形で書いたものが表：専6・1の③式です。静力学平衡を仮定するモデルを**プリミティブモデル**と呼びますが、この場合には鉛直流は直接計算しないで、その大きさは次項の（3）で述べる連続の式を積分することから間接的に求めます。

一方、水平スケールが数十km程度より小さな現象（局地豪雨や個々の積乱雲など）では、鉛直スケールと水平スケールが同程度となるため、鉛直方向の加速運動が無視できなくなり、静力学平衡が成り立たなくなります。このような現象を予測対象とする場合には、鉛直方向の運動方程式も用いる必要があり、これを**非静力学方程式**と呼びます。

非静力学での鉛直方向の運動方程式は、次式と表：専6・1の③′式（F_zは鉛直方向の摩擦力）で表されます。

　　　鉛直速度の時間変化＝鉛直速度の移流効果＋鉛直方向の気圧傾度力
　　　　　　　　　　＋**重力**＋**摩擦力**

 A ✕　観測データの品質管理は、異常な解析値が出ないよう、客観解析の前に観測データをチェックして、観測値に含まれている誤差の大きいものを除去することである。

Chap. **6** 数値予報

気象庁が現在運用している<u>メソスケール数値予報モデル（p.324参照）</u><u>は非静力学方程式のモデル</u>であり、NHM（Non-Hydrostatic Model）と略称されます。このモデルは水平解像度が5kmと細かいこともあり、<u>100km程度の水平スケールしかない大雨の発生などについて、従来の静力学平衡を仮定したモデルよりもよい予測結果を与えています。</u>

　<u>静力学平衡を仮定したプリミティブモデルで表現される鉛直流の強さは、毎秒数cm（毎時数hPa）の程度ですが、非静力学モデルでは鉛直流を直接計算するので、毎秒1mを超える上昇流も表現されます。</u>

（3）連続の式

　連続の式（連続方程式ともいう）は、空気塊が上昇や下降などの運動をしても、質量が保存されることを表す式で、**質量保存則**（p.107〜109参照）とも呼ばれ、次式と表：専6・1の④式で表されます。

　空気密度ρの時間変化＝空気密度の移流効果＋収束発散による密度変化

（4）熱力学方程式

　熱力学方程式は、熱エネルギーが保存されることを表す式であり、**熱エネルギー保存則**または**熱力学第一法則**（p.40参照）とも呼ばれ、次の式と表：専6・1の⑤式（Hは非断熱加熱量）で表されます。ただし、温位θは、$\theta = T(p_0/p)^{R_d/C_p}$で定義される量（p.44参照）で、乾燥断熱運動では保存されます。ここで、p_0は温位を定義する際の基準となる気圧で、普通は1000hPaです。

　　温位θの時間変化＝温位の移流効果＋非断熱過程に伴う加熱冷却

　なお、表：専6・1の⑤式の右辺第3項の温位の鉛直移流項には、鉛直流による断熱膨張・圧縮効果も含まれています。また、非断熱加熱（H）には次のようなものがあります。

　①乱流に伴う熱の鉛直輸送による加熱率（**境界層過程・地表面過程**）。

　②格子スケールの凝結・蒸発・融解による加熱率（**雲物理過程**）。

　③積雲対流に伴う熱の鉛直輸送による加熱率（**積雲過程**）。

　④長波放射と短波放射による加熱率（**放射過程**）。

数値予報の結果を次の客観解析の第一推定値（客観解析の出発点となる値）として解析値を求め、これによって数値予報の計算を行う、という作業の繰り返しを予報解析サイクルという。

(5) 水蒸気の輸送方程式

この式は水蒸気保存則とも呼ばれ、水蒸気が保存されることを表し、次式と表：専6・1の⑥式（Mは非断熱過程での水蒸気の増減量）で表されます。

比湿 q の時間変化 ＝ 比湿の移流効果 ＋ 非断熱過程に伴う蒸発・降水

(6) 気体の状態方程式

この式はボイル・シャルルの法則であり、次式で表されます。

気圧 ＝ 空気密度×気体定数×気温（絶対温度）

すなわち、$p = \rho RT$ です（p.25参照）。

これらの基礎方程式に現れる未知数は、u、v、w、ρ、p、q、T、θ の8個であり、方程式は（1）から（6）までの7個と温位の定義式の8個です。したがって、これらにより解を求めることができます。

なお、鉛直座標に高度 z ではなく、気圧 p を採用すると、鉛直速度は w ではなく、$\omega = dp/dt$ で定義される鉛直p速度 ω で表されます。ここで、d/dt は全微分で、空気とともに動く座標系でみたときの時間変化傾向を表します。ω の次元は（気圧／時間）であり、通例、「hPa/h」の単位で表し、ω が負の値のときが上昇流です。p 座標系では一部の方程式が単純になり、たとえば、連続の式は表：専6・1の④'式となります。

1-5　数値予報モデルの数値計算の実際

(1) 時間・空間差分

表：専6・1に示した基本方程式系は、時間・空間に関する微分方程式となっています。数値予報モデルでは「微分」を「差分」に置き換えて数値的に解きます。

図：専6・4(a) に示したx軸上の格子点について、$G = u(\partial u / \partial x)$ という微分方程式の空間微分は、$G = u(\varDelta u / \varDelta x)$ という差分式で表せ、図の格子点値を用いて、次のように表すことができます。

Chap.
6

数値予報

このように客観解析と数値予報を一体として解析予報を繰り返す手法を予報解析サイクルまたは4次元データ同化という。

図：専6・4　1次元空間の格子点番号（a）と時間軸上のタイムステップ（b）

(a)

$u(i-1, t)$　　$u(i, t)$　　$u(i+1, t)$　　X軸（空間）

ΔX

(b)

$u(i, t-\Delta t)$　　$u(i, t)$　　$u(i, t+\Delta t)$　　時間軸

Δt

$$G(i、t) = \frac{u(i, t) \times \{u(i+1, t) - u(i-1, t)\}}{2 \Delta x}$$

ここで、Δxは格子間隔であり、iは格子番号です。

　一方、$\partial u / \partial t = F$という微分方程式の時間微分は$\Delta u / \Delta t = F$という差分式で表せ、図：専6・4(b)に示した微少な時間増加量Δt（タイムステップ）を用いた時間軸によって、次のように表すことができます。

$$\frac{u(i, t + \Delta t) - u(i, t)}{\Delta t} = F(i, t)$$

または、

$$u(i, t + \Delta t) = u(i, t) + F(i, t) \times \Delta t$$

　差分法により時間積分を行う場合に、モデル大気中に存在する波動の位相速度をCとすると、$\Delta x \geqq C \Delta t$の関係を満たす$\Delta x$と$\Delta t$の組み合わせでないと、計算結果がタイムステップごとに振動しながら急速に大きな数値となる計算不安定を生じることが知られています。この関係を「クーラン・フリードリッヒ・レーウィの条件（**CFL条件**）」と呼びます。

　大気中には各種の波動が混在していて、天気変化を支配する総観規模の波動の位相速度は毎秒10m程度ですが、慣性重力波などでは毎秒100m以上で伝播する波もあります。たとえば、気象庁が運用している格子間隔13kmの全球数値予報モデルでは2〜3分程度、格子間隔5kmのメソ数値予報モデルでは30秒程度のタイムステップをとる必要があります。

　CFL条件を満たしながら格子点の間隔を半分にするには、時間積分のタイムステップも半分にする必要があります。したがって、格子点の間隔を半分にすると、空間的には格子点の数が4倍（x軸、y軸方向にそ

第一推定値をもとに解析値を計算するための最新の手法である4次元変分法では、慣性重力波などのノイズを除去するために初期値化（イニシャリゼーション）という処理が必要である。

れぞれ2倍）に増えるだけでなく、時間積分にも2倍の計算量となり、合計で8倍の計算量になります。つまり同じ時間内に数値予報の計算を終わらせようとすると、8倍高速のコンピュータを用いる必要があるのです。

詳しく知ろう

- **差分の方法**：時間積分で、3つのタイムステップ $t-\varDelta t$、t、$t+\varDelta t$ のうち、時刻 t の値だけを使って $t+\varDelta t$ の値を決める方法を「前方差分」、時刻 $t-\varDelta t$ と t の値から $t+\varDelta t$ の値を決める方法を「中央差分」とか「リープフロッグ（かえる跳び）方式」という。空間差分や時間差分のやり方については多くの手法が工夫されている。また、最近では、セミインプリシット法やセミラグランジュ法と呼ばれる時間積分の数値計算法が工夫され、CFL条件の6倍程度の大きなタイムステップで時間積分を行うことが可能になっている。

---

(2) 格子点モデルとスペクトルモデル

　ここまでは、数値予報に用いる微分方程式を格子点値の差分方程式に置き換えて近似的に解く方法を説明しました。次ページの図：専6・5（a）の実線（元データ）で表した物理量（たとえば u）の変化が存在したとします。この複雑な形の波を格子点で表したものが図：専6・5（b）です。このように物理量を格子点値で表現して計算する数値予報モデルを格子点モデルといいます。差分法で得られる解は微分方程式の近似解なので、たとえば、波動の位相速度が遅めに計算されるなどの誤差が出ることが避けられません。

　この種の誤差の発生を避けるために、近年の数値予報モデルではスペクトル法という手法が主流となっています。

　スペクトル法の概念を図：専6・5（c）に示します。ここでは単純化するために、1次元の波動の例で示しています。複雑な形の波動も、フーリエ級数展開の手法によってさまざまな波数の三角関数に分解することができます。この例では、それぞれ異なる振幅と位相をもった波数1か

 ✕　現在採用されている4次元変分法では、予報方程式も拘束条件としているので、特別な初期値化処理を必要としない。

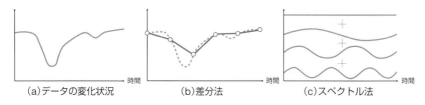

ら波数3の3個の正弦波に分解されています。3個の正弦波を足し合わせると元の波に戻ります。

　元の波を分解して得られたそれぞれの三角関数の波については、大気の運動を支配する微分方程式の正確な解を解析的に求めることができます。元の複雑な波動に対する解は、これらの波数ごとの解を足し合わせることで得られます。実際の大気の運動は地球上で起こっているので三角関数ではなく、「球面調和関数」という球面上の解析関数に展開しますが、原理的には1次元の三角関数の場合と同じです。このように関数の積み重ねで物理量を表現するモデルをスペクトルモデルといいます。

　スペクトル法でも無限の波数への展開は不可能であり、ある有限波数までの範囲で展開するので、格子点法の格子点間隔と同様の空間解像度が存在し、それに起因する誤差が存在します。また、次項で述べる物理過程（パラメタリゼーション）の計算は格子点で行うことが多いため、計算のたびに格子点値に戻す必要があり、分解波数が多くなると格子点法に比べて計算量が飛躍的に増大する欠点をもっています。最近では格子点法を見直す動きがあり、気象庁のメソ数値予報モデルは格子点法で時間積分を行っています。

（3）鉛直方向の差分

　水平面内の空間差分は、緯度・経度方向に網目状の格子点を配置して時間・空間差分の手法で計算するか、スペクトル法で解析的に計算する方法が用いられます。一方、鉛直方向の差分は、大気をいくつかの層に分割して行われています。地表面（海面を含む）と大気との顕熱、潜熱（水蒸気）、運動量などの交換は、特に地表から高さ約1kmまでのエク

 4次元変分法では、解析時刻以外の時刻に観測された非定時の観測値も利用して解析値を計算している。

マン層（対流混合層）内でのふるまいが重要なので、数値予報モデルの鉛直方向の層の取り方は、<u>大気の下層ほど細かく、上層では粗くなって</u><u>います</u>。

　気象庁の全球数値予報モデルでは、最下層では地表面気圧で規格化した地形に沿うσ座標系、地形の影響を受けない上層では気圧で定義するp座標系がもつ数値計算上の利点を活かし、**σ–p座標系（ハイブリッドp座標系）** を採用しています。

　一方、メソ数値予報モデルのような非静力学モデルでは、静力学平衡を仮定しないために気圧と高度が1対1に対応せず、気圧を鉛直座標として用いることはできません。そこで、下層では山岳の表面に沿って$z^{*}=0$の面を定義するz^{*}座標とし、中層以上では平均海面からの高度で定義するz座標系に急速に移行する**ハイブリッドz座標系**を採用しています。

　図：専6・6はσ–p座標系と地形に沿うハイブリッドz座標系の概略です。

図：専6・6　σ–p座標系（左）とハイブリッドz座標系（右）

ハイブリッドp座標系（σ-p座標系）

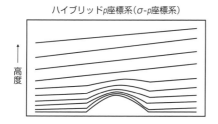

高度

ハイブリッドz座標系

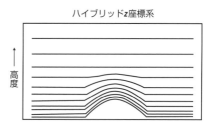

高度

詳しく知ろう

・σ座標系：山岳でのp座標系の不都合を避けるために$\sigma=p/p_s$で定義した座標系。ここで、p_sは地表面での気圧であり、地表（$p=p_s$）で$\sigma$$=1$。大気の上端では$p=0$なので$\sigma=0$となる。

A ○ 記述の通り。変分法は物理量の観測値と解析値の差の総合計を最少にするように解析値を求める計算方法であり、4次元変分法の採用により解析精度と予報精度が大幅に向上した。

1-6 物理過程とパラメタリゼーション

　数値予報モデルでは、大気の状態を空間的にとびとびの格子点での値で表現します。最近はコンピュータの能力が向上し、従来よりも格子点間隔は細かくなっていますが、それでも気象庁の全球モデルの格子点の間隔は13kmであり、メソ数値モデルは5kmです。

　一方、実際の大気中にはさまざまな空間スケールをもつ現象が混在しており、個々の積乱雲や積雲（水平スケール1〜10km程度）、乱流渦（空間スケール100m以下）などの格子点間隔よりも小さい空間スケールの現象が、水蒸気の凝結による潜熱の放出、乱流過程による顕熱、潜熱、運動量の輸送などに大きな働きをしています。これらの格子点間隔よりも小さいスケールの現象を**サブグリッドスケールの現象**と呼びます。表:専6・1の数値予報モデルの基本方程式系①から⑥に現れる F_x、F_y、F_z、H、M などの摩擦項や非断熱項のほとんどは、サブグリッドスケールの現象による効果を表しており、これを**物理過程**と呼びます。

　一方、数値予報モデルで直接表現できる最小のスケールは格子点間隔であるため、個々のサブグリッドスケールの現象を直接、数値予報モデルで表現することはできません。そこで、個々のサブグリッドスケールの現象が、全体として格子点での物理量（風、気温、比湿など）に及ぼす効果を、格子点での物理量の値を使って表現することになります。この手法を**パラメタリゼーション**と呼びます。図:専6・7にサブグリッドスケールの現象とパラメタリゼーションの概念図を示します。

　図:専6・8は数値予報モデルに組み込まれている物理過程で、以下のよ

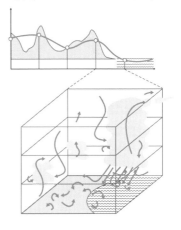

図:専6・7
サブグリッドスケールの現象とパラメタリゼーションの概念図
（気象庁）

移動性高気圧などの水平スケールが数千kmに及ぶ現象を予測対象とする場合には、大気運動はほとんど水平面内で起こるとみなせるので、静力学平衡の式の近似が成り立つ。

図：専6・8　数値予報モデルに組み込まれている物理過程　（気象庁）

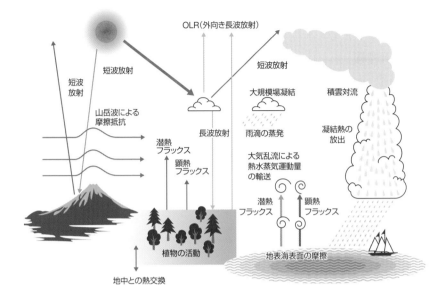

うに分類できます。ただし、物理過程をパラメタリゼーションで表すとき、表現の精度によって数値予報の誤差の原因となります。

（1）凝結過程

大気中に持続的な上昇気流があると、上昇に伴う断熱膨張によって気温が下がり、水蒸気の凝結が起こって雲ができます。このとき、凝結の潜熱が放出されます。雲の中の上昇運動に伴って熱や水蒸気が上方に輸送されながら周囲の空気と混合し、いろいろな高度での気温や水蒸気量を変化させます。

温暖前線に伴う雲の生成などは数百kmから1,000kmに及ぶ総観規模の現象なのでパラメタリゼーションの必要はなく、各格子点での湿度が過飽和に達した分だけの水蒸気を雨として地表へ落下させ、そのとき放出される凝結の潜熱がその格子点での気温を上昇させる、という取り扱いができます。

一方、積雲対流は水平スケールが小さく、格子点で囲まれた領域のな

○ 記述の通り。全球数値予報モデルのように、鉛直の気圧傾度力＝重力（つまり、$\Delta p / \Delta z = -\rho g$）という静力学平衡を仮定するモデルをプリミティブモデルという。

319

かにも雲がある場所とない場所が混在しており（これが「雲量」に相当）、パラメタリゼーションが必要です。雲中で生成された雨滴が地表面へ落下する途中で蒸発する効果も物理過程として取り入れる必要があります。

(2) 乱流過程

地表面（海面を含む）と大気の間では、顕熱や潜熱（水蒸気）、運動量が交換されています。これらの物理量が地上から約100mの高さの間に存在する接地層や、高さ約1kmまでのエクマン層の内部に存在する大気乱流によって上方へ鉛直輸送される量を、実際の観測をもとに統計的に求めた経験式に基づいて表現します。たとえば、地表面から大気への乱流過程による顕熱の上向き輸送量をパラメタライズする場合には、

　　　　熱輸送量＝比例係数×地上風速
　　　　　　　　×（海面や地面の温度—大気最下層の気温）

と定式化し、これらに格子点での風速や気温の値を代入して熱輸送量を決定します。

(3) 地表面過程

地表面と大気との顕熱、潜熱、運動量の交換過程には、海洋と陸地の違いばかりでなく、地表面の植生の違い（市街地、畑、森林など）や土壌の質なども関係します。

また、降水として地表面に落下した水分が土壌へ浸透したり、河川へ流出したりする過程なども、地表面からの蒸発量に影響します。海面が海氷で覆われたり、陸面が積雪状態だったりすると、太陽からの日射を強く反射して気温に影響を及ぼします。これらも物理過程として適切にモデルに取り入れる必要があります。

また、大規模な山岳が重力波を放出して大気に摩擦力を与える効果や、ジェット気流に及ぼす強さや場所を適切に表す効果をモデルに組み込んでおく必要があります。

(4) 放射過程

太陽の短波放射の吸収・散乱・反射、温室効果気体による赤外線の吸収・放出など、放射の効果を適切にモデルに組み込む必要があります。

局地的な豪雨や積乱雲などの水平スケールの小さな現象では、水平スケールと鉛直スケールが同程度なので鉛直方向の加速度を無視せず、鉛直方向の運動方程式を用いる必要がある。

雲による反射・散乱・吸収の強さは、雲の高さ・厚さや雲粒の分布によって異なります。

2 アンサンブル予報

2-1 アンサンブル予報の考え方と処理の流れ

気象観測には、測器の誤差、データ処理やデータ伝送の際に生じる誤差が含まれることは避けられません。また、正しく測定が行われたとしても、ある特定の場所、時刻での観測であるため、予報で対象とする時間・空間スケールでみた場合の現象の代表性を有しているかどうかという問題もあります。客観解析では最も確からしい解析値を各格子点に与える努力がされますが、どうしても解析上の誤差も含まれます。

これに加えて、大気現象はさまざまな時間・空間スケールをもった現象が複雑に相互作用を及ぼしあう非線形複雑系であるため、初期時刻におけるわずかな初期値の違いが、時間を追って急激に拡大する場合もあります。これを**大気のカオス的性質**といいます。これらの性質のために、予報期間が延びるほど予報精度が低下することは避けられません。

この予報の不確実性を軽減するために、**アンサンブル予報**という手法

Chap.
6

数値予報

図：専6・9　アンサンブル予報の概念図 　（気象庁）

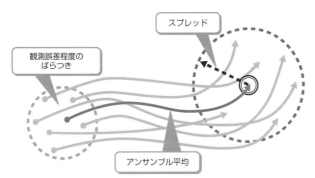

 ○ 記述の通り。鉛直方向の運動方程式を非静力学方程式といい、この方程式を用いた数値予報モデルを非静力学モデルという。メソ数値予報モデルは非静力学モデルである。

が用いられています。図：専6・9はアンサンブル予報の概念図です。

　アンサンブル予報では、観測誤差程度のバラツキをもった少しずつ異なる複数の初期値を用意します。これらを**メンバー**と呼び、多くの場合、50個程度のメンバーを用意します。これらの初期値を同一の数値予報モデルに与えて数値予報を行うのです。

　アンサンブル予報ではメンバー数だけの多数の予報計算を行う必要があるので、これに使用する数値予報モデルは、明日、明後日の予報で利用する最先端モデルの格子間隔、鉛直層数、物理過程を簡略化したものが用いられます。経験的には、最先端モデルによる単一の予報よりも、簡略モデルによる多数の予報結果を平均した予報（**アンサンブル平均**という）のほうが精度がよいことが知られています。

　少しずつ異なった初期値から出発した予報の結果は、初期の大気状態が安定的な場合には、時間が経ったあとも大きな違いは生じませんが、初期の大気状態が不安定な場合には、時間の経過とともに各メンバーが大きく違った大気状態に移行します。予報された大気状態のバラツキ具合を**スプレッド**といいます。スプレッドが小さい場合は各メンバーがほぼ同じ予測結果を与えるので予報の信頼度（スキルともいいます）は大

図：専6・10　スプレッド−スキルの関係　　（気象庁）

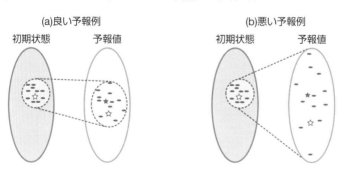

(a)良い予報例　　　　　　　　　(b)悪い予報例

初期状態　　予報値　　　　　　初期状態　　予報値

☆：真の値（初期値と予想時刻に対応する値）
★：アンサンブル平均値
●：アンサンブルメンバーの値（初期値と予報値）
その予報値のばらつきがスプレッド

鉛直座標に高度ではなく気圧を採用すると、鉛直速度は鉛直p速度ωで表され、ωが正の値の場合は上昇流を意味する。

きく、逆にスプレッドが大きい場合はメンバー間の予測結果が大きく異なるので予報の信頼度は小さいと評価されます。この関係を**スプレッド-スキルの関係**と呼びます。図：専6・10はその概念図です。

この図のバラツキの状態は、実際に起こり得る可能性の確率分布を表しているので、確率的な予報をすることが可能です。

2-2　気象庁の数値予報モデル

数値予報モデルは、用いる格子間隔によって、表現可能なじょう乱の水平・時間スケールに限界があり、予測可能なじょう乱は、モデルの時間間隔と格子間隔によります。次ページの図：専6・11は、気象庁の数値予報モデルがカバーする大気現象の時間空間スケールを示しています。一方、p.325の表：専6・2は、気象庁が2023年3月現在で運用する数値予報モデルの概要を示しています。これらの詳細を以下に説明します。

（1）全球数値予報モデル（Global Spectral Model：GSM）

予報モデルの中核を占めているのは**全球数値予報モデル（GSM）**であり、地球全体を予測対象としています。GSMは静力学近似のスペクトルモデルですが、格子点モデルの解像度に換算すると約13kmの格子点間隔に相当します。鉛直方向の層の数は128層です。1日4回、協定世界時（UTC）の0時、6時、12時、18時を初期時刻とした予測計算を行います。初期値は1日4回の4次元変分法を用いた全球解析で、観測データの待ち受け時間は2時間20分です。利用する主な観測（もしくは算出）データは、ラジオゾンデ、ウィンドプロファイラ、航空機、地上、船舶・ブイ、アメダス、衛星可視赤外イメージャ・マイクロ波サウンダ・マイクロ波散乱計などです。

明後日までの**短期予報**や台風予報で利用することを目的に、初期時刻から5日半先（132時間先）までの計算を行います。ただし、00UTCと12UTCを初期時刻とする計算は、中期予報で利用するため、11日先（264時間先）まで行います。

このモデルの結果は、次に述べるメソスケール数値予報モデルの側面

Chap.
6
数値予報

豆テスト **A** ✕ 鉛直座標に気圧を採用すると鉛直速度は気圧の時間変化率ωで表され、上昇流はωの値が負の場合である。なお、ωの次元は「気圧／時間」であり、単位は〔hPa/h〕である。

図：専6・11　大気現象の時間空間スケールと気象庁の数値予報モデルがカバーするスケール　(気象庁)

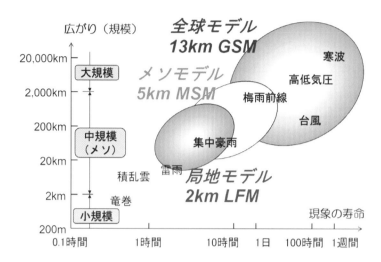

境界条件として利用されるほか、航空予報、波浪予報、海氷予報、火山灰拡散予測、黄砂予測のためのモデルにも利用されます。

(2) 非静力学数値予報モデル (Non-Hydrostatic Model)

　数値予報モデルが精度よく予測できる現象は、格子点間隔の5～8倍以上の空間スケールをもつ現象です。全球モデルの解像度は格子点間隔が約13kmなので、予測対象は水平スケールが100kmより大きな現象です。

　一方、地形の効果が効く局地的な大雨や強風などは、水平スケールが数十km程度しかないことが多く、防災的に重要なこれらの現象を予測するために非静力学モデルであるメソスケール数値予報モデル (Meso-Scale Model：MSM) と局地数値予報モデル (Local Forecast Model：LFM) が運用されています。

　MSMの格子点間隔は5km、鉛直方向の層数は76層です。MSMの計算領域は、日本を中心とした日本周辺域です。初期値は1日8回の4次元変分法を用いた予報領域のメソ解析で、観測データの待ち受け時間は

数値予報モデルには、物理量の水平分布を格子点値で表現して計算する格子点モデルと、関数の重ね合わせで表現するスペクトルモデルがある。

50分です。利用する主な観測（もしくは算出）データは、全球解析の
データに、一般および空港気象ドップラーレーダー、気象レーダーなど
が加わっています。

表：専6・2　気象庁の主な数値予報モデルの概要

予報モデルの種類 （略称）	モデルを用いて発表する予報	予報領域と 格子間隔	予報期間 （メンバー数）	実行回数
局地モデル （LFM）	航空気象情報、防災気象情報、 降水短時間予報	日本周辺 2km	10時間	1日16回
			18時間	1日8回
メソモデル （MSM）	防災気象情報、降水短時間予報、航空気象情報、分布予報、 時系列予報、府県天気予報	日本周辺 5km	39時間	1日6回
			78時間	1日2回
全球モデル （GSM）	分布予報、時系列予報、府県 天気予報、台風予報、週間天 気予報、航空気象情報	地球全体 約13km	5.5日間	1日2回
			11日間	1日2回
メソアンサンブル 予報システム （MEPS）	防災気象情報、航空気象情報、 分布予報、時系列予報、府県 天気予報	日本周辺 5km	39時間 （21メンバー）	1日4回
全球アンサンブル 予報システム （GEPS）	台風予報、週間天気予報、早 期天候情報、2週間気温予報、 1か月予報	地球全体 18日先まで約 27km、 18〜34日先まで 約40km	5.5日間 （51メンバー）	1日2回 （台風予報用）
			11日間 （51メンバー）	1日2回
			18日間 （51メンバー）	1日1回
			34日間 （25メンバー）	週2回
季節アンサンブル 予報システム （季節EPS）	3か月予報、暖候期予報、寒 候期予報、エルニーニョ監視 速報	地球全体 大気約55km、 海洋約25km	7か月 （5メンバー）	1日1回

Chap.
6
数値予報

A ○ 記述の通り。地球全体の大気現象を予測する全球モデルはスペクトルモデルであり、メソ
スケール数値予報モデルは水平分解能（格子点間隔）5kmの格子点モデルである。

MSMを走らすには、予想時刻とともに変化する計算領域の最も外側の格子点での気象要素の値（境界条件）が必要であり、それには直近に計算が終わっているGSMの計算結果を用います。MSMは1日8回、3時間ごとに39時間先まで計算を行い、初期時刻の00UTCと12UTCは51時間先まで延長して行いますが、予報時間が長くなるほど予報領域の境界を通してGSMの予報結果の影響が大きくなります。MSMの予測結果は、気象警報、注意報、気象情報で活用されるほか、航空予報、降水短時間予報、高潮予報のモデルでも利用されています。

　一方、LFMの格子間隔は2km、鉛直方向の層数は58層です。LFMの計算領域は日本域を中心とした地域です。高い頻度（1日24回、毎時）で10時間先（ただし、1日8回は18時間先）までの予測計算を行っています。初期値は毎正時の3次元変分法を用いた予報領域の局地解析で、観測データの待ち受け時間は30分です。利用する主な観測（もしくは算出）データは、メソ解析と同じです。モデルの側面境界条件は、メソモデル予報値が用いられます。目先数時間程度の局地的な大雨の発生ポテンシャルを把握でき、降水短時間予報や竜巻注意情報などの防災気象情報の作成支援や、空港周辺を対象とした飛行場予報および降水短時間予報に利用されています。水平規模が十数km程度の現象までが予測可能となりますが、まだ個々の積乱雲を表現できるほどではありません。

(3) アンサンブル数値予報モデル

　数値モデルによる予測の信頼度は予報期間が延びるほど落ちるので、予報期間が長い予報にはアンサンブル予報の手法が用いられます。気象庁では、週間天気予報、季節予報（1か月、3か月、暖候期・寒候期予報）でアンサンブル予報を行っています。2008年からは、台風予報にもアンサンブル予報が用いられるようになり、進路予報の予報円の大きさを決めるための資料や、台風が予報円から外れて別の進路をとった場合の防災対応の検討などに利用されています（表：専6・2参照）。

　図：専6・12は、1か月アンサンブル予報のプリュームダイアグラム（アンサンブルメンバーの予報結果を時系列として同時に示した図）の例で

Q　格子点間隔よりもスケールの小さい積雲対流が格子点の物理量に与える影響は、パラメータを用いて格子点値に反映されている。

図：専6・12　1か月予報のプリュームダイアグラムの例

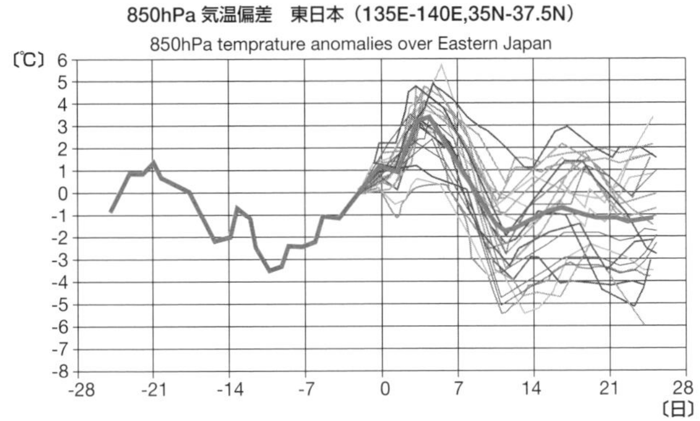
850hPa 気温偏差　東日本（135E-140E,35N-37.5N）
850hPa temprature anomalies over Eastern Japan
〔℃〕
〔日〕

図：専6・13　週間予報のスパゲティダイアグラムの例

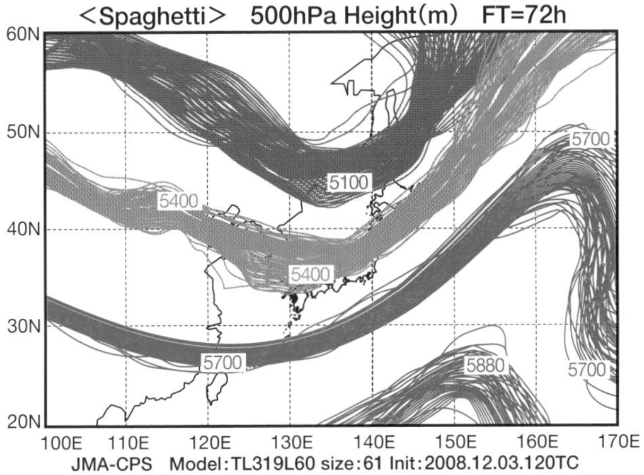
<Spaghetti>　500hPa Height(m)　FT=72h
5700
5100
5400
5400
5700
5880
5700
JMA-CPS　Model:TL319L60 size:61 Init:2008.12.03.120TC

す。図：専6・13は、週間アンサンブル予報の72時間予報のスパゲティダイアグラム（等圧面天気図上に特定高度線のアンサンブルメンバーの予測結果を重ねて描いたもの）の例です。

(1) から (3) で説明した数値予報モデルは、近年、その精度は格段に向上していますが、数値予報から出力される気温や雨量などの予報要素の値は、直接、天気予報にはなりません。このため専門知識編10章で

豆テスト A　○　この手法をパラメタリゼーションといい、予報モデルの時間・空間分解能以下の小規模な現象の効果を格子点値を用いて表現する手法である。

解説する天気予報ガイダンスを作成して天気予報を行います。天気予報ガイダンスは、主にGSMとMSMから作成されますが、一部の要素についてはLFMから作成されています。

詳しく知ろう

- **アンサンブル予報の利用拡大**：メソスケール現象の予測モデルにおいても、風や水蒸気量が少しずつ異なった初期値を用いた場合に、大雨が降る地域や時刻がどのように変化するかを見積もるために、2018年5月の数値予報の計算機の更新時から、**メソアンサンブル予報システム**（MEPS）を開始しています。モデルはMSMと同一で、21メンバーによる1日4回39時間予報です。

 数値予報資料利用上の留意事項

3-1　数値予報で表現される現象の空間スケール

　気象庁の全球モデルの格子点間隔は約13kmです。大気の状態についての計算結果は解像度20kmの格子点値として出力されますが、<u>個々の格子点での値をその地点での予測値として利用することは避けなければなりません</u>。すでに述べたように、数値予報モデルが精度よく予測できる現象は格子点間隔の**5〜8倍以上の空間スケール**の現象だと考えられます。5格子とは、全球モデルでは100km、メソモデルでは25kmの空間スケールに相当します。

　数値予報の結果、孤立した1格子点だけで強い雨が計算されたとしても、その格子点周辺でもある程度以上の雨が計算されていなければ、その場所でその時刻に大雨が降ると考えてはなりません。ただし、たとえ1格子点だけの強雨でも、物理法則に基づくモデルの結果なので、「しゅう雨性の大雨の可能性がある気象状況」と認識する必要があります。

 アンサンブル予報で各メンバーの予報結果の差が大きいときは現象の予想が困難なので、このような場合は予報値として採用しない。

3-2　数値予報モデルの限界

　数値予報は非常に有効な大気状態の予測手段であり、今日の天気予報業務ではなくてはならないものですが、その限界についても認識しておく必要があります。

　局地的な天気に大きな影響を与えるのは地形の効果です。地形は風系に影響を与え、風系の変化が天気や気温の変化につながります。災害に結びつく局地的な大雨などは、大雨が降りやすい総観規模の大気の状態に加え、地形の効果が大いに影響します。

　数値予報モデルに取り入れられている地形は、実際の地形に比べると平滑化されたものです。これは、モデルに実際の地形データを与えると、モデルの格子点間隔との兼ね合いで地表面の傾斜が大きくなりすぎ、山岳地帯近辺の計算結果に悪影響を与えるためです。したがって、地形が原因となって生じる現象の予測は十分でありません

　格子点での気象要素の値は、格子点間隔で平均した大気の状態を与えるものなので、地形についても格子点間隔で平均した程度の値が与えられます。このため、格子点間隔が小さいモデルほど地形も実際に近い値を与えることが可能で、局地的な現象の予測も実際に近いものが計算されます。

　数値予報モデルで得られる降水量の予測値も、格子点間隔程度の広がりで平滑化された値です。非静力学モデルであっても水平解像度が積乱雲などのスケールと比べるとまだまだ粗く、実際に観測される地点雨量に比べれば小さな値となります。モデルの降水量をそのまま量的な予報に使用することはできないのです。

　数値予報モデルでは十分に表現されない現象については、過去の数値予報結果と実際の天気との相関関係を統計処理して作成される天気予報ガイダンスが有効な情報を与えてくれます。天気予報ガイダンスについては専門知識編10章で詳しく述べます。

豆テスト **A** ✕　アンサンブル予報では、各メンバーの予報結果のばらつきを「予報誤差の程度」（信頼度）に利用して予報値に採用しており、これにより最も起こりやすい現象の確率を予報できる。

3-3 数値予報の精度と確率予報

　数値予報の精度は、予報期間が延びるにしたがって低下します。これは、初期値として与えた大気状態に観測や解析に起因する誤差が含まれていること、予報方程式中の物理過程が十分でないこと、大気がもともとカオス的性質をもっているので初期値のわずかな違いからまったく別の天候状態への移行が起こりうること、などのためです。

　予測期間が短い間は、初期値問題の特性として、初期値をよくすれば予測もよくなります。しかし、予測期間が長くなるほど予測結果の成績は初期値場に依存しなくなり、境界値と呼ばれる海面水温の変動や放射過程などの物理過程のパラメタリゼーションの良し悪しで決まる境界値問題の特性が重要になります。

　予測期間が延びると数値予報の精度は低下しますが、予測結果がまったく使えなくなるわけではありません。明日・明後日を対象とする短期予報では、数値予報の結果を利用して、3時間ごとの時間帯における卓越する天気の時系列予報や、きめ細かな地域細分による天気分布予報が可能です。

　短期予報においても、降水現象は気温や天気などと比べて局地性が高く、予報は難しいのです。このため、「何時から何時の間に、どこそこで雨が降る」といった「断定的な予報」ではなく、6時間ごとの降水確率などの形式で確率予報が発表されています。予報期間が4日、5日と延びると、短期予報と同じ予報を行うことは難しいのですが、週間天気予報として1日単位の天気、誤差幅を付した最高・最低気温の予報、3日目以降の降水の有無の予報については信頼度情報が付けられています。

　信頼度情報とは「予報が適中しやすい」ことと「予報が変わりにくい」ことを表す情報であり、A、B、Cの3段階で表します。たとえば「信頼度A」の場合は、明日に対する天気予報と同程度の予報精度を表します。そのほか、1週間平均した降水量の平年値との比較などの予報が行われています。

330

豆テスト Q　水平解像度5kmのメソ数値予報モデルでも、集中豪雨や局地的大雨などのメソスケールの現象を予測することはできない。

　1か月より長い期間を対象とする**季節予報**では、予報のすべてが確率予報形式となり、予報期間で平均した気温、降水量、日照時間などについて、平年値と比べて「高くなる（多くなる）」「平年並みとなる」「低くなる（少なくなる）」状態のそれぞれの確率が発表されます（次章参照）。

　「断定的な予報」は利用者にとってはわかりやすいのですが、予報期間の長い予報を短期予報並みに断定的に発表すると、かえって予報成績の低下を招くことになります。確率予報は一般の人にとっては利用が難しいという難点はありますが、数値予報精度と確率表現の関係について正しく理解して利用することが重要です。確率予報の利用についてはコスト／ロス・モデルによる意思決定法が役に立ちます（専門知識編10章の2-2参照）。

理解度 **check** テスト

Q1 数値予報の誤差について述べた次の文章の下線部(a)〜(d)の正誤の組み合わせとして正しいものを、下記の①〜⑤の中から一つ選べ。

　数値予報には、数値予報モデルやその初期値が完全でないことなどに起因する誤差がある。

　一日ごとの天気の予報ができるのは、現在のところ10日から2週間程度先までであるが、数値予報モデルの改善により(a)その予報が可能な期間は2か月程度先までは延びると考えられる。

　初期値の不完全さに起因する予報誤差は(b)予報時間が長くなるとともに大きくなる傾向がある。気象庁では(c)多数の異なる数値予報モデルを用いたアンサンブル予報を行い、その平均やばらつきの程度を求め、予報の基礎資料としている。(d)アンサンブル予報のばらつきが大きい時は気象要素の日々の変動が大きい可能性が高い。

A ✕　メソ数値予報モデルは、集中豪雨などのおおむね25〜40kmより大きいメソスケール現象を予測して、防災気象情報などで利用されている。

	(a)	(b)	(c)	(d)			(a)	(b)	(c)	(d)
①	正	正	正	正		④	誤	正	誤	誤
②	正	誤	誤	正		⑤	誤	誤	誤	正
③	誤	正	正	誤						

Q2 下記の式は、気象庁の全球数値予報モデルで用いられる、ある物理量の予報方程式の構成を示すものである。この式について述べた次の文章の空欄(a)～(d)に入る適切な語句の組み合わせを、下記の①～⑤の中から一つ選べ。

格子点における物理量の時間変化＝
　移流による変化＋コリオリ力による変化＋気圧傾度力による
　変化＋パラメタリゼーション項

この式は、大気の(a)に関する予報方程式である。移流による変化とは、ある時刻の物理量が空間的に変化しているときに、大気の移動によって格子点に現れる物理量の時間変化を表す。コリオリ力は、地球の自転とともに回転する座標系を用いたために見かけ上現れる力で、その大きさは地球の(b)に比例する。気圧傾度力は等圧線と直角に高圧側から低圧側に向かって働く。パラメタリゼーション項は格子間隔より(c)スケールの現象の効果を取り入れるためのもので、これには積雲対流や(d)による効果が含まれる。

	(a)	(b)	(c)	(d)
①	温度	自転角速度	大きい	分子粘性
②	水平風	自転角速度の2乗	大きい	分子粘性
③	水平風	自転角速度	小さい	分子粘性
④	水平風	自転角速度	小さい	乱流
⑤	温度	自転角速度の2乗	小さい	乱流

冠テスト **Q** 数値予報モデルが精度よく予測できる現象は、その空間スケールが格子点間隔と同程度の現象とされている。

Q3 気象庁のメソモデルで計算される次の量A〜Dのうち、パラメタリゼーションにより計算される量の組み合わせとして正しいものを、下記の①〜⑤の中から一つ選べ。

A 様々な雲からの赤外放射にともなう加熱量・冷却量
B コリオリ力による風の変化量
C 大気下層の乱流による顕熱・潜熱の輸送量
D 水平移流による気温の上昇量・下降量

① A
② A，C
③ B，D
④ C，D
⑤ A，B，C，D

📖 **解答 と 解説**

Q1 **解答④** **第46回（平成28年度第1回）専門・問4**

（a）誤り。天気予報の予報可能な期間（予測可能性とも呼ぶ）については、理論的な研究や実際に数値予報モデルを使った研究で、過去に精力的に調べられてきました。その結果、数値モデルを現在より改善しても、一日ごとの予報可能な期間は、現在の10日から2週間より延ばすのは困難と考えられています。現在進めている予報可能な期間の向上は、アンサンブル予報を用いて、将来の平均的な天気予報を行うことで、アンサンブル予報技術の改善が進められています。

（b）正しい。数値予報結果の誤差の原因のひとつは初期値に含まれる誤差が拡大することです。大気の運動にある特徴的な性質「初期値の小さな差が将来大きく増大する」というカオス（混沌）的な振る舞いです。実際の数値予報では、観測データの誤差や解析手法の限界から、初期値に含まれる誤差をゼロにすることはできず、時間とと

豆テスト **A** ✕ 数値予報モデルが精度よく予測できる現象の空間スケールは、格子点間隔の5〜8倍以上の空間スケールの現象とされている。

もに誤差が拡大することを避けられません。

(c) 誤り。現在のアンサンブル予報は、ひとつのモデルを用い、ある時刻に少しずつ異なる初期値（アンサンブルメンバー）を多数用意して多数の予報を行い、その平均やばらつきの程度などの統計的な性質を利用して最も起こりやすい現象を予報するものです。

(d) 誤り。アンサンブル予報のメンバーの予報時間による広がりを示す指標はスプレッドと呼ばれ、スプレッドが小さい場合は、各メンバーがほぼ同じ予測結果を示すので、予報の信頼度（スキルと呼ぶ）が大きく、逆にスプレッドが大きい場合は、各メンバーの予測結果が大きく異なるので、予報の信頼度が小さいと評価されます。スプレッドが大きいときは、気象要素の日々の変動が大きい可能性が高いことを示すものではなく、予報の信頼度が小さいことを示します。以上から、正誤の組み合わせとして正しいのは④です。

Q2 解答④　第39回（平成24年度第2回）専門・問5

(a) 水平風。設問中の四角で囲んだ式は、ある物理量の予報方程式を示していますが、全球数値予報モデルに用いられる式とあるので、プリミティブ方程式系です。コリオリ力や気圧傾度力による変化の項が含まれているので、物理量は運動量の水平成分、すなわち水平風です。

(b) 自転角速度。コリオリ力は、地球が自転しているために現れる見かけの力で、定義から、大きさは地球の自転角速度に比例しています。すなわち、水平速度を V、地球の自転角速度を Ω、単位質量の空気塊を緯度 ϕ で考えたとき、コリオリ力の大きさは $2\,\Omega\,V\sin\phi$ であり、力の働く向きは北半球では速度 V に直角右方向です。

(c) 小さい。パラメタリゼーションとは、数値予報モデルの格子間隔では表現できない、格子間隔より小さいスケール（サブグリッドスケールといいます）の現象を集団効果として、モデル格子点の物理量の数式表現によって、物理過程のひとつとして取り込むものです。

豆テスト **Q** 地形は局地的な天気に大きな影響を与えるので、数値予報モデルに地形は取り入れられているが、実際の地形に比べて平滑化されている。

(d) 乱流。水平風の場合には、パラメタリゼーション項として取り入れているのは、積雲対流や乱流による集団効果です。

したがって、語句の組み合わせとして正しい④が正解です。

Q3 解答② 第46回（平成28年度第1回）専門・問5

　気象庁のメソモデルは、メソスケール数値予報モデル（MSMと略称）と呼ばれるもので、力学系は非静力学モデルで、水平格子間隔が5kmの格子点法を用いています。このモデルで取り入れられている物理過程は、方程式の各項で直接は現れない効果や離散化した際に物理量が格子平均で取り扱われることにより、格子平均からのズレが実際の格子の内部に生じる効果を考慮する部分です。ひとつの格子の中の一部で生じている現象（サブグリッドスケールの現象という）を近似的に取り扱うことから、その効果を評価することを「パラメタリゼーション」といいます。

　パラメタリゼーションは格子スケールの物理量とサブグリッドスケールの現象との相互作用を表現するものです。普通、放射（短波、長波）、重力波抵抗、積雲や雲とその雲物理と降水、境界層の中の運動量・熱・水蒸気の輸送、地表面から大気への潜熱・顕熱の移動などが考慮されています。MSMでは積雲（ケイン-フリッチ、KF法）、雲（確率分布密度診断法）、雲物理（バルク法）、境界層（メラー・山田レベル3のクロージャーモデル）が用いられています。

　問題のAは雲からの赤外放射による熱効果であり、Cは大気下層の乱流による顕熱・潜熱の輸送であることから、どちらもパラメタリゼーションで評価されています。一方、Bのコリオリ力による風の変化は運動方程式の中のコリオリ項に組み込まれており、Dの水平移流による気温の変化は熱力学方程式の移流項に含まれています。以上から、パラメタリゼーションにより計算される量は、AとCです。

　以上から、正誤の組み合わせとして正しいのは②です。

 A ○ 記述の通り。モデルに実際の地形データを与えると、格子点間隔との兼ね合いで傾斜が大きくなりすぎ、山岳地帯付近の計算結果がゆがめられるからである。

これだけは必ず覚えよう！

・数値予報モデルの予報変数は、気圧・気温（温位）・風向風速・湿度（比湿）の4要素である。

・観測データから格子点での解析値を求めることを客観解析といい、直近の数値予報の結果を用いた第一推定値から解析を始める。

・解析と予報の作業を繰り返す手法を予報解析サイクルという。

・全球モデル（GSM）は、スペクトルモデルだが、格子点モデルの解像度に換算すると、格子間隔20km、鉛直層数100層のプリミティブモデルで、高低気圧、梅雨前線、台風など大規模現象の予測を行う。

・メソスケールモデル（MSM）は、水平解像度5km、鉛直層数50層の非静力学モデルで、日本周辺のメソスケール現象の予測を行う。

・パラメタリゼーションは格子間隔より小さい規模の現象の格子点への影響を計算して格子点値に反映させることであり、対象とする物理過程は凝結過程、地表面過程、乱流過程、放射過程、雲の影響などである。

・予報期間が延びるほど低下する数値予報の不確実性を軽減するためにアンサンブル予報が用いられている。

・数値予報モデルが精度よく予測できる現象は、格子点間隔の5～8倍以上の空間スケールをもった現象である。

Q 局地的豪雨や個々の積乱雲などのメソスケール現象を予測対象とする数値予報モデルは、静力学平衡を仮定したプリミティブモデルと呼ばれる。

短期予報・週間天気予報・長期予報

出題傾向と対策

◎中期予報（週間天気予報）と長期予報の内容とその方法について問われ、ほぼ毎回出題されている。
◎短期予報（府県天気予報）で発表される気象要素とその意味を理解する。
◎週間天気予報と長期予報の種類と内容を理解し、平均図や偏差図に慣れておく。

1 天気予報の種類

　気象庁が発表している天気予報には、予報期間に応じて、短期予報、中期予報、長期予報があります。**短期予報**は今日・明日・明後日の予報で、一般にいう天気予報です。発表は府県単位で行われ、正式には**府県天気予報**といいます。短期予報より短い数時間先までの予報を短時間予報といい、気象庁で発表しているのは雨の予報に限った**降水短時間予報**（p.403参照）です。さらに、目先1時間先までの予報を**ナウキャスト**（p.409章参照）といい、降水ナウキャスト、雷ナウキャスト、竜巻発生確度ナウキャストがあります。気象庁が行っている中期予報は週間天気予報で、それよりも長い予報が長期予報です。

2 天気予報（府県天気予報）

2-1 府県天気予報の内容

　府県天気予報は、府県予報区を地域ごとに細分した「一次細分区域」単位で、毎日5時、11時、17時に発表します。また、天気が急変したと

暗記テスト **A** ✕　局地的豪雨などの水平スケールが数十km程度よりも小さな現象では静力学平衡が成り立たないので、鉛直方向の運動方程式を用いる必要があり、これを非静力学方程式という。

きには随時修正して発表します。<u>発表内容は、今日・明日・明後日の天気と風と波、明日までの6時間ごとの降水確率と最高・最低気温の予想です</u>。

　ある現象が断続的に発生し、その発生した時間が予報期間の1/2未満であるときは「**時々**」、現象が切れ間なく発生し、その時間が予報期間の1/4未満であるときには「**一時**」といいます。「**のち**」は、予報期間の前と後で現象が異なるときです。

①**予報期間の時間細分**：予報期間は、図：専7・1のように細分して表現されます。

図・専7・1　予報期間の時間細分

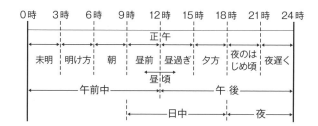

②**降水確率**：予報区内で1mm以上の雨が降る確率を、6時間ごとに10%単位で発表します。たとえば、18時から24時までの降水確率が20%というのは、その期間に1mm以上の雨が降る可能性が100回中20回あるという意味です。<u>確率が高いと雨量が多くなるという意味ではありません</u>。

③**最高気温・最低気温**：予報地点における最高・最低気温の予想を1℃単位で発表します。予報地点とは、具体的には府県予報区内の気象台、測候所、アメダスの設置してある場所を指します。

④**風向と風速**：予報区内の代表的な風向とその風の強さのことです。風向は風の吹いてくる方角で8方位、風の強さの表現と風速（10分間の平均）の関係は以下の通りです。

・**やや強く**：風速10m/s以上15m/s未満で、人が風に向かって歩きにくくなり、傘をさせない。

 ある現象が断続的に発生する時間が予報期間の1/2未満である場合を「一時」という。

・強く：風速15m/s以上20m/s未満で、人が風に向かって歩けず、転倒する人も出る。

・非常に強く：風速20m/s以上で、人がしっかりと体を確保しないと転倒する。

⑤波とうねり：予報区の担当海域（沿岸の海域は、海岸線から概ね20海里（約37km）以内の水域）における有義波高の予想です。

2-2　天気分布予報

　天気分布予報では、日本全国を20km四方のメッシュに分け、そのそれぞれについて以下の要素の24時間先（17時発表は30時間先）までの予報を掲載しています。色別で表示しているため、全国または地方単位での天気、気温、降水量、降雪量の分布と変化傾向がひと目でわかります。毎日5時、11時、17時に発表されます。

①天気：3時間ごとのメッシュ内の代表的な天気、「晴れ」「曇」「雨」「雪」のいずれかで発表します。

②気温：3時間ごとのメッシュ内の平均気温を1℃単位で予報し、5℃ごとに色分けして表示しています。

③降水量：メッシュ内の平均3時間降水量を「降水なし」「1〜4mm」「5〜9mm」「10mm以上」の4段階で表現します。

④降雪量（12月〜3月のみ）：メッシュ内の平均6時間降雪量を「降雪量なし」「2cm以下」「3〜5cm」「6cm以上」の4段階で表現します。

図：専7・2　天気分布予報の例　　（気象庁ホームページ）

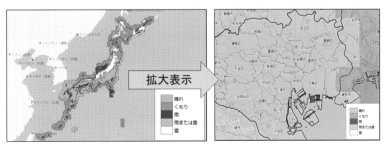

 ✕　「一時」はその現象が継続する時間が予報期間の1/4未満である場合をいう。その現象が断続的に発生する時間が予報期間の1/2未満である場合は「時々」という。

2-3　地域時系列予報

　地域時系列予報は、一次細分区域単位で、以下の要素を24時間先（17時発表は30時間先）まで図形式表示にしたものです。

①天気：3時間ごとの一次細分区域内の卓越する天気を「晴」「曇」「雨」「雨または雪」「雪」のいずれかで表現します。

②風向・風速：3時間ごとの一次細分区域内の代表的な風向を「北」「北東」「東」「南東」「南」「南西」「西」「北西」の8方位または「風向なし」で、最大風速を「0～2m/s」「3～5m/s」「6～9m/s」「10～14m/s」「15～19m/s」「20m/s以上」の6段階で表現します。

③気温：一次細分区域内の特定地点における3時間ごとの気温を1℃単位で日中の最高気温と最低気温も表示しています。

図：専7・3　時系列予報の例　　（気象庁ホームページ）

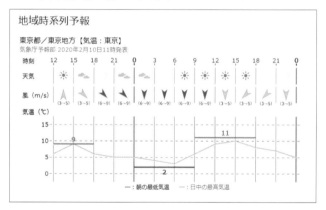

3　週間天気予報

3-1　週間天気予報とは

　発表日の翌日から7日先までの期間の予報が「府県週間天気予報」と

府県週間天気予報では、予報期間の各日の降水確率とともに予想降水量が発表される。

いう形式で毎日発表されます。

　府県週間天気予報は、向こう1週間の各府県における1日ごとの天気、最高・最低気温（1℃単位）、降水確率（10％単位）、予報の信頼度、予報期間における降水量（1mm単位）、気温の平年値（0.1℃単位）が、毎日11時頃と17時頃に発表されます。

　原則として府県予報区ごとに予報していますが、一部の府県予報区では常時あるいは季節を限定して区域を細分して予報しています。

3-2　府県週間天気予報の内容

　府県週間天気予報では、次の項目が発表されます（表：専7・1参照）。
①**毎日の天気**：晴れ、曇り、雨、雪、またはこれらを組み合わせたカテゴリー予報がされます。
②**0時から24時までの24時間の降水確率**：発表日の翌日（1日目）については短期予報（天気予報）による6時間ごとの降水確率予報、2日目〜7日目までは0時〜24時までの24時間の降水確率予報がなされます。
③**毎日の最高気温・最低気温**：翌日（1日目）については短期予報（明日・明後日が対象）で発表され、これには誤差幅は付けません。2日目〜7日目までについては、「予想気温＋上方誤差」「予想気温－下方誤差」を求め、予想される気温の範囲がカッコ内に記述されます。これによ

表：専7・1　東京地方の週間天気予報の例　　（気象庁ホームページ）

東京都の天気予報（7日先まで）							
2023年03月27日11時　気象庁　発表							
日付	今日 27日(月)	明日 28日(火)	明後日 29日(水)	30日(木)	31日(金)	01日(土)	02日(日)	03日(月)
東京地方	曇	曇	曇	晴時々曇	曇時々晴	曇	曇一時雨	晴時々曇
降水確率(%)	-/-/20/30	20/10/10/20	30	20	30	40	50	20
信頼度	－	－	－	A	A	C	C	B
東京気温(℃) 最高	18	17	18 (17〜20)	20 (18〜22)	21 (18〜24)	19 (15〜23)	17 (14〜22)	19 (15〜22)
最低	－	10	10 (9〜11)	10 (9〜11)	10 (9〜12)	12 (9〜13)	12 (9〜13)	11 (8〜13)

豆テスト **A** ✗　府県週間天気予報では、予報期間の各日の降水確率は発表されるが、予想降水量は発表されない。ただし、予報期間の予想降水量の合計が発表される。

り、予想される気温より低めか高めかの分布に偏りがあるような場合に、適正な予測範囲を示すことができます。たとえば、最低気温10（8〜11）、最高気温23（20〜24）で、<u>誤差幅の中に実際の最高気温または最低気温が入る確率は約80%</u>です。

④**予報の日別信頼度**：3日目以降の降水の有無の予報について「予報が適中しやすい」ことと「予報が変わりにくい」ことをA、B、Cの3階級で表します。

詳しく知ろう

- 週間天気予報での降水の有無についての日別信頼度**A・B・C**の意味：

  A（確度が高い予報）：適中率が明日の予報並みに高い。降水の有無の予報が翌日に変わる可能性はほとんどない。

  B（確度がやや高い予報）：適中率が4日先の予報と同程度。降水の有無の予報が翌日に変わる可能性が低い。

  C（確度がやや低い予報）：適中率が信頼度Bよりも低い、もしくは降水の有無の予報が翌日に変わる可能性が信頼度Bよりも高い。

3-3　週間天気予報の作成法

　明日・明後日は、短期予報（天気予報）と同様に決定論的予報ですが、3日目以降は格子間隔約40km、128層の全球モデルによる51メンバーのアンサンブル予報が行われ、予報には日別信頼度が付加されます。

　アンサンブル予報のばらつきは、平均的には予報期間が先になるほど大きくなり、気候値に近くなる傾向があるため、予報期間が先になるほど、降水ありの日の出現割合が平年値に近づきます。また、アンサンブル予報のばらつきは、平均的には予報期間が先になるほど大きくなりますが、ときにはそのようにならず、7日先のばらつきが6日先のばらつきよりも小さくなることがあります。この場合には、7日先の信頼度のほうが6日先の信頼度より高くなります。

　週間天気予報に大きく影響する気圧配置としては、偏西風型とブロッ

週間天気予報に影響する気圧配置には偏西風型とブロッキング型があり、ブロッキング型では天気の変化が遅く、悪天候になりやすい。

キング型があります。偏西風型は、上層の大気の流れが主に偏西風になっている気圧配置であり、高気圧や低気圧は順調に西から東に移動するので、周期的な天気変化をします。

ブロッキング型は、上層の切り離された高気圧が居座り、西から近づいてくる高気圧や低気圧の移動を阻止（ブロック）するので、天気変化が遅く、悪天候をもたらしやすくなります。

3-4　2週間気温予報

2019年6月19日から、週間天気予報に続く2週間先までの気温の予報を毎日発表することになりました。最近1週間の気温の経過、週間天気予報で発表された気温予報に加え、2週間気温予報が一括で表示され、2週間先にかけての最高・最低気温の推移を一目で把握できます。

2週間気温予報は、熱中症や急激な気温の変化に対する事前の準備に活用できるほか、農業分野における作業計画への活用や高温・低温による被害を軽減するための早めの対策など、経済活動において事業運営に活用できます。また、旅行やイベントなどの準備、季節用品の切り替えのタイミングの判断などに利用できます。

 長期予報

4-1　長期予報の種類

長期予報（法規では季節予報という）として発表されているのは、1か月予報、3か月予報、暖候期予報、寒候期予報の4種類です。予報地域区分は、北日本（北海道地方・東北地方）、東日本（関東甲信地方・北陸地方・東海地方）、西日本（近畿地方・中国地方・四国地方・九州北部地方・九州南部地方）、南西諸島（沖縄地方）の4地域（11予報区）です。

それぞれの発表日と主な予報内容は表：専7・2の通りです。

 ○ ブロッキング型は、偏西風帯から切り離されたブロッキング高気圧が居座って西から近づいてくる高・低気圧の移動を阻止するので、天気の変化が遅くなり、悪天候になりやすい。

長期予報では、日々の天気を予報することは無理なので、気温、降水量、日照時間、降雪量（多雪地帯の12〜2月）が平年からどれだけ偏る

表：専7・2　長期予報の発表日と主な予報内容

種類 （予測法）	予報期間	発表日時	予報要素
1か月予報 （数値予報）	発表日翌々日から1か月	毎週木曜日14時30分	1か月平均気温、第1週・第2週・第3〜4週の平均気温、1か月合計降水量、1か月合計日照時間、日本海側の1か月合計降雪量[注1]
3か月予報 （数値予報、統計的手法）	発表月翌月から3か月」	原則、毎月25日以前の火曜日の14時	3か月平均気温、3か月合計降水量、月ごとの平均気温、月ごとの合計降水量、日本海側の3か月合計降雪量[注2]
暖候期予報 （数値予報、統計的手法）	夏（6〜8月）[注3]	原則、2月25日以前の火曜日の14時	夏の平均気温、夏の合計降水量、梅雨時期（6月〜7月、沖縄・奄美は5月〜6月）の合計降水量
寒候期予報 （数値予報、統計的手法）	冬（12〜2月）[注4]	原則、9月25日以前の火曜日の14時	冬の平均気温、冬の合計降水量、日本海側の冬の合計降雪量

注1：降雪量は、北・東日本では11月15日から3月1日までに発表の予報、西日本では12月1日から2月14日までに発表の予報で予報する。
注2：降雪量は、北日本では10月から1月に発表する予報。東・西日本では11月および12月に発表する予報で予報する。
注3：暖候期予報と同時に発表する3か月予報と合わせて、3月〜8月の天候を予報する。
注4：寒候期予報と同時に発表する3か月予報と合わせて、10月〜2月の天候を予報する。

 Q 平年偏差図において日本の西に気圧の谷（高度負偏差域）がある場合を西谷といい、日本列島には暖湿な南西風が入り、曇りや雨天になりやすい。

かを確率的に予報します。平年値は2021年からの10年間は1991〜2020年の30年間の平年値を基準としています。

「平年より高いまたは多い」「平年並」「平年より低いまたは少ない」の階級がそれぞれ33％、33％、33％の相対出現頻度になるように設定しておき、予報ではそれぞれの階級の出現率を発表します。つまり、平年値の出現率と比較してみることになります（図：専7・4）。

図：専7・4　長期予報の確率表現の例

〈向こう1か月の気温、降水量、日照時間〉

【気温】	20	40	40
【降水量】	30	40	30
【日照時間】	30	40	30

凡例：■低い（少ない）　□平年並み　■高い（多い）

4-2　1か月予報

1か月予報は、全球アンサンブル予報システム（GEPS）で行われています（p.325表：専6・2）。

予報は、1か月の平均気温、降水量、日照時間が3階級の確率で示されます。

予報地域区分は、北日本（日本海側、太平洋側）、東日本（日本海側、太平洋側）、西日本（日本海側、太平洋側）、南西諸島の4地域（7地域）です。

4-3　3か月予報

3か月予報は、季節アンサンブル予報システム（季節EPS）で行われています（p.325表：専6・2）。

3か月予報は、予報期間が長いので、期間の後半は、予報初期の大気の状態（初期条件）よりも、海面水温や陸面の水分、温度、積雪といった境界条件が予報に大きな影響を与えます。3か月予報では、次節で述べる統計的な予報も用います。

4-4　暖候期予報と寒候期予報

　暖候期予報と寒候期予報は、3か月予報と同じアンサンブル予報で行われています。大気中層（500hPa）を中心とした北半球全体の大気の流れと、それに対応する気圧配置の移り変わりを予測するために、次節で述べる統計的な予報を行っています。

5　平均図と偏差図

　平均図は、気圧や基準面高度（850hPa・500hPa・100hPa）の実況値・予報値を特定期間（たとえば、5日、7日、14日、28日、1か月、3か月など）で平均した図です。また、30年間における特定期間の平均した図を平年平均図といいます。そして、特定期間の平均とその平年平均の差が平年偏差（アノマリー）で、その分布図を偏差図といいます。

5-1　偏差図の読み方

　偏差図では、平年に比べて基準面高度が高い（低い）領域が正（負）偏差域です。500hPaでの高度正（負）偏差域は、層厚（シックネス）の関係から中下層で気温が平年より高い（低い）ことに対応しています。500hPaは大気の流れを代表しており、日本の西（東）に気圧の谷（高度負偏差域）がある場合は西谷（東谷）型の流れを示します。したがって、500hPaの平均図と偏差図から次のようなことが読み取れます。

①西谷：暖湿な南西風が入り、曇・雨天になりやすい。

②東谷：冷たい北西風が入り、晴天になりやすいが、冬季は冬型の気圧配置。

③正偏差域：平年に比して高度が高く、気温が高くなる領域。

④負偏差域：平年に比して高度が低く、気温が低くなる領域。

⑤ジェット気流の位置：日本の北にあれば寒気の南下がなく高温で、南にあれば寒気が南下し低温になりやすい。

平年偏差図において、ジェット気流の位置が日本の北にあれば寒気が南下して低温になりやすく、南にあれば寒気の南下がなくて高温になりやすい。

図：専7・5　1月の500hPa平均天気図と平年偏差図

実線は高度、点線は平年差（色域は＋偏差、灰色域は－偏差）
A：寒冬型（1986年）　B：暖冬型（1989年）

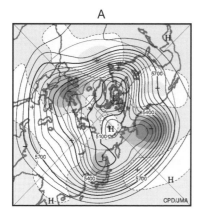
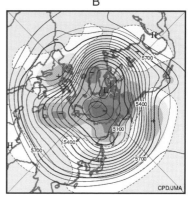

　100hPaの平均図・偏差図では、特に暖候期におけるチベット高気圧の動向をみて、日本付近まで勢力が伸びていれば暑い夏になります。

5-2　寒冬型と暖冬型

　図：専7・5は、1月の500hPa平均天気図と平年偏差図で、A図は1986年の寒冬型、B図は1989年の暖冬型の場合です。

　寒冬型のA図では、シベリアを中心に大陸は概ね正偏差、日本周辺は負偏差で、気温が低く、西高東低の冬型の気圧配置が平年より強くなっています。

　暖冬型のB図では、シベリアを中心に大陸は負偏差、日本周辺は正偏差で、気温が高く、西高東低の気圧配置が平年より弱くなっています。

5-3　冷夏型と暑夏型

　次ページの図：専7・6は、冷夏型と暑夏型における高度場と平年偏差分布です。

　500hPa平均天気図と平年偏差図でみると、**冷夏型**（C図上）は日本

 ✕　平年偏差図において、ジェット気流の位置が日本の北にあれば寒気の南下がなく高温になりやすく、南にあれば寒気が南下して低温になりやすい。

図：専7・6 冷夏型（C）と暑夏型（D）における高度場と平年偏差分布

実線は高度、点線は平年差（白地域は＋偏差、灰色域は－偏差）
C　冷夏型（1993年7月）上：500hPa、下：100hPa
D　暑夏型（1994年8月）上：500hPa、下：100hPa

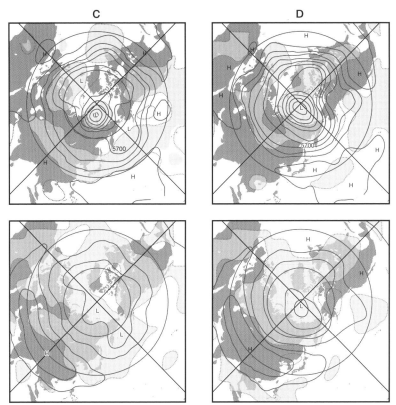

付近に強風帯があり、寒気が日本付近にまで入りやすくなっており、日本周辺は負偏差域になっています。太平洋高気圧の勢力は弱く、日本の南海上に位置しています。

　暑夏型（D図上）は、強風帯が日本の北にあり、寒気が入り込めず、日本周辺は正偏差域になっています。太平洋高気圧は日本付近にまで張り出し、勢力が強くなっています。

Q　寒候期において東西指数が低指数の場合、冬型の気圧配置が強まり、日本海側で雪の日が多く、太平洋側では晴れの日が多い。

　100hPa平均天気図と平年偏差図でみると、冷夏型（C図下）は東谷で寒気が入り、負偏差域となっています。チベット高気圧の東への張り出しが弱く、南に偏っています。

　暑夏型（D図下）はチベット高気圧が東に張り出し、日本付近まで覆っており、広く正偏差域となっています。

> **詳しく知ろう**
>
> **＜日本の夏の天候を支配するチベット高気圧とホーツク海高気圧＞**
> ・**チベット高気圧**：夏にチベット高原付近上空の対流圏上部にできる高気圧。成因は、チベット高原上での強い日射で陸面からの顕熱による大気の加熱やインドモンスーンの対流活動による凝結熱による加熱とチベット高原という大規模な山岳によって励起された偏西風のロスビー波がその地形によって捕捉された定常波である。100hPa（およそ16,800m付近）天気図でみるとその強弱や動向がわかる。チベット高気圧が強まり、日本付近に強く張り出してくると、日本は暑夏となり、張り出しが弱いと冷夏となる。
> ・**オホーツク海高気圧**：主に暖候期に、オホーツク海付近に現れる停滞性の高気圧である。成因は、夏になって急速に暖まってくるユーラシア大陸と、夏でも冷たいオホーツク海の地理的分布と偏西風のブロッキング高気圧とがかかわっている。オホーツク海高気圧が強まり、日本付近に張り出すと、北日本や東日本の太平洋側を中心に北東風が吹き、低温・寡照となる。

5-4　東西指数（ゾーナルインデックス）

　東西指数は、500hPaの偏西風の流れを表す指数で、北緯40度帯と北緯60度帯の高度差（次ページの図：専7・7参照）を示し、以下のような傾向があります。

①高指数：東西流型で平年より西風が強く、寒気が南下しない。

②低指数：南北流型（蛇行流型）で日本付近では気圧の谷が深まり、寒気が南下しやすい。

 ○　東西指数は500hPaの偏西風の流れを表す指数であり、北緯40度と60度の高度差を表している。低指数の場合を南北流型（蛇行流型）、高指数の場合を東西流型という。

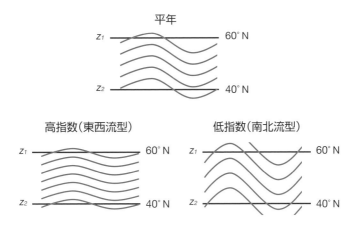

暖候期と寒候期の低指数は、以下のような傾向をもたらします。

①暖候期の低指数：太平洋高気圧が弱いかオホーツク海高気圧が強いので、不順な天候になりやすい。

②寒候期の低指数：寒気が南下し、冬型の気圧配置が強まり、日本海側で雪の日が多く、太平洋側で晴れの日が多い。

5-5　北極振動（AO）

　北極振動（AO：Arctic Oscillation）とは、北極域とそれを取り巻く中緯度帯の間で、気圧がシーソーのように変動する現象をいいます。これまで、異常気象といえば、低緯度でのエルニーニョとの関係が研究の中心でしたが、2000年代に入って、暖冬や寒波の原因として、北極振動が注目されるようになりました。北極振動は、冬季には成層圏にまで及ぶような背の高い構造をしており、極渦の強さと関係しています。日本でも、特に北日本において、冬の気候と北極振動が相関しているといわれています。

　北極付近の気圧が平年より低く（負偏差）、それを取り巻く中緯度帯では高めになっている状態を北極振動指数（AOI）が正といい、偏西風

図：専7・8　北極振動指数が正の時と負の時の偏西風ジェット気流（矢印）
と各地の気温偏差（暖冷）および気圧偏差（高低）の分布実
（田中博「日本の異常気象と北極振動の関係」より、by FRSGC）

左：AOI正（日本は暖冬）　　　　　右：AOI負（日本は寒冬）

by FRSGC

が強くなり、日本は暖冬の傾向になります（図：専7・8左）。逆に、北極付近の気圧が平年より高く（正偏差）、中緯度帯で低めになっている状態を北極振動指数が負といい、偏西風が弱く、寒気が中緯度帯に流入しやすくなり、欧州や日本は寒波に襲われます（図：専7・8右）。なお、南極で発生する同様の気圧変動は「南極振動」と呼ばれています。

5-6　月平均OLR平年偏差図

　OLR（Outgoing Long wave Radiation：外向き長波放射量）は、主に熱帯域の対流活動の強さを表す指標で、値が小さいほど対流活動が活発なことを示します。対流活動が活発で発達した雲ほど雲頂高度が高いので、雲頂温度が低くなり、外向き長波放射量は少なくなります。一方、発達していない雲、あるいは雲のない領域からの長波放射量は温度が高いので、外向き長波放射量は多くなります。

　OLRの平年からの差（平年偏差）がプラス（正偏差）域は、平年に比べてOLRが多く、対流活動が不活発な領域になります。次ページの図：専7・9で、インドシナ半島から南シナ海、フィリピン付近にかけて正

× 降水確率30%とは、その予報区で、その期間内に1mm以上の雨が降る可能性が、100回中30回あるという意味である。

図：専7・9　月平均OLR平年偏差図　（日本が冷夏の例）
実線：平年偏差（10W/m²間隔で、陰影部は負偏差域を示す）

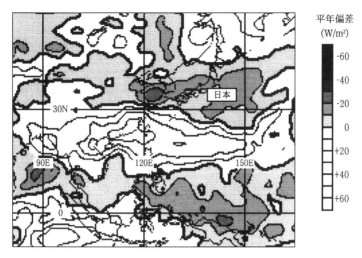

偏差域です。この海域のOLRの平年偏差値（指数）と北日本から東・西日本にかけての夏の気温との間には有意な相関関係が見られ、夏のフィリピン付近が正偏差（負偏差）域で、対流活動が不活発（活発）だと、日本付近は高気圧が弱まり（強まり）、冷夏（暑夏）になりやすいといわれています。

5-7　エルニーニョ現象・ラニーニャ現象

エルニーニョ現象とは、太平洋赤道域の日付変更線付近から南米沿岸にかけて海面水温が平年より高くなり、その状態が1年程度続く現象です（p.181参照）。逆に、同じ海域で海面水温が平年より低い状態が続く現象はラニーニャ現象と呼ばれ、それぞれ数年おきに発生します。エルニーニョ現象やラニーニャ現象が発生すると、日本を含め世界中で異常な天候が起こるといわれています。

エルニーニョ現象が発生すると、西太平洋熱帯域の海面水温が低下し、西太平洋熱帯域で積乱雲の活動が不活発となります。このため日本付近では、夏季は太平洋高気圧の張り出しが弱くなり、気温が低く、日照時

 豆テスト Q　北極付近の気圧が負偏差で、それを取り巻く中緯度帯の気圧が高めのケースを負の北極振動指数としている。

間が少なくなる傾向があります。また、西日本の日本海側では降水量が多くなる傾向があります。冬季は西高東低の気圧配置が弱まり、気温が高くなる傾向があります。

　一方、ラニーニャ現象が発生すると、西太平洋熱帯域の海面水温が上昇し、西太平洋熱帯域で積乱雲の活動が活発となります。このため日本付近では、夏季は太平洋高気圧が北に張り出しやすくなり、気温が高くなる傾向があります。沖縄・奄美では南から湿った気流の影響を受けやすくなり、降水量が多くなる傾向があります。冬季は西高東低の気圧配置が強まり、気温が低くなる傾向があります。

詳しく知ろう

● エルニーニョ現象発生時とラニーニャ現象発生時における対流圏上層の200hPaでの流線関数（大気の流れの中で、各点での瞬間的な風向と風速をもつ速度ベクトルに接する線を流線といい、2次元、非発散の流れで、各流線に沿って一定値をもつ関数）をみると、エルニーニョ現象発生時には、積乱雲の活動が活発な東部太平洋熱帯域に高気圧性循環偏差が、西部太平洋熱帯域に低気圧性循環偏差がみられる。ラニーニャ現象発生時には、積乱雲の活動が不活発な東部太平洋熱帯域に低気圧性循環偏差が、西部太平洋熱帯域に高気圧性循環偏差がみられる。

6 早期天候情報

　2週間気温予報の対象期間において10年に一度程度しか起きないような極端な高温や低温、冬季日本海側地域の極端に多い降雪量が予想される場合に、6日前までに注意を呼びかける情報です。

　6日先から14日先までの期間で、5日間平均気温が「かなり高い」「かなり低い」となる確率が30%以上、または5日間降雪量が「かなり多い」となる確率が30%以上と見込まれる場合に、原則月曜日と木曜日に発表します（本章の「3-4　2週間天気予報」を参照）。

 ✕ 北極付近の気圧が平年よりも低く（負偏差）、それを取り巻く中緯度帯の気圧が高めのケースを正の北極振動指数としている。

Q1 気象庁が発表する週間天気予報について述べた次の文(a)〜
(c)の下線部の正誤の組み合わせとして正しいものを、下記の
①〜⑤の中から一つ選べ。

(a) 週間天気予報では、府県週間天気予報のほか、地方週間天気予報、
全般週間天気予報を毎日発表している。

(b) 府県週間天気予報では、発表日の2日先から7日先までについては、
毎日の最高・最低気温の予報値とともに、適中率がおよそ80%とな
る最高・最低気温のそれぞれの気温の範囲を発表している。

(c) 府県週間天気予報では、発表日の3日先から7日先までについては、
信頼度をA、B、Cの3階級で発表している。

	(a)	(b)	(c)
①	正	正	正
②	正	正	誤
③	正	誤	正
④	誤	正	誤
⑤	誤	正	正

Q2 季節予報に関連する大気の大規模な現象について述べた次の文
(a)〜(d)の正誤について、下記の①〜⑤の中から正しいもの
を一つ選べ。

(a) 500hPa等圧面高度偏差場において、偏差パターンが同心円状で北
極域が平年より高く中緯度域が平年より低いときには、中緯度帯へ
の寒気の流れ込みが弱く日本は暖冬になりやすい。

(b) 500hPa等圧面高度偏差場において、北欧が気圧の谷で西シベリア
(東経90度付近)が気圧の尾根となる超長波スケールの波列状パタ

暗記テスト**Q** 北極振動指数が負の場合は偏西風が強くなり、日本は暖冬となる傾向がある。

ーンが卓越するときには、日本は暖冬になりやすい。

(c) チベット高気圧の日本付近への張り出しが弱いときには、梅雨明けが遅れることや安定した夏型の気圧配置にならないことが多い。

(d) 沿海州やオホーツク海の上空にブロッキング高気圧が現れるときには、地上天気図にオホーツク海高気圧が現れにくく、北日本の太平洋側は太平洋高気圧の勢力下で暑夏になりやすい。

① (a)のみ正しい
② (b)のみ正しい
③ (c)のみ正しい
④ (d)のみ正しい
⑤ すべて誤り

解答と解説

Q1 **解答⑤** **第44回（平成27年度第1回）専門・問11（一部改変）**

(a) 誤り。週間天気予報では、府県週間天気予報のみを毎日発表しています。

(b) 正しい。府県週間天気予報では、発表日の2日先から7日先までについては、毎日の最高・最低気温の予報値とともに、適中率がおよそ80％となる最高・最低気温のそれぞれの気温の範囲を発表しています。

(c) 正しい。府県週間天気予報では、発表日の3日先から7日先までについては、信頼度をA、B、Cの3階級で発表しています。

Q2 **解答③** **第37回（平成23年度第2回）専門・問15**

(a) 誤り。高度偏差場で、北極域が平年より高い正偏差（暖かい）で、日本を含む中緯度帯が平年より低い負偏差（冷たい）のときは、中緯度に冷たい空気が南下しているので、日本は寒冬となります。これを負の北極振動（p.350参照）といいます。

 ✕ 北極振動指数が負の場合は、偏西風が弱くなり、寒波が中緯度帯に流入しやすくなって、欧州や日本は寒波に襲われ、逆に正の場合、日本は暖冬となる傾向がある。

（b）誤り。北欧が気圧の谷、東経90度付近（西シベリア）が気圧の尾根となるようなパターンは、日本付近へ持続的な寒気が南下する寒冬パターンです。

（c）正しい。チベット高気圧の日本付近への張り出しが弱いときは、梅雨明けが遅れたり、不順な夏になったりします。

（d）誤り。沿海州やオホーツク海の上空にブロッキング高気圧が現れるときには、地上天気図にオホーツク海高気圧が現れ、北日本の太平洋側を中心に低温の北東風（やませ）が吹き、冷夏になりやすい。

これだけは必ず覚えよう！

・500hPaの平年偏差図で、高度正（負）偏差域は対流圏中・下層の気温が平年より高い（低い）。

・東西指数が低いと、暖候期は不順な天候になり、寒候期は冬型が強まる。

・一般に、西谷は曇雨天に、東谷は晴天となる傾向がある。

・春・秋に日本の東に気圧の谷があると低気圧の発達や前線の活動が弱くなる。

・梅雨期から盛夏期にかけて日本の北にブロッキング高気圧が現れると、北日本太平洋側に北東風が吹き込み、低温・寡照になりやすい。

・盛夏期に日本付近が正の高偏差域に覆われると、太平洋高気圧の勢力が強まって暑い夏になる。

・北極振動指数が正の冬は偏西風が強くなり、日本は暖冬の傾向となる。

・北極振動指数が負の冬は、偏西風が弱くて寒気が中緯度帯に流入しやすくなり、欧州や日本は寒波に襲われる。

・夏のフィリピン付近のOLRが正偏差（負偏差）域であって対流活動が不活発（活発）だと、日本付近は高気圧が弱まり（強まり）、冷夏（暑夏）になりやすい。

・エルニーニョ現象が発生すると、夏季は太平洋高気圧の張り出しが弱く、気温が低く、日照時間が少なくなる傾向がある。

 OLR（外向き長波放射量）の値が小さいほど、対流活動が活発なことを意味する。

Chapter 8

天気図

出 題 傾 向 と 対 策

◎地上天気図や高層天気図の読み方を問われる。

◎天気図や解析図に記されている気象要素や等値線を解読できるようにする。

 地上天気図

1-1 地上天気図に記されている要素

　地上天気図（ASASは正しくはアジア太平洋地上天気図であるが、単にアジア天気図と称している）は、00UTC（9時）、06UTC（15時）、12UTC（21時）、18UTC（3時）における地上観測値を用いて1日4回作成されています。地上天気図（次ページの図：専8・1）には、等圧線、高気圧、低気圧、前線、熱帯低気圧、台風、そして気象台や船舶などによる観測値が記入されています。

　等圧線は通常、4hPaごとに実線で、20hPaごとに太実線で描かれており、高気圧・低気圧などは表：専8・1に示す記号で、前線は図：専8・2の記号で表示されています。観測値は、国際式天気記号により図：専8・

表：専8・1 高気圧および予備低気圧の種類と最大風速

H	高気圧	
L	低気圧	
TD	熱帯低気圧(Tropical Depression)	風速34kt未満
TS	台風(Tropical Storm)	風速34kt以上48kt未満
STS	台風(Severe Tropical Storm)	風速48kt以上64kt未満
T	台風(Typhoon)	風速64kt以上

 A ○ OLRは、主に熱帯域の対流活動の強さを表す指標である。夏のフィリピン付近の対流活動が不活発だと、日本付近は高気圧が弱まり、冷夏となりやすいとされている。

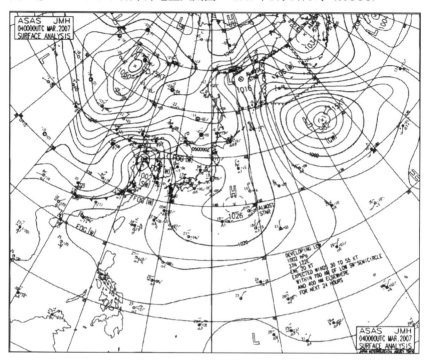

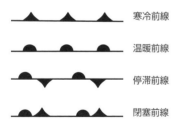

▲▲▲	寒冷前線
●●●	温暖前線
▲●▲●	停滞前線
●▲●▲	閉塞前線

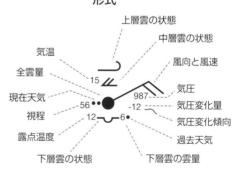

3にみるように各種気象要素が記入されています。

　アジア天気図には、気象庁の担当海域である赤道～北緯60度、東経

豆テスト **Q** 地上天気図の等圧線は、通常、4hPaごとに実線で、20hPaごとに太実線で記入されている。

100〜180度における海上の警報事項（**全般海上警報**）が付加されています。全般海上警報は、表：専8・2の発表基準に従って、基準を満たすか、または24時間以内に基準を満たすと予想される場合に発表されます。

　図：専8・1から、気圧配置や天気分布を知り、高気圧、低気圧、台風などの中心気圧や移動方向・速度、前線の位置を把握し、全般海上警報の発表状況などを確認しておきましょう。

表：専8・2　全般海上警報

表　示	種　類	警　報　基　準
〔W〕	海上風警報 Warning	最大風速28kt以上34kt未満
〔GW〕	海上強風警報 Gale Warning	最大風速34kt以上48kt未満
〔SW〕	海上暴風警報 Storm Warning	低気圧：最大風速48kt以上
		台風：最大風速48kt以上64kt未満
〔TW〕	海上台風警報 Typhoon Warning	台風：最大風速64kt以上
FOG〔W〕	海上濃霧警報 Fog Warning	視程0.3海里（約500m）以下 瀬戸内海では0.5海里（約1km）以下

Chap.
8

天気図

1-2　地上気象観測要素の見方

　図：専8・3の例で、各気象要素についてみてみます。

①気温、露点温度：1℃単位、氷点下には「−」を付します。この例では、気温は15℃、露点温度は12℃です。

②気圧：0.1hPa単位。気圧の10位、1位、0.1位を3桁の数値で表します。この例の987は998.7hPaを意味します。

③気圧変化量：前3時間の変化量を0.1hPa単位で示します。この例では、−12なので、1.2hPa下降したことを示します。

④気圧変化傾向：前3時間に気圧がどう変化したかをその傾向でみます。たとえば「✓」は、下降後に上昇するという意味です。この例では、

 ○ 記述の通り。高気圧は「H」、低気圧は「L」で示される。

「一定後下降」となります。

⑤視程：「00～50」は、0.1km単位で表します（例：35は3.5km）。「56～80」は1km単位で表し、50を引いたものが視程になります（例：66は16km）。「81～89」は5km単位で表し、81は35km、85は55kmです。この例では56なので、6kmとなります。

⑥風向・風速：風向は風が吹いてくる方向で、国際表示法では36方位で示します（p.227の図：専1・2参照）。風速は5kt単位（二捨三入）

図：専8・4 風速の表示

矢羽	風速
	2kt以下
	5kt
	10kt
	50kt

図：専8・5 全雲量、主な現在天気、主な雲形の表示

（a）全雲量（雲量10分量と8分量の対比と全雲量の場合の記号）

雲量(10分量)	なし	1以下	2～3	4	5	6	7~8	9~10ですきまあり	10すきまなし	天空不明	観測しない
雲量(8分量)	なし	1以下	2	3	4	5	6	7	8	同上	同上
記号	○	◐	◕	◔	◑	◒	●	◓	●	⊗	⊜

（b）主な現在天気

| 煙 | 煙霧 | ちり煙霧(黄砂) | 砂(黄砂)あらし | もや | 霧 | 霧雨 | 雨 | 雪 | ひょう | 雷電 | 地ふぶき |

（c）主な雲形

| 巻雲 | 巻層雲 | 巻積雲 | 高層雲 | 高積雲 | 層積雲 | 乱層雲 | 積雲 | 雄大積雲 | 積乱雲 | 積雲↓断片層雲↑断片 | 層雲↑断片 | 層雲 |

| 上層雲 | 中層雲 | 下層雲 |

一問一答
Q 国際式の天気図での風速はノットで記入するが、アメダス観測による実況図での風速はm/sで記入する。

で示し、風速記号は矢羽の組み合わせで示します（図：専8・4参照）。図：専8・3の例では、東北東20ktになります。

⑦全雲量・主な現在天気・主な雲形：図：専8・5（a）、（b）、（c）に示します。図：専8・3の例では、全雲量は8分雲量では8ですが、通常、読み取りは10分雲量なので10となります。現在天気は「‥」で連続した弱い雨、雲形は上層雲が巻雲で中層雲は乱層雲、下層雲は層積雲です。下層雲の雲量も図：専8・5（a）と同じで、6（8分雲量で）なので、10分雲量に換算すると、7～8になります。過去天気は「・」で雨です。

1-3 地上実況図

地上実況図は、日本国内の気象台、測候所、特別地域気象観測所（無人気象観測所）の観測値を記入した図で、観測値の記入形式は国際式と同じです。地点の〇印を△で囲んだ地点は、特別地域気象観測所なので、雲に関する要素は記入されていません。

1-4 アメダス天気図

アメダスでは、風向・風速、気温、降水量、日照時間、積雪量が観測されており、このうち任意の観測要素が記入されます。風速の表示が国際式と異なり、m/s単位で記入され、短矢羽は1m/s、長矢羽は2m/s、旗矢羽は10m/sなので、風速を読むときは注意する必要があります。

1-5 地上予想天気図

1日に2回、9時、21時を初期時刻として、それぞれ24時間後と48時間後を対象として作成されます。

24時間後の予想天気図には、気象庁の担当海域に予想される海氷域、船体着氷域、強風域および霧域が表示されますが、48時間後の予想天気図には、海氷域、船体着氷域および強風域は表示されますが、霧域は表示されません。

○ 記述の通り。ノット（kt）では旗矢羽が50ノット、長矢羽が10ノット、短矢羽が5ノットであり、m/sでは旗矢羽が10m/s、長矢羽が2m/s、短矢羽が1m/sである。

2 高層天気図

2-1 高層天気図の種類

　大気は立体構造をしているので、地上だけでなく、高層の大気の状態がわからないと気象状況をみることはできません。高層気象観測をもとに特定等圧面での気象状態を示した図が**高層天気図**です。

　天気予報に通常用いられる高層天気図での特定等圧面は、850hPa、700hPa、500hPa、300hPaです。各高層天気図の主な内容を表：専8・3に、図：専8・6（a）に850hPa天気図、図：専8・6（b）に500hPa天気図の例を示します。

　高層天気図は、00UTC（日本時間9時）と12UTC（21時）の1日2回作成され、<u>等高度線、等温線</u>のほか、観測点における<u>気温、湿数（気温－露点温度）、風向・風速</u>などの観測データが記入されています。

表：専8・3　高層天気図の種類と内容

指定等圧面*	表示気象要素	等値線 （等値線の間隔）	網掛け域等	主な解析
850hPa 天気図	風向・風速 気温、湿数	等高度線（60m） 等温線**	湿数≦3℃	前線、温度移流、湿潤域の解析
700hPa 天気図	風向・風速 気温、湿数	等高度線（60m） 等温線**	湿数≦3℃	温度移流、湿潤域の解析
500hPa 天気図	風向・風速 気温、湿数	等高度線（60m） 等温線**		トラフ・リッジ、上層寒気の解析
300hPa 天気図	風向・風速 気温	等高度線（120m） 等風速線（20kt）	気温を数字列で表示	強風軸（ジェット気流）の解析

*　指定等圧面での基準等高度線は、850hPaで1500m、700hPaで3000m、500hPaで5400m、300hPaで9000m。

**　等温線の間隔は、暖候期：3℃、寒候期：6℃。

　国際式天気図で気圧が「012」と記されていれば1012hPaを意味する。

図：専8・6(a)　850hPa高層天気図　2007年3月4日9時（00UTC）

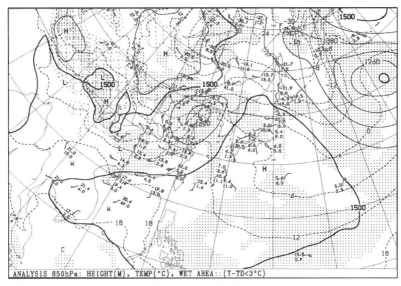

実線：等高度線（m）、破線：等温線（℃）、網掛け域：T − T_D ≦ 3℃

図：専8・6(b)　500hPa高層天気図　2007年3月4日9時（00UTC）

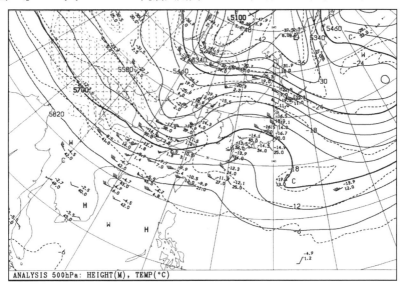

実線：等高度線（m）、破線：等温線（℃）

国際式天気図では、気圧は十位から小数点第一位までの3つの桁を記入するので、012は1001.2hPaを意味する。

2-2　解析図の読み方

　観測データをもとに計算・算出される渦度、鉛直p速度などの物理量を解析したものが解析図です。解析図の種類と内容を表：専8・4に、500hPa高度・渦度解析図を次ページの図：専8・7（上）に、850hPa気温・風、700hPa鉛直p速度解析図を図：専8・7（下）に例示します。

　地上天気図も含め、各等圧面の高層天気図や解析図から大気の構造を立体的に把握でき、低気圧・高気圧などの気象現象を捉えることができます。これらに次節で説明する予想図を加えた時系列的変化から、低気圧・高気圧などの今後の発達・衰弱を知り、気象現象の推移・変化を見ることができます。

表：専8・4　解析図の種類と内容

解析図	内　　容
500hPa高度・渦度	500hPa高度〔m〕、渦度〔10^{-6}/s〕、網掛け域：正渦度域
850hPa気温・風 700hPa鉛直p速度	850hPa気温〔℃〕、風向・風速〔kt〕 700hPa 鉛直p速度〔hPa/h〕、網掛け域：負鉛直p速度域で上昇域

2-3　高層天気図の観測データの記入形式

　高層天気図における観測データの記入形式の例を図：専8・8に示します。風向・風速の表示は地上天気図の場合と同じです（図：専8・3、図：専8・4参照）。気温、湿数が表示されているので、これから「露点温度＝気温－湿数」を求めることができます。この例では、露点温度＝－10.5－12.0＝－22.5となります。

図：専8・8　高層天気図の観測データの記入例

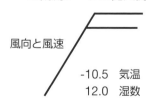

風向と風速

-10.5　気温
12.0　湿数

Ｑ　天気図の風向風速は、地点円を風上とし、風下側に風速記号で記入する。

図：専8・7 （上）**500hPa高度・渦度解析図**、（下）**850hPa気温・風、700hPa鉛直ｐ速度解析図** 2007年3月4日9時 （00UTC）

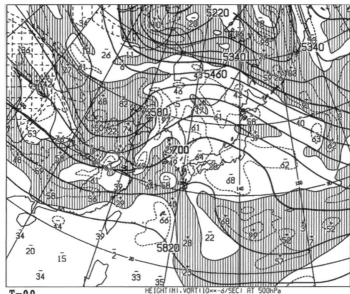

HEIGHT(M).VORT(10××-6/SEC) AT 500hPa

T=00

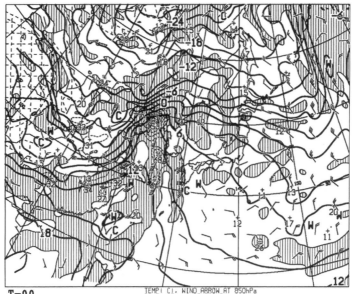

TEMP(C). WIND ARROW AT 850hPa
P-VEL(hPa/HI AT 700hPa

T=00

A ✕ 風向は、地点円を風下として風上（風が吹いて来る方向）に向かって線を引出し、風速を矢羽で記入する。

数値予報の結果を天気図形式で示した図が**数値予報予想図**で、00UTCと12UTCを初期時刻とし、1日2回作成されます。天気予報に利用される予想図の種類と内容を表：専8・5に示します。

図：専8・9は2007年3月4日9時（00UTC）を初期時刻とする24時間予想図です。図：専8・9（a）の（上）は500hPa高度・渦度24時間予想図、（下）は地上気圧・降水量・風24時間予想図、p.368の図：専8・9（b）の（上）は500hPa気温、700hPa湿数24時間予想図、（下）は850hPa気温・風、700hPa鉛直p速度24時間予想図です。

図：専8・1の2007年3月4日9時（図：専8・9の初期時刻）の地上天気図で山東半島にあった1002hPaの低気圧が、図：専8・9（a）（下）の24時間後には日本海北部に移動し、中心気圧が988hPaに発達すると予想されています。

このような発達を、500hPaの気圧の谷の深まり、500hPaと地上の渦軸の傾き、850hPaでの暖気移流と寒気移流、700hPaの上昇流・下降流と850hPaの暖気と寒気の関係、700hPaの湿潤域、乾燥域の分布などから、大気構造を立体的にとらえることで読み取ることができます。

表：専8・5　数値予報予想図の種類と内容

予想天気図	内　　容
極東500hPa高度・渦度予想図*	500hPa高度〔m〕、渦度〔10^{-6}/s〕、網掛け域：正渦度域
極東地上降水量・風予想図	地上気圧〔hPa〕、前12時間降水量〔mm〕、地上風向・風速〔kt〕
極東500hPa気温、700hPa湿数予想図	500hPa気温〔℃〕、700hPa湿数〔℃〕、網掛け域：湿数≦3℃
極東850hPa気温・風、700hPa鉛直p速度予想図	850hPa気温〔℃〕、風向・風速〔kt〕、700hPa鉛直p速度〔hPa/h〕、網掛け域：上昇流域
日本850hPa風・相当温位予想図	850hPa相当温位〔K〕、風向・風速〔kt〕

*予想図には、12時間、24時間、36時間、48時間、72時間予想図がある。

 300hPa高層天気図には、等高度線と等風速線が等値線で記され、等温線が数字列で記されている。

図：専8・9（a） 数値予報予想図　　初期時刻：2007年3月4日9時（00UTC）
（上）**500hPa高度・渦度24時間予想図**
（下）**地上気圧・降水量・風24時間予想図**

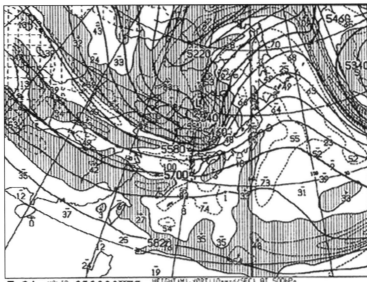

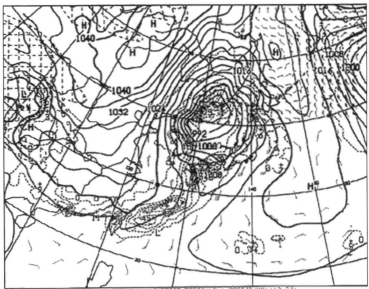

 ○ 300hPa天気図はジェット気流の解析に適しており、等高度線は実線で、等風速線は破線
で記されている。等温線は数字列で記されている。

図：専8・9（b）　数値予報予想図　初期時刻：2007年3月4日9時（00UTC）
（上）500hPa気温、700hPa湿数24時間予想図
（下）850hPa気温・風、700hP鉛直p速度24時間予想

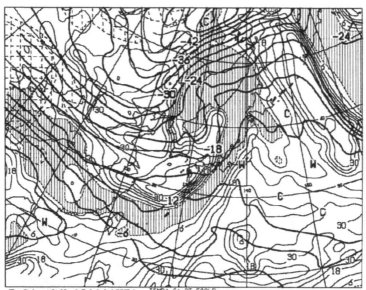

T=24　VALID 050000UTC　TEMP（C）AT 500hPa
T-TD（C）AT 700hPa

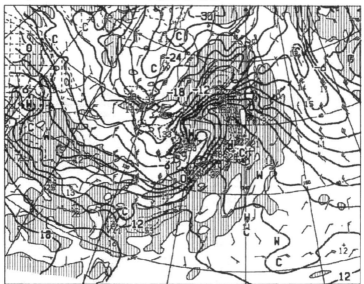

T=24　VALID 050000UTC　TEMP（C）WIND ARROW AT 850hPa
P-VEL（C）AT 700hPa

500hPa天気図は、地上低気圧の発達を判断するのに使われる。

理解度 check テスト

Q1 図1は地上天気図、図2は500hPa天気図、図3は850hPa天気図であり、いずれも4日9時（00UTC）のものである。これらを用いて日本付近の気象の概況について述べた次の文章の空欄（①）～（⑫）に入る適切な語句または数値を記入せよ。

　地上天気図によれば、日本海北部には中心気圧（①）hPaの低気圧があって北東に（②）ノットで進んでおり、低気圧の中心から（③）前線が東にのびている。また、（④）前線が南西にのびて東シナ海から（⑤）前線となって華中に達している。この低気圧に対して（⑥）警報が発表されており、海上の風速が既に34ノット以上48ノット未満になっているか、または24時間以内にその状態になると予想されている。また、日本海、黄海、東シナ海および日本の東の海上など広い範囲に（⑦）警報が発表されている。

Chap.
8
天気図

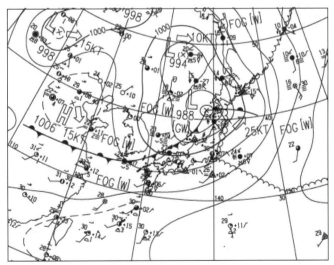

図1　地上天気図　XX年7月4日9時（00UTC）
　　実線：気圧(hPa)
　　矢羽：風向・風速(ノット)(短矢羽：5ノット，長矢羽：10ノット，旗矢羽：50ノット)

 ○ 記述の通り。500hPa面は大気の平均構造を代表する層であり、500hPa天気図は、じょう乱の発達や移動の解析、寒気の動向を見るのに用いられる。

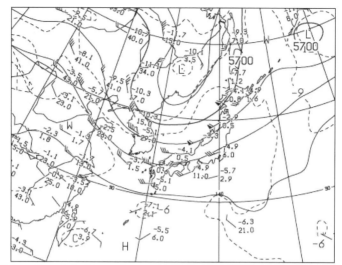

図2　500hPa天気図　XX年7月4日9時（00UTC）
実線：高度(m)，破線：気温(℃)
矢羽：風向・風速(ノット)(短矢羽：5ノット，長矢羽：10ノット，旗矢羽：50ノット)

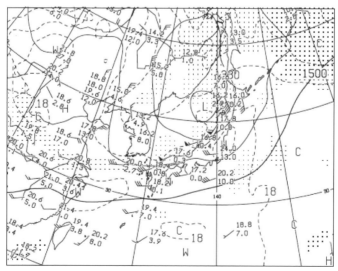

図3　850hPa天気図　XX年7月4日9時（00UTC）
実線：高度(m)，破線：気温(℃)(網掛け域：湿数≦3℃)
矢羽：風向・風速(ノット)(短矢羽：5ノット，長矢羽：10ノット，旗矢羽：50ノット)

 700hPa天気図には、中層の雲域に対応している湿数≦3℃の領域が網掛けで示され、さらに鉛直p速度ωが記されている。

　高層天気図によれば、500hPaでは地上の低気圧の北西側にあたる沿海州から南西にのびる深い（⑧）がある。850hPaでは日本付近の前線は18℃の等温線に対応している。日本付近の等温線の間隔は広く、前線をはさむ気温差は（⑨）。華中から東シナ海にかけては気温が20℃以上となっており、東シナ海や九州では西よりの風が吹いて（⑩）移流場になっている。本州の日本海沿岸では最大（⑪）ノットの南西または西南西の風が吹いており、西日本や北陸地方および東北地方の日本海側では（⑫）が1℃以下と湿っている。

 図1は地上天気図、図2は500hPa天気図、図3は850hPa天気図で、いずれも22日9時（00UTC）のものである。これらを用いて次の文章の空欄（①）〜（⑩）に入る適切な語句または数値を答えよ。

　地上天気図によると、朝鮮半島西岸に1008hPaの低気圧があり東南東に（①）ノットで進んでいる。この低気圧に対して（②）警報が発表されている。低気圧の中心から東に温暖前線が、南西に（③）がのびている。500hPa天気図ではこの低気圧に対応するトラフの西側では等高度線は等温線と交差しており、明瞭な（④）が見られる。地上天気図では、この低気圧とは別に、華南から東シナ海まで（⑤）がのびている。

　一方、オホーツク海南部には1026hPaの高気圧があって、（⑥）に20ノットで進んでいる。この高気圧に対応して850hPa面では（⑦）℃の等温線で表される寒気がある。また日本の東海上には1026hPaの別の高気圧があって、日本の南海上に張り出している。この高気圧の中心付近の船舶の観測データを見ると、（⑧）時間で気圧が（⑨）hPa上昇しており、高気圧は勢力を強めている。

　オホーツク海、日本海、黄海および東シナ海には（⑩）警報が発表されている。

 ✕　700hPa天気図には、850hPa天気図と同様に中層の雲域に対応している湿数≦3℃の領域が網掛けで示されているが、鉛直p速度が示されているのは700hPaの高層解析図である。

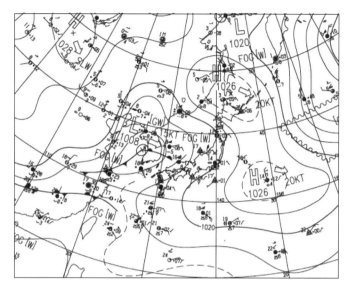

図1　地上天気図　　　　　　　　　　XX年4月22日9時（00UTC）
　　実線：気圧(hPa)
　　矢羽：風向・風速(ノット)(短矢羽：5ノット，長矢羽：10ノット，旗矢羽：50ノット)

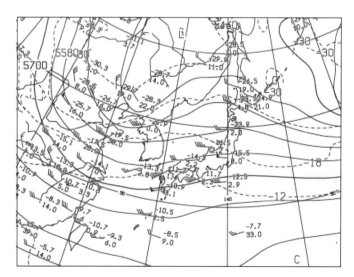

図2　500hPa天気図　　　　　　　　　XX年4月22日9時（00UTC）
　　実線：高度(m)，破線：気温(℃)
　　矢羽：風向・風速(ノット)(短矢羽：5ノット，長矢羽：10ノット，旗矢羽：50ノット)

 850hPa天気図は、前線解析や温度移流、湿数の解析に用いられる。

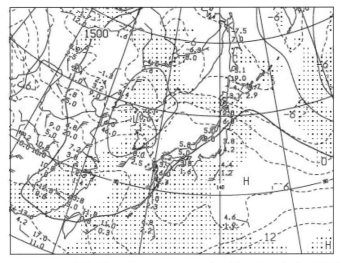

図3 850hPa天気図　　　　　　　　XX年4月22日9時（00UTC）

実線：高度（m），破線：気温（℃）〔網掛け域：湿気≦3℃〕
矢羽：風向・風速（ノット）〔短矢羽：5ノット，長矢羽：10ノット，旗矢羽：50ノット〕

解答例と解説

Q1 **第38回（平成24年度第1回）実技1・問1**

〔解答例〕①988　②25　③温暖　④寒冷　⑤停滞　⑥海上強風

　⑦海上濃霧　⑧トラフ　⑨小さい　⑩暖気　⑪60　⑫湿数

〔解　説〕②移動方向は16方位で表わす。③④温暖前線は南東（東南東、
　東）にのび、寒冷前線は南西にのびる。⑤寒冷前線は東シナ海では停
　滞前線となっている。⑥〔GW〕は海上強風警報。⑦FOG〔W〕は
　海上濃霧警報。⑧発達中の低気圧に対して上層（500hPa）の気圧の
　谷（トラフ）は北西方にある。⑨一般には、前線に対応する850hPa
　での等温線は集中しているが、この場合は、等温線の間隔が広く、前
　線をはさむ気温差は小さい。⑩暖かい西よりの風が吹いて暖気が流入
　している。⑪秋田では、旗矢羽（50ノット）と長矢羽（10ノット）1
　本で60ノットの南西風が吹いている。⑫気温－露点温度、すなわち
　湿数が1℃以下。

豆テスト **A** ○　記述の通り。大気下層を代表する層である850hPa天気図は、前線解析、暖気移流・寒気
移流、水蒸気移流、さらには大雨域の予想などに用いられる。

〔解答例〕①15　②海上強風　③寒冷前線　④寒気移流　⑤停滞前線
　⑥南東　⑦−6　⑧3　⑨1.2　⑩海上濃霧

〔解　説〕①移動速度は通常ノットで表す。②〔GW〕は海上強風警報。
　③寒冷前線は南西に、温暖前線は南東（東南東、東）にのびる。④等
　高度線が北西から南東方向に等温線を横切っていることから寒気移
　流。⑥移動方向は16方位で表わす。⑦−6℃で示す寒気Cがある。
　⑧⑨＋12は、3時間に1.2hPa上昇している。⑩FOG〔W〕は海上濃
　霧警報。

これだけは必ず覚えよう！

・500hPa渦度解析図の網掛け域は、渦度が正（北半球では反時計回り）
　であることを示す。
・700hPa鉛直流解析図の網掛け域は上昇流域を示す。
・700hPa湿数解析図の網掛け域は湿数≦3℃を示す。

---

column

天気図を読むコツ

　天気図をみる際には、高気圧、低気圧、前線などの位置を、海域、
地域、河川や緯度・経度から知ることができます。
・東経：中国大陸の東岸（120°E）、福岡、鹿児島の西（130°E）、秋田、
　東京付近（140°E）
・北緯：鹿児島の南（30°N）、秋田（40°N）、サハリン中央（50°N）
・海域：ボッ海、黄海、東シナ海、日本海、オホーツク海、四国沖、
　関東東海上、関東南東海上、三陸沖、千島近海など
・日本周辺の地域：中国東北部（区）、華北、華中、華南、台湾、朝鮮
　半島、山東半島、遼東半島、千島列島、サハリン、ルソン島、ミン
　ダナオ島
・主な河川：アムール河、黄河、長江

 高層天気図に気温と湿数の観測データが「−22.3」「12.0」と記されている場合には、露点温
度は-34.3℃である。

Chapter 9

気圧配置

出題傾向と対策

◎専門知識で出題されるが頻度は高くない。
◎気圧配置による天気の特徴をつかめるようにする。

1 気圧配置と天気

　地上天気図をみると、季節に応じて高気圧・低気圧・前線などの分布状態に特徴的な気圧配置がみられ、気圧配置からおおよその天気状況を知ることができます。ここでは日本列島とその周辺の典型的な気圧配置についてみてみます。

1-1 西高東低型

　西高東低型は、日本の西の大陸に高気圧があり、東の海上に低気圧がある気圧配置で、冬に現れることから**冬型の気圧配置**ともいわれます。大陸の高気圧は寒冷で乾燥したシベリア気団からなる背の低い高気圧です。高気圧の気圧が高く、低気圧の気圧が低いほど気圧傾度が大きく、等圧線の間隔が狭くなり、風は強くなります。

　大陸から吹き出す寒冷・乾燥空気は、冬の季節風となって対馬暖流による暖かい日本海を吹き渡る間に海面から顕熱と水蒸気を供給されて気団変質し、下層が暖かい湿った空気となります。これにより大気が不安定となって対流が活発化し、積雲や積乱雲が発生・発達して日本海側で雪を降らせます。

　季節風が脊梁山脈を越えると、下降気流となるので雲は消散し、太平洋側は晴れて乾燥します。降雪の量や期間は、寒気の強さや持続期間によって左右されます。

 A ◯ 高層天気図には、観測データとして風向・風速と気温、湿数が記されている。露点温度は「露点温度＝気温－湿数」で求められる。

図：専9・1 西高東低型

（a）山雪型 2005年2月11日 　　　 （b）里雪型 2004年2月5日

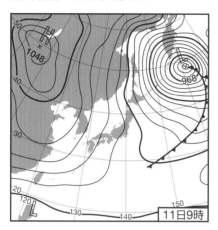 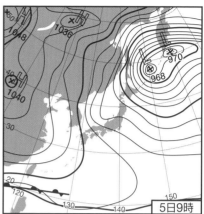

冬型の気圧配置には2つのタイプがあります。

500hPaの気圧の谷が、日本列島の東～日本付近にある東谷～日本谷の場合は、地上天気図では等圧線がほぼ南北に走る縦縞模様となって強い北西の季節風が吹くようになり、降雪は山間部に多くなります。これを山雪型（図：専9・1（a））といいます。

一方、500hPaの気圧の谷が日本付近～日本の西にある日本谷～西谷の場合は、地上天気図では等圧線の間隔が広く「袋型」（ときには低気圧が存在）となり、降雪は平野部に多くなります。これを里雪型（図：専9・1（b））といいます。

1-2 南高北低型

南高北低型（図：専9・2）は、日本の南または南東海上に高気圧の中心があり、北日本を低気圧が通過する気圧配置で、夏に多く現れます。

夏の場合、高気圧は小笠原気団からなる高温多湿な背の高い太平洋高気圧であり、蒸し暑い晴天をもたらします。

盛夏が持続する場合は、朝鮮半島が鯨の尾っぽ状の高圧部となるケー

 冬季、500hPaの気圧の谷が東谷の場合、地上天気図では等圧線がほぼ南北に走る縦縞模様となり、日本海側の地方では里雪となる。

図：専9・2　南高北低型
2002年8月6日

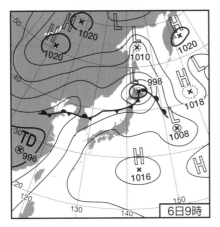

図：専9・3　南岸低気圧型
2005年2月24日

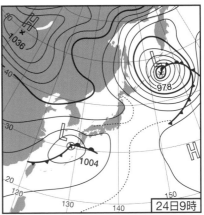

スで、これを「鯨の尾型」と呼んでいます。

　春や秋の場合は移動性高気圧（p.381参照）が日本の南海上を通ります。

1-3　南岸低気圧型

　南岸低気圧型（図：専9・3）は、太平洋高気圧にすっぽり覆われる真夏や、冬型の気圧配置の場合以外にみられ、主に東シナ海南部で発生した低気圧が日本列島の南岸沿いを東北東～北東へ進み、太平洋側の地方を中心に降雨をもたらします。冬季～春先には太平洋側で降雪をもたらすことがあり、関東地方南部の大雪はこの型の気圧配置のときです。

1-4　日本海低気圧型

　日本海低気圧型（次ページの図：専9・4）は、黄海や東シナ海北部で発生した低気圧が日本海を北東進するタイプで、発達した場合、日本列島は大荒れの天気となることがあります。冬季には日本の東海上で発達しますが、立春後に現れて日本海で急発達して西日本や東日本で強風

豆テスト
A　✕　東谷の場合は地上天気図の等圧線が縦縞模様となって強い北西風が吹き、日本海側の地方では山雪となる。里雪になるのは西谷の場合であり、地上天気図の等圧線は袋状となる。

図：専9・4　日本海低気圧型
2004年2月22日

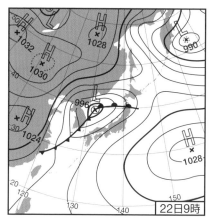

22日9時

図：専9・5　二つ玉低気圧型
2004年2月2日

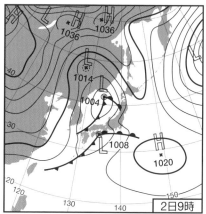

2日9時

をもたらす**春一番**や**春二番**、5月に風雨をもたらす**メイストーム**などは日本海低気圧の代表例です。

　低気圧に向かって南よりの強い風が吹き込み、日本海側の地方では、脊梁山脈による**フェーン現象**が生じ、気温の上昇、湿度の低下、強風などがもたらされます。春先には山岳部で融雪、洪水、なだれなどの雪害をもたらすことがあります。また、寒冷前線通過時には、強風、突風、雷雨、風や気温の急変などで、海難事故や山岳遭難の発生などをひき起こすことがあります。

1-5　二つ玉低気圧型

　二つ玉低気圧型（図：専9・5）は、低気圧が日本列島をはさんで日本海と南岸沿いを北東進するタイプで、西日本から東日本・北日本の広い範囲に悪天をもたらし、発達すると大荒れの天気をもたらします。2つの低気圧は、日本の東海上に出ると一緒になり、しばしばさらに発達します。

豆テスト **Q** 冬から春先に関東地方南部に大雪をもたらすのは、南岸低気圧型の気圧配置である。

1-6　北高型

　北高型（図：専9・6）は、大陸の高気圧が北日本に張り出している場合や、高気圧の中心位置が北方（おおよそ北緯38度以北）に偏っている気圧配置で、等圧線は東西に走っています。本州の南岸沿いに前線が停滞している場合もあり、高気圧の東～南東側の縁辺の下層では北東風が吹くことから、北東気流型と呼ぶこともあります。特に東北や関東地方では、北東風によって冷たく湿った気流が流入し、気温が低く、曇天で弱い降水をもたらすこともあります。

1-7　梅雨型

　梅雨型（図：専9・7）は梅雨期に見られる気圧配置で、太平洋高気圧とオホーツク海高気圧、または日本海北部や黄海にある高気圧との間に位置する梅雨前線が日本付近に停滞し（つまり梅雨前線は停滞前線です）、西日本・東日本で曇・雨天をもたらします。東北地方では、オホーツク海高気圧から（オホーツク海気団の）冷涼・湿潤な北東風（「やませ」

Chap.
9
気圧配置

図：専9・6　北高型
2004年4月13日

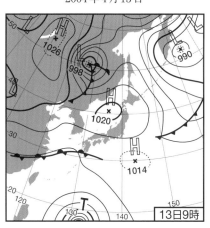

図：専9・7　梅雨型
2004年6月25日

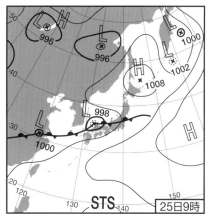

A ○　記述の通り。南岸低気圧は、主に東シナ海で発生し、日本列島の南岸沿いを東北東～北東へ進み、寒気の流入が強い太平洋側に降雪をもたらす。

という）が吹き続けると、農作物が冷害を受けるおそれがあります。

　梅雨前線の南側では、東南アジア方面から流入する温暖湿潤な気流と太平洋高気圧から（小笠原気団の）暖湿で相当温位の高い気流となっています。一方、梅雨前線の北側では、比較的乾燥しています（特に大陸では）。したがって、梅雨前線は通常の停滞前線と異なり、水平の温度傾度が小さく（特に大陸から西日本にかけて）、水蒸気の傾度が大きいことから、相当温位の傾度が大きいことが特徴であり、相当温位傾度の大きいところの南縁に沿っています。

　梅雨前線の南側の下層の高温多湿の気流が、南西の強風（下層ジェットという）とともに舌状（湿舌という）に流入するところでは対流活動が活発となって**クラウドクラスター**（積乱雲群）が形成され、西日本を中心に集中豪雨となることがあります。このような集中豪雨は、梅雨前線の活動が活発となる梅雨の後期によくみられます。

　梅雨前線は、小（積雲・積乱雲）・中（クラウドクラスター）・中間（小低気圧）・大（大規模な気圧の谷）の各種スケールの大気現象が相互作用を及ぼしあって前線を強化・維持している複合現象です。梅雨期は梅雨前線が主役ですが、その梅雨前線の動向を支配しているのは、オホーツク海高気圧と太平洋高気圧です。

　このオホーツク海高気圧は、オホーツク海気団よりなる寒冷・湿潤な非常に背の高い高気圧で、上層の気圧の尾根に結びついており、しばしば切離された高気圧、すなわち**ブロッキング高気圧**となって停滞します。この高気圧は偏西風帯のジェット気流が蛇行して南北に大きく分流したもので、この状態が1週間以上続くことがあります。

1-8　秋霖型

　夏の高気圧が南に後退して北の高気圧が次第に勢力を拡大し、夏の間北上していた前線が南下して9月上旬〜10月上旬頃に日本付近に停滞するのが秋雨前線（図：専9・8）です。この秋雨前線によってもたらされる長雨を秋霖といいます。

380

 立春後に日本海で急発達して西日本や東日本に春一番をもたらすのは、日本海低気圧型の気圧配置である。

図：専9・8　秋霖型
2004年9月2日

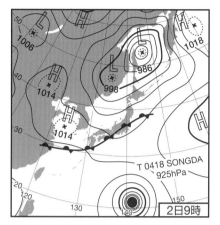

図：専9・9　移動性高気圧型
2003年11月14日

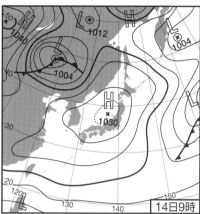

　秋霖は、西日本より東日本で明瞭です。秋雨前線は梅雨前線ほど顕著でないとはいえ、台風が接近すると前線の活動が活発化して大雨をもたらすことがあります。

1-9　移動性高気圧のパターン

　移動性高気圧（図：専9・9）は、大陸の高気圧とその後面の低気圧とが交互に西から東へ移動してくる、春秋に多いタイプです。高気圧の前面（東側）では北から冷たく乾燥した空気が入り、風が弱く晴天になります。夜間の放射冷却が加わると、明け方に気温が下がり、霜が降りることがあります。

　早霜（はや霜、10〜11月）、晩霜（おそ霜、4〜5月）は移動性高気圧によるもので、農作物に被害をもたらすことがあります。

　高気圧の後面（西側）では南風が吹いて暖かく、次第に雲が広がり、低気圧の接近に伴って曇・雨天になります。

豆テスト **A** ○　日本海低気圧型の気圧配置は、東シナ海北部や黄海で発生した低気圧が日本海を北上するパターンであり、春一番のほか、日本海側のフェーン現象やメイストームの原因となる。

1-10 台　風

　夏から秋にかけて太平洋高気圧の勢力が南東に後退し、大陸の高気圧の勢力が南東に広がると、日本付近は2つの高気圧の谷間となり、台風がこの気圧の谷間を北上して日本に上陸することが多くなります。

　一般に、台風は対流圏中層の流れに乗って移動するので、500hPaの太平洋高気圧の勢力・動向に支配されます。

　台風は暴風・大雨・高潮・高波などによる甚大な気象災害を及ぼす日本では最も重要な気象現象です。

図：専9・10　台風　　　　　　　　図：専9・11　寒冷低気圧（500hPa）
　　2004年8月29日　　　　　　　　　　　2004年6月29日

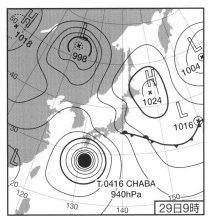
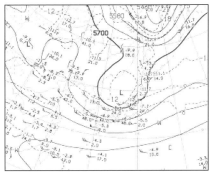

1-11 寒冷低気圧

　寒冷低気圧は、対流圏中・上層の偏西風の蛇行が大きくなり、気圧の谷の部分が偏西風帯から切り離されて形成される寒冷な切離低気圧で、寒冷渦とも呼ばれます（図：専9・11）。対流圏の上層や中層では気圧が低くなっていますが、地上では低気圧として明瞭には認められない場合がほとんどです。寒冷低気圧は季節に関係なく見られ、冬季には日本

 北高型の気圧配置の場合は、高気圧の東～南東側の縁辺の下層で北東風が吹くので、北東気流型ともいわれる。

海側の豪雪、梅雨期や夏の集中豪雨、5月を中心に4～6月に多い雷を伴う降ひょうなどの激しい現象をしばしばもたらします。日本付近に南下してくる寒冷低気圧の中心の南東側から東側にかけては、大気の成層状態が不安定となり、強雨や落雷、降ひょうなどの現象が発生しやすくなります。

2　高気圧

日本付近に四季に応じて現れる代表的な高気圧をまとめておきます。

2-1　シベリア高気圧

　冬にシベリア地方で形成される**シベリア高気圧**は、大陸の冷却で生じた冷たくて乾燥した**大陸性寒帯気団**や北極海方面から南下した寒気団が、チベット・ヒマラヤ山塊でせき止められて停滞したもので、背が低い大気下層に現れる寒冷高気圧です。この高気圧は地上や850hPa天気図では明瞭ですが、700hPa天気図では不明瞭となり、500hPa天気図にはみられません。

　シベリア高気圧から吹き出す風が日本の冬を支配する北西季節風であり、日本海側で降雪を、太平洋側では晴天をもたらします。

2-2　移動性高気圧

　春秋に日本付近を通過する**移動性高気圧**は、上層の気圧の尾根に対応して西から東に移動します。

　気圧の尾根の前面にあたる高気圧の東側では、下降流が卓越して晴天となりますが、尾根の後面にあたる高気圧の西側では、上昇流の場となり、上層雲、中層雲が次第に広がってきます。

2-3　オホーツク海高気圧

　梅雨期に現れる**オホーツク海高気圧**は、500hPaで東シベリア付近に

○　北高型の気圧配置は、大陸の高気圧が北日本に張り出すか、高気圧の中心が北に偏っているパターンで北東気流型ともいわれ、東北や関東地方に冷たくて湿った気流が流入する。

ブロッキング高気圧を形成することが多く、中上層では暖かいのですが、オホーツク海で冷やされた空気が大気下層に蓄積されているため、下層は寒冷・湿潤（**海洋性寒帯気団**）です。

　北日本や東日本の太平洋側を中心に冷たくて湿った北東の風（**やませ**と呼ばれる）が流れ込み、低温・寡照をもたらします。オホーツク海高気圧は停滞性の高気圧で、長期間持続すると、東北地方では冷害が発生するおそれがあります。

2-4　太平洋高気圧

　夏に顕著にみられる<u>太平洋高気圧</u>は、熱帯域のハドレー循環の下降流域にあたるところに<u>生じる背の高い高気圧</u>です。高温・多湿の**海洋性熱帯気団**である小笠原気団よりなるので、太平洋高気圧の圏内では、蒸し暑い晴天となります。

　チベット高原付近に起源をもつ100hPa（およそ16,800m付近）高度のチベット高気圧（p.349参照）が日本付近に張り出して、太平洋高気圧の上に重なると、より背の高い高気圧となり、暑夏が持続します。

理解度 check テスト

Q1 北半球の寒冷低気圧に関して述べた次の文(a)〜(d)の下線部の正誤について、下記の①〜⑤の中から正しいものを一つ選べ。

(a) 寒冷低気圧は、対流圏中・上層の偏西風の蛇行が大きくなり、<u>偏西風帯から低緯度側にトラフが切り離されて形成される低気圧</u>である。

(b) 寒冷低気圧の中心付近では、圏界面の高度が大きく下がっており、その上の成層圏では周囲に比べて気温が高く密度が小さいため、<u>対流圏中・上層では、周囲より気温が低いにもかかわらず気圧が低くなっている。</u>

(c) 寒冷低気圧は、<u>対流圏中・上層で低気圧性の循環は明瞭だが、対応</u>

移動性高気圧は、大陸の高気圧とその後面の低気圧とが交互に西から東に移動してくるパターンで、高気圧の前面（東側）に南から湿潤な空気が入り、降水をもたらしやすい。

する地上の低気圧は明瞭でないことが多い。

(d) 日本付近へ南下してくる寒冷低気圧の中心の南東側から東側にかけては、大気の成層が不安定となり、短時間の強雨や落雷・降雹などの現象が発生しやすい。

① 　(a) のみ誤り
② 　(b) のみ誤り
③ 　(c) のみ誤り
④ 　(d) のみ誤り
⑤ 　すべて正しい

Q2 高気圧について述べた次の文(a)~(c)の正誤の組み合わせとして正しいものを、下記の①~⑤の中から一つ選べ。

(a) 夏に日本付近に張り出してくる太平洋高気圧は、ハドレー循環の下降域である北太平洋の亜熱帯高圧帯に発生する。

(b) 冬のシベリア高気圧は、対流圏下層から上層まで冷たい高気圧である。

(c) 初夏にオホーツク海や千島近海に現れるオホーツク海高気圧は、下層に低温・湿潤な気団を伴った停滞性の高気圧である。

	(a)	(b)	(c)
①	正	正	正
②	正	誤	正
③	正	誤	誤
④	誤	正	誤
⑤	誤	誤	正

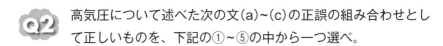

豆テスト **A** ✕ 移動性高気圧は春秋に多いパターンで、高気圧の前面（東側）に北から冷たくて乾燥した空気が入り、風が弱く晴天となる。晩春の遅霜や初秋の早霜をもたらすことがある。

解答と解説

Q1 **解答⑤** **第30回（平成20年度第1回）専門・問10**

寒冷低気圧の特徴について述べたもので、(a)、(b)、(c)、(d) すべて正しい記述です。

Q2 **解答②** **第46回（平成28年度第1回）専門・問8**

(a) 正しい。夏に日本付近に張り出してくる太平洋高気圧は、ハドレー循環の下降域である亜熱帯高圧帯に発生する背の高い高気圧です。

(b) 誤り。冬の天気を支配するシベリア高気圧は、下層が冷えて密度が大きくなるために対流圏の下層にだけ形成される冷たい背の低い高気圧です。

(c) 正しい。初夏にオホーツク海や千島近海に現れるオホーツク海高気圧は、上層の尾根やブロッキング高気圧が存在するときに発生しやすく、下層はオホーツク海で冷やされて低温・湿潤な気団を伴った停滞性の高気圧です。

これだけは必ず覚えよう！

- 夏の太平洋高気圧、梅雨期のオホーツク海高気圧は背が高く、冬のシベリア高気圧は背が低く、いずれも停滞性である。
- 春・秋の高気圧は偏西風帯の気圧の尾根に結びついた高気圧であり、移動性である。
- 移動性高気圧の中心の東側では晴れるが、西側では雲が広がる。
- 日本付近は、低気圧の通り道で、その経路によって、「南岸低気圧」「日本海低気圧」「二つ玉低気圧」がある。
- 高気圧の中心が北に偏っている（北高型の）場合、高気圧の東〜南東側では北東気流が入り、天気はよくない。
- 寒冷低気圧は、冬季に日本海側の豪雪、梅雨期や夏の集中豪雨、5月を中心に4〜6月に多い雷を伴う降ひょうなどの激しい現象をしばしばもたらす。

 シベリア高気圧は、シベリア地方で形成される乾燥した停滞性の寒冷高気圧で、500hPa天気図では明瞭だが、850pHa天気図にはみられない。

Chapter 10

天気翻訳と確率予報

出 題 傾 向 と 対 策

◎毎回1問は出題されている分野。確率予報とその利用に有効なコスト/
ロス・モデルに関する問題の出題頻度が増加している。
◎数値予報を翻訳する天気ガイダンスの作成過程・利用法を学んでおく。

 天気翻訳とガイダンス

1-1 数値予報に天気翻訳が必要な理由

　数値予報は大気の状態を予報するうえでは大変すぐれた方法であり、
数値予報モデルの予測結果である格子点値（GPV）は、予想天気図な
どに表されますが、そのままでは天気予報にはなりません。

　その理由は、数値予報モデルの予報方程式の物理量には天気そのもの
（晴れや雨など）は扱われていないこと、各地の天気は小さなスケール
の現象や地形の影響を受けることが多いにもかかわらず、現在の数値予
報モデルは格子間隔の制約からこれらを十分に取り扱えないこと、近年
のモデル性能の向上は著しいが、モデルには系統的な誤差（バイアスと
いう）が含まれていること、などです。

　さらに、数値予報モデルの格子点値は格子点のまわりの代表値や平均
値なので、気温や風の量的天気予報でそのまま格子点値を利用するには
十分でないことも理由のひとつです。

　このため、数値予報の予測結果をもとに各地の天気予報に置き換える
ことを**天気翻訳**といい、このために作成される資料が**天気ガイダンス**で
す。ガイダンスは天気予報にそのまま使える形で表現されています。天
気予報の中の降水確率予報は、天気翻訳によって発表が可能となった要

 ✕ シベリア高気圧はシベリア地方で形成される背の低い高気圧で、850hPa天気図では明瞭だ
が、700hPa天気図では不明瞭となり、500hPa天気図には見られない。

素のひとつです。

1-2　ガイダンスの作成方法

　現在、使われているガイダンスは主としてMOS手法によって作成されています。**MOS**は、Model Output Statisticsの略で、「数値予報モデルの出力値の統計処理」という意味です。数値予報で予想された各物理要素と実際に観測された天気要素との間に前もって統計的関係式を作成し、数値予報の予想値が出力されたとき、予想値をこの統計的関係式に代入して天気要素に翻訳する手法です。

　MOSは、数値予報モデルが変更になった場合には、そのつど新しい統計的関係式を作成する必要があり、その関係式の係数を確定するのに長期間の数値予報結果を蓄積しなければならないという欠点があります。しかし、数値予報モデルがもっている系統的誤差を取り除くことができるという利点があります。

　MOSの統計的関係式の作成方法として、当初は**線形重相関回帰式**が用いられていました。この方法は、求めたい天気要素の予報値が、数値予報の物理量の予測値の線形一次式の形で表せると仮定して、観測値と予測値から線形一次式の係数を重相関解析と呼ぶ統計処理で決める方式です。

　たとえば、降水量のガイダンスを作成する場合、まず、どのような数値予報の出力値が観測の降水量に関係するかを調査します。その結果、たとえば、850hPaの風の北東－南西成分、北西－南東成分、安定度、850hPaの相当温位、湿潤層の層厚などが関係すると考察されたとします。これらは**予測因子**（＝**説明変数**）と呼ばれます。そこで予報したい降水量の予測式を組み立てます。予報したい要素は**被予測因子**（＝**目的変数**）と呼ばれます。上の場合の被予測因子は降水量であり、線形一次式は次式のように表せます。

降水量 ＝ a ×（850hPaの風の北東：南西成分）＋ b ×（850hPaの風の北西：南東成分）＋ c ×（安定度）＋ d ×（850hPaの相当温位）

 ガイダンスの作成方式のひとつであるMOSは、数値予報モデルがもっている系統的な誤差を取り除くことはできない。

$$+ e \times (湿潤層の層厚) + f \times (850\text{hPa}上昇流) + g \times (凝結量)$$
$$+ (モデル出力の予想降水量) + 定数$$

　この式に、数年間の観測値と数値予報の予測値を適用して重相関解析を行い、最も確からしい係数a、b、c、…を定めたものが降雨量を予報するガイダンス式であり、場所と時刻ごとにそれぞれの式が作成されます。予報の段階で、数値予報のデータを右辺に代入して予報降水量が翻訳結果として得られます。最初に関係式を作成する段階で過去のデータの統計を用いるので、人間が経験を用いて判断するのと似ていますが、より客観的といえます。

> **詳しく知ろう**
>
> ・**PPM**（Perfect Prognostic Method）：MOSとよく似た手法であり、数値予報の予想値の代わりに、実況値（あるいは数値予報の初期値）を用いて、予報する天気要素との間の統計的関係式を作成しておく手法です。PPMの場合には数値予報モデルの変更には左右されませんが、数値予報モデルに系統的誤差があれば、PPMを通して得られる予測値にモデルの誤差が入りこむ欠点があり、一般にMOSによる天気翻訳より精度が低く、現在の天気予報ガイダンスではほとんど用いられていません。

1-3　カルマンフィルター法とニューラルネットワーク法

　当初のMOSガイダンス計算法として用いられた重相関解析法では、少なくとも過去数年分のデータの蓄積が必要であり、数値予報モデルの改良更新に即応できないという短所がありました。現在は、この短所を改善したカルマンフィルター（**KLM**）やニューラルネットワーク（**NRN**）を用いた統計的関係式が天気予報ガイダンスの作成の主流となっています。また、最近は、目的変数が「あり」と「なし」といった2値データの場合に、事象の発生確率を予測するロジスティック回帰（**LOG**）と呼ばれる統計手法も開発されています。

豆テスト **A** × MOSは、数値予報で予想された各物理量と実際に観測された天気要素との間の統計的関係式によってガイダンスを作成する手法であり、数値予報モデルの系統的な誤差を除去できる。

389

KLM の手法で、線形一次式の統計的関係式を作成するのは、従来の重相関解析法と同じです。従来は、線形一次式の係数を過去数年分のデータから求めたのに対し、<u>KLM の場</u>

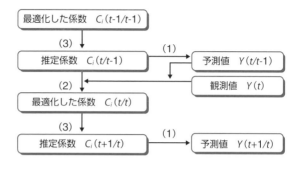

図：専10・1　**KLM法の計算の流れ図**（気象庁）

最適化した係数　$C_i(t\text{-}1/t\text{-}1)$

(3)

推定係数　$C_i(t/t\text{-}1)$ ── (1) ── 予測値　$Y(t/t\text{-}1)$

観測値　$Y(t)$

(2)

最適化した係数　$C_i(t/t)$

(3)

推定係数　$C_i(t+1/t)$ ── (1) ── 予測値　$Y(t+1/t)$

<u>合は最初の短期間（1か月程度）で係数を求め、その後はガイダンス計算のつど係数を自動更新して、統計的関係式を用いる方式です</u>（これを逐次学習という）。すなわち、ガイダンス計算の際に前回のガイダンス値と観測値から誤差を調べ、誤差に見合った、より適切な係数を計算し直して次回のガイダンス値の計算に用いるのです。このためKLM では、数値予報モデルの変更にも数週間から1か月程度で対応できるので、モデルの改善に柔軟に対応できる手法です。図：専10・1はKML法の計算の流れ図です。

一方、<u>NRN の手法は、数値予報モデルの物理要素や、これらの予測因子と実況との間で多次式や階段関数のような非線形を含めた統計的関係式を求めるものです</u>。非線形を含めた統計的関係式を求める計算方法はアルゴリズムによってブラックボックス化されており、KLM法と比べて複雑です。

NRNはKLMの場合と同じように、多くはガイダンス作成のたびに予報誤差が最小になるように逐次学習して対応関係を見直す方法をとります。非線形の関係式を含む利点を生かして天気要素や最小湿度などの予想に用いられています。KLMと同じく数値予報モデルの変更にも柔軟に対応できる特徴があります。

KLMやNRNによる方式では、数値予報モデルの変更に対して自動的な逐次学習により、せいぜい1か月程度で新モデルへの適応ができると

一問テスト**Q** ガイダンスの計算法のひとつのカルマンフィルター方式は逐次学習機能を備えており、数値予報の予想と実際の天気要素との間の統計的関係の係数をガイダンス計算のつど自動的に更新する。

いう大きな長所があります。しかし、大気の状態を学習した期間の状況から大きく変動したような場合は、新しい状況を十分に学習し終わるまで一時的に精度が低下する場合があります。たとえば、<u>急激に発生する大雨予報や梅雨型の気圧配置から夏型の気圧配置に移行するときの気温予報などは、予報誤差が大きい場合があります</u>。このため、ある一定期間のガイダンスの平均精度は、KLMやNRNも従来の重回帰式と大差はないという結果が得られています。

なお、ガイダンスでは数値予報モデルの気圧系の移動速度（位相のずれ）の誤差は修正されません。これらについては予報官が予報作成作業の中で、実況値との比較や他の予報手法（たとえば概念モデルの利用）を用いて判断・修正する必要があります。

1-4 天気予報ガイダンスとその利用上の注意

気象庁が作成している天気予報ガイダンスは、主に全球数値予報モデル（GSM）とメソ数値予報モデル（MSM）から作成されますが、一部の要素については、局地数値予報モデル（LFM）やメソアンサンブル予報システム（MEPS）からも作成されています。次ページの表：専10・1は、GSMをもとに作成している主な天気予報ガイダンスの要素、対象領域、対象時刻、作成手法をまとめたものです。

MSM、LFM、MEPSで作成されているガイダンスも要素、作成手法についてはGSMによるものとほぼ同じですが、作成対象がGSMによるものは20km格子、MSM、MEPSによるものは5km格子が基本です。LFMによるものは、2km格子でお天気マップのガイダンスのみが作成されています。GSM、MSMによるアメダス地点・気象官署を対象としたガイダンスや国内93空港（MSMのみ）を対象としたガイダンスもあります。

対象時間と対象期間・間隔はモデルごとに違いがあります。ガイダンスの作成手法として、KLM、NRN、LOGのいずれを用いるかは、それぞれ長所を生かして要素ごとに適用されています。

記述の通り。また、カルマンフィルター方式（KLM）は、従来の重相関解析方式に比べて数値予報モデルの改善に柔軟に対応できる。

表：専10・1　気象庁がGSMから作成している主な天気予報ガイダンス

要素			対象領域	対象時間	対象期間			作成手法
					期間		間隔	
降水	平均降水量		20km格子	3時間	6時間先〜84時間先		3時間	KLM
	降水確率		20km格子	6時間	9時間先〜81時間先		6時間	KLM
気温	気温		アメダス地点	毎正時	3時間先〜84時間先		1時間	KLM
	最高気温	初期時刻 00, 18UTC	アメダス地点	9時〜18時	当日、翌日、翌々日			KLM
		初期時刻 06, 12UTC			翌日、翌々日、3日後			
	最低気温	初期時刻 00, 18UTC	アメダス地点	0時〜9時	翌日、翌々日、3日後			KLM
		初期時刻 06, 12UTC			翌日、翌々日、3日後			
風	定時風 (注1)		アメダス地点	3時間毎正時	3時間先〜84時間先		3時間	KLM
天気			20km格子	前3時間	6時間先〜84時間先		3時間	(注2)
雷	発雷確率		20km格子	3時間	6時間先〜84時間先		3時間	LOG
湿度	最小湿度	初期時刻 00, 18UTC	気象官署・特別地域気象観測所	24時間 0時〜24時	翌日、翌々日			NRN
		初期時刻 06, 12UTC			翌日、翌々日、3日後			

注1：正時の風のこと
注2：日照率、降水量、降水種類から天気を判別。天気を晴れ、曇り、雨、雨または雪、雪に判別。日照率（曇天率）ガイダンスの作成手法：NRN

　天気予報ガイダンスには次のような特徴があります。

①系統的な数値予報の誤差（バイアス）を補正できる。

②数値予報では不十分な地形効果を表現できる。

③じょう乱の位相（遅れ・進み）のズレは補正できない。

④大雨など顕著な現象の量的表現は精度が悪い。

⑤統計的な手法のため、平均的な予報になりやすい。

⑥急激な天候の変化には対応できない。

⑦通常は現れにくい気圧配置が出現した場合に精度が低下する。

　ガイダンスは天気予報の作成にすぐ使えるような形になっており、ガイダンスから予報文を作成しても一定の精度があります。気象庁が図形

豆テスト **Q** 気温の低い状態が続いた直後に急に気温が高くなると、KLMはしばらくのあいだ誤差の大きい気温予測をし続けることがある。

式で提供している天気分布予報や地域時系列予報は、ガイダンスをもとに作成されています。

　ガイダンスは数値予報の結果が出力されるたびに作成されますが、数値予報の出力回数は限られ、出力された時点で見れば数時間前の古い観測データに基づいた計算結果です。ところが、予報官は常にガイダンスより数時間以上も新しいレーダー、アメダス、気象衛星などの観測値（実況データ）を手にしています。この実況値を用いればガイダンスの修正が可能であり、修正によって予報の精度向上を図ることができるのです。

 ## 2　確率予報

2-1　確率予報

(1) 降水確率

　天気予報の精度改善は着実に進んでいます。しかし、たとえば明日の降水の有無を適中率でみた場合、1950年頃の70％強から現在80％強まで向上しましたが、まだ予報はときどき外れます。天気予報は誤差を伴う情報なので、天気予報を信頼してそのまま利用することには問題がありますが、誤差があるからといってまったく無視するのでは情報が無駄になります。そこで誤差情報も含めた合理的な天気予報として開発されたのが確率予報です。

　現在、気象庁から発表されている天気予報の中の確率予報は、6時間ごとの予報対象期間に「1mm以上の降水（雨または雪）」が発生する降水確率です。確率値は0％から100％まで、10％きざみで発表されます。

　降水確率は、天気予報と同じ一次細分区で発表されますが、その予報区内のどこかで降水のある確率を予報しているのではありません。地域内のそれぞれの地点での降水確率を予報するものなのですが、地点ごとに差をつけるだけの予報技術がないので、地域内の平均値を発表してい

 KLMは過去数日間の気象状態に適合するように統計的関係式の係数を逐次最適化しているので、急激に極端な変動があると、誤差の大きな予測値がしばらく続くことがある。

ます。このような確率を**地点確率**と呼んでいます。降水確率は、数値予報の出力値を説明変数として、MOS法のKLM計算法によってGSM、MSMのモデルについて作成されています（表：専10・1参照）。

詳しく知ろう

- **予報区**：予報区は次の4段階に分けられている。
  ①地方予報区（11区）：北海道・東北・北陸・関東甲信・東海・近畿・中国・四国・九州北部（山口県を含む）・九州南部・沖縄。
  ②府県予報区：各都府県と、北海道および沖縄県を地域ごとに細分した予報区。
  ③一次細分区：府県予報区をいくつかに細分したもので、府県天気予報を定常的に行う区域。
  ④二次細分区：注意報・警報の発表に用いる区域で、原則的には市町村が対応する。

降水確率について注意すべき点は、<u>降水量の多少や降水時間の長短を予報するものではなく、降水確率の数値が大きくても雨や雪が強く降るという意味ではない</u>、ということです。また、予報対象地域の面積が大きくても降水確率が大きくなることはなく、予報地域の広さには関係しません。なお、<u>降水確率70％とは、降水確率70％という予報が100回出されたとき、実際に降水があるのは約70回ということを意味しています</u>。

確率予報の精度の検証では、**信頼度**（発表確率に対して現象の出現確率が同じかどうかを表す指標）と分離度（確率0％または100％に近い値がどれだけ発表できるかを表す指標）の2つの面から評価する必要があり、この2つをあわせて評価する検証指数が**ブライアスコア**です（専門知識編14章参照）。信頼度は上記の70％の予報が100回出されたときに実際に70回降水があったかどうかを検証するもので、値別出現率が45度の線上にあり、予報確率と現象の出現確率が同じであれば信頼度が高いといえます。

 気温ガイダンスは、数値予報モデルが放射冷却による気温の低下を十分予測できない場合でも、その誤差を軽減することができる。

図：専10・2 降水確率予報の予報値と実況降水率
縦棒：発表回数（総数3285）に対する比 （気象庁）

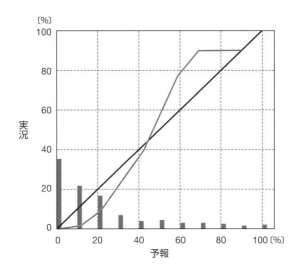

図：専10・2は2001年における関東甲信地方の9地方気象台の17時発表の18−24時降水確率予報について信頼度を検証した例です。粗っぽくみれば信頼度はあるといえますが、予報確率が20％前後と70％前後での信頼度が低くなっています。

週間天気予報も降水確率を発表していますが、この場合の降水確率は、対象時間とする24時間に1mm以上の雨または雪の降る確率を示します。なお、たとえば対象となる24時間内の6時間ごとの降水確率が、すべて30％である場合、同一予報対象地域の24時間の降水確率は30％以上となります。

（2）発雷確率

発雷確率のガイダンスは、LOG方式でGSMとMSMについて作成され、どちらのモデルも20km格子間隔です（表：専10・1）。対象時間は3時間間隔で、発雷高度として−10℃高度を用いて、3km未満、3〜5km、5km以上に分けて計算しています。

発雷は発生度数が少ないので、地点確率としては小さい確率の予報に

 ◯ 数値予報モデルが放射冷却による気温低下の予測が不十分でも、そのことを気温ガイダンスが学習機能によって取り込むので、予報誤差を軽減できる。

なります。このような場合には地域確率で表現します。**地域確率**とは、「予報対象地域内のどこかで現象が発生する確率」のことで、気象庁の発雷確率の場合は20km格子ごとに作成していますが、対象の20km格子を含む周辺6格子（60km四方）での発雷の有無が計算されています。防災関係者にとっては、担当地域内のどこかで発雷があることに関心があるので、地域確率の予報のほうが使いやすいのです。

なお、確率ガイダンスとしては、MSMにより計算されている国内93空港における3時間のガスト発生確率、雲底確率（前3時間のシーリングの大きさが一定値未満となる確率）、視程確率（前3時間に視程が一定値未満となる確率）も計算されています。

また、確率予報は、季節予報（専門知識編7章）や台風予報（専門知識編12章）でも発表されているので、詳細は各章を参照してください。

> **詳しく知ろう**
>
> • **その他の確率予報**：まだ実用化されていないが、気温や風のように数値で表現される天気要素も、設定した基準を超すかどうかを予報する場合に確率表現が可能である。最高・最低気温や最大風速などの基準値を設定し、それを上回る（または下回る）確率である。たとえば、「最高気温が30℃を超える確率」「最大風速が10m/sを超える確率」などが考えられる。

2-2　確率予報の利用とコスト/ロス・モデル

気象によって大きな影響を受ける事業では、それによって被る損失を軽減するために対策を行うかどうかの意思決定の方策を用意しておきたいものです。確率予報に基づいて損失を軽減するための意思決定をモデル化したものが**コスト/ロス・モデル**です。

コスト/ロス・モデルの利用では、まずコストとロスを把握しておく必要があります。コスト（C）とは対策に要する費用、ロス（L）とは対策をとらなかった場合に被る損失です。

数値予報において前線やじょう乱の予想位置に遅れや進みがあっても、降水量ガイダンスでは、降水域の位置的なずれの誤差を軽減できる。

　このモデルによると、損失の生じる気象現象の発生確率がP（小数で表現）と予報されたとき、Pとコスト／ロス比（C/L）を比べ、$P > C/L$の場合に対策をとるという意思決定を何回も繰り返した場合に、正味の利益（損失軽減額－対策費）を最大にできます。このように、合理的な気象予報の利用には、予報が確率予報であることが必要です。また、損失を防ぐための対策について、コストとロスが評価されていなければなりません。

> **詳しく知ろう**
>
> ・**コスト／ロス比**（C/L）：N回の予報に対して、対策をとった場合の費用はNCである。確率値PのN回の予報に対して、損失が発生する回数はPNであり（信頼度が完全な場合）、損失額はPNLとなる。確率予報で対策をとる場合には、NCの費用をかけることで、PNLの損失を回避できることになる。すなわち、$PNL - NC > 0$の場合には、確率予報を利用することで費用をかけても損失額を軽減できることになる。この不等式から、$P > C/L$が導出できるので、C/Lより大きな確率予報が発表されたときに対策をとればよい。

　図：専10・3は、降水確率予報の場合に、降水の「あり」「なし」のみを予報するカテゴリー予報に比べて、確率予報がどれくらい有利かを示したものです。横軸はコスト／ロス比であり、縦軸はそれぞれのコスト／ロス比についてユーザーが予報に従って対策をとった場合の正味の利益（損害軽減額－対策費）です。

　なお、図中の**カテゴリー予報**とは、現象が生じるかどうかを表現した予報のことで、確率予報をカテゴリー予報に変換するには、確率予報の値が50％以上なら現象が「あり」などと決めておきます。

　次ページの図：専10・3では利益はすべて「対策によって軽減できる損失額」を1として表現してあります。図には完全適中予報の場合の利益も示してあり、完全適中予報ではすべてのコスト／ロス比について利益最大になっています。

A ✕　数値予報の初期値に含まれている誤差によって数値予報の結果に生じる現象発現の時間的なずれは、系統的な誤差ではないので、ガイダンスでは軽減できない。

一方、確率予報の利益は常にカテゴリー予報の利益を上回っています。特にコスト／ロス比が0と1の近辺で大きく上回っています。

　また、カテゴリー予報では、コスト／ロス比が大きい場合に利益が負となり、対策をとることによってかえって損失を被ることがわかります。つまり、対策費がかかりすぎて、損失軽減額を上回ってしまうのです。特にコスト／ロス比の小さいところで、確率予報

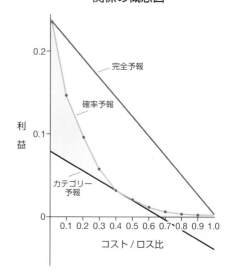

図：専10・3　コスト／ロス比と利益の関係の概念図

の利益がカテゴリー予報を大きく上回り、完全適中予報の利益に接近していることもわかります。

　たとえば、気象災害から人命を守るための避難などは、コスト／ロス比がきわめて小さい対策であり、確率予報が効果的なケースです。この場合、コスト／ロス・モデルに従えば、ごく小さな発生確率の予報でも対策をとることになります。つまり、確率予報の場合は小さな確率値でも重要な意味をもつことがあるのです。

理解度 check テスト

Q1 コストロスモデルの考えに基づいた降水確率予報の利用に関する次の文章の空欄(a)、(b)に入る適切な数式の組み合わせを、下記の①〜⑤の中から一つ選べ。

　コストロスモデルは、損失を防ぐための対策を施した場合にかかる費

風ガイダンスは、積乱雲による突風やダウンバーストを予測できる。

用（コスト）と、何も対策を施さなかった場合に出る損失（ロス）をあらかじめ把握しておき、確率の値に応じて最適な対応をとることで長期間の総費用を最小限に抑える、一つの考え方である。

雨対策を施す場合の1回あたりの費用をC、何も対策を施さずに雨が降ったときの損失をLとする。降水確率A％の予報が10回出たとき、すべて雨対策を施した場合の費用はC×10、何も対策を施さなかった場合に受けるこの期間の損失の期待値は（**a**）である。Aが40のとき、雨対策を施した方が何も対策を施さなかった場合よりも損失が少ないと期待されるのは、（**b**）の場合である。

	(a)	(b)
①	$L \times A \times 10$	$C/L > 0.40$
②	$L \times A \times 10$	$L/C < 0.40$
③	$L \times A/100 \times 10$	$C/L < 0.40$
④	$L \times A/100 \times 10$	$C/L > 0.40$
⑤	$L \times A/100 \times 10$	$L/C < 0.40$

 気象庁が作成している天気予報ガイダンスについて述べた次の文(a)～(c)の正誤の組み合わせとして正しいものを、下記の①～⑤の中から一つ選べ。

(a) カルマンフィルターを用いたガイダンス予測式は、発生頻度の低い現象を予測するのに適している。

(b) 数値予報モデルでは海陸分布が実際の分布と一致していない場所がある。このことから生ずる予想値の誤差は、ガイダンスで修正することはできない。

(c) 数値予報モデルでは、予報時間が長くなるにつれて誤差の傾向が変化することがある。ガイダンスはそのような系統誤差を低減することができる。

Ａ　× ガイダンスは数値予報の予測にない現象は予測できず、数値予報では積乱雲の発生・移動を予測できないので、風ガイダンスでも予測できない。

	(a)	(b)	(c)
①	正	正	誤
②	正	誤	誤
③	誤	正	正
④	誤	誤	正
⑤	誤	誤	誤

解答と解説

Q1 解答③ 第43回（平成26年度第2回）専門・問7

(a) 降水確率予報によれば、10回のA％の確率予報で雨が降る回数は $(A/100) \times 10$ です。したがって、コスト/ロス・モデルによる意思決定を採用すれば、何も対策を取らない場合に雨が降った場合の損失の期待値は、1回の損失Lと雨が降る回数 $(A/100) \times 10$ の積になります。すなわち、$L \times (A/100) \times 10$ です。

(b) コストCをかけて雨対策をした場合の費用は $C \times 10$ です。対策をしなかった場合の損失の期待値は、Aが40のとき、$L \times (40/100) \times 10 = L \times 0.40 \times 10$ です。確率予報により対策をした場合、何も対策をしない場合より損失が少ないのは、$C \times 10 < L \times 0.40 \times 10$ のときになります。すなわち、$C/L < 0.40$ の場合です。

Q2 解答④ 第45回（平成27年度第2回）専門・問6

(a) 誤り。カルマンフィルターによるガイダンスの計算方式は、この方式より前に用いられていた線形重相関回帰式方式と基本的には同じ統計的な手法です。統計的な手法による現象の予測の場合、発生頻度の少ない現象は、作成した予測式に十分に反映されないので、この方式による予測は誤差が大きくなります。

(b) 誤り。数値予報モデルに組み込まれた地形と実際の地形は異なるのが普通です。ガイダンスの作成手法を考慮すれば、数値予報の予想

 ある日のある地域の6時間ごとの降水確率予報がすべて50％のとき、その日1日を通しての降水確率予報は50％以上になる。

値と観測値の違いが系統的に生じるものであれば、予想値はガイダンスにより修正できます。

(c) 正しい。MOSによるガイダンスの計算式は、計算手法（普通、カルマンフィルター法、ニューラルネットワーク法、ロジスティック回帰法）としてどの方法を用いる場合でも、予想時間ごとに作成されます。このため、予想時間が長くなるにつれて数値予報モデルの誤差の傾向が変化する場合にも、系統的な誤差についてはガイダンスで軽減することができます。

これだけは必ず覚えよう！

・天気予報ガイダンスの特徴：
　①数値予報の系統的な誤差は補正できるが、じょう乱の位相（遅れ・進み）のズレは補正できない。
　②地形効果を表現できる。
　③大雨など顕著な現象の量的表現は精度が悪い。
　④統計的な手法なので平均的な予報になりやすい。
　⑤急激な天候の変化には追随できない。
　⑥通常は現れにくい気圧配置が出現した場合には精度が低下する。
・MOSは、天気予報ガイダンスの作成手法のひとつ。
・KLMは学習機能のあるガイダンス計算手法であり、数値予報モデルの変更にすばやく対応でき、誤差が最小になるように自動的に逐次修正できる。
・降水確率が P（小数表示）ということは、N 回の予報のうち実際に1mm以上の降水が NP 回あることを意味し、降水の強さには関係ない。
・降水確率は地点確率であり、確率値は予報区の平均値。
・コスト/ロス・モデルによると、発生確率が P のとき、$P > C/L$（C：対策費用、L：損失）の場合に対策をとると正味の利益（損失軽減額－対策費）を最大にできる。

 ○　同じ降水確率が複数の予報期間にわたって続く場合、その対象期間全体の降水確率はその確率よりも高くなる。

Chapter 11

降水短時間予報

出 題 傾 向 と 対 策

◎降水ナウキャストを含めて毎回1問は出題されている。

◎降水短時間予報と降水ナウキャストの計算方法、および予報の利用の留意点を確認しておく。

◎竜巻発生確度ナウキャストと雷ナウキャストについても学習しておこう。

 1 降水短時間予報

1-1　短時間予報

　数値予報は、総観規模の現象をもっとも精度よく予想できますが、総観規模よりも小さなメソβ、γスケールの現象の予報は困難です。しかし、メソβ、γスケールの現象をもたらす総観規模の大気状態は予想できているので、最新の観測データをそのまま時間的に補外する方法や、数値予報の予測結果を一部修正する方法で、数時間先までの気象現象の予想が可能です。これが**短時間予報**であり、降水について降水短時間予報、降水ナウキャスト、高解像度降水ナウキャストが行われています。それぞれ、1km格子の1時間雨量を6時間先まで30分間隔で予報、1km格子の5分ごとの降水の強さを5分間隔で1時間先まで発表、250m解像度の5分ごとの降水分布を5分間隔で30分先まで予測します。

　このような短い予報期間の場合は、時間的に1時間や5分程度のきめ細かさと、空間的に1kmや250mの細かい分解能の降水域分布を予報しなければ有用性はありません。現在の短時間予報が降水に限られているのは、予報の基本となる時間的・空間的にきめ細かな観測が行われてい

豆テスト **Q** カルマンフィルター法によるガイダンスでは、数値予報モデルで予想された降水域の実際の降水域とのずれを修正することができる。

るのが降水量だけだからです。

　現在、気象庁が発表している降水短時間予報は、「過去の降水分布の補外移動」と数値予報の降水量予測の結合という、最も単純な手法で行われています。降水ナウキャストは現在の降水の強さの分布を二次元で移動させる補外の手法であり、高解像度降水ナウキャストは三次元で移動させる補外の手法を用いています。

　補外（外挿ともいう）とは、ある物理量（たとえば気圧値、降水分布域など）が、格子点や時刻ごとに与えられているとき、その既知の値の変化傾向が未知の値にも適用されるものとして、外側に向かって延長して推定値を求める方法です。

1-2　降水短時間予報

　降水短時間予報は、15時間先までの降水分布予報であり、6時間先までと7時間から15時間先までとで発表間隔や予測手法が異なります。6時間先までは10分間隔で発表され、各1時間降水量を1km四方の細かさで予報します。7時間先から15時間先までは1時間間隔で発表され、各1時間降水量を5km四方の細かさで予報します。

（a）6時間先までの予測手法

　この予測は実況補外型予測（EX6）とメソ数値予報（MSM）との組み合わせであり、全体は結合予測（MRG）と呼ばれ、予測の流れは、図：専

図：専11・1　降水短時間予報の流れ図

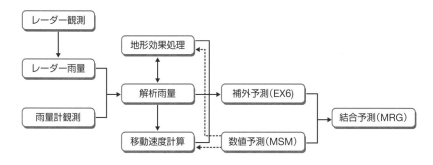

× カルマンフィルター法によるガイダンスでは、数値予報モデルの系統的な誤差は修正できるが、降水域の予想位置と実際の位置とのずれのようなランダムな誤差を除くことはできない。

11・1に示されています。

（1）実況補外型予測（EX6） では、まず初期値と移動速度の決定です。初期値には1km格子（メッシュ）の解析雨量分布図を用います。<u>レーダー観測をもとに作成された解析雨量は、雨量計のように陸上に限定されず、日本周辺の海上もカバーしているので、降水域が海上から接近する日本列島の降水予報には不可欠なデータです</u>。

移動速度としては、過去3時間の解析雨量図を用い、**パターンマッチング**と呼ばれる手法で格子間の相関スコアを計算し、これに対応する移動ベクトルを計算します。この移動ベクトルは場所によって差があるので、50km四方の領域ごとに計算し、その後各1km格子に内挿されます。

なお、強雨域は周辺の雨域と異なった動きをすることがあるので、10mm/h以上、30mm/h以上の強雨域が存在する場合には、この強雨域のみの解析雨量図を用意して上と同じパターンマッチング手法による移動ベクトルを求め、これを上で求めた移動ベクトルに埋め込む方法が行われています。最近の補外予測手法には、降水域の個々の降水セルの移動速度を加味するなどの適正化が行われ、移動速度の精度向上が図られています。

次に、地形効果による降水の増減の処理をします。この処理は、降水強化（＝地形性降水）、降水衰弱の2つに分けて行います。

降水強化については、**種まき雲（シーダーともいう）** となる降水域が山岳地域に到達して、これから降る雨が山頂にある**育成雲（フィーダーという）** にかかると、育成雲がもっている**地形性可降水量**の分だけ降水強化が生じるメカニズムを考えます。地形性可降水量はメソ数値予報モデルの下層（900hPa）風と温度を用いて計算します。

降水衰弱は、山を越えた非地形性降水に対して、山頂を越えてからの経過時間によって非地形性降水を減衰させるメカニズムを考えます。あらかじめ山越え以前と以後の降水を調べ、減衰の程度を示す統計的なパラメータを計算しておきます。山を越えられないと判断した場合には初期値の非地形性降水部分を減じ、山を越えると判断した場合には降水衰

降水短時間予報は、アメダスの降水量データを初期値とし、実況補外型予測（EX6）とメソ数値予報モデル（MSM）を結合した結合予測（MRG）によって計算されている。

弱のメカニズムを用いて降水を衰弱させます。

　最後の**予想降水量の計算**では、実況補外型予測の予測処理では計算時間の制約により、2時間予報までは1km格子、それ以降は2km格子で計算しています。予測初期値には、解析雨量の計算段階で得られるレーダー雨量係数を初期時刻のレーダーエコー強度に乗じて補正した雨量強度を使用します。この雨量強度は地形性降水も含んだ値です。

　予測計算では、初期値の移動しない地形性降水と移動する非地形性降水を、降水強化のメカニズムで地形性可降水量を用いて分離します。分離した非地形性降水初期値は、最初に求めた移動ベクトルにより、一定の時間間隔（1km格子では2分、2km格子では5分）で移動させます。この時間間隔ごとに地形効果による降水の増減の評価をし、必要に応じて降水量の加算をします。こうして計算した2分（または5分）ごとの雨量を格子ごとに積算して、6時間までの各1時間の予測雨量を作成します。

(2) 結合予測

　実況補外型予測（EX6）は初めの精度はよいが、時間経過とともに急速に低下します。一方、メソ数値予報モデル（MSM）による雨量予測は、最初の精度はあまりよくないのですが、予報後半でも精度の低下が小さく、EX6を上回ることが多いのです。したがって、両者を適切な比率で結合すれば、両者それぞれ単独の予測よりもよい予測が得られ、**結合予測**（**MRG**：マージ）が最も精度がよくなります。

　気象庁では局地モデル（LFM）を2013年5月から日本全国を含む予報域で毎時実行するようになっています。LFM（格子間隔2km）はMSM（格子間隔5km）よりも水平解像度が細かく、予報頻度もLFMは1日24回1時間ごとに対して、MSMは1日8回3時間ごとです。すなわちLFMはMSMよりより細かいスケールの降水現象を表現でき、より最新の予報値を提供できることになります。

　このため、従来の降水短時間予報のMSMの数値予報資料を用いた結合予測（MRG）の過程に2013年からLFM予測降水も用いています。

× 降水短時間予報は、実況補外型予測とメソ数値予報モデルを結合した結合予測によるが、初期値はアメダスの降水量データではなく、解析雨量である。

まず、MSMとLFMの降水予測精度を初期時刻ごとに評価し、精度の良いほうの重みを大きくして求めた予測降水量（**ブレンド降水量、BLD**）を求めます。このブレンド降水量と実況補外型予測降水量（EX6）を初期時刻・領域ごとの精度によって決めた重みで、重み付け平均したものを降水短時間予報の予測値（MRG）としています。結合予測（MRG）の実況補外型予測降水量（EX6）とブレンド降水量（BLD）との重みの比率は、毎回の予測ごとにEX6とBLDの予測精度を検証して求められますが、予報前半ではEX6の重みが高く、後半では低くなっています。

　図：専11・2は、気象庁のホームページで提供されている降水短時間予報の一例です。2004年6月から気象レーダーの1km格子化が実施され、

図：専11・2　解析雨量と降水短時間予報の例　（2008年9月18日台風第13号）
　左上：初期図（解析雨量図：9月18日21時）、右上：1時間予報図、
　左下：2時間予報図、右下：5時間予報図　　　　　　　　　　　（気象庁）

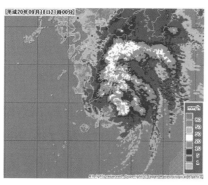
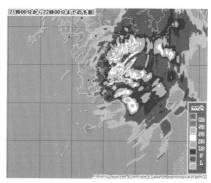
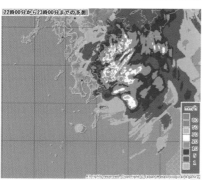
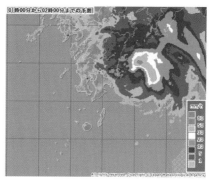

　1時間に20〜30mmの強い降雨の予測精度は、1時間に3mm未満の弱い降雨の予測精度よりも優れている。

現在の解析雨量が30分ごとに作成されていることから、降水短時間雨量も1km格子、30分ごとの6時間予報になっています。

図：専11・2右上の1時間先や左下の2時間先の1時間雨量分布予想図と、左上の初期値を比較すると、単純に移動ベクトルで外挿したものでないことがわかります。

（b）7時間から15時間先までの予測手法

数値予報モデルのうち、メソモデル（MSM）と局地モデル（LFM）を統計的に処理した結果を組み合わせ、各1時間降水量を5km四方の細かさで降水量分布を作成します。予報開始時間におけるそれぞれの数値予報資料の予測精度も考慮したうえで組み合わせています。なお、7時間先から15時間先までの予測手法は6時間先までの予測手法と異なることから、予測手法の違いを考慮して、予報全体を「降水15時間予報」と呼ぶことがあり、2018年6月から発表されています。

1-3 解析積雪深・解析降雪量、降雪短時間予報

（1）解析積雪深・解析降雪量

解析積雪深・解析降雪量は、積雪の深さと降雪量の実況を1時間ごとに約5km四方の細かさで推定するものです。解析積雪深・解析降雪量を利用すると、積雪計による観測が行われていない地域を含めた積雪・降雪の面的な状況を把握でき、的確な防災対応に役立ちます。

解析積雪深は、解析雨量や局地数値予報モデル（LFM）などの降水量、気温、日射量などを積雪変質モデルに与えて積雪の深さを計算した後、アメダスの積雪計の観測値で補正することにより作成されます。積雪変質モデルでは、新たに積もる雪の量、融ける雪の量、時間の経過により積雪が沈み込む深さなどを計算することで積雪の深さを求めます。

解析降雪量は、解析積雪深が1時間に増加した量を1時間降雪量として作成します。たとえば9時の解析降雪量は解析積雪深が8時から9時までに増加した量となります。なお、解析積雪深が減少した場合は0になります。

× 強い降雨ほど極地性が強く、発達と衰弱も速いので、強い降雨の予測精度度は弱い降雨の予測精度に比べて大幅に低下する。

(2) 降雪短時間予報

　降雪短時間予報は、6時間先までの1時間ごとの積雪の深さと降雪量を、面的に約5km四方の細かさで1時間ごとに予測するもので、2021年10月から発表されています。解析積雪深、解析降雪量と合わせて、積雪深計による観測が行われていない地域を含めた積雪・降雪の解析・予測が面的な情報として把握でき、雪による交通への影響などを前もって判断することに活用できます。

1-4　降水・降雪短時間予報の利用上の留意点

　降水・降雪短時間予報図の利用上の留意点として、次のような項目が挙げられます。

①大規模な降水系に対してはある程度の精度を保つことができるが、小規模な降水系に対しての予想の精度は、時間とともに急速に低下するので、常に最新の予報を使うようにする。

②1〜3時間予報では、初期図に現れていない降水域が新しく生じることはないが、4〜6時間予報ではメソ数値予報モデルの中で予測された降水域が新しく生じる可能性がある（図：専11・2右下の5時間予報図を参照）。しかし、2つの違った手法の予測結果を結合しているので、1本の降水バンドが2本に予測されるなど不自然な降水分布になることがあるので、降水系全体の動きを把握するために利用する。

③降水短時間予報では降水が雨か雪かの判別は行っていないので、予報される降水量が雪になる場合には注意が必要である。

④降雪短時間予報は、数値の端数処理を行うときに、積雪の深さから算出する増加量と降雪量が一致しない場合があります。降雪量の面的な予報を確認するときは、積雪の深さから算出せず、降雪量を直接利用する必要があります。

　実況補外予測は、初期値の状態がその後も継続すると仮定した予測法なので、2〜3時間以降は精度が急激に低下する。

2 ナウキャスト

2-1 降水ナウキャスト

主として初期時刻の詳細な実況の補外を基本として1時間先とか3時間先程度までを予測する短時間予報を**ナウキャスト**と呼びます。ナウキャスト（nowcast）という用語は、now（現在）とforecast（予報）を組み合わせた造語です。

降水短時間予報は30分ごとの出力なので、水平スケールが小さくて急速に発達する降水には向きません。しかし都市型の災害では、激しい雨が降り出してから30分以内に中小河川の増水や浸水などの被害が発生することがあります。

このような災害に対しては、時間的・空間的に高解像度の予測が必要です。このため気象庁では、2004年6月から**降水ナウキャスト**と呼ばれる予報を開始しました。

この種の予報では、予報対象時間を短くし、頻繁な更新が必要なことから、現在の降水ナウキャストでは5分刻みに1時間先までの<u>降水強度分布</u>を予測し、5分ごとに更新しています。たとえば、9時のレーダー観測後の9時3分頃には、9時5分、10分、15分、…10時00分までの各5分間降水強度予想が発表されます。観測時刻から3分以内に配信されるので、実況に合わせた素早い予想ができます。

降水ナウキャストの予測技術は基本的に降水短時間予報と同じで、過去1時間程度の降水域の移動や地上・高層の観測データから求めた移動速度を利用します。予測を行う時点で求めた降水域の移動の状態がその先も変化しないと仮定して、降水の強さに発達・衰弱の傾向を加味して、降水の分布を移動させ、60分先までの降水の強さの分布を計算しています。しかし、基本的には単純補外手法なので、<u>積乱雲の新たな発生とその発達の予測は行われていません</u>。その弱点を補うために気象レーダ

Chap.
11
降水短時間予報

図：専11・3　降水ナウキャスト予報の例　（2010年7月15日の例）　（気象庁）

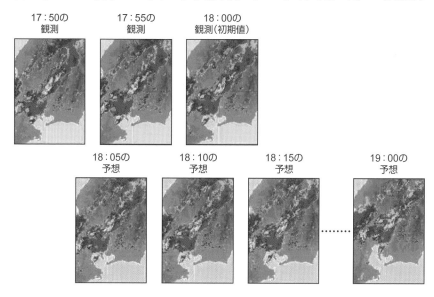

一の観測が行われる5分ごとに予測を更新し、ほぼリアルタイムに近い降雨の状況を予測に反映させています。このため、積乱雲のように急速に発達・衰弱する現象も初期値に取り込んで予報に反映できるのです。

　図：専11・3は降水ナウキャストの発表例で、降水短時間予報と同じように気象庁のホームページで見ることができます。なお、ホームページの降水ナウキャストでは、気象レーダーによる5分ごとの降水強度分布観測と、降水ナウキャストによる1km格子、5分ごとの60分先までの降水強度分布予測を連続的に表示しています（2011年3月23日から）。

　さらに、2014年8月7日から**高解像度降水ナウキャスト**が始まりました。

　高解像度降水ナウキャストでは、気象庁の雨量計や250m距離解像度の気象レーダーのほか、国土交通省・地方自治体保有の全国雨量計データ、ウィンドプロファイラやラジオゾンデの高層観測データ、国土交通省Xバンドレーダ（XRAIN）のデータを活用し、降水域の内部を立体的に解析した**実況解析値**（あるいは解析値）と呼ばれる初期値を作成します。

Q 降水短時間予報では、地形による降水量の増減を計算できない。

この初期値をもとに、2次元の予測手法の降水ナウキャストとは違い、降水を3次元で予測する手法を導入しています。

これは、予測前半では3次元的に降水分布を追跡する手法であり、予測後半では気温や湿度などの分布に基づいて雨粒の発生や落下などを計算する対流予測モデルを用いた予測手法に移行します。

また、高解像度降水ナウキャストでは積乱雲そのものの発生予測も行っています。地表付近の風、気温、および水蒸気量を用いて積乱雲の発生を推定する手法と、微弱なレーダーエコーの位置と動きを検出して積乱雲の発生位置を推定し、対流予測モデルを使って降水量を予測します。

予測結果は、高解像度化とナウキャストの速報性を両立するために、陸上と海岸近くの海上では250m解像度の降水予測を、その他の海上では1km解像度で降水予測を発表しています。高解像度降水ナウキャストの250m解像度の予測期間は30分ですが、予測時間35分から60分までは、30分までと同じアルゴリズムで予測した1kmの解像度の予測を発表しています。

降水ナウキャストの高度化により、特に、急な強い雨について予測精度の改善が図られています。

2-2 竜巻発生確度ナウキャストと雷ナウキャスト

気象庁は、竜巻や雷については気象情報や雷注意報、竜巻注意情報で注意を呼びかけています（専門知識編12章参照）。

発達した積乱雲の下では、急な強い雨、激しい突風、落雷などの激しい現象が発生します。このような現象に的確に対応するには、刻々と変化する気象状況に基づいて即時的に行う予報であるナウキャストが有効です。

気象庁では2010年5月27日から、発達した積乱雲に伴う激しい突風を予報する竜巻発生確度ナウキャストと、雷を予報する雷ナウキャストの発表を開始しました。これにより、気象情報や注意報に、竜巻発生確度ナウキャストと雷ナウキャストを組み合わせて有効活用ができるよう

Chap.
11

降水短時間予報

A × 降水短時間予報は地形データとメソ数値予報モデルの風・気温の予測値を取り込んで山岳などの地形による降水量の増減を計算している。

になりました。

(1) 竜巻発生確度ナウキャスト

竜巻などの激しい突風の発生する可能性を判定し、10km四方の格子単位で60分先までの10分刻みの移動予測を10分ごとに行い、図表示で提供するものです。竜巻などの激しい突風が発生する可能性は、表：専11・1のように2階級の発生確度で表示されます。

竜巻発生確度ナウキャストの利用方法は次の通りです。

①事前に竜巻の発生が予想される場合には、半日～1日前に予告的な気象情報が発表されるので、「竜巻などの激しい突風」への注意を呼びかけます。この段階では、竜巻発生確度ナウキャストには何も表示されません。

②竜巻が発生する可能性のある数時間前には雷注意報が発表されます。この時点で竜巻発生確度ナウキャストの監視を強めるのが効果的です。

③竜巻が発生しやすい（または発生している可能性がある）気象状況になると、竜巻発生確度ナウキャストで発生確度1や確度2が現れます。発生確度2が現れた地域（県など）には竜巻注意情報を発表します。

④竜巻注意情報が発表された場合には、竜巻発生確度ナウキャストをあわせて利用し、危険な地域や今後の予測を詳細に把握します。

なお、発生確度1の段階で竜巻が発生することや、発生確度1や2とならずに竜巻が発生してしまうこともあります。

(2) 雷ナウキャスト

雷監視システムによって検出される雷実況やレーダー観測による雷雲

表：専11・1　竜巻発生確度ナウキャストの階級

発生確度1	竜巻などの激しい突風が発生する可能性がある。予報の適中率は1～5%程度と発生確度2の地域よりは低いが、捕捉率60～70%程度と見逃しが少ない。
発生確度2	竜巻などの激しい突風が発生する可能性があり、注意が必要である。予報の適中率は5～10%程度、捕捉率は20～30%程度である。発生確度2となっている地方（県など）には竜巻注意情報を発表する。

 降水短時間予報の初期時刻に発達期の積乱雲があれば、メソ数値予報モデルで積乱雲の発達・衰弱を予測できるので、降水短時間予報ではその積乱雲がもたらす降水量を精度よく予測できる。

解析を合わせて、1kmの格子単位で雷解析を行い、60分先まで10分刻みの予測を10分ごとに行い、図表示で提供するものです。なお、雷ナウキャストは、雷の激しさおよび雷の可能性を、表：専11・2の通り<u>4つの活動度階級で表現されます。</u>

　雷ナウキャストの利用方法は次の通りです。

①広範囲で激しい落雷が予想される場合、半日〜1日前に予告的な気象情報が発表され、「大気の状態が不安定」「落雷に注意」などと言及されます。1日3回発表される天気予報で雷が予想される場合は「雷を伴う」という表現が使われます。この段階では雷ナウキャストには何も表示されません。

②雷の発生が予測される数時間前には、**雷注意報**が発表されます。この時点で雷ナウキャストの監視を強めるのが効果的です。

③雷注意報の発表中に雨雲が発達を始めると雷ナウキャストで「活動度1」が現れます。この範囲内では、1時間程度以内に発雷の可能性があります。

④実際に雷が発生、または直後に雷が発生する可能性が高い状況になった場合には、「活動度2〜4」が現れます。雷ナウキャストにより、雷の激しさや、近づく（遠ざかる）などの予測を詳細に把握することができます。

　なお、活動度が表示されていない地域でも雷雲が急発達して落雷が発生する場合があります。

表：専11・2　雷ナウキャストの活動度階級

活動度1（雷可能性あり）	現在は雷は発生していないが、今後落雷の可能性がある。
活動度2（雷あり）	雷光が見えたり雷鳴が聞こえる。落雷の可能性が高くなっている。
活動度3（やや激しい雷）	落雷がある。
活動度4（激しい雷）	落雷が多数発生。

Chap.
11

降水短時間予報

× メソ数値予報モデルでは個々の積乱雲の位置や降水量を予測できないので、降水短時間予報の初期値に積乱雲の降水が反映されていても、それによる降水量の正確な予測はできない。

Q1 気象庁が発表している竜巻注意情報と竜巻発生確度ナウキャストについて述べた次の文(a)〜(c)の正誤の組み合わせとして正しいものを、下記の①〜⑤の中から一つ選べ。

(a) 一般の気象業務のために使用しているドップラーレーダーでは竜巻を直接検出することはできないが、竜巻を伴うことの多いメソサイクロンを検出することは可能である。竜巻発生確度ナウキャストは、このメソサイクロンの検出結果を利用している。

(b) 竜巻発生確度ナウキャストの発生確度1と2の違いは、竜巻などの激しい突風が発生する可能性の程度の違いを表現したものであり、発生するまでの時間的な切迫度を示したものではない。

(c) 竜巻注意情報は各地の気象台等が担当する地域（概ね一つの県）を対象に有効期間を1時間として発表されるが、竜巻発生確度ナウキャストは10km格子単位で発表され、10分ごとに更新される。

	(a)	(b)	(c)
①	誤	誤	正
②	誤	正	誤
③	誤	正	正
④	正	誤	誤
⑤	正	正	正

Q2 気象庁で発表している降水短時間予報は、実況の降水量分布から主に補外により求めた降水量予測（以下、実況補外予測）と、数値予報モデルで計算した降水量予測（以下、数値予測）から、それぞれの精度に応じて予測を結合して作成している。降水短時間予報について述べた次の文(a)〜(c)の下線部の正誤の組み合わせとして正しいものを、下記の①〜⑤の中から一つ選べ。

 Q 降水ナウキャストは熱雷のように急激に発達する降水に対応するために、5分間の降水の強度を1時間先まで予測し、5分ごとに更新している。

(a) 実況補外予測では、<u>降水域の移動を数値予報で計算された風のみを利用することによって行う</u>。

(b) 数値予測では、メソモデルの結果に加えて局地モデルの結果も加味している。そのため、<u>メソモデルで予測されていない対流性降水の発生を予測する場合がある</u>。

(c) 実況補外予測で予測される強い降水域と数値予測で予測される強い降水域の位置がずれている場合、両者の予測を、重みを付けて足し合わせるため、<u>降水の強さが弱められる傾向がある</u>。

	(a)	(b)	(c)
①	正	正	正
②	正	誤	誤
③	誤	正	正
④	誤	正	誤
⑤	誤	誤	正

解答と解説

Q1 　解答⑤　第42回（平成26年度第1回）専門・問9

(a) 正しい。気象ドップラーレーダーでは、降水の位置や強さのほかに、降水粒子が風に流される動径速度（ドップラー速度という）を測定しているので、レーダーから近づく風の成分と遠ざかる風の成分を色分けして（通常、寒色系が近づく場合、暖色系が遠ざかる場合を示す）表示すると、顕著な渦が存在する場合には、青色の濃い領域と赤色の濃い領域がレーダーから見て左右に並んで見えます。竜巻の渦は、直径が数十mから数百mの大きさしかなく、気象ドップラーレーダーの動径速度の解像度（距離方向の解像度250m）では検出できません。しかし、竜巻をもたらす発達した積乱雲の中には直径数kmの大きさをもつ低気圧性の回転（メソサイクロン）が存

○ 記述の通り。降水ナウキャストは、急速に発達する積乱雲などの降水に対応するために、1kmメッシュで5分間の降水強度（単位はmm/h）を分布図形式で予測している。

在し、この大きさの渦は気象ドップラーレーダーで検出することができます。観測された動径速度にメソサイクロンのような渦が検出できた場合には、メソサイクロンが存在すると推定することができます。竜巻発生確度ナウキャストは、「現在、竜巻が発生している、または今すぐにでも発生しそう」という状況の予測であり、気象ドップラーレーダー観測によるメソサイクロンの検出は、有効な予測手段のひとつです。

(b) (c) 正しい。竜巻発生確度ナウキャストは、竜巻の発生確度を10km格子単位で解析し、その1時間後（10〜60分先）までの予測を行うもので、10分ごとに更新して提供されます。竜巻発生確度ナウキャストは、発生確度2と1の2階級で発表され、発生確度2となった地域で竜巻などの激しい突風が発生する可能性（予測の適中率）は5〜10％です。発生確度2は竜巻注意情報の発表に繋がることから、できるだけ絞り込んだ予測で、発生確度1に比べて予測の適中率が高い反面、見逃しが多くなります。一方、発生確度1は、発生確度2で見逃す事例を補うような階級に設定しており、広がりや出現する回数が多くなります。このため、発生確度1以上の地域では、見逃しが少ない反面、予測の適中率は1〜5％と低くなります。いずれの階級も発生までの時間的な違いを示す情報ではありません。

　一方、竜巻注意情報は、積乱雲の下で発生する竜巻、ダウンバーストなどの激しい突風に対して注意を呼びかける情報であり、雷注意報を補足する情報として、各地の気象台等が担当地域（概ね1つの県）を対象に発表します。竜巻注意情報は、竜巻発生確度ナウキャストで20分後の予測までに発生確度2が出ている地域（県など）に発表します。目撃情報が得られて竜巻等が発生するおそれが高まったと判断した場合にも発表しており、有効期間は発表から約1時間です。

豆テスト Q 降水ナウキャストでは、降水短時間予報と同様に、地形による降水の増減を計算している。

Q2 解答③ 第46回（平成28年度第1回）専門・問13

（a）誤り。気象庁が発表している降水短時間予報は、実況の降水量分布（解析雨量）から主に補外により求めた降水量予測（実況補外予測）と、数値予報モデルで計算した降水量予測（数値予測）に重みを付けた結合予測（MRG：マージ）が用いられています。実況補外予測では、解析雨量による毎時間の降水量分布を利用して降水域を追跡すると、それぞれの場所の降水域の移動速度がわかります。この移動速度を使って直前の降水分布を移動させて、6時間後までの降水量分布を作成します。すなわち、数値予報の風だけでなく、降水域の移動速度が用いられています。

（b）正しい。予測の計算では、降水域の単純な移動だけではなく、地形の効果や直前の降水の変化を元に、今後雨が強まったり、弱まったりすることも考慮しています。また、予報時間がのびるにつれて、実況補外予測は降水域の位置や強さのずれが大きくなるので、予報時間の後半には数値予報による降水予測の結果も重みを付けて取り込んでいます。この過程は結合予測（MRG）と呼んでいますが、従来はメソ数値モデルの降水予測をMRGに用いていましたが、局地モデル（LFM）の運用が始まってからは、MSMの予測降水量とLFMの予測精度を初期時刻ごとに評価し、精度の良いほうの重みを大きくしたブレンド降水量（BLD）を結合予測の数値予報モデルの降水予測としています。

（c）正しい。実況補外予測（EX6）で予測される強い降水域と、数値予測（MSMとLFMの予測降水量を重み付きで足し合わせたブレンド降水量）で予測される強い降水域は、2つの重みの合計は1であることから、強い降水域の位置がずれている場合、それぞれの予測降水の大きさよりも強められることはなく、弱められて降水域が広がる傾向にあります。

豆テスト **A** ✕ 降水ナウキャストでは、降水短時間予報とは異なり、地形による降水の増減を計算していない。

これだけは必ず憶えよう！

・実況補外型予測が有効なのは3時間先までなので、降水短時間予報では、メソおよび局地数値予報モデルの降水予測を結合して、6時間先までの予報を作成している。
・降水短時間予報では、地形の影響による降水の強化・衰弱が考慮されており、新たな降水域も予測できる。
・実況補外型予測（EX6）とメソおよび局地数値予報モデル（MSM、LFM）は予測法が異なるので、降水短時間予報では、それぞれの強い降水強度は弱められ、弱い降水域は広がる。
・MSMとLFMの予測降水量の予測精度を初期時刻ごとに評価し、精度の良いほうの重みを大きくしたブレンド降水量（BLD）を、結合予測（MRG）の数値予報モデルの降水予測としている。

豆テスト Q 竜巻が発生する可能性のある数時間前には雷注意報が発表され、竜巻発生確度ナウキャストで発生確度2が現れた地域（県など）には竜巻注意情報が発表される。

Chapter 12

防災気象情報

出題傾向と対策

◎毎回1～2問が出題されている。
◎災害の防止・軽減のためのいろいろな防災気象情報の発表・通知の仕組みを確認しておこう。

 防災気象情報

1-1 防災気象情報とは

　自然災害を防ぐ手段は2つに大別できます。ひとつは、洪水災害を防ぐための治山治水事業や、耐震建築のように自然の破壊力に耐えられるように設備・施設を強化することです。この手段は一般に多大の経費を必要とします。

　もうひとつは、人や船舶・航空機の緊急避難のように、気象情報や災害に関する知識を活用して応急的な対策をたてることで被害の軽減を図ることです。災害の応急対策のための予報やこれに関連した情報が防災気象情報です。

1-2 警報と注意報

　天気現象に関連して災害の発生するおそれがある場合、各都道府県の地方気象台は各種の注意報を発表します。さらに、重大な災害の発生するおそれがあるときは警報を発表します。警報には、一般向けのものとして、「気象」「高潮」「波浪」「洪水」の4つがあります。このうち気象警報は、「大雨」「大雪」「暴風」「暴風雪」に分けて発表します。気象注意報は、「大雨」「大雪」「強風」「風雪」の現象に加え、注意報だけが発

表される現象として、「濃霧」「雷」「乾燥」「なだれ」「着雪」「着氷」「霜」「低温」「融雪」があります。

　なお、法令には「地面現象警報・注意報」および「浸水警報・注意報」も定められていますが、現在のところ標題としては用いずに、気象警報・注意報の大雨警報・注意報や大雪警報・注意報の本文中で警戒や注意が述べられます。地面現象とは、大雨・大雪に伴って起きる山崩れ・がけ崩れ・土石流・地滑りなどの現象を指します。

　警報や注意報は、防災上の効果を考えてできるだけ区域を細分して発表するのが望ましいので、各都道府県の地方気象台は、原則として担当する府県予報区（全国の各気象台が担当する予報区のこと）の個別の市町村（東京都の特別区を含む）を対象として発表しています（この予報区を二次細分区と呼び、2010年5月27日から実施）。なお、ラジオやテレビで多くの人々に一斉に重要な内容を簡潔かつ効果的に伝えられるよう、「市町村等をまとめた地域」の名称を用いて、警戒を要する地域を発表する場合もあります。

　警報・注意報とも、各都道府県の地方気象台は担当する府県予報区について気象と災害の関連を調査し、関係する防災機関と協議のうえで発表基準を定めており、この基準に達することが予想された場合に警報・注意報を発表します。各府県予報区の警報・注意報の発表区域の図や二次細分区域ごとの警報・注意報基準は気象庁のホームページに一覧表として掲載されています。

　大雨警報・注意報のなかで、土砂災害に関する発表基準は、土壌雨量指数（p.434参照）が用いられ、予報区内の1km四方ごとに設定されています。各1km格子の基準値は別表として掲載されていますが、府県予報区の二次細分区域の警報・注意報発表基準一覧表では、各市町村内における基準値の最低値を示しています。

　大雨警報の中の浸水災害に対応する基準は、雨の地表面での溜まりやすさを考慮した表面雨量指数（p.436参照）が用いられ、予報区内の1km四方ごとに設定されています。

気象注意報には、大雨、大雪、強風、風雪のほかに、注意報だけのものとして濃霧、雷、乾燥、なだれ、着雪、着氷、霜、低温、融雪がある。

　洪水警報の発表基準は、流域雨量指数基準と複合基準（表面雨量指数、流域雨量指数の組み合わせによる基準値）が用いられています。流域雨量指数については、本章の4-2で説明します。

　なお、大雨警報を発表する際には、警戒を要する災害が標題だけでもわかるように、「大雨警報（土砂災害）」「大雨警報（浸水害）」「大雨警報（土砂災害、浸水害）」のように警報名にあわせて発表します（2010年5月27日から実施）。また、地震や火山噴火などにより状況が変化したときには、一時的に発表基準を変えて運用されます。

　警報の発表基準をはるかに超える豪雨などが予想され、数十年に一度しかないような非常に危険な状況にあるときには、大雨・大雪・暴風・暴風雪、高潮、波浪の警報については**特別警報**が発表されます（2013年8月末から）。たとえば、大雨については「大雨特別警報」という表現で発表されます。これらの特別警報の発表基準も予報区ごとに決められています。なお、これらの特別警報と同じように、地震・津波・火山噴火の危険性の高いものも警報の表題は変えませんが、特別警報に位置づけられています。

　災害の発生するおそれがなくなれば、警報・注意報は解除されます。複数の現象について発表する場合は、たとえば、「大雨・暴風・洪水警報、雷注意報」のような形で連記されます。その後状況が変わって、たとえば「洪水警報、強風注意報」に切り替えられた場合には、大雨・暴風警報と雷注意報は解除され、新たに強風注意報が発表されたことを意味します。

　以上は一般の利用に適合する注意報・警報ですが、このほか、船舶や航空機の安全を支援するものがあります。さらに水防法で定められた河川については、国土交通省や都道府県と共同で「指定河川洪水予報」を発表しています。これらについては本章の3節、4節で述べます。

A ○　気象注意報は、記述通りの13種類である。

1-3　警報・注意報の通知

　防災上きわめて重要な警報は、気象業務法で通知が義務づけられており、警報の種類によってそれぞれ通知先が決まっています。(p.195参照)。

　警報事項の通知（警報の発表・切り替え・解除）を受けた東日本・西日本電信電話株式会社、警察庁、消防庁および都道府県の機関は、その通知された事項を直ちに関係市町村長に通知し、さらに、通知を受けた市町村長はそのことを住民および所在の官公署へ周知するように努めることが定められています。

　また、海上保安庁の機関は航海中および入港中の船舶に、国土交通省の機関は航行中の航空機に周知するように努めなければならず、日本放送協会の機関は直ちにその通知された事項を放送するように義務づけられています。日本放送協会以外の報道機関には、気象庁との協力が求められています。

1-4　気象情報

　災害をもたらすような現象は、一般に局地的でスケールが小さいものです。その代表例は「集中豪雨」です。気象災害をもたらすもうひとつの代表的な現象である台風は、スケールはかなり大きく局地的とはいえませんが、台風に伴う雨域は**レインバンド**の集合であり、レインバンドの幅は数十km程度で、地形の影響と相まってしばしば局地的な豪雨をもたらします。台風による災害は、豪雨のほか、暴風およびそれに伴う高潮などによって引き起こされます。この暴風も、特に陸上の吹き方は局地的です。

　災害を防止するには、このような局地的でスケールの小さい現象を正確に予報し、それに基づいて時間的・地域的にできるだけ細かく予想した警報が発表される必要があります。しかし、一般に気象予報は先行時間が長くなると精度が悪くなります。たとえば集中豪雨の発生域を24時間前に予想することはきわめて難しいのですが、2、3時間前でなら

河川が増水し、低地に浸水するなどの重大な災害が起こるおそれがある場合には、浸水警報が発表される。

ば降水短時間予報などでかなり発生域を特定することができます。しかしながら、精度の高い短時間の警報だけでは防災対策は不十分であり、準備に時間のかかる対策には、精度は高くなくても先行時間の長い気象情報も必要です。

気象情報は、気象災害が起こる可能性がある場合や社会的に影響の大きい天候が予想される場合に発表されるもので、これには、全般気象情報、地方気象情報、府県気象情報があります。

全般気象情報は、おおむね2つ以上の地方予報区にまたがる現象を対象とし、気象庁が発表します。**地方気象情報**は、対象とする現象は全般気象情報とほぼ同じで、2つ以上の府県にまたがる現象を対象に、地方予報区担当気象台が発表します。**府県気象情報**は、府県予報区担当気象台がその担当予報区内に災害が発生する可能性がある場合に発表します。それぞれの気象情報は、たとえば、「強風と大雪に関する関東甲信地方気象情報」のように気象現象名を付して発表します。

顕著な現象が起こると予想されたときに発表される先行時間の長い気象情報は、予想精度に限界があって領域をしぼるのは難しいので、広い範囲の領域に対して現象発生の可能性を予告する内容になっています。たとえば、九州北部地域に大雨情報が発表されたとしても、地域内の特定の地点に着目すれば、必ずしも豪雨に見舞われるわけではありません。

このほか、気象情報には、注意報や警報を補完する役割をもつものもあります。たとえば、大雨現象が府県予報区に接近してきて大雨注意報から大雨警報が発表されたときに、注意報や警報の内容だけでは十分に知らせることのできない現象の変化や量的要素（雨量、時刻、地域など）の現状や見込み、防災上の注意などを逐次具体的に解説します。さらに、特別な情報として記録的短時間大雨情報、土砂災害警戒情報、竜巻注意情報、**早期注意情報**（2019年5月までは「警報級の可能性」と呼ばれた情報）、顕著な大雨に関する情報があります。

記録的短時間大雨情報は、各気象台が大雨警報を発表して警戒を呼びかけているときに、担当の予報区内に数年に一度しかないような1時間

 ✕ 浸水警報・注意報は原則として気象警報・注意報に含めて、たとえば「大雨警報（浸水害）」のように発表される。これは地面現象警報・注意報についても同様である。

雨量が観測または解析されたときに発表します。過去の事例から、このような場合は重大な災害に結びつくことが多いからで、それぞれの予報区で発表基準が決められています。なお、土砂災害警戒情報については本章の5節で述べます。

　竜巻注意情報は府県気象情報のひとつであり、「今まさに竜巻、ダウンバーストなどの激しい突風をもたらすような発達した積乱雲が存在しうる気象状況である」という現況を速報する情報で、雷注意報を補足する情報として発表するものです。情報の名称は「竜巻」とありますが、竜巻だけでなく、発達した積乱雲に伴って発生する突風（ダウンバーストやガストフロント）も対象になっており、防災機関や報道機関へ伝達するとともに、気象庁ホームページで発表されます。

　竜巻注意情報が発表されるのは、
①気象ドップラーレーダーによるメソサイクロンの検出
②気象レーダーによるエコー強度・エコー頂高度の観測状況
③数値予報資料により計算した竜巻発生に寄与の高い指標（パラメータ）の3つを総合的に判断し、竜巻、ダウンバーストなどの激しい突風をもたらす発達した積乱雲が存在しうる気象状況である、とみなされた場合です。

　竜巻注意情報の有効時間は、発表時刻から約1時間であり、さらに継続が必要な場合には改めて情報を発表することになっています。

　早期注意情報は警報級の現象が、翌日までか5日先までに予想されているときに、その可能性を［高］、［中］の2段階で発表されます。

　警報級の現象は、ひとたび発生すると生命に危険を及ぼすなど社会的影響が大きいために、可能性が高い場合だけでなく、可能性が一定程度認められる場合には［中］を発表します。

　翌日までの早期注意情報は、天気予報の予報区（一次細分区）に発表されます。定時の3回の天気予報の発表に合わせて、積乱雲や線状降水帯などの小規模な現象と、台風・低気圧・前線などの大規模な現象に伴う雨、雪、風、波、および高潮（高潮は2022年9月から追加）が発表対

早期注意情報は、積乱雲や線状降水帯などの小規模の現象によって生じる災害に対する注意を喚起するものであり、台風や前線などの大規模な現象は対象外である。

象です。2日先から5日先までの早期注意情報は、週間天気予報の発表（1日2回）に合わせて、週間天気予報と同じ予報区に、台風・低気圧・前線などの大規模な現象に伴う大雨などを主な対象として発表されます。

これらの早期注意情報が発表されたときは、後述する災害への心構えに対する「警戒レベル」のレベル1の情報に相当します。

顕著な大雨に関する気象情報は、大雨による災害発生の危険度が急激に高まっている中で、線状の降水帯（p.130）により非常に激しい雨が同じ場所で実際に降り続いている状況を「線状降水帯」というキーワードを使って解説する情報です。2021年6月から情報提供を始めました。後述の警戒レベル情報を補足する情報であり、警戒レベル4相当以上の状況で発表します。

この情報の発表基準は、①解析雨量分布図（5kmメッシュ）において前3時間積算降水量が100mm以上の分布域の面積が500km²以上あること、②分布域の形状が線状（長軸・短軸比2.5以上）であること、③分布域の領域内の前3時間積算降水量最大値が150mm以上であること、④分布域の領域内の土砂キキクル（後述の危険度分布）において土砂災害警戒情報の基準を実況で超過していること（かつ大雨特別警報の土壌雨量指数基準値への到達割合が8割以上になっていること）、または洪水キキクルにおいて警報基準を実況で大きく超過していること、の4条件すべてを満たした場合に発表します。

なお、情報を発表してから3時間以上経過後にまだ発表基準を満たしている場合は再発表するほか、3時間未満であっても対象区域に変化があった場合は再発表します。

線状降水帯による大雨によって毎年のように甚大な被害が引き起きていることから、気象庁では線状降水帯の発生について事前に予測することを喫緊の課題とし、産学官連携で予測モデルの開発を進めています。その第一歩として、2022年6月から線状降水帯による大雨の可能性の予測を開始し、まずは「九州北部」など大まかな地域を対象に半日前からの情報提供を開始して、早めの避難につなげることとしました。

Chap.
12

防災気象情報

 A ✕ 　早期警戒情報は小規模な現象のみならず、大規模な現象も対象にしており、これが発表されたときは、災害に対する「警戒レベル」のレベル1に相当する。

気象庁等から発表されるさまざまな防災情報は、次に述べる災害への心構えに対する「警戒レベル」の情報にあたり、その後いつ警報などが発表されてもスムーズに行動できるよう、あらかじめ心構えを高めておくことが大切です。内閣府では「避難情報に関するガイドライン」を公表し、住民は自らの命は自らが守る意識を持ち、自らの判断で避難行動をとるとの方針が示されています。この方針に沿って自治体や気象庁などから発表される防災情報を用いて住民がとるべき行動を直感的に理解しやすくなるよう、5段階の警戒レベルを明記して防災情報が提供されることになっています。気象庁の防災気象情報を参考に、住民がとるべき行動と内閣府警戒レベルの対応が、内閣府ホームページ（https://www.bousai.go.jp/index.html）に示されています。

　なお、この対応関係の中で記されている「**キキクル（危険度分布）**」とは、大雨による災害発生の危険度の高まりを地図上で確認できる「危険度分布」の愛称のことです。危険度分布には大雨警報（土砂災害）、大雨警報（浸水害）、洪水警報の危険度分布があり、それぞれの愛称は「土砂キキクル」、「浸水キキクル」、「洪水キキクル」と表記されます。

　それぞれの災害リスクの高まりを表す指標とした土壌雨量指数（p.434）、表面雨量指数（p.436）、流域雨量指数（p.432）の技術開発をもとに、これらの3つの「指数」を用いて、災害リスクの高まりを適切に評価・判断して、的確な警報・注意報の発表につなげています。キキクルは警報・注意報が発表されたときに、実際にどこでこれらの「指数」の予測値が警報・注意報の基準に到達すると予想されているのか、一目で面的に確認できるような図表示で提供されています。

　これらの気象情報は、警報・注意報の通知に準じて、防災機関との協議のうえ、気象業務法で定められた経路で一般市民に知らせることになっています。

一問テスト Q　警報・注意報の発表基準は、気象庁が都道府県ごとに決め、発表は府県予報区ごとに行う。

2　台風情報

2-1　台風の実況情報

　気象庁本庁が発表する台風に関する気象情報は、台風が発生したときや、台風が日本に影響を及ぼすおそれがあるとき、またはすでに影響を及ぼしているときに、<u>通常は3時間ごとに発表</u>します。情報はすべて詳細な文章で記述され、台風の実況と予想などを示した**位置情報**と、防災上の注意事項などを示した**総合情報**があります。これらの情報は、同時に発表される**図情報**よりも詳細な内容になっており、ラジオやテレビのアナウンサーが言葉で伝えたり、新聞記事として掲載したりすることを目的に発表されます。

　一方、各地の気象台が発表する台風に関する気象情報もあります。これは、気象庁本庁が発表した情報をもとに、担当する地域の特性や影響などを加味して発表するものです。

　台風情報のうち、台風の実況は3時間ごとに発表されます。台風の実況の内容は、<u>台風の中心位置、進行方向と速度、中心気圧、最大風速（10分間平均）、最大瞬間風速、暴風域、強風域</u>です。

　次ページの台風進路予報図（図：専12・1）の中では、現在の台風の中心位置を示す×印を中心とした赤色の太実線の円内は**暴風域**で、風速（10分間平均風速）が25m/s以上の暴風が吹いているか、地形の影響などがない場合に吹く可能性のある範囲で、通常、その範囲を円で示します。その外側の黄色の実線の円内は**強風域**で、風速が15m/s以上の強風が吹いているか、地形の影響などがない場合に吹く可能性のある範囲を示しています。強風域の表現方法は暴風域のものと同様です。また、青い実線は現在までの台風進路で、青い破線は発達する熱帯低気圧の期間の経路を示します。進行方向と速度、中心気圧、最大風速（10分間平均）、最大瞬間風速は、実況情報文の中に記されています。<u>日本列島に大きな</u>

影響を及ぼす台風が接近しているときには、1時間ごとに現在の中心位置などの実況情報が発表されます。

2-2　台風の予報情報

　台風予報は5日（120時間）先まで24時間刻みで6時間ごとに発表します。図：専12・1に台風120時間進路予報の例を示します。ただし、1日（24時間）先までの12時間刻みの予報の場合は3時間ごとに発表します。予報の内容は、各予報時刻の台風の中心位置（予報円の中心と半径）、進行方向と速度、中心気圧、最大風速、最大瞬間風速、暴風警戒域です。

　白い破線の円は**予報円**で、台風の中心が到達すると予想される範囲を示しています。予報した時刻にこの円内に台風の中心が入る確率は**70%**です。この円は台風の大きさの変化を表すものではなく、台風の進路予

記録的短時間大雨情報は、大雨警報が発表されているかいないかにかかわらず、数年に1度程度発生する激しい1時間雨量が観測または解析されたときに発表される。

報の不確実性を表すものです。予報円の中心を結んだ白色の破線を表示することもできますが、台風の中心が必ずしもこの線に沿って進むわけではないことに注意が必要です。

予報円の外側を囲む赤色の実線内の領域は暴風警戒域で、台風の中心が予報円内に進んだ場合に5日（120時間）先までに暴風域に入るおそれのある範囲全体を示しています。図：専12・1の予報例では、72時間（3日）先まで暴風警戒域を予報していますが、その後は暴風警戒域がなくなると予報しています。なお、台風の動きが遅い場合には、12時間先の予報を省略することがあります。

台風情報で発表する台風の最大風速と最大瞬間風速は、台風によって吹く可能性のある風の最大値であって、地形の影響や竜巻などの局所的な気象現象などに伴い、一部の観測所では観測値がこれらの値を超える場合があります。

日本列島に大きな影響を及ぼす台風が接近しているときには、1時間ごとの実況情報と同時に、観測時刻の1時間後、そして24時間先までの3時間刻みの中心位置などの予報も発表されます。

3日（72時間）先までの間に、気象庁が行う全般海上警報の対象領域の外に台風が出る予想の場合や、北緯40度以北に達してさらに北上する予想の場合、あるいは過去の知見から台風ではなくなる可能性が高い場合には、4日（96時間）先または5日（120時間）先の予報は行いません。

**Chap.
12**

防災気象情報

2-3　暴風域に入る確率

市町村などをまとめた地域などには「**暴風域に入る確率**」も発表されています。72時間先までの3時間ごとの値と24時間ごとの積算値が発表されます。値の増加が最も大きな時間帯に暴風域に入る可能性が高く、値の減少が最も大きな時間帯に暴風域から抜ける可能性が高くなります。確率の数値の大小よりも、むしろ変化傾向やピークの時間帯に注目して利用する情報です。

地域ごとの確率に加え、確率の分布図も発表されています。台風の進

豆テスト **A** ✕ 記録的短時間大雨情報は、大雨警報が発表されている場合に限り発表される。

行方向では、台風が近づくにつれて確率が高くなってきますが、確率が低くてもその後発表される予報でどう変わるかに注意が必要です。

3-1　全般海上警報と地方海上警報

　船舶の安全を支援するための海上警報には、北太平洋西部海域を対象とした全般海上警報と日本の沿岸の海域を対象とした地方海上警報があります。全般海上警報は国際的に定められたもので、気象庁は、東は東経180度、西は東経100度、南は緯度0度、北は北緯60度の線に囲まれた海域を担当しています。地方海上警報は、日本の沿岸から約300海里（560km）以内を12の海域に細分し、それぞれの担当気象官署から発表されます。

　海上警報は、向こう24時間以内に予想される最大風速によって、一般警報、海上強風警報、海上暴風警報、海上台風警報、警報なしの5種類に分けられています。このうち一般警報は、海上風警報と海上濃霧警

図：専12・2　全般海上予報区　　　　　（気象庁）

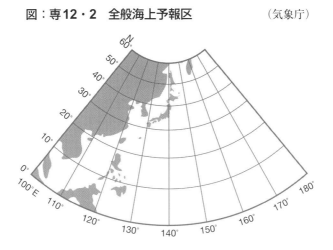

図：専12・3　地方海上予報区　　（気象庁）

報に細分され、警報なしは海上警報なしと海上警報解除に細分されています。専門知識編8章の表：専8・2（p.359）に警報の記号とともに発表基準が示されています。

　海上警報の発表は原則として随時ですが、警報作成には広域の地上天気図が大きな役割を果たすので、実際には天気図作成時刻に合わせて6時間ごとの1日4回です。しかし日本近海に暴風が予想される場合はこの中間の時刻に臨時警報が発表されるので、船舶は3時間ごとに海上警報を受けとることになります。

4 指定河川洪水予報と流域雨量指数

4-1　指定河川洪水予報

　気象庁は、水防活動の利用に適した気象、高潮、洪水の予報・警報に加え、水防法で定められた<u>国土交通大臣の指定した河川については国土交通省と共同して、都道府県知事の指定した河川については都道府県と</u>

 ○ 記述の通り。継続が必要な場合には改めて発表される。

共同して、予報や警報を行います。これらの指定河川の洪水予報は、河川の水位または流量を示して、気象庁と国土交通省または都道府県と共同で、河川名をつけて発表されます。

　指定河川洪水予報を発表する際の標題には、「氾濫注意情報」「氾濫警戒情報」「氾濫危険情報」「氾濫発生情報」の4つがあり、河川名を付して「○○川氾濫注意情報」「△△川氾濫警戒情報」のように発表されます。氾濫注意情報が洪水注意報に相当し、氾濫警戒情報、氾濫危険情報、氾濫発生情報が洪水警報に相当します。

　指定河川洪水予報以外の水防活動用の気象予報や警報は、一般の利用に適合する予報・警報をもって代えるとされており、一般の警報や注意報とは別に、水防活動用の警報・注意報が発表されることはありません。この場合、河川は特定されず、水位や流量の予測も行われません。

4-2　流域雨量指数

　一般の洪水警報・注意報を含めて、これまで洪水警報・注意報の発表

図：専12・4　流域雨量指数の計算方法のイメージ　　　　（気象庁）

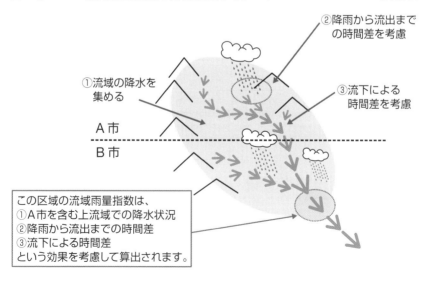

②降雨から流出までの時間差を考慮

①流域の降水を集める

③流下による時間差を考慮

A市

B市

この区域の流域雨量指数は、
①A市を含む上流域での降水状況
②降雨から流出までの時間差
③流下による時間差
という効果を考慮して算出されます。

豆テスト Q　台風の中心が予報時刻に進路予報図の予報円に入る確率は70%であり、予報円の外側を囲む赤色の実線は暴風警戒域である。

基準は1時間、3時間、24時間の雨量を指標にしていましたが、2008年5月からは24時間雨量に代え、流域の雨量に基づいて計算した**流域雨量指数**が導入されました。これにより水害発生の危険性がより高い精度で捉えられるようになりました。

　流域雨量指数の計算は、次節で述べる土壌雨量指数と同様に、解析雨量と降水短時間予報を用いてタンクモデルから流出量を計算し、さらに傾斜に沿って集まる水の量を5km格子ごとに指数化したものです。図：専12・4は流域雨量指数の計算方法のイメージ図です。

　平成29年度出水期から、流域雨量指数の高度化情報として、3時間先までの流域雨量指数の予測値を利用して、指定河川洪水予報の発表対象ではない中小河川が洪水警報等の基準に到達したかどうか、地図上に5段階で色分け表示した**洪水キキクル**（**洪水警報の危険度分布**）も提供されるようになりました。なお、大河川についてはこれまでと同様に、指定河川洪水予報の基準を利用します。

5 土砂災害警戒情報と土壌雨量指数

5-1　土砂災害警戒情報

　気象業務法には地面現象警報・注意報が定められていますが、現在は大雨警報・注意報などの表題（大雨警報（土砂災害）など）と本文中で地面現象に対する警戒や注意が述べられています。土砂災害は近年増加の傾向にあり、市町村長が避難勧告を発する際の判断や、住民が自主避難の参考となるよう、対象となる市町村を特定して、2007年9月から、気象庁と都道府県が共同で**土砂災害警戒情報**の発表を始めました。

　土砂災害警戒情報が対象とする土砂災害は、降雨から予測可能な土石流や急傾斜地崩壊です。しかし、土砂災害は、それぞれの斜面における植生・地質・風化の程度、地下水の状況などに大きく影響されるため、個別の災害発生箇所・時間・規模などを詳細には特定していません。ま

 記述の通り。進路予報図の暴風警戒域は、台風の中心が予報円内に進んだ場合に72時間先までに暴風域に入るおそれのある範囲である。

た、技術的に予測が困難な斜面の深層崩壊、山体の崩壊、地すべりなどは、土砂災害警戒情報の発表対象とはしていません。

土砂災害警戒情報の発表基準は、府県と気象台がそれぞれ設定し、双方の基準で超過が予想された場合に発表する方式と、府県と気象台が共通の基準として設定し、この基準の超過が予想された場合に発表する方式があります。基準は、1時間雨量や24時間雨量などの観測雨量と、次項で述べる土壌雨量指数が基本です。

なお、土砂災害警戒情報は、一部の市町村では分割して発表していますが、多くは市町村単位の発表です。土砂災害の危険度は時間・空間的な広がりがあるため、気象庁では、土砂災害警戒情報や大雨警報（土砂災害）が発表されたときに、当該市町村内において土砂災害発生の危険度が高まっている地域を把握することができるよう、気象庁ホームページにおいて、**土砂災害警戒判定メッシュ情報**を提供しています。

この情報は「**土砂キキクル**」と呼ばれ、土砂災害警戒情報および大雨警報・注意報を補足する情報で、5km四方の領域（メッシュ）ごとに土砂災害発生の危険度を5段階に判定した結果を表示しています。避難にかかる時間を考慮して、危険度の判定には2時間先までの土壌雨量指数等の予想を用いています。市町村名や国土数値情報の地理情報（道路・鉄道・河川など）と重ね合わせて表示でき、自分のいる地域に迫りつつある土砂災害発生の危険度の高まりの把握がより的確にできます。

5-2　土壌雨量指数

気象庁の土砂災害に関する情報の基礎となるのは、降水が土壌中にどの程度蓄えられているかを把握するために開発された土壌雨量指数です。図：専12・5は、土壌雨量指数のイメージとその計算の流れを示しています。

大雨による土砂災害の発生は、土壌中に含まれる水分量と深い関係があります。降った雨が土壌中に水分量としてどれだけ貯まっているかを、これまでに降った雨（解析雨量）と今後数時間に降ると予想される雨（降

気象庁が担当する全般海上予報区の対象海域は、東経100度から東経180度、緯度0度から北緯90度の範囲である。

図：専12・5　土壌雨量指数の計算方法のイメージ　　　（気象庁）

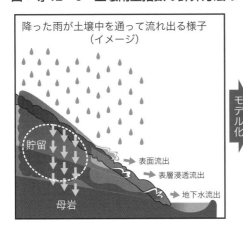

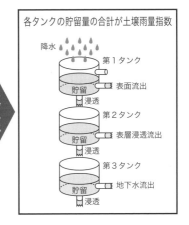

水短時間予報）などの雨量データから、タンクモデルという手法で指数化しています。地表面を5km四方の格子に分けて、それぞれの格子で計算します。

　大雨によって発生する土砂災害（土石流・がけ崩れなど）は土壌中の水分量が多いほど発生の可能性が高く、また、何日も前に降った雨が影響している場合もあります。土壌雨量指数は、これらをふまえた土砂災害の危険性を示す新たな指標であり、各地気象台が発表する土砂災害警戒情報と大雨警報・注意報の発表基準として使用されています。

　土壌雨量指数を計算するタンクモデルは、土砂災害発生の危険性把握を目的としたもので、地中に貯まった雨水を正確に推計するものではないため、次の点について注意が必要です。

①全国一律のパラメータを用いており、個々の傾斜地における植生、地質、風化などは考慮していない。

②比較的表層の地中をモデル化したもので、深層崩壊や大規模な地滑りなどにつながる地中深い状況を対象としたものではない。

　また、土砂災害の危険性を判断する際には次の点への留意が必要です。

①すでに相当の降雨があった後にさらに大雨がある場合が最も危険である。

Chap.
12
防災気象情報

 豆テスト **A** ✕　対象海域の東西の範囲は記述通りだが、南北は緯度0度から北緯60度までである。なお、地方海上予報区は日本の沿岸から約300海里（560km）以内が12の海域に分けられている。

②同じ雨量の場合、短期間に集中するほうが危険である。

③雨がやんだ後や小降りになったときにも土砂災害は発生する。

 大雨警報（浸水害）の危険度情報と表面雨量指数

6-1　大雨警報（浸水害）の危険度情報

　平成29年度出水期からは、大雨警報（浸水害）の発表判断に、雨の地表面での溜まりやすさを考慮した表面雨量指数（次項で説明）を用いる方法に変更しました。あわせて、表面雨量指数の予測値が大雨警報（浸水害）等の基準に到達したかどうかを地図上に5段階で色分け表示した**浸水キキクル（大雨警報（浸水害）の危険度分布）**を提供しています。

6-2　表面雨量指数

　短時間強雨による浸水危険度の高まりを把握するための指標で、各地の気象台が発表する大雨警報（浸水害）・大雨注意報の判断基準に用いています。

　表面雨量指数の計算は、4-2の流域雨量指数や5-2の土壌雨量指数と同じような手法のタンクモデルを用いています。流出量の算出には、都市用と非都市用の二種類のタンクモデルを都市化率に応じて使い分けています。図：専12・6は表面雨量指数のタンクモデルのイメージ図です。

図：専12・6　表面雨量指数のタンクモデルのイメージ　　　（気象庁）

 洪水注意報・警報の発表基準は、1時間、3時間、24時間の雨量を指標にしている。

7 その他の防災気象情報

7-1 熱中症警戒アラート・熱中症特別警戒アラート

　熱中症警戒アラート（熱中症警戒情報）は、熱中症の危険性が極めて高い暑熱環境が予測される場合に、環境省と気象庁が共同で令和3年度から発表している情報です。全国を58に分けた府県予報区等を単位として対象地域内の日最高暑さ指数が33以上と予測された場合に、前日の17時および当日の朝5時に発表します。暑さ指数は気温、湿度、日射量などから推定する熱中症予防の指数です。一方、令和6年度から始まる熱中症特別警戒アラート（熱中症特別警戒情報）は、前日14時までに暑さ指数が35以上と予測され、熱中症による重大な健康被害が生ずるおそれのある場合に発表されます。どちらのアラートも発表期間は毎年4月から10月までです。

7-2 紫外線情報

　オゾン層破壊に伴って生物に有害な紫外線が増加し、白内障や皮膚がんの発症率が増えることが危惧されています。世界保健機関（WHO）などは紫外線の人体への影響を表現する指標としてUVインデックスを定め、これを活用した紫外線対策を推奨しています。気象庁では、2005年から以下の紫外線情報を気象庁のホームページで発表しています。

①数値予報モデルによるオゾン層変化と天気の予測を考慮したUVインデックスの全国分布図としての紫外線予測情報（1日2回の当日、翌日予測）。

②札幌、つくば、那覇で観測した紫外線の強さをUVインデックスで表した紫外線観測情報（毎正時）。

③天気の推移を考慮して解析・算出された各地の紫外線の強さのUVインデックスを分布図とした全国分布図情報（1日1回）。

Chap.
12

防災気象情報

 × 現在の発表基準には、24時間雨量に代え、流域の雨量に基づいて計算した流域雨量指数が導入されている。

Q1 気象庁が発表する警報・注意報に関する次の文(a)～(c)の下線部の正誤の組み合わせとして正しいものを、下記の①～⑤の中から一つ選べ。

(a) 警報が発表されている二次細分区域において、降っていた雨がやみ、今後も降る見込みがないと予想された場合、大雨警報は速やかに解除されるが、洪水警報は河川水位が高い場合には継続されることがある。

(b) 大雨警報・注意報の発表基準は、土砂災害に関しては発表の最小単位である二次細分区の中でも異なる場合があるが、浸水災害に関しては二次細分区の中では同じである。

(c) 洪水警報・注意報の発表基準のうち、流域雨量指数は、対象となる二次細分区域の中に24時間前から降った雨にもとづいて算出している。

	(a)	(b)	(c)
①	正	誤	正
②	正	誤	誤
③	誤	正	正
④	誤	正	誤
⑤	誤	誤	誤

Q2 台風の大きさと強さについて述べた次の文(a)～(d)の正誤の組み合わせとして正しいものを、下記の①～⑤の中から一つ選べ。

(a) 台風の大きさは、平均風速が15m/s以上の領域の半径によって分類される。

 土砂災害警戒情報は気象庁と都道府県が共同で発表しており、この情報で気象庁が基礎としているのは土壌雨量指数である。

(b) 台風の大きさは、「小型」「大型」「超大型」の3階級に分類される。

(c) 台風の強さは、最大瞬間風速の大きさによって分類される。

(d) 暴風域を伴うのは「非常に強い台風」か「猛烈な台風」に限られ、「強い台風」が暴風域を伴うことはない。

	(a)	(b)	(c)	(d)
①	正	正	誤	誤
②	正	誤	正	誤
③	正	誤	誤	誤
④	誤	正	正	正
⑤	誤	正	誤	正

解答と解説

Q1 **解答⑤** **第44回（平成27年度第1回）専門・問13**

(a) 誤り。大雨警報の基準には、ふつう、浸水害に対する雨量基準と土砂災害に対する土壌雨量指数基準が、関係する防災機関との協議のもとで定められています。大雨警報を発表するときには、表題として大雨警報（浸水害）、大雨警報（土砂災害）、大雨警報（浸水害・土砂災害）の3種類に分けられます。大雨警報が発表されている2次細分予報区において、雨が降り止み、今後も降る見込みがないと予想された場合でも、地中に溜まった水分量が多い場合（土壌雨量指数で判断します）、土砂災害の危険度が高い状態が続くので、大雨警報の解除は行われません。一方、洪水警報も予報区内で雨が止んでも、河川水位が高い場合は発表が継続されますが、現在、河川水位が低くても上流で大雨が降るなどで流域雨量指数が警報基準を超えている場合も継続されます。

(b) 誤り。大雨警報（土砂災害）の発表基準は、土壌雨量指数が予報区内の1km四方ごとに設定されているので、警報発表の最小単位の二次細分区域内で異なっています。ただし、府県予報区の二次細分

 ○ 記述の通り。土壌雨量指数は、降水が土壌中にどの程度貯まっているかを把握するために開発された「タンクモデル」という手法で指数化したものである。

Chap.
12
防災気象情報

区域の警報・注意報発表基準一覧表では、各市町村内における基準値の最低値を示しています。一方、大雨警報の中の浸水災害に対応する基準は、雨量基準が用いられていますが、1つの二次細分区域内でも、「平坦地」「平坦地以外」に分けて雨量基準が決められているところがあります。「平坦地」とは、概ね傾斜が30パーミル以下で、都市化率という指標が25％以上の地域と定義されています。

(c) 誤り。洪水警報の発表基準には、雨量基準と流域雨量指数基準とこれら二つを組み合わせた複合基準が用いられています。このうちの流域雨量指数基準は、対象となる予報区に降る雨だけでなく、それより上流の河川の流域に降る雨が、どれだけ下流の地域に影響を与えるかを、これまでに降った雨（解析雨量）と今後数時間に降ると予想される雨（降水短時間予報雨量）から、流出過程と流下過程の計算によって指数化したものです。予報区内の24時間雨量から計算したものではありません。

Q2 解答③ 第40回（平成25年度第1回）専門・問12

(a) 正しい。気象庁が発表する台風に関する気象情報では、台風の大きさ、強さを表現する言葉を付けています。台風の大きさは、平均風速が15m/s以上の領域（これを強風域という）によって分類されています。

(b) 誤り。台風の大きさは、超大型（強風域半径800km以上）、大型（強風半径500km以上800km未満）、大きさの表現なし（強風域半径500km未満）の3階級に分類されており、「小型」という表現はありません。

(c) 誤り。台風の強さは、台風の域内の最大風速によって分類されています。最大風速は10分間平均風速を用いているので、最大瞬間風速の大きさとの記述が誤りです。

(d) 誤り。最大風速によって台風の強さは、猛烈な（最大風速54m/s以上）、非常に強い（44m/s以上54m/s未満）、強い（33m/s以上

土砂災害警戒情報は、1時間雨量や24時間雨量などの観測雨量と、土壌雨量指数を基準として、一般に市町村単位で発表される

44m/s未満）、強さの表現なし（最大風速33m/s未満）の4階級に分類されています。強い台風は、域内の最大風速が33m/s以上であり、暴風域の定義である最大風速が25m/sの範囲を含んでいるので、暴風域を伴っています。

これだけは必ず憶えよう！

- 警報の種類は、気象（大雨、大雪、暴風、暴風雪の4種）、地面現象、津波（大津波・津波）、高潮、波浪、浸水、洪水であり、地面現象警報と浸水警報は標題とはせず、気象警報に含めて発表される。
- 注意報の種類は、気象（大雨、大雪、強風、風雪、雷、濃霧、霜、なだれ、融雪、着氷、着雪、乾燥、低温の13種）、波浪、高潮、洪水、津波、地面現象、浸水。
- 警報・注意報は二次細分予報区ごとに発表される。
- 警報・注意報の発表基準は、二次細分予報区ごとに地方気象台が関係する防災機関と協議して定めている。また、地震や火山噴火などで状況が変化したときには、一時的に発表基準を変えて運用する。
- 注意報・警報の有効時間は、解除されるか、新たな注意報・警報に切り替わるまで継続する。
- 台風の中心が予報した時刻に予報円内に入る確率は70%である。
- 地形の影響などにより、台風情報で発表される最大風速と最大瞬間風速を超える強い風が吹く場合がある。
- 水防法による指定河川についての洪水警報・注意報は、国土交通省あるいは都道府県と気象庁が共同で発表する。
- 土砂災害警戒情報は、都道府県と気象庁が警戒対象地域の市町村名を記して共同で発表する。

Chap.
12

防災気象情報

豆テスト **A** ◯ 記述の通り。なお、気象庁は、当該市町村内で土砂災害発生の危険度が高まっている地域を把握できるよう、ホームページで土砂災害警戒判定メッシュ情報を提供している。

天気予報の事始め

　気象測器が発明される以前の気象予測は「観天望気」で行われていました。17世紀になって温度計や気圧計が発明され、気象要素の観測値を用いて天気予報の基礎となる地上天気図が作られるようになりました。世界初の天気図は、ブランデス（1820年）がヨーロッパ各地の観測記録を集めて発表した、約40年前の天気図です。その後、クリミア戦争中に暴風雨で艦船が沈没したことから暴風雨の発生原因の究明がなされ、ルベリエが、連続した天気図から暴風雨の原因が低気圧にあることを明らかにしました。そして彼は、各地の気圧観測値の収集と天気図の作成による暴風雨の予報システムを提案し、近代的な天気予報の業務が1863年からフランス政府によって始まりました。

Q 海上警報のうちの一般警報は、海上風警報と海上濃霧警報に細分されている。

Chapter 13

気象災害

出 題 傾 向 と 対 策

◎かつては毎回１問は出題されていたが、最近では他分野の問題の枝問と
して問われることが多い。
◎大規模現象や中小規模現象などの章にある災害関連の記述に注意する。
◎実技試験では天気図の解釈に関連した災害の設問がほぼ毎回出題される。

 気象災害とは

1-1 気象災害の分類

　一般に気象現象が主な要因となって人的・物的な被害をもたらすこと
を気象災害といいます。各種気象要素と気象災害の種類は、表：専13・
1のように分類されます。これは気象庁が気象災害を分析するための統
計用の分類です。気象が直接の原因ではなくても、火災のように人為的
なミスで始まった災害が、異常乾燥や強風といった気象条件によって大
災害にまで拡大するタイプのものも含まれています。

　種類は多岐にわたりますが、気象災害には数分～数日という短期間で
災害が発生するタイプと、災害が発生するまでに数週間～数か月かかる
タイプとがあります。

1-2 気象災害の特徴

　気象災害の発生や拡大は、気象と人間・社会活動とのかかわり合いで
はじめて現れるものであり、被害の形態は時代とともに変化しています。
第二次世界大戦直後の昭和20年代は、大雨による河川のはん濫、台風

Chap.
13
気象災害

 ○ 記述の通り。海上警報には「警報なし」があり、これは「海上警報なし」と「海上警報解除」に細分されている。

表：専13・1　各種気象要素と気象災害の種類 （気象庁）

気象・海象・水象の要素	気象災害の種類	
	総　称	細　分　名
風	風害	強風害、塩風害、塩雪害、乾風害、風食、大火、風塵、砂ぼこり害、乱気流害
雨	大雨害（水害）	洪水害、浸水害、湛水害、土石流害、山崩れ害、崖崩れ害、地すべり害、泥流害、落石害
	長雨害	長雨害（湿潤害）
	少雨害	干害（干ばつ）、渇水、塩水害（干塩害）、火災
	風雨害	陸（海）上視程不良害、暴風雨害
雪	大雪害	積雪害、雪圧害（積雪荷重害）、なだれ害、着雪害、融雪害、落雪害
	着雪害	電線着雪害
	融雪害	融雪洪水害、なだれ害、浸水害、湛水害、山崩れ害、崖崩れ害、地すべり害、落石害
	風雪害	陸（海）上視程不良害、ふぶき害、暴風雪害
氷	着氷害	着氷害、船体着氷害
	雨氷害	雨氷害
	海氷害	海氷害、船体着氷害
雷	雷害（雷災）	落雷害、大雨害、ひょう害、風害
ひょう	ひょう害	ひょう害
霜	霜害（凍霜害）	霜害（凍霜害）、着霜害
気温	低温害	凍（冬）：凍結害、凍土害、植物凍害（寒害）、凍傷 冷（夏）：冷害
	高温害	夏季：酷暑害、日射病 冬季：暖冬害
湿度	異常乾燥	火災、乾燥害（植物枯死・呼吸器疾患）
	高湿害	腐敗、腐食害
霧	霧害	濃霧害、陸（海）上視程不良害、煙塵害
煙霧	濃煙霧害	大気汚染害、スモッグ害、陸（海）上視程不良害
波浪	波浪害	海上波浪害、沿岸波浪害
潮位	高潮害	高潮害、浸水害（海水）、塩水害
	異常潮害	浸水害（海水）、塩水害、副振動害
赤潮	赤潮害	赤潮害
水温	水温異常害	水温異常害
その他	その他	大気汚染害、騒音害、爆発害

Q 1年のうち平常時の潮位が最も高いのは夏から秋にかけてなので、この時期に台風に襲われると高潮害が発生しやすい。

による船舶遭難や高潮による被害が顕著でした。その後、経済の成長とともに河川堤防や防潮堤などの構築・改修が進んだことに加え、気象レーダーや気象衛星などによる近代的な気象観測網の整備によって予報精度が向上したこと、さらには災害対策基本法の制定で防災情報伝達システムが確立されたことなどで、特に台風による被害が減少しました。

しかし急速な都市化で、土壌・植生はアスファルトやコンクリートで覆われ、降水が地中に浸透しにくい環境が増えたため、短時間強雨による中小河川のはん濫が多発するようになりました。また、宅地や道路建設などで斜面の造成地が拡大し、がけ崩れ・土砂崩れなどの土砂災害が増加する傾向にあります。近年では、短時間の強雨や中小河川のはん濫による水が、都市の高度利用で増えた低地の地下空間に流れ込むといった新しい災害も報告されています。

1-3 主な気象現象と気象災害

日本付近で生じる気象現象とこれに伴う気象災害を次ページの表：専13・2に示します。これらには種類によって発生しやすい時期や場所があります。短期間で災害が発生するするタイプでは、竜巻、雷雨、台風、集中豪雨、豪雪などがあり、主にメソスケールの現象が原因となっています。これらの現象にはいずれも積乱雲がかかわっています。積乱雲による災害には以下のものがあります。

①落雷害：雷による災害は、夏季に本州の内陸部で日射と上空の寒気の影響で積乱雲が発達するため、晩春から初秋にかけて多いが、日本海側では寒気の吹き出しによって積乱雲が発生し、冬にも多くなる。冬季に日本海側で発生する雷は、夏季に発生する雷と比べて積乱雲の雲頂高度は低いが（p.143参照）、落雷による被害に差はない。

②ひょう害：ひょうによる災害は、積乱雲がよく発達する暖候期に生じるが、真夏よりも5月頃に被害が多いのが特徴である。これは、真夏には上空の0℃の気温層が高く、冷たい雨の仕組みで生じるひょうが地面に落ちてくる途中で溶けて水滴になることが多いためである。

Chap.
13

気象災害

 ○ 日本付近の潮位は9月頃が最高で、最も低い3月頃に比べ30〜40cmほど高い。この時期に台風に襲われると高潮の被害が発生しやすい。

表：専13・2　主な気象現象と気象災害

気象現象	気象災害
温帯低気圧／前線	風害、大雨害、長雨害（梅雨期・秋雨期）、大雪害、雷害、波浪害（特に、中心付近や前線通過付近）
台風／熱帯低気圧	風害（塩風害も含む）、大雨害、雷害、波浪害、高潮害（中心から遠いところでも強雨、うねりによる被害がある）
シベリア高気圧	風害（北日本・日本海側の風雪、太平洋側の乾燥したおろし風）、大雪害・雷害（気団変質による）、波浪害
オホーツク海高気圧	長雨害（梅雨の長期化）、低温害（東北地方太平洋側のやませ）
太平洋高気圧	雷害、少雨害（干ばつ、渇水）、高温害（夏の酷暑）
移動性高気圧	低温害、霜害（夜間の放射冷却）

③突風害：積乱雲によってダウンバーストが発生し、地表付近でガストフロントが形成されることがある。これによる強い下降流や周囲に吹き出す突風により、航空機や地上の建造物に甚大な被害をもたらすことがある。典型的な被害域は、ふつう円状または放射状に広がる（p.142参照）。

積乱雲の中でもスーパーセル型雷雨では竜巻（トルネード）を伴うことが多く、発生付近では局所的に回転する猛烈な風が吹き、地上の建物を破壊するなどの甚大な被害をもたらします。季節を問わず日本のどこでも発生し、特に沿岸部で、台風シーズンの9月に最も多くの発生が確認されています（p.145参照）。

積乱雲が組織化した集中豪雨や台風の維持には持続的な暖湿気流の供給が必要なので、これらの現象が発生しやすいのは暖候期であり、これらに伴う大雨災害は、大きく水害と土砂災害に分けられます。**水害**はさらに次のように4種に分類できます。

①洪水害：堤防の決壊や河川の水が堤防を越えたりすることによるはん濫。

②浸水害：用水溝や下水溝があふれたり、増水によって排水が阻まれたりして起こる災害。

③湛水害：浸水後、水が引かないままの状態が続く災害。

 晩春から初夏にかけての霜害を「はや霜」といい、秋の霜害を「おそ霜」という。

④強雨害：強雨時に肥料や表層土壌が流れ出ることによる災害。

　一方、土砂災害は次のように4種に分けられます

①山崩れ害：山の斜面が崩れ落ちることによる災害。

②がけ崩れ害：急斜面や人工的な崖の崩壊による災害。

③土石流害：土砂や岩石が多量の水分を伴って流れ出ることによって起こる災害。

④地滑り害：斜面が比較的ゆっくり滑り落ちることによる災害。

　降雨による土砂災害には次のような特徴があります。

①地面が水分を含んでいるときに新たに強い雨が降ると発生しやすい。

②長雨の後では、わずかな雨でも山・がけ崩れが起こりやすい。

③雨が止んだあとでも山・がけ崩れの心配がなくなるものではない。

　台風による災害については次の点に留意する必要があります。

①大雨による洪水、浸水、土砂災害：台風の雨は長時間ほぼ同じ場所で降り続くことが多く、台風から離れた場所でも大雨になることがある。

②暴風による被害：高潮・高波の原因にもなる。

③高潮害：気圧低下による海面上昇＋強風による吹き寄せ効果、湾の向きと風向の関係、天文潮位変化との重なり具合などに注意が必要。

④波浪害：波の高さは、風向風速、吹走距離（風が強く吹きわたる距離）、吹続時間（風が吹き続ける時間）などで決まり、うねりも影響する。

⑤塩害：強風が海から内陸に吹き込むときに、農作物などの植物や電力施設に被害を及ぼす。

　図：専13・1は、高潮・高波災害の起こるメカニズムを模式図で示したものです。

　気圧低下による吸い上げ効果は1hPaについて約1cmの潮位上昇をもたらします。台

図：専13・1　高潮・高波のメカニズム模式図

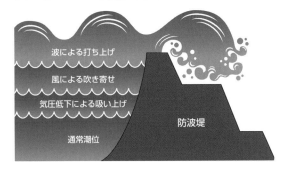

波による打ち上げ
風による吹き寄せ
気圧低下による吸い上げ
防波堤
通常潮位

✕　晩春から初夏に降る霜は通常の霜の時期よりも遅いので「晩霜（おそ霜）」といい、秋に降りる霜は通常より早いので「早霜（はや霜）」という。

風の強い風が海岸に向かって吹く場合の**吹き寄せ効果**により、海面の高さは風速の2乗に比例して高くなります。V字型の湾の場合には、湾の奥でさらに海面が高くなります。

　高潮は、通常潮位が満潮か干潮か、大潮か小潮かにも影響されます。また、吹走距離が長く、吹続時間が長いと高波も発生し、海岸の堤防を越えて海水が堤防内に入り、被害が発生します。なお、高潮は、台風のほかに、発達した低気圧に伴って発生することもあります。

　一方、寒候期には雪に関連した災害が発生します。これには、主に以下のようなものがあります。

①**着雪害**：太平洋側の雪や春の雪のように湿った雪によって、電線などに雪が付着し、広範囲の停電や通信障害や鉄道交通障害を生じる。

②**なだれ害**：冬に多く発生する表層なだれと、春先に多い全層なだれがあり、特に全層なだれは大規模なものが多く、破壊力も大きく、なだれの死傷者の大部分を占める。

③**落雪害**：屋根などに積もった雪が落下して、人身事故や物損事故を生じる。

　直接の雪害ではないが、路面凍結などによる事故、屋根の除雪作業中の転落事故なども生じています。

　災害が発生するまでに数週間〜数か月かかるタイプの冷害、長雨、日照不足、干ばつなどは、気圧配置にかかわる大規模スケールの現象が原因となっています。

　たとえば、勢力の強いオホーツク海高気圧が初夏から盛夏にかけて長期間停滞すると、**やませ**（冷湿な北東気流）が持続しやすく、北日本の太平洋側を中心に低温傾向となり、冷害が発生します。

　また、夏の太平洋高気圧が勢力を増して日本付近を持続的に覆うようになると、高温傾向が続き、さらに台風の接近・上陸を妨げるので降水量が著しく減少し、少雨害（干ばつ・渇水）が発生します。

風圧は風速の2乗に比例するので、風害を防ぐには、台風の最大瞬間風速を考慮した対策が必要である。

理解度 **check** テスト

Q1 日本における気象災害と災害をもたらす大気現象について述べた次の文(a)〜(d)の正誤の組み合わせとして正しいものを、下記の①〜⑤の中から一つ選べ。

(a) 多雪地域では、春先になると気温の上昇や降雨によって積雪が融け、浸水や洪水などの災害が起こることがある。この災害が予想されるときには、融雪注意報は発表されるが、洪水注意報が発表されることはない。

(b) 全層なだれは大規模なものが発生することが多いが、一般に表層なだれは小規模で、山で発生した表層なだれが1kmも離れた集落まで達することはない。

(c) 冬季の日本海側では、寒気の移流によって対流雲が発生するが、夏季に発生する積乱雲と比べると雲頂高度が低いことから、竜巻が発生することはない。

(d) 台風が温帯低気圧に変わりつつある場合、中心から離れた地域でも強い風が吹くようになることが多い。

	(a)	(b)	(c)	(d)
①	正	正	誤	誤
②	正	誤	正	誤
③	誤	正	誤	正
④	誤	誤	正	誤
⑤	誤	誤	誤	正

Chap.
13

気象災害

Q2 ダウンバーストの特徴とその被害について述べた次の文章の下線部(a)〜(c)の正誤の組み合わせとして正しいものを、下記の①〜⑤の中から一つ選べ。

記述の通り。空気密度をρ、風速をv、重力加速度をgとすると、風圧は、$\frac{\rho}{2g}v^2$で表される。

ダウンバーストは、積雲や積乱雲から吹き降ろす下降気流のうち、地面付近で周囲に突風となって吹き出す風が災害を起こすほど強いものをいう。ダウンバーストが発生するときには、(a)短時間に地上の気圧が変化することが多い。また、しばしばひょうを伴う。突風の吹き出しの水平的な広がりは(b)数十mから数百m 程度で、被害地域は(c)円形あるいは楕円形などの形状になる特徴がある。

	(a)	(b)	(c)
①	正	正	正
②	正	正	誤
③	正	誤	正
④	誤	正	誤
⑤	誤	誤	正

📖 解答と解説

Q1 **解答⑤　第42回（平成26年度第1回）専門・問14**

(a) 誤り。多雪地域で春先の積雪が気温の上昇や降雨で融けて発生する災害の総称を融雪害といいます。融雪が生じる気象状況が予想されるときには融雪注意報を発表します。融雪により、なだれと洪水の注意報・警報基準を超えると予想されるときには、なだれ注意報、洪水注意報・警報を発表します。融雪により、浸水や山崩れ・がけ崩れの災害発生が予想されるときには、なだれ注意報または融雪注意報で警戒を呼びかけます。

(b) 誤り。なだれは、雪質や滑り面の位置などの違いから、大きく全層なだれと表層なだれに分類されます。前者は春先の融雪期に多く、後者は気温が低く降雪が続く厳冬期に多く、山の中腹で発生して2kmも離れた麓の集落で多数の死者が出た災害例があります。

(c) 誤り。竜巻は積乱雲（特に、スーパーセル型雷雨と呼ばれるもの）に伴う強い上昇流によって発生する激しい渦巻です。冬季の日本海

 冬の日本海側では、寒気の吹き出しで生じた積乱雲によって雷が発生することがあるが、雷による被害はほとんどない。

側では、寒気の移流によって積乱雲が発生し、夏季と比べて冬季の積乱雲の雲頂高度は低いが、落雷の強さは同じ程度であることから、スーパーセル型雷雨に伴う竜巻が発生していると考えられます。過去の竜巻発生確認数の統計によれば、冬季（12〜2月）にも年間の13％程度の竜巻発生数が確認されています。

(d) 正しい。夏から秋にかけて、台風が北上して偏西風帯に入ると、台風の雲の分布は非対称になり、眼が崩れて形がはっきりしなくなります。台風の後面に寒気が入って前線が形成されるようになる過程を「台風の温帯低気圧化（温低化）」といいます。普通、温低化によって、中心付近の最大風速は弱まりますが、強風域は広がり、中心から遠く離れた地域でしばしば風害が発生します。

Q2 **解答③ 第45回（平成27年度第2回）専門・問9**

(a) 正しい。ダウンバーストが発生するとき、上空から冷たく重い空気が下降するので、ダウンバーストの直下では地上気圧が上昇することが多く、その通過や強弱によって地上気圧に変化が生じます。

(b) 誤り。ダウンバーストによる突風（冷気外出流）の広がりは、数kmから10kmくらいです。

(c) 正しい。ダウンバーストは、地表付近で周囲に突風となって吹き出す風を生じるため、これによる被害地域の特徴は円形あるいは楕円形の形状になることが多いのです。

これだけは必ず覚えよう！

・台風の吸い上げ効果では気圧低下1hPaについて約1cmの潮位高をもたらし、吹き寄せ効果では風速の2乗に比例して潮位が高くなる。

・夏にオホーツク海高気圧が長期間停滞すると、やませ（冷湿な北東気流）により北日本の太平洋側を中心に冷害が発生することがある。

・太平洋高気圧が日本付近を持続的に覆うようになると、台風の接近・上陸を妨げるので降水量が減少し、干ばつや渇水が発生することがある。

Chap.
13
気象災害

✕ 夏よりも落雷数は少ないが、いわゆる「一発雷」が多く、これによって被害が生じる。なお、寒気の吹き出しによって生じる積乱雲の雲底は、夏の積乱雲の雲底よりも低い。

Chapter 14

予報精度の評価

出題傾向と対策

◎毎回1問出題されている。
◎天気予報や注意報・警報の精度の客観的な評価法に基づいて計算きるようにしておく。

 ## 天気予報の精度評価

　天気予報の情報としての価値は、実際の天気現象に対してどれだけの精度をもっているかを検証・評価して、はじめて認められます。しかし、天気の予測結果には本質的に誤差が含まれているので、天気予報の適中率が100％であることは不可能です。したがって、予報を有効に利用するには、予報の精度を前もって知っておき、精度を考慮することが大事です。

　精度の評価は、客観的な方法でなければなりません。そのような評価法としては、発表された気象予報を、特別な予報技術を必要としない持続予報や気候値予報と比較してどの程度改善されたかを検証・評価する方法などがあります。

　持続予報とは、現在の状態がそのまま持続するとして行う予報です。たとえば、今日が「晴れ」だったならば明日も「晴れ」が持続すると予報し、今日の最高気温が33℃だったならば明日も33℃が持続すると予報するものです。

　気候値予報とは、気候値（平年値）に基づいて行う予報です。たとえば、予報対象日の平年値の最高気温が31℃ならば、31℃として予報するものです。

2 評価の方法

　気象庁が発表する予報には、カテゴリー予報（降水の有無についての予報）、量的予報、確率予報があり、予報精度の検証方法および評価方法がそれぞれ定められています。

2-1　カテゴリー予報の精度評価

　カテゴリー予報は、「曇時々雨」「気温が高い」などというように、気象現象の状態や性質を言葉で表現する予報です。カテゴリー予報の精度評価は、予報と実況のそれぞれの「現象あり」「現象なし」の回数から、次ページの表：専14・1のような**2×2分割表**を作成し、その表中の数値から適中率、見逃し率、空振り率、スレットスコアなどの指数を算出して総合的に行います。

　カテゴリー予報には、いろいろな予報要素がありますが、最も関心が強くて重要度の高いのは天気であり、なかでも特に重要なのは、雨が降るか降らないかの予報です。天気予報では、「曇のち一時雨」、「雨のち曇」のような短文形式で表現されますが、晴れ・曇の区分や地域的な降雨時間を決めることは難しいので、雨の予報については客観的に評価しています。

　その方法は、特定時間内の「降水（1mm以上）の有無」について評価するものです。天気の予報文の中に、「雨」または「雪」という表現があれば「降水あり」の予報とし、その表現がない場合と「ところにより一時雨」という予報の場合は「降水なし」の予報として、2つのカテゴリー予報に変換することで、実況との比較を行います。したがって、「曇のち一時雨」と「雨のち曇」とは検証評価では同等に扱われます。

　表：専14・1から予報精度を評価するためのスコアは次のように定義されます。「**適中**」は、「降水あり（降水なし）」と予報を発表して実際にも降水があった（降水がなかった）場合をいい、「**見逃し**」は、降水

豆テスト **A** ○　夜間の放射冷却現象は、晴れて風が弱く、盆地のように冷気が溜まりやすい所に発生し、春や秋には晩霜や早霜によって農作物に被害をもたらすことがある。

		予　　報				合　　計	
		降水あり		降水なし			
実況	降水あり	A	6	B	2	$A + B$	8
	降水なし	C	4	D	18	$C + D$	22
合　　計		$A + C$	10	$B + D$	20	$A + B + C + D$	30

の予報を発表しなかったが実際には降水があった場合をいい、「空振り」は、降水の予報を発表したが実際には降水がなかった場合をいいます。「捕捉率」は、実況で「降水あり」となった回数のうち、どれだけの割合で予報したかを示すスコアです。「バイアススコア」は「降水あり」と予報した回数と実況で「降水あり」となった回数の比で、1より大きければ「空振り」が多く、1より小さければ「見逃し」が多いことを示します。

　表：専14・1において、$A + B + C + D = N$とすると、適中率、見逃し率、空振り率、捕捉率、バイアススコアは次のように算出できます。

(1)　適中率 $= \dfrac{A + D}{N} = \dfrac{6 + 18}{30} = 0.8$　（80%）

　　適中率の値の範囲：0〜1、最適値：1

(2)　見逃し率 $= \dfrac{B}{N} = \dfrac{2}{30} = 0.067$　（6.7%）

　　見逃し率の値の範囲：0〜1、最適値：0

(3)　空振り率 $= \dfrac{C}{N} = \dfrac{4}{30} = 0.133$　（13.3%）

　　空振り率の値の範囲：0〜1、最適値：0

(4)　捕捉率 $= \dfrac{A}{A + B} = \dfrac{6}{8} = 0.75$　（75%）

　　捕捉率の値の範囲：0〜1．最適値：1

(5)　バイアススコア $= \dfrac{A + C}{A + B} = \dfrac{10}{8} = 1.25$

Q 梅雨期は雨の日が多いので、降水の有無のカテゴリー予報の適中率は高くなる。

2-2 スレットスコア

　スレットスコアは、気象学的にみて現象の発生が少なく、発生を予想することの意味が大きい現象に対する予報精度を評価する場合に用いられます。したがって、「予報なし・実況なし」の場合は適中しても意味がないので除きます。たとえば冬の太平洋側の降水や雷のように、発生頻度が低い現象の予報精度の評価に用いられます。

a. 現象「あり」の予報で、「予報なし・実況なし」の場合を除外した適中率。

$$\frac{A}{A+B+C} = \frac{A}{N-D} = \frac{6}{6+2+4} = \frac{6}{12} = 0.5$$

　　スレットスコアの値の範囲：0〜1、最適値：1

b. 現象「なし」の予報で、「予報あり・実況あり」の場合を除外した適中率。

$$\frac{D}{B+C+D} = \frac{D}{N-A} = \frac{18}{2+4+18} = \frac{18}{24} = 0.75$$

　　スレットスコアの値の範囲：0〜1、最適値：1

　スレットスコアは、数値が大きいほど精度がよいことを表します。定義式で A が大きいほどよく当たったことになることから、予報精度を評価するのに適したスコアであるとされています。完全予報の場合のスレットスコアは1、すべて外れた場合は0になります。

　現象「なし」の予報でのスレットスコアは上記の逆になり、たとえば冬の日本海側のように降水なしの発生頻度が低い現象の精度評価に用いられます。

2-3 注意報・警報の精度評価

　降水の有無のように毎日必ず発表される予報と、大雨注意報や大雨警報のように、ある現象が起きると予想される場合にのみ発表される予報とでは、評価の方法が違います。注意報や警報に対する精度評価は、通常、実況値がそれぞれの「発表基準値に達した」か「発表基準値に達しない」かによって区分する、予報対実況の2×2分割表で行います（表：

 ✕　適中率は、予報・実況とも「降水あり」の回数と、予報・実況とも「降水なし」の回数を全予報数（全実況数）で割った値なので、現象の発現頻度とは関係ない。

表：専14・2　注意報・警報の2×2分割表

| | | 注意報・警報 | | 合　計 |
		予報を発表した	予報を発表しない	
実況	基準値以上の現象の発現あり	A　20	B　5	$A+B$　25
	基準値以上の現象の発現なし	C　15		
合　計		$A+C$　35		

専14・2）。この分割表の実況欄にある「現象」とは、注意報・警報の基準値に達した大雨や強風のことを指します。表：専14・1の2×2分割表との違いは、実況の「現象なし」と予報の「発表なし」の蘭が空白になっていることです。

　適中は、注意報・警報の発表期間内に予想した現象が基準値以上で発現のあった場合をいいます。**見逃し**は、基準値以上の現象の発現があったときに、注意報・警報が発表されていなかった場合をいい、**空振り**は、注意報・警報の発表期間内に予想した現象が発現しなかった（基準値以上の現象がなかった）場合をいいます。また、**捕捉**は、基準値以上の現象が発現したときに注意報・警報が発表されていた場合をいいます。表：専14・2で、Aは捕捉回数・適中回数、Bは見逃し回数、Cは空振り回数を意味します。

　注意報・警報の精度を評価するための指数は次のように定義されています。

(1)　適中率 $= \dfrac{A}{A+C} = \dfrac{20}{35} = 0.57$

　　適中率の値の範囲：0〜1、最適値：1

(2)　見逃し率 $= \dfrac{B}{A+B} = \dfrac{5}{25} = 0.2$

　　見逃し率の値の範囲：0〜1、最適値：0

豆テスト Q スレットスコアとは、気象学的にみて現象の発生が少なく、発生を予想することの意味が大きい現象に対するカテゴリー予報の精度評価に用いられる。

(3) 空振り率 $= \dfrac{C}{A+C} = \dfrac{15}{35} = 0.43$

空振り率の値の範囲：0~1、最適値：0

(4) 捕捉率 $= 1 -$ 見逃し率 $= 1 - \dfrac{B}{A+B} = \dfrac{A}{A+B} = \dfrac{20}{25} = 0.8$

捕捉率の値の範囲：0~1、最適値：1

2-4　量的予報の精度評価

　天気予報に付加されている最低・最高気温、日最大風速、日最小湿度などの量的な予報は、「予報値－実況値」を「誤差」として評価します。量的予報では、誤差を最小限にすることがよい予報となります。

　気温予報などの予報値と実況値の差があまりなく、ほぼ連続的に分布する量的予報の精度を表す指標として用いられるのが**平均誤差（バイアス）**と**2乗平均平方根誤差**（**RMSE**：Root Mean Square Error）です。

(1) 平均誤差（バイアス）$= \dfrac{\Sigma (F_i - A_i)}{N}$

平均誤差の値の範囲：$-\infty \sim +\infty$、最適値：0

　ここで、F_iは予報値、A_iは実況値、Nは予報回数です。

　予報値から実況値を差し引いた予報誤差の合計を予報回数で割ったものが平均誤差であり、予報値と実況値の系統的な偏り（バイアス）の大きさを表します。計算された誤差の絶対値は、正の誤差と負の誤差が打ち消し合う場合は小さくなるので、数値が小さいほど予報精度がよいとはいえません。

(2) 2乗平均平方根誤差（RMSE）$= \sqrt{\dfrac{\Sigma (F_i - A_i)^2}{N}}$

2乗平均平方根誤差の値の範囲：$0 \sim +\infty$、最適値：0

　ここで、F_iは予報値、A_iは実況値、Nは予報回数です。

　予報値から実況値を差し引いた予報誤差を2乗し、その値の合計を予報回数で割ったものの平方根が、2乗平均平方根誤差です。これは、予

A ○ たとえば、冬の太平洋側の降水のように、発生頻度の低い現象の予報精度の評価に用いられる。

報の標準的な誤差幅を表すもので、数値が小さいほど予報精度がよくなります。

　ここで、注意すべきことは、平均誤差が0でも、RMSEの数値が0、または小さいとは限らないことです。

　表：専14・3は、8日間の気温の予報値と実況値、表：専14・4はそれぞれの日の予報誤差と、その2乗の値を表にしたものです。

表：専14・3　8日間の気温の予報値と実況値

	1日	2日	3日	4日	5日	6日	7日	8日
予報値	15	18	15	17	12	13	16	18
実況値	14	15	17	18	12	12	15	16

表：専14・4　予報誤差と2乗値

	1日	2日	3日	4日	5日	6日	7日	8日
予報誤差	1	3	−2	−1	0	1	1	2
2乗値	1	9	4	1	0	1	1	4

　これに基づいて平均誤差と2乗平均平方根誤差を求めてみます。

$$平均誤差 = \frac{\Sigma(F_i - A_i)}{N} = \frac{1 + 3 - 2 - 1 + 0 + 1 + 1 + 2}{8} = \frac{5}{8} \fallingdotseq 0.63$$

$$RMSE = \sqrt{\frac{\Sigma(F_i - A_i)^2}{N}}$$

$$= \sqrt{\frac{1 + 9 + 4 + 1 + 0 + 1 + 1 + 4}{8}} = \sqrt{\frac{21}{8}} = \sqrt{2.625} \fallingdotseq 1.62$$

2-5　確率予報（降水確率予報）の精度評価

　降水確率予報での予報精度は、たとえば40％という予報を発表した場合に、実際に40％の割合で出現していたかどうかについて、過去の事例から統計的に確かめることで行われます。これを誤差の統計とし、

豆テスト **Q** 注意報・警報の精度評価をするための捕捉率は、「1−見逃し率」である。

精度を評価する方法として**ブライアスコア**（BrS）があり、次式で計算
されます。

注：ブライアスコアの略称のBrSは、Brier（提唱者の名前）Scoreの略語。

$$\text{BrS} = \frac{\Sigma(E_i - P_i)^2}{N}$$

ブライアスコアの値の範囲：0〜1、最適値：0

ここで、E_iは降水の実況（降水あり＝1、降水なし＝0）、P_iは降水確
率（小数で表現、たとえば確率100％は1.0、確率70％は0.7）、Nは予報
回数です。

表：専14・5は8日間の降水確率予報とそれぞれの実況で、表：専
14・6は確率予報を小数表示に換算したものです。

表：専14・5　8日間の降水確率予報と実況

	1日	2日	3日	4日	5日	6日	7日	8日
予　報	0%	30%	60%	100%	30%	30%	50%	50%
実　況	0	0	1	1	1	0	1	1

表：専14・6　換算値、予報誤差とその2乗値

	1日	2日	3日	4日	5日	6日	7日	8日
換算値	0	0.3	0.6	1.0	0.3	0.3	0.5	0.5
予報誤差	0	− 0.3	0.4	0	0.7	− 0.3	0.5	0.5
2乗値	0.0	0.09	0.16	0.0	0.49	0.09	0.25	0.25

これに基づいてブライアスコアを計算してみます。

$$\text{BrS} = \frac{0.0 + 0.09 + 0.16 + 0.0 + 0.49 + 0.09 + 0.25 + 0.25}{8}$$

$$= \frac{1.33}{8} \fallingdotseq 0.166$$

A ○　注意報・警報の見逃し率は発表基準以上の現象の発現があったときに発表していなかった
割合であり、捕捉率は発表基準以上の現象が発現したときに発表していた割合である。

2-6　降水確率予報の気候値予報からの改善率

上記8日間の気候値による降水率（この8日間に1mm以上の降水があった回数を長期平均したもの）が0.250だとすると、気候値予報からの改善率は、

改善率＝（気候値予報BrS − 予報値BrS）／気候値予報BrS

で表され、気候値予報BrS＝気候値降水率×（1 − 気候値降水率）なので、気候値降水率が0.250の場合には気候値予報BrS＝0.188となり、予報の降水確率は、改善率＝（0.188 − 0.166）／0.188＝0.117となり、約12%改善されていると考えられます。

理解度 check テスト

 気象庁では、降水の有無に関する予報の評価を、予報期間内に1mm以上の降水があった場合を「降水あり」として、予報と実況における「降水あり」と「降水なし」のそれぞれの場合に分類・蓄積して計算している。

表はある地域の1か月間の、毎日の降水の有無に関する予報と実況をとりまとめた分割表である。この表に基づく、「降水の有無」の適中率、「降水あり」の見逃し率、および「降水あり」予報のスレットスコアとして、適切な数値の組み合わせを、下記の①～⑤の中から一つ選べ。

		予報		計
		降水あり	降水なし	
実況	降水あり	9	3	12
	降水なし	4	14	18
	計	13	17	30

昼テスト **Q** 気温などの量的予報の精度評価に用いられる平均誤差は、その値が小さいほど誤差は小さい。

	降水有無 の適中率	降水ありの 見逃し率	降水ありの スレットスコア
①	0.77	0.10	0.56
②	0.77	0.23	0.56
③	0.77	0.23	0.69
④	0.82	0.10	0.56
⑤	0.82	0.23	0.69

 気象庁が天気予報の精度検証に用いる統計的な手法に関する次の文(a)～(d)の下線部の正誤について、下記の①～⑤の中から正しいものを一つ選べ。

(a) 気温の予報等の量的予報の精度を表す指標としては、2乗平均平方根誤差（RMSE）や平均誤差（バイアス）が用いられる。それらは、値が小さいほど予報の精度がよいことを示すが、<u>一般に、平均誤差が0でも2乗平均平方根誤差は0にならない。</u>

(b) 降水確率などの確率予報の精度検証に用いるブライアスコアは、<u>0から1までの値をとり、値が大きいほど精度がよい。</u>

(c) 降水の有無に関する予報の精度検証に用いる適中率は、<u>予報が「降水あり」で実況が「降水あり」の回数と、予報が「降水なし」で実況が「降水なし」の回数の和を、全体の予報回数で割ったものである。</u>

(d) 冬季の太平洋側における雨や雪など、<u>出現頻度の低い現象の予報の精度評価には、スレットスコアが用いられる。</u>

① 　(a) のみ誤り
② 　(b) のみ誤り
③ 　(c) のみ誤り
④ 　(d) のみ誤り
⑤ 　すべて正しい

Chap.
14

予報精度の評価

 × 平均誤差（バイアス）は、予報値と実況値の差の単純平均なので、プラスとマイナスの誤差が打ち消しあう場合は数値が小さくなるので、数値が小さいほど誤差が小さいとはいえない。

解答と解説

		予　報		計
		降水あり	降水なし	
実況	降水あり	A　9	B　3	$A+B$　12
	降水なし	C　4	D　14	$C+D$　18
計		$A+C$　13	$B+D$　17	$A+B+C+D=N$　30

$$\text{降水有無の適中率} = \frac{A+D}{N} = \frac{9+14}{30} \fallingdotseq 0.77$$

$$\text{降水ありの見逃し率} = \frac{B}{N} = \frac{3}{30} = 0.10$$

$$\text{降水ありのスレットスコア} = \frac{A}{A+B+C} = \frac{A}{N-D} = \frac{9}{30-14} \fallingdotseq 0.56$$

となるので、①が正解です.

(a) 正しい。気温の予報など量的予報の精度評価には、2乗平均平方根誤差や平均誤差が用いられる。平均誤差がプラスであれば予報は高め（大きめ）、マイナスであれば低め（小さめ）であることを表しますが、平均誤差は差を平均しただけなので、正負が打ち消しあい、0に近くても予報精度は高いとは限りません。2乗平均平方根誤差は、差を2乗するので正負が相殺されることなく、0に近いほど平均的な誤差が小さいことを表します。したがって、一般に、平均誤差が0でも2乗平均平方根誤差は0になりません。

(b) 誤り。確率予報の精度評価に用いるブライアスコアは、0〜1の値をとり、値が大きいほど精度が低い（0に近いほど精度が高く、1に近いほど精度が低い）ことを意味します。

Q 量的予報の精度評価に用いられる2乗平均平方根誤差は、その数値が小さいほど誤差が小さいことを意味する。

(c) 正しい。降水の有無に関する予報の精度検証に用いる適中率は、前問でみたように分割表を用いて、$(A + D)/N$で求められます。

(d) 正しい。出現頻度の低い現象の精度評価には、スレットスコアが用いられます。

　以上から、(b) のみが誤りで、②が正解です。

これだけは必ず覚えよう！

・降水の有無の評価法と注意報・警報の評価法が違うことを認識しよう。

・適中率、見逃し率、空振り率、捕捉率、バイアススコア、スレットスコアの求め方を記憶しておこう。

・F_i：予報値、A_i：実況値、N：予報回数とすると、

$$平均誤差 = \frac{\Sigma(F_i - A_i)}{N}$$

$$2乗平均平方根誤差 = \sqrt{\frac{\Sigma(F_i - A_i)^2}{N}}$$

・E_i：実況（1か0）、P_i：降水確率（小数表示）、N：予報回数とすると、

$$ブライアスコア = \frac{\Sigma(E_i - P_i)^2}{N}$$

A ○ 2乗平均平方根誤差（RMSE）は、予報値と実況値の差の2乗の平均の平方根であり、値が小さいほど誤差が小さい。

実技の基礎

編

Chapter 1

実技試験への対応

1 実技試験の科目

　気象予報士は、気象庁が提供する数値予報資料などの高度な予測データを適切に利用できる技術者です。その資格としては、気象学およびそれに関連する分野についての十分な基礎知識と一般的な気象現象に関する知識をもち、気象庁が提供するデータや予報支援資料のもっている意味を理解し、自らの予報を発表するにあたって気象庁が発表する警報・注意報などの防災情報との整合性をとることに関する法令・規則などの知識をもっていることです。

　実技試験では、学科試験で問われるこれらについての基礎的な知識を応用し、気象予報士として予報業務を中心とした仕事をするうえで欠かせない基本的な技能、すなわち天気予報をするのに必要な実務的な技能が問われます。現在、実技試験の科目は、次の3つとされています。

(1) **気象概況およびその変動の把握**：この科目では、気象庁が発表する実況および予想天気図や気象衛星画像などの資料から、気象概況および今後の推移、特に注目される現象についての予想上の着眼点などを、的確に読み解く技能が備わっているかどうかが問われます。

(2) **局地的な気象の予想**：この科目では、予報利用者の求めに応じて局地的な気象予想を実施するうえで必要な予想資料などを用いた解析と、その予想を実際に行える技能が備わっているかどうかが問われます。

(3) **台風等の緊急時における対応**：この科目では、台風の接近などにより災害の発生が予想される場合に、気象庁の発表する警報などと自らが発表する予報などの整合性を図るために注目すべき事項などについて、気象庁の予報官と同じ目線での実況監視資料や各種解析資料などによる実況把握や、予想上の着眼点などを的確に読み解く技能と、こ

れらに関連して予想される気象状態や想定される防災事項などが問われます。

2 問題に用いられる天気図・予想図・資料など

　実技試験は実技1と実技2に分かれ、それぞれの問題に15～20程度の資料が用意されます。また、それぞれの試験時間は75分です。この限られた時間内に用意された資料を使いこなして解答しなければなりません。

　ここでは問題で用意される資料を紹介します。これらのいくつかは、その表示形式が違う場合もありますが、気象庁ホームページや民間気象会社などのWebサイトで閲覧することができます。また、天気図の読み方やその解釈の要点については、専門知識編8章を参照してください。

2-1　実況図

(1) 天気図

①地上天気図：この天気図は問題で必ず用いられます。全般海上警報や国際式天気図記入方式での地上気象観測結果など、天気図に記入された情報を正しく読み取れる必要があります（出題例：専門知識編8章の理解度Checkテスト）。

②地上実況図：これは地上気象観測結果が国際式天気図記入方式で記入された天気図です。特定地点の気象要素の読み取りや、等圧線や等温線、天気分布などを解析させるといった出題があります。

③高層天気図：300hPa、500hPa、700hPa、850hPaの各天気図。特定地点の気象要素の読み取りや、トラフ（気圧の谷）やジェット気流（強風軸）の解析（出題例：実技編2章の例題2 (1)）、温度移流の判定といった出題があります。

(2) 解析図

①500hPa高度・渦度解析図（図：専8・7上参照）

②850hPa気温・風、700hPa鉛直流解析図（図：専8・7下参照）

③風・相当温位解析図（850hPa、925hPa、950hPa）

④ある2点間または緯度線や経度線に沿った気象要素の鉛直断面解析図：気象要素は、気温、相当温位、相対湿度、湿数、風、鉛直p速度などです。このような鉛直断面図を用いる問題が、最近よく出題されています（出題例：実技編2章の例題3）。

(3) 波浪図

①沿岸波浪実況図（図：専2・3参照）

2-2　予想図

- -

①地上気圧・降水量・風予想図（図：専8・9（a）下参照）

②850hPa気温・風、700hPa鉛直流予想図（図：専8・9（b）下参照）

③500hPa高度・渦度予想図（図：専8・9（a）上参照）

④500hPa気温、700hPa湿数予想図（図：専8・9（b）上参照）

　これらの予想時間は、12時間、24時間、36時間、48時間、72時間です。

⑤850hPa風・相当温位予想図

⑥沿岸波浪予想図

　これらの予想時間は、12時間、24時間、36時間、48時間です。

　次に、以下の予想図は、問題のシナリオによって用意される資料です。見慣れないといった戸惑いや不安を感じるかもしれませんが、前出の予想図がきちんと読めればそれほど難しいものではありません。

⑦地上の気象要素の予想図：気象要素は、気圧、風、降水量などで、降水量は前1時間、前3時間などがあります。また、予想時間は3時間、9時間、12時間、15時間、18時間、21時間、24時間、30時間などがあります（図：実1・1参照）。

⑧気圧面（975hPa、950hPa、925hPa、850hPaなど）の気象要素の予想図：気象要素は、気温、湿数、相当温位、風、SSI（ショワルターの安定指数）などです。また、予想時間は3時間、9時間、12時間、15時間、18時間、21時間、24時間、30時間などがあります。

図：実1・1　3時間降水量・風の9，12，18時間予想図

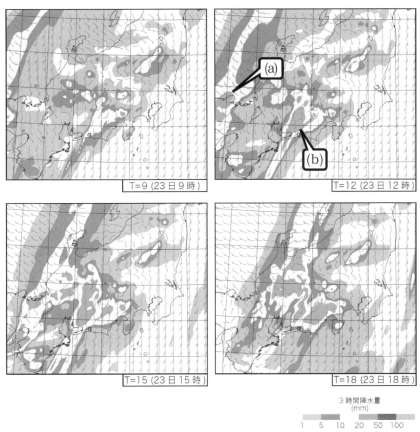

塗りつぶし域：前3時間降水量（mm）（凡例のとおり）
矢羽：風向・風速（ノット）（短矢羽：5ノット、長矢羽：10ノット、旗矢羽：50ノット）
初期時刻：XX年4月23日0時（22日15UTC）

⑨ある地点における気象要素の鉛直断面時系列予想図：気象要素は、気温、相当温位、相対湿度、風、鉛直p速度などです。予想時間帯は初期時刻〜48時間など問題のシナリオによって様々です。

⑩ある2点間または緯度線や経度線に沿った気象要素の鉛直断面予想図：気象要素は、気温、相当温位、相対湿度、湿数、風、鉛直p速度などです。また、予想時間は12時間、24時間、36時間、48時間などがあ

図：実1・2　相当温位・風の鉛直断面12、24、36、48時間予想図

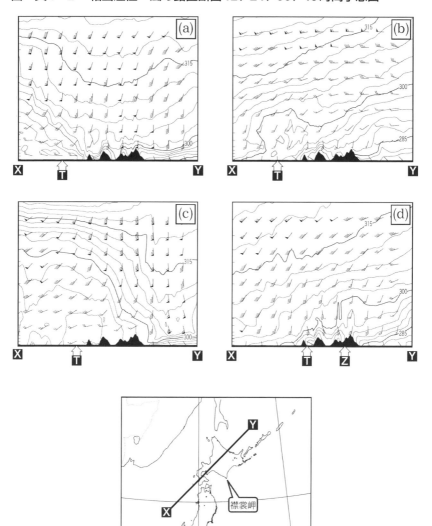

実線：相当温位（K）
矢羽：風向・風速（ノット）（短矢羽：5ノット、長矢羽：10ノット、旗矢羽：50ノット）
初期時刻：XX年4月22日9時（00UTC）

ります。このような鉛直断面予想図を用いる問題が、最近よく出題されています（図：実1・2参照）。

2-3　資　　料

以下は、問題のシナリオに応じて示される資料です。

①気象衛星画像（赤外画像、可視画像、水蒸気画像）：このうち赤外画像は、ほぼ毎回のように問題に用いられます。（出題例：実技編2章の例題1）

②気象レーダーエコー合成図（図：専3・2参照）：最近では風向風速を示す矢羽や気温、気圧などの実況値や等圧線を重ねて表示した図がみられます（図：実1・3参照）。

③解析雨量図（図：専3・3参照）

④ウィンドプロファイラによる高層風時系列図（図：専4・4参照）

⑤アメダスによる気温、降水量、風向風速の分布図（図：実2・10参照）

⑥地上局地解析図：アメダスによる風向風速と等圧線、高・低気圧などが記入された天気図で、等圧線やシアーラインを解析させるといった出題があります（出題例：実技編2章の例題2（2）、図：実2・11参照）。

⑦海面水温分布図（図：実2・5参照）。

⑧台風経路図、台風進路予想図

⑨特定沿岸の天文潮位、潮位偏差予想図（図：実1・4参照）

⑩特定地点の地上気象観測表

⑪特定地点の気象要素の時系列図（実況・予想）：気象要素は、気温、露点温度、相対湿度、風向風速、降水の有無、降水量（時間・積算）、降雪量などです。（図：実1・5参照）

⑫特定地点の気温・露点温度の状態曲線（図：実2・4参照）

⑬特定地点の風向風速、相当温位の鉛直分布図

⑭竜巻発生確度ナウキャスト、雷ナウキャスト、雷分布図

⑮天気予報ガイダンス（表：実1・1参照）

⑯地上気温と相対湿度による降水の型判別図

⑰地形図：これは地形性降水やフェーン現象といった局地的な気象解析
や予想に不可欠な資料で、これらに関する問題に用いられます。

図：実1・3　レーダーエコー合成図・地上実況図

XX年1月26日18時（09UTC）、21時（12UTC）

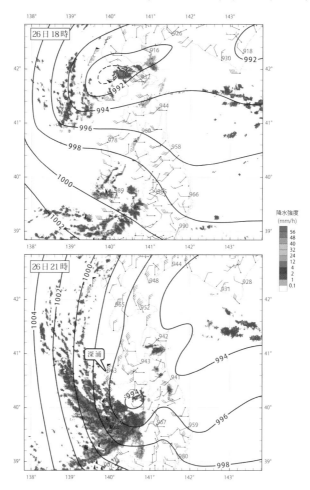

塗りつぶし域：降水強度（mm/h）（凡例のとおり）
実線：海面気圧（hPa）、地点に付した数字：0.1hPa単位で表した海面気圧の下3桁
矢羽：風向・風速（m/s）（短矢羽：1m/s、長矢羽：2m/s、旗矢羽：10m/s）
※緯度・経度の補助目盛はそれぞれ0.2°刻み

図：実1・4　天文潮位・潮位偏差1時間〜15時間予想図

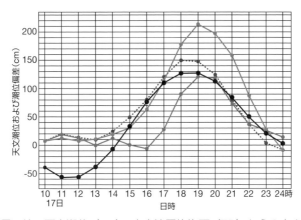

黒　　線：天文潮位（cm）、東京湾平均海面（TP）からの高さ
赤　　線：中央の進路をとる場合の予想潮位偏差（cm）
灰色線：右寄りの進路をとる場合の予想潮位偏差（cm）
点　　線：左寄りの進路をとる場合の予想潮位偏差（cm）
初期時刻　XX年9月17日9時（00UTC）

図：実1・5　輪島の気象要素の時系列図と記事

XX年12月20日14時（05UTC）〜21日4時（20日10UTC）

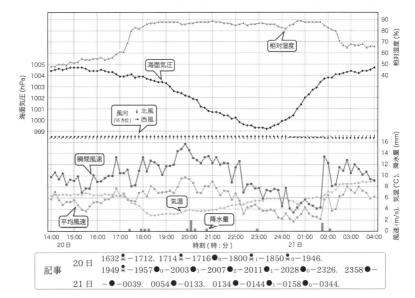

表：実1・1 五島市の注意報・警報発表基準とガイダンス資料

XX年9月16日〜17日

種類	発表基準値		警報	注意報	9/16 0〜3	3〜6	6〜9	9〜12	12〜15	15〜18	18〜21	21〜24	9/17 0〜3	3〜6	6〜9	9〜12	12〜15	15〜18	18〜21	21〜24
大雨・洪水	最大1時間降水量(mm)（平坦地以外）		70	40	19	19	19	17	30	49	42	60	62	50	42	42	40	16	8	0
大雨・洪水	最大3時間降水量(mm)（平坦地）		130	90	23	23	27	28	36	66	53	80	100	95	92	90	77	43	12	0
大雨	土壌雨量指数		116	85	62	62	64	62	72	76	77	88	93	93	91	90	86	83	79	76
洪水	流域雨量指数（鰐川流域）		25	20	5	5	5	5	5	6	7	8	8	8	7	7	7	6	6	
暴風・強風	最大風速(m/s)	陸上	20	12	7	7	11	13	13	14	13	16	17	17	14	13	13	12	10	8
		海上	20	12	10	11	13	13	16	18	29	35	34	33	27	19	18	14	12	11
波浪	波高（m）		6.0	2.5	2.1	2.3	2.9	3.4	4.0	5.4	7.5	10.7	12.0	12.0	11.2	9.0	7.0	5.6	4.6	3.5
高潮	潮位（cm）		220	170	−66	92	150	177	−71	85	173	161	−29	100	180	147	−28	53	161	145

※ガイダンスは当該領域内における3時間毎の予想値の最大値を示す。
　例：9月16日の0時から3時の間の最大1時間降水量（平坦地以外）のガイダンス値は19mm
※大雨・洪水注意報（警報）については、五島市には平坦地および平坦地以外の基準があり、最大1時間降水量の基準は平坦地以外のみ、最大3時間降水量の基準は平坦地にのみ設定されている。

---

column

時系列図の時間軸や風向風速記号（矢羽）に要注意

　時系列図をみるときは、横軸の時間軸の向きに注意します。たとえば、図：実1・5は左から右へ時間が進み、図：専4・4は右から左へ時間が進んでいます。また、風向風速を示す矢羽も、ふつうは短矢羽が5ノット、長矢羽が10ノット、旗矢羽が50ノットですが、ときには短矢羽が1m/s、長矢羽が2m/s、旗矢羽が10m/sとなっている場合があります。

　天気図などの資料をみるときは、その日付と時刻、そして凡例を必ず確認しましょう。

3 試験のテーマと出題傾向

　実技試験の問題は、気象災害を引き起こす台風や発達する温帯低気圧、日本付近の気圧配置などを主要テーマとした実例に基づき、前節で述べたようなさまざまな資料を提示し、1節で述べた科目に沿った内容で構成されています。

　問題のテーマは、発達する温帯低気圧（南岸低気圧、日本海低気圧、二つ玉低気圧）、台風、梅雨前線、冬型、寒冷渦、北東気流、太平洋高気圧縁辺流などです。このうち、発達する温帯低気圧をテーマとした問題は、第1回からの試験全体の6割程度を占めており、これに台風、寒冷渦、梅雨前線の順で続きます。また、台風と寒冷渦、台風と梅雨前線というように、2つ以上をテーマとした問題も出題されています。

　実技試験では、学科試験の出題形式では問えない気象現象についての気象学的な基礎知識の総合的な学問的理解力が試されます。そのために、テーマに関する気象現象の現況とその今後の推移について、実況および予想資料などから情報を的確に読み取り、大気成層の静的安定性などを解析して、風や降水などの今後の推移を把握する技能を試す問題が出題されます。

　したがって、一般知識編と専門知識編で学んだ、たとえば渦度移流と鉛直 p 速度、鉛直安定度（たとえば、CAPE や CIN、SSI）と対流不安定、暖気の移流やその上昇、寒気の移流やその下降などの模式図的な説明が、実際の天気図上ではどのように見えるかを理解し、天気図やエマグラムなどの資料を解析して、これらの現象をしっかり捉えることができなければなりません。

　また、天気予報をするうえで重要な気象現象とそのライフサイクルなどの気象学的な事項や、防災上の留意事項などの基本的な知識を身につけておく必要があります。具体的には、たとえば次のような事項です。
①温帯低気圧はどうして発達するのか。

②積乱雲はどうして発達するのか。

③大雨はどうして起こるのか。

④台風はどのような構造になっているのか。

⑤寒冷低気圧やポーラー・ロウの構造やその通過に伴う激しい気象現象。

　最近の出題傾向として、予報作業のために必要な天気図解析（たとえば、前線解析やジェット気流の解析）や、実況の気象要素の等値線解析、あるいは大気成層の静的安定性を把握するためのエマグラム解析、あるいは台風や気圧の谷、温帯低気圧の動静を分析（追跡）させる問題がよく出題されています。

　これらについては、解析操作に慣れていないと試験時間を浪費してしまうので、過去問題や2節で例示したような気象資料に慣れておき、自ら作業する訓練を積んで、なるべく短時間に、かつ丁寧に解析できるようにしておく必要があります。

4 出題パターンとその対策

　実技試験の出題方式には、おおまかに次の3つがあります。

　　①穴埋めの問題　　②記述の問題　　③作図の問題

4-1　穴埋め問題

　穴埋め問題は、文章中の空欄に入る適切な語句または数値を記入する形式で、語句や数値の選択肢が用意される場合もあります。2節で挙げたような資料によって気象現象を総合的に理解する技能が試されます。指定された資料から空欄に適合する情報を読み取ってそのまま解答する、読み取った数値を指定の単位に換算して解答する、あるいは資料を解析して解答するなど、出題内容はさまざまですが、学科試験の知識で必ず解答できる問題です。（出題例：実技編2章の例題1（1）、専門知識編8章の理解度Checkテスト）

　配点は各1点（多くても2点）ですが、解答するのに迷うものは比較

的少ないので、確実に得点したいところです。ただし、たとえば空欄に該当する現象が積乱雲の場合、文章に「（　　）雲」とある場合は（積乱）と解答しなければ不正解になる、といったケアレスミスを誘うような出題がみられますので要注意です。

4-2 記述問題

　記述問題は、問題で指定された資料を解析・検討した結果を、指定の字数で記述する形式です。問題では、「解答における字数に関する指示はおおむね目安であり、それより若干多くても少なくてもよい」とされています。その文字数は、解答に含まれるキーワードや、キーワードを含む表現の文字数におおよそ見合うように指定され、解答欄は指定字数よりも15～20字ほど多く用意されています。

　したがって、指定字数のほぼ±5字程度を目安にして解答します。これより少ない場合は、明らかに解答すべきことが不足しています。また、問われていないことや無関係なことを解答に含めてはいけません。専門用語を使い、出題意図に最も適したキーワードを含む表現を使って解答をまとめるようにします。

　一方、字数指定がなく、5～10字程度で簡潔に記述する形式の出題もあります。（出題例：実技編2章の例題2（1））

4-3 作図問題

　作図問題は、エマグラム解析、等圧線や等温線などの等値線解析、湿数や天気分布などの解析、前線解析、気圧の谷（トラフ）やジェット気流、強風軸、シアーラインなどの解析を実際に行わせるものです（出題例：実技編2章の例題2）。

　その配点は比較的高く、解析結果をもとに解答する問題も出題されるので、問題で指定される解析結果を描く線の種類（実線、破線、二重線など）や線の太さ、解答範囲などを必ず守り、丁寧に作図することが大事なポイントになります。特に前線解析では、その種類（温暖、寒冷、

閉塞、停滞）を表す前線記号の要否にも注意が必要で、前線記号を記入するときは、むらなく塗りつぶさなければいけません。

計算問題

　近年、実技試験でも計算問題が出題されています。

　問題文で数式等が与えられ、各変数に数値を代入して計算する問題や、温度勾配などを問題文で述べられる計算方法により求める問題（出題例：実技編2章の例題2(2)）、気圧が1hPa下がると海面が1cm上昇する吸い上げ効果や風速の2乗に比例する吹き寄せ効果といった学科試験の知識で解く問題があります。

　問題では「四捨五入して整数値で答えよ」などと指定されるので、計算結果を解答条件に従って処理して解答します。

5　解析操作

　作図問題で行う解析操作は、予報作業の基本的かつ必須とされる技能です。問題に用いられる各種資料を使って繰り返し練習しましょう。そうすれば、学科試験の一般知識・専門知識を基礎とした各種気象実況図、天気図・解析図・予想図などの気象要素や気象現象の見方・読み方、低気圧・前線・台風などの各種じょう乱の構造とその発達・衰弱機構、じょう乱に伴って起こる大気構造の変化などが、自然にイメージできるようになります。

　この練習は、できるだけ時間をかけて、しかも丁寧に行うようにします。練習に使用する資料（特に天気図・解析図・予想図）は、はじめは拡大コピーして、そこに記入された細かな情報をしっかり読み取れるようにし、それに慣れてきたら試験問題と同じサイズで練習するとよいでしょう。

　学科試験の段階では、一般知識・専門知識の各科目の解析操作に関係

する事項について、その基礎的な知識の暗記に時間を費やしがちですが、ここで実際に手を動かして解析操作に慣れておくと、実技試験の段階で必要とされる気象現象を総合的に理解する技能の習得に大いに役立ちます。

　以下、いくつかの解析操作について、その要点を述べます。

5-1　前線解析

　解析する前線の種類（温暖・寒冷・閉塞・停滞）の構造的な特徴（一般知識編6章3節参照）をイメージしながら、以下の解析操作の手順を忠実に守って解析します。

①850hPa等温線（等相当温位線）が込んだところ（集中帯）に着目して、その暖気側の縁（これは「南縁」ともいう）を前線の位置と決め、風の水平シアーや上昇流域、湿潤域にも着目して位置を微調整します。また、閉塞段階にある低気圧の閉塞点は、等温線（等相当温位線）集中帯の南縁が寒気側に折れ曲がったところに決めます。そこは、500hPa渦度分布図では強風軸に対応する渦度0線のほぼ真下に位置し、700hPaの上昇流極大域や降水量極大域付近にあたります。

②850hPaの前線を決めたら、その位置を基に下記に留意して地上の前線を描きます。ここでうまく描けない場合は、850hPaで決めた前線の位置に問題があるので見直す必要があります。

　a.前線面は地上から上層にかけて寒気側に傾斜するので、地上の前線は850hPaの前線より暖気側に位置しています。

　b.前線はトラフなので、地上のトラフにほぼ沿って描かれます。

　c.地上風の水平シアーや降水量予想域も考慮します。

③850hPaの等温線（等相当温位線）の集中帯に折れ曲がりがみられるときは、前線の折れ曲がり（これを**キンク**という）を作ります。

④停滞前線は、前線を移動させる風が弱いために気圧傾度が緩く（等圧線の間隔が広く）なっています。前線は、等圧線が前線に平行している場合に停滞することになります。

⑤梅雨前線では気温傾度が小さいために等温線の集中はみられませんが、下層での水蒸気量の水平傾度が大きくなっています。したがって、850hPaの等相当温位線集中帯に着目して、その南縁に850hPaの前線を描き、それをもとに地上前線を決めます。

5-2 エマグラム解析

エマグラム解析については、学科試験で問われる基本的な知識（一般知識編2章を参照）をもとに、実際にエマグラムを使ってショワルター安定指数（SSI）を求めて大気の安定性を判定する、あるいは以下の項目について記述させる問題が出題されます。

①安定度の判定（静的安定度、潜在不安定、SSI、対流不安定）

②逆転層・等温層・安定層　←転移層（前線帯）との関係

③湿潤層（湿数3℃以下の気層）　←雲層に対応する

④逆転層（前線性逆転層、沈降性逆転層、接地逆転層）

安定度の判定や逆転層などの解説図（たとえば、図：般2・12、図：般2・13、図：般2・14、図：般2・15、図：般2・16）を、実際に自分で描いてみると理解が深まります。

5-3 ウィンドプロファイラによる断面図解析

ウィンドプロファイラ観測による水平風の鉛直断面時系列図では、以下の各項目を判定、あるいは解析し、その判定や解析結果をもとに考察して解答する問題が出題されます。

(1) 気層内での温度移流の判定

①暖気移流：気層内で下層から上層にかけて、風向の時計回りの変化（これを「風向順転」という）がみられます。

②寒気移流：気層内で下層から上層にかけて、風向の反時計回りの変化（これを「風向逆転」という）がみられます。

「（気層内で）下層から上層にかけて」は、その気層内の温度移流の判定結果を解答するときの必須のキーワードです。

（2）前線面の解析とその通過の判定

①前線面を挟んでみられる風向シアーに着目して解析します。

  a.寒冷前線：南成分の風と北成分の風による風向シアーに着目。

  b.温暖前線：東成分の風と西成分の風による風向シアーに着目。

②前線面通過：寒冷・温暖前線面の通過に伴い、気層内で風向の急変が前線面に沿ってみられます。

5-4　気象衛星画像解析

気象衛星画像解析については学科試験とほぼ同様の内容（専門知識編5章参照）の次の2点が出題の要点で、そのように雲型を判別した理由や、発達する温帯低気圧の各段階（発生期・発達期・最盛期・衰弱期）、台風の各段階（発達期・最盛期・温低化）にみられる雲の特徴などを記述させる問題が出題されます。

①赤外・可視画像の組み合わせによる雲型判別、重要な雲パターン（バルジ、テーパリングクラウド、クラウドクラスター、ドライスロット、トランスバースライン、シーラスストリーク、すじ状雲など）とその解釈。

②水蒸気画像の特徴とその解釈。暗域、明域、暗化、乾燥貫入、ドライスロット、バウンダリー、ジェット気流やトラフなどとの関連。

これらの要点については、どのような大気の状態で発生したものなのかという視点で、天気図や解析図、さらにはウィンドプロファイラ観測による水平風の鉛直断面時系列図、気象レーダーエコー図などの観測資料と関連づけて解釈する技能を備えておく必要があります。たとえば、エマグラム解析による湿潤層と衛星画像で判別される雲の特徴を関連づけて考察させる問題です（出題例：実技編2章の例題1（2））。

Chapter 2

例題と解答解説

 実技試験への準備

　試験問題は次の文章で始まり、問題のために用意された天気図などの資料の一覧表が続きます。

　　　次の資料を基に以下の問題に答えよ。ただし、UTCは協定世界時を意味し、問題文中の時刻は特に断らない限り中央標準時（日本時）である。中央標準時は協定世界時に対して9時間進んでいる。なお、解答における字数に関する指示は概ねの目安であり、それより若干多くても少なくてもよい。

　そして、これに続く問題文で、問題全体のテーマとその事例の発現時期や、予想資料の初期時刻などが述べられます。

　天気図などの資料が各設問に必要なものを合わせて15〜20程度あるので、ちょっと多いと感じるでしょうし、どの資料を見たらよいのだろうかと迷うかもしれません。しかし、各設問で参照する資料は問題文で指定されるので、それを手掛かりにして、問題で問われていることを検討します。

　問題全体はそのテーマの実際の予報作業の流れを模したストーリー仕立てになっており、各設問が互いに関連しています。つまり、前問までに検討し解答したことが、その問題を解く手掛かりになります。また、問題文や問題で参照する資料に、その問題を解くヒント、あるいは正解そのものが含まれていることもあります。

　したがって、問題で問われていることを理解し、問題に添付される資料の読み方や解析操作によってそれを解釈する技能が備わっていれば、

学科試験で求められる知識で十分に解くことができます。

　実技試験はハードルが高いと感じるのは、記述や作図の問題のせいかもしれません。

　気象予報士試験は、学科試験に合格しないと実技試験を採点してもらえないシステムであることや、実技は学科の上に成り立っているので学科の知識を十分に備えることが第一と説明されるため、実技試験対策は学科試験に合格してから始めるものだと思われるかもしれません。しかし、学科の知識が十分に備わっていないうちは、実技試験で必須技能とされる天気図などの読み方や解析操作の練習をしてはならないというものではありません。むしろ、学科試験の段階からそれらを通して天気図などの資料に慣れ親しむことは、学科の知識の実用的な理解につながるのです。

　記述問題では、問われていることに関係するキーワードや、それを含む表現を適切に使って解答する必要があります。これについての対策は、過去問題を通して実際の出題に慣れることです。

　その際、気象業務支援センターの解答例を丸暗記するのではなく、その解答例がどのようにして導かれたものなのか、問題で参照する資料のどの情報を読み取る、あるいは解析操作によって、なぜそういう結論に至るのか、解答例にそのキーワードが使われた理由、そのキーワードを含めた表現方法といったことを、解答例の解説を読みながら資料をひとつひとつ丁寧に確認することを繰り返しましょう。

　こうすることで実技試験に必要な論理的な思考方法が自然に身についてきます。

　そして、学科試験の段階から天気図などの読み方や解析操作に慣れ親しんでいれば、実技試験対策として記述の問題の答案作成の練習に、より多くの時間を割くことができます。

　この章では、過去問題からいくつかを例題として取り上げ、学科の知識との関連や答案のまとめ方の要点などについて簡単に説明します。

　図：実2・1は地上天気図（八丈島近海の低気圧に伴う前線は除いて
ある）、図：実2・2は500hPa天気図、図：実2・3は気象衛星の赤外
画像（上）と水蒸気画像（下）、図：実2・4（ア）、（イ）は輪島、松江
のいずれかの状態曲線、同図（ウ）、（エ）は潮岬、鹿児島のいずれかの
状態曲線であり、いずれもXX年2月11日21時（12UTC）のものである。
また、図：実2・5は11日の日別海面水温解析図である。

　これらを用いて以下の問いに答えよ。（第41回（平成25年度第2回）実技2
より抜粋し、一部改変）

(1) 図：実2・1に示す低気圧A、Bについて、図：実2・1〜図：実2・
　　3に基づいてそれぞれの中心位置、中心気圧、移動方向と速さ、低
　　気圧のスケールと特徴、赤外画像における雲域の特徴、発表されて
　　いる海上警報（種別と内容）をまとめた下表の空欄(①)〜(⑩)に入
　　る適切な語句または数値を答えよ。

	低気圧A	低気圧B
中心位置	関東海域	山陰沖西部
中心気圧	1004hPa	1010hPa
移動方向と速さ	(①) に (②) ノット	東にゆっくり
低気圧のスケール	(③) スケール	メソαスケール
低気圧の特徴	前線を伴う	寒帯前線北側の (④) 場内の低気圧
雲域の特徴	(⑤) 状を呈する	(⑥) 状を呈する
発表されている海上警報（種別と内容）	海上暴風警報 24時間以内に低気圧中心から半径(⑦) 海里以内で30ノット〜50ノットの非常に強い風が予想される。	海上暴風警報 (⑧) 時間以内に低気圧中心の(⑨) 側(⑩) 海里、そのほかの方位の300海里以内で30ノット〜50ノットの非常に強い風が予想される。

図：実2・1　地上天気図　　　XX年2月11日21時（12UTC）

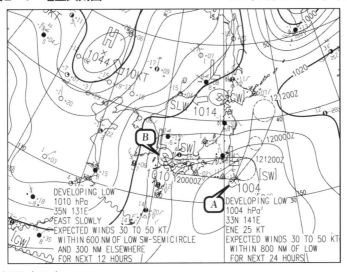

実線：気圧（hPa）
矢羽：風向・風速（ノット）（短矢羽：5ノット、長矢羽：10ノット、旗矢羽：50ノット）

図：実2・2　500hPa天気図　　　XX年2月11日21時（12UTC）

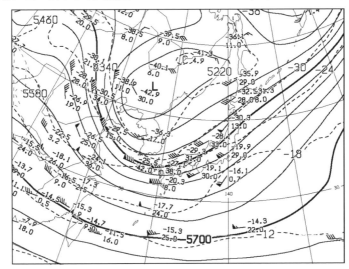

実線：高度（m)、破線：気温（℃）
矢羽：風向・風速（ノット）（短矢羽：5ノット、長矢羽：10ノット、旗矢羽：50ノット）

図：実 2・3　気象衛星画像　　　　　　　XX 年 2 月 11 日 21 時（12UTC）

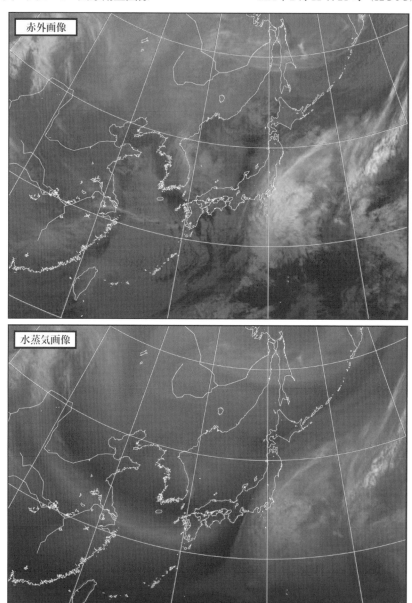

図：実2・4 状態曲線

XX年2月11日21時（12UTC）

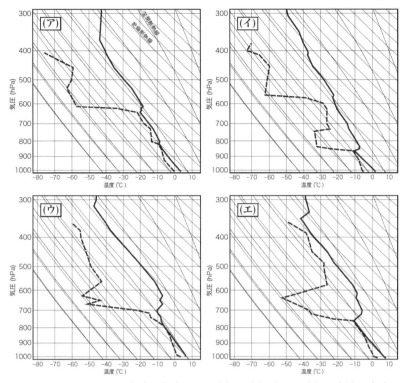

輪島、松江のいずれか（ア）、（イ）　　潮岬、鹿児島のいずれか（ウ）、（エ）
実線：気温（℃）、破線：露点温度（℃）

(2) 図：実2・3～図：実2・5を用いて以下の問いに答えよ。

①図：実2・4の（ア）、（イ）の地点では、ともに下層が湿っている。その理由を図：実2・5に着目して35字程度で述べよ。

②図：実2・4の（ア）、（イ）の地点の湿潤層の上端の高度を、それぞれ10hPa刻みの気圧値で答えよ。

③図：実2・4の（ア）、（イ）のうち、松江に対応する地点はどちらかを答え、その根拠を図：実2・3(上)を用いて45字程度で述べよ。

(3) 図：実2・4の（ウ）、（エ）のうち、鹿児島に対応する地点はどちらかを答え、その根拠を図：実2・3(下)を用いて45字程度で述べよ。

図：実2・5　日別海面水温解析図　　　　　　　　　XX年2月11日

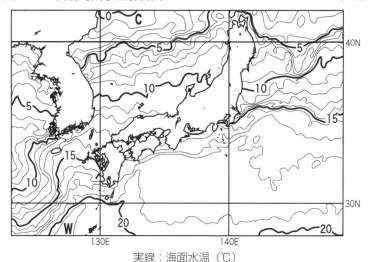

実線：海面水温（℃）

ヒント

　　図：実2・6に輪島、松江、潮
岬および鹿児島の位置を示す。
問題に用いられる地上および高
層天気図に観測値が記入される
国内の気象台とその位置は、憶
えておくとよい。

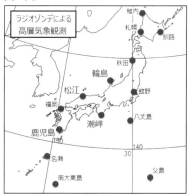

図：実2・6

(2)　①図：実2・5では輪島と松
　　　江付近の日本海の海水温
　　　は10℃以上で、図：実2・
　　　4の（ア）、（イ）の地点の
　　　地上付近の気温より高い。

　　　②湿潤層とは湿数3℃以下の気層のこと。湿潤層の上端から湿数が
　　　鉛直上方に向かって急激に大きくなる。

　　　③雲が存在する気層と湿潤層は、概ね対応する。

(3)　図：実2・3（下）では、鹿児島付近で白っぽく、潮岬付近で黒っ
　　ぽく映っている。

解答と解説

(1) 解答

①東北東　②25　③総観　④寒気　⑤バルジ　⑥渦　⑦800　⑧12
⑨南西　⑩600

解説

　予報作業は実況を把握することから始まります。実技試験の問題も問
1で「各種実況資料による実況の把握に関する問題」が出題され、その
出題形式の多くは穴埋め問題です。そして、日本付近の実況について述
べた文章の空欄に入る適当な語句や数値を解答させる問題が出題されま
す（出題例：専門知識編8章の理解度Checkテスト）が、この例題のよ
うな出題形式もあります。

　実況把握の問題に関連する主な学科の知識として、一般知識編6章、
7章、8章と専門知識編5章、8章、9章、12章が挙げられます。

　低気圧Aには海上暴風警報が発表されていて、その英文に移動方向と
速度が「ENE25KT」とあります（空欄①と②）。図：実2・1では除い
てありますが、前線を伴っていますので、総観スケールの低気圧です（空
欄③）。寒帯前線とは、高緯度の寒気団と中緯度の暖気団との間の前線
の総称です。図：実2・2では九州の西から本州付近にかけて寒帯前線
ジェット気流に対応する強風帯がみられ、低気圧Bは強風帯の北側（寒
気側）に位置しています（空欄④）。図：実2・3では、それぞれの低気
圧に特徴的な雲域がみられます。低気圧Aは発達中で、極側（北側）へ
の膨らみ（高気圧性曲率）をもった雲域（バルジ）がみられます（空欄
⑤）。低気圧Bには、寒帯前線北側の寒気場内に発生するメソスケール
の低気圧（ポーラー・ロウ）に特徴的な渦状の雲域がみられます（空欄
⑥）。空欄⑦〜⑨は、それぞれの低気圧に発表された海上暴風警報（英文）
の最大風速の予想から読み取って解答します。

　この問題では問われていませんが、予想される最大風速の状態になる
までの時間帯が、低気圧Aでは「向こう24時間以内：FOR NEXT 24

HOURS」で、低気圧Bでは「向こう12時間以内：FOR NEXT 12 HOURS」と異なっていて、低気圧Bの進路予想（**予報円**）から、初期時刻の11日21時〜12日9時までの間に、西日本の海上で非常に強い風が吹くという予想であることも、地上天気図を読み解く重要なポイントのひとつです。

　全般海上警報は、風や濃霧について船舶の安全航行のために発表される警報です。よく出題されるので、その種類と発表基準、およびそれが発表される状況についてしっかり憶えておく必要があります。

◇◇◇ **column** ◇◇◇

高・低気圧の移動方向・速度の読み取り方

　地上天気図では、高・低気圧の移動方向を、全般海上警報が発表された低気圧を除いて白抜き矢印で示し、矢印の向いた方角（方位）が移動方向となります。また、移動速度は白抜き矢印の近くにある数値で、その単位はノット（KT）です。全般海上警報が発表された低気圧や台風については、その発表内容を記述した英文にあります（図：実2・1）。

　移動方向の方位の読み取りは、三角定規を使って次の要領で行います。

　高・低気圧などの中心位置（×印）のところに白抜き矢印を平行移動し、周囲の経度線を参考に×印を通る南北方向の線を引き、それに直交するように東西方向の線を引きます。4等分された×印の周囲をさらに2等分すれば、北東、南東、南西、北西の方向が決まります。問題では16方位で読み取ることが求められますので、このくらい丁寧に作業すべきです。

（2）解答

①海面水温が地上気温よりもかなり高く、海面から水蒸気が供給されるため。（**34字**）

②（ア）**640hPa**　　（イ）**870hPa**

③松江：（ア）

　　根拠：松江付近の方が明るくて雲頂高度が高いので、湿潤層の高度が高い（ア）の方が対応する。（**41字**）

解　説

　この問題と次の設問（3）に関連する学科の知識は、一般知識編2章7、8、9節と専門知識編5章3、4節にあります。

　輪島および松江付近の日本海の海水温は10℃以上で、（ア）、（イ）の地点の地上付近の気温より高く、地上に近い気層では気温減率が（ア）、（イ）の地点より大きくなって対流の起こりやすい不安定な状態となり、この対流により海面から水蒸気が鉛直上方に運ばれて下層が湿ったと考えられます（設問①）。

　図：実2・4の（ア）、（イ）の湿潤層の上端は**沈降性逆転層**の下端で、その逆転層内では露点温度が鉛直上方に向かって急激に減少します。図の縦軸は対数の目盛ですが、100hPa刻みの目盛の間を等間隔に按分して気圧を読み取っても構いません（設問②）。

　図：実2・3上では、松江付近が輪島付近より白っぽく映っていて雲頂高度が高い（輝度温度が低い）ので、湿潤層上端の高度が高い（ア）が松江となります（設問③）。

（3）解答

鹿児島：（エ）
　根拠：鹿児島付近は明域で上・中層が湿っているので、上・中層の湿数が小さい（エ）の方が対応する。（44字）

解　説

　図：実2・3下では、鹿児島付近は明域で上・中層が湿っているが、潮岬付近は暗域で上・中層が乾燥しているので、この状況と対応する（エ）が鹿児島となります。

例題2　作図の問題

（1） 図：実2・7は300hPa天気図、図：実2・8は500hPa天気図、図：実2・9は気象衛星水蒸気画像であり、いずれもXX年9月15日9時（00UTC）のものである。これらを用いて以下の問いに答えよ。

（第41回（平成25年度第2回）実技1より抜粋し、一部改変。また、問題文を読むときに確認を要するところを<u>下線</u>で示した。）

①図：実2・7と図：実2・8を用いて、300hPaで<u>北緯40°より南にあるトラフの位置</u>を図：実2・7に<u>実線で記入</u>するとともに、これに対応している500hPaのトラフとの位置関係を簡潔に答えよ。

②ジェット気流に対応して図：実2・7に表れている強風帯の中心線を、<u>東経120°～東経140°の範囲</u>について図：実2・7に<u>破線で記入</u>し、これに関連して図：実2・9の気象衛星水蒸気画像でみられる特徴を簡潔に答えよ。

図：実2・7　300hPa天気図　　　　　　XX年9月15日9時（00UTC）

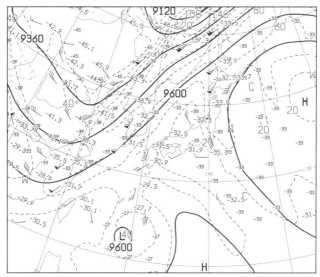

実線：高度（m）、破線：風速（ノット）、数値：気温（℃）
矢羽：風向・風速（ノット）（短矢羽：5ノット、長矢羽：10ノット、旗矢羽：50ノット）

492

図：実2・8　500hPa天気図　　　　XX年9月15日9時（00UTC）

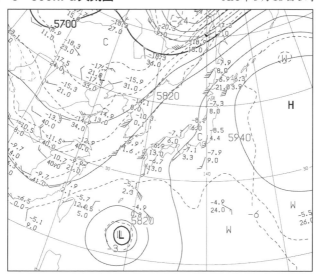

実線：高度（m）、破線：気温（℃）
矢羽：風向・風速（ノット）（短矢羽：5ノット、長矢羽：10ノット、旗矢羽：50ノット）

図：実2・9　気象衛星水蒸気画像　　　　XX年9月15日（0UTC）

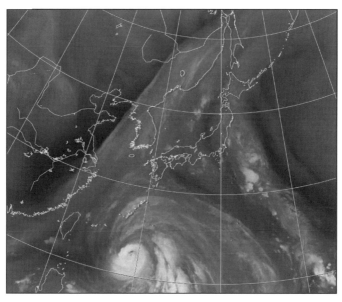

①偏西風波動において高度が周囲より低く低気圧性（北半球では反時計回り）の曲率をもつ谷底（低緯度側に凸の部分）をトラフ（気圧の谷）といい、等圧面天気図で等高度線の低気圧性の曲率の最も大きいところを連ねた線を谷線（トラフライン）という。また、トラフの上流側（後面）と下流側（前面）で風向が大きく変化する。したがって、等高度線の低気圧性の曲率だけでなく風向シアーもみて、谷線を実線で引く。

②設問①で解析したトラフの前面で、等風速線（破線）を色鉛筆またはカラーマーカーで着色すると、風速分布がみえてくる。緯度線と交差する等風速線から、その緯度線上で風速が最も強いところに適当な印を付け、それを破線で結ぶと強風帯の中心線（強風軸）が引ける。

(2) 図：実2・10はアメダス気温・風分布図、図：実2・11は地上局地解析図で、いずれもXX年12月3日9時（00UTC）のものである。これらを用いて以下の問いに答えよ。なお、温暖前線の北側の新島付近から北東にシアーラインがのびている（図：実2・11に破線で示す）。（第39回（平成24年度第2回）実技1より抜粋し、一部改変。また、問題文を読むときに確認を要するところを下線で示した。）

①図：実2・10には15℃と18℃の等温線を描いてある。解答用紙（図：実2・12）の図の枠内に9℃と12℃の等温線を実線で描画し、等温線の値を付せ。

②図：実2・10を用いて、シアーラインの西側にある鴨川と東側にある勝浦を結ぶ直線に沿った温度勾配と、温暖前線の北側にある勝浦と南側にある八丈島（気温21.5℃）間の温度勾配を、それぞれ小数第2位を四捨五入して小数第1位まで求めよ。また、鴨川と勝浦間の温度勾配が勝浦と八丈島間の温度勾配の何倍にあたるかを整数値で答えよ。ただし、温度勾配は10kmあたりの温度差の絶対値とし、鴨川と勝浦の直線距離は20km、勝浦と八丈島の直線距離は220kmとする。

③図：実2・11に1010hPa、1012hPaおよび1014hPaの等圧線を実線

で描画し、等圧線の値を付せ。

④前問③で描画した地上気圧分布の特徴から、関東地方の内陸部から南岸にかけて北よりの風が吹く要因を25字程度で述べよ。

⑤房総半島南部では局地的に激しい雨が降った。その要因を、シアーライン付近の風と気温分布に着目して25字程度で述べよ。

図：実2・10　アメダス気温・風分布図　　XX年12月3日9時（00UTC）

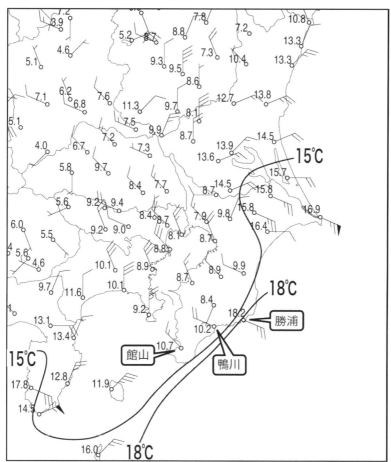

数値：気温（℃）
矢羽：風向・風速（m/s）（短矢羽：1m/s、長矢羽：2m/s、旗矢羽：10m/s）

図：実2・11　地上局地解析図　　XX年12月3日9時（00UTC）

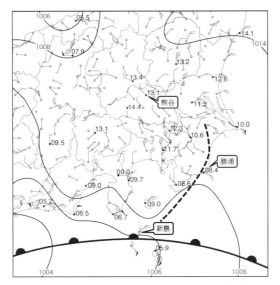

矢羽：風向・風速（m/s）（短矢羽：1m/s、長矢羽：2m/s、旗矢羽：10m/s）
数値：千位と百位の値を省略した気圧（hPa）

図：実2・12　解答用紙

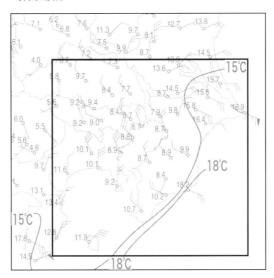

ヒント

①気圧や気温等の各種物理量の等しい値を結んだ線、いわゆる等値線を引くことで、その物理量の大きさの分布や集中度などが明らかになって、平面的な大気の状態やその動向をみることができる。たとえば、地上天気図では描画された等圧線から気圧分布を知ることができる。以下に、等値線解析の要点を示す。

・作業を始める前に解析する物理量の分布を概観して、その値の大きい領域と小さい領域を把握する。

・等値線は記入された物理量の値と値の間を等間隔に按分しながら引くが、ある方向に向かって等値線を引き始めたとき、その等値線の右側が左側より値が大きければ、それを引き終わるまで、「等値線の右側が左側より値が大きい」状態が続く。

・等値線は解析する範囲の端から端まで引き、途中で引くのを止めない。

・等値線を引き始めたところに戻って閉じた等値線になることがある。

・2本以上の等値線が互いに接したり交差することはない。

・等値線は、途中で2本以上に分かれたり、2本以上が合流して1本になることはない。

すでに解答用紙に15℃の等温線が記入されているので、それを参考にして、12℃の等温線を房総半島南部から引き始めるとよい。

②温度勾配は、「温度勾配＝2地点間の気温差÷2地点間の直線距離」で求める。

解答と解説

（1）解答

①次ページの図の実線

　500hPaトラフとの位置関係：ほぼ同じ位置にある。

②次ページの図の破線

　水蒸気画像の特徴：明域と暗域の境界

①②解答図

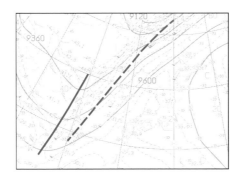

解　説

　華中から華南にかけて解析されるトラフは、500hPaでもほぼ同じ位置に解析されます（設問①）。強風軸の位置を図：実2・9に描き入れてみると、明域と暗域の境界（バウンダリー）にほぼ一致しています（設問②）。

(2) 解答

①右図

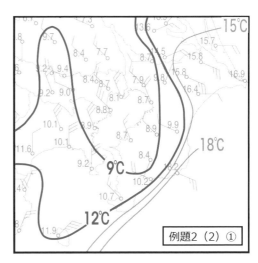

例題2（2）①

②鴨川と勝浦間：**4.0℃/10km**　　勝浦と八丈島間：**0.2℃/10km**
　温度勾配の倍率：**20倍**

③右図

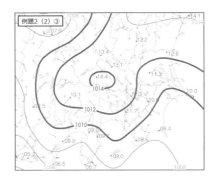

④**関東地方の内陸部にメソ高気圧が形成されているため。（25字）**
⑤**暖かい東よりの風と冷たい北よりの風が収束したため。（25字）**

解　説

　12℃の等温線は15℃の等温線に近いところに描きますが、それに接したり交差しないように注意して描きます。また、描いた等温線の値を、解答例のように<u>等温線上の適当な位置に書き入れます</u>（設問①）。鴨川と勝浦の気温差が8.0℃、直線距離が20kmなので、温度勾配は、8.0℃÷20km＝4.0℃/10km。ここでは「小数第2位を四捨五入して<u>小数第1位まで求めよ</u>」とあるので、4℃/10kmと解答すると不正解（設問②）。

　図：実2・11に記入された気圧値から大まかな気圧分布を概観すると、関東地方の内陸部（埼玉県付近）で気圧が高く、ここから福島県にかけて気圧の尾根になっています。1010hPaの等圧線は、すでに描かれている1008hPaの等圧線に概ね沿うような形に描き、1012hPaの等圧線もそれを参考して、解答例のように描きます。また、等圧線上の適当な位置に、描いた等圧線の値を書き入れるのを忘れないこと（設問③）。関東地方の内陸部に解析されたメソスケールの高気圧から南岸に向かって北よりの風が吹いています（設問④）。シアーライン付近では温度勾配が大きく、その東側で暖かい東よりの風が、西側で冷たい北よりの風がそれぞれ吹いています。この暖気と冷気が収束するシアーライン付近で発生した対流雲が発達したため、房総半島南部で局地的に激しい雨が降ったと考えられます（設問⑤）。

◇◇◇◇ *column* ◇◇◇◇◇◇◇◇◇◇◇◇◇◇◇◇◇◇◇◇◇◇◇◇◇◇◇◇◇◇◇◇

作図の問題を解答するときの留意点

　作図の問題では、自分が作図した結果をもとに考察させる問題も出題されるので、できる限り正確に、かつ丁寧に作図することが肝要です。
　また、答案用紙には作図用に引いた線などを残さないように、消しゴムを使って消しておきます。

例題3　鉛直断面図とエマグラム解析の問題

　図：実2・13は解析雨量図、図：実2・14～図：実2・16は図：実2・13に示す線分X－Yに沿う鉛直断面図で、図：実2・14は相当温位、図：実2・15は湿数、図：実2・16は鉛直流を表している。図：実2・17は鹿児島の状態曲線で、いずれもXX年7月4日21時（12UTC）のものである。これらを用いて以下の問いに答えよ。なお、この時間に前線が九州地方に停滞している。（第38回（平成24年度第1回）実技1より抜粋し、一部改変。また、問題文を読むときに確認を要するところを下線で示した。）

（1）図：実2・13と図：実2・14を用いて以下の問いに答えよ。
　①図：実2・14を用いて、850hPa面における前線の位置を0.5°刻みの緯度で答えよ。また、前線の位置を決めた根拠を簡潔に答えよ。
　②図：実2・13と前問①の解答を基に、九州の強い降水域（1時間20mm以上）は850hPa面の前線に対してどのような位置にあるかを簡潔に答えよ。

ヒント

①密度（温度）の異なる大気が接する気層を転移層といい、その暖気側を前線面という。また、前線面が地表面や特定の気圧面と交差してできる線を前線という（一般知識編6章3節の図：般6・12を参照）。図：実2・14の850hPa面では、北緯33.5°～34.0°の間で南から北に向かって相当温位が急に小さくなっている（相当温位傾度が大きい）。

図：実2・13　解析雨量図　　　　　　XX年7月4日21時（12UTC）

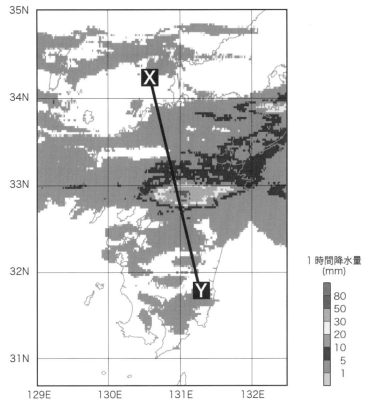

1 時間降水量
(mm)

80
50
30
20
10
5
1

※線分X－Yは、図：実2・14～図：実2・16の断面位置
塗りつぶし域：前1時間降水量（mm）（凡例のとおり）

(2) 図：実2・13の九州の強い降水域における大気の成層状態に関して以下の問いに答えよ。

　①図：実2・14を用いて、強い降水域における850hPa～500hPaの相当温位の鉛直分布の特徴を簡潔に答えよ。また、その特徴から判断されるこの層の成層状態を答えよ。

　②図：実2・15を用いて、前問①で答えた相当温位の鉛直分布の特徴は、大気のどのような特徴を表しているかを850hPaと500hPaの湿数の値を使って45字程度で述べよ。

図：実2・14　相当温位鉛直断面図

XX年7月4日21時（12UTC）

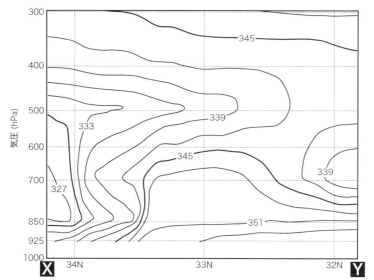

※断面の位置は、図：実2・13に示すとおり。実線：相当温位（K）

図：実2・15　湿数鉛直断面図

XX年7月4日21時（12UTC）

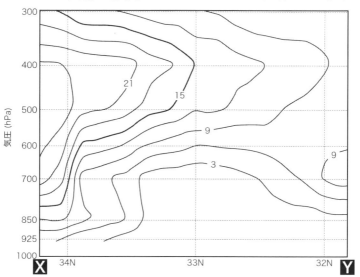

※断面の位置は、図：実2・13に示すとおり。実線：湿数（℃）

③図：実2・16を用いて、強い降水域における850hPa面の鉛直速度ω
（hPa/h単位）を、符号を付して等値線の値（10hPa/h刻み）で答
えよ。

図：実2・16　鉛直流鉛直断面図　　　　　XX年7月4日21時（12UTC）

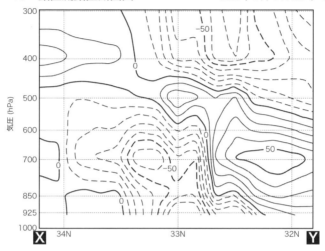

※断面の位置は、図：実2・13に示すとおり。実線および破線：鉛直p速度（hPa/h）

◇◇◇◇◇ *column* ◇◇◇◇◇◇◇◇◇◇◇◇◇◇◇◇◇◇◇◇◇◇◇◇◇◇◇

鉛直断面図をみるときの留意点

　鉛直断面図（時系列図も含む）を用いる問題が、最近よく出題されます。
　鉛直断面図から数値などを読み取る際は、その読み取る高度や等圧面
などを色鉛筆やカラーマーカーなどで着色したり、補助線を引いて、な
るべく正確に読み取ります。ただし、着色したり補助線を引くときは、
その位置を間違えないように注意します。

（3）図：実2・16と図：実2・17を用いて以下の問いに答えよ。

①図：実2・17の気層DEの静的安定度を気温の鉛直分布から判定し、
以下から選んで記号で答えよ。

　　　　ア　絶対安定　　　イ　条件付不安定　　　ウ　絶対不安定

②相当温位θe（K）は、温位θ（K）と混合比q（g/kg）を用いて近似的に

以下の式で表される。この式を用いて、図：実2・17のDとEにおける相当温位（K）を小数第1位で四捨五入し整数で求めよ。

$$\theta e \fallingdotseq \theta + 2.8q$$

また、求めた相当温位から気層DEの成層状態を答えよ。

図：実2・17　鹿児島の状態曲線　　　　　　XX年7月4日21時（12UTC）

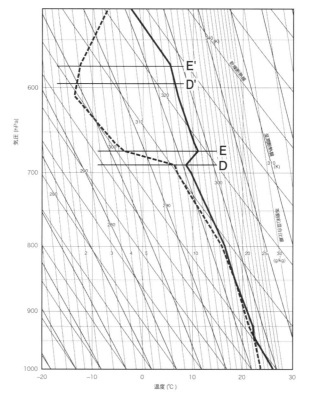

実線：気温（℃）、破線：露点温度（℃）

③図：実2・17で、気層DEがD'E'の高度まで断熱的に上昇すると仮定したとき、解答用紙（図：実2・18）の図に、Dの空気がD'の高度に達するまでの気温の変化の過程、およびEの空気がE'の高度に達するまでの気温の変化の過程をそれぞれ破線で描画せよ。なお、

図：実2・18　解答用紙

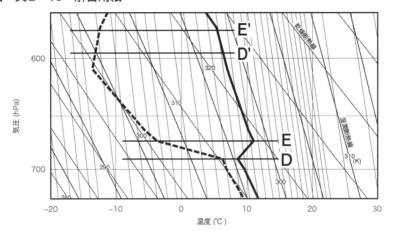

描画する際に描いた補助線は解答用紙に残しておくこと。

④前問③で、気層DEがD'E'の高度まで上昇したときの、気層の気温
　減率の変化とそれに伴う静的安定度の変化を25字程度で述べよ。

⑤設問（1）の強い降水域で降水が始まる前の大気の鉛直構造は図：実
　2・17と同様であったと仮定して、設問（3）②④および図：実2・
　16から、設問（1）の強い降水がもたらされた理由を対流雲の発達
　過程を考察して60字程度で述べよ。

> **ヒント**
>
> ②気層DEの下端Dおよび上端Eの温位θは、DおよびEの気温を通る
> 　乾燥断熱線（等温位線）の値となる。また、混合比 q は、DおよびE
> 　の露点温度を通る等飽和混合比線の値となる。これらの値は、隣り合
> 　う乾燥断熱線や等飽和混合比線の間を等間隔に按分して読み取る。
>
> ③これは対流不安定の解説図（p.56の図：般2・15）を自分で描く問題。
>
> ⑤強い降水域で降水が始まる前の対流雲の状況を把握するため、図：実
> 　2・17で1000hPaにある気塊を持ち上げて、その気温の変化の過程を
> 　描画してみる。図：実2・17の鹿児島の位置は、図：実2・6で確認する。
> 　図：実2・16によると、鹿児島付近の緯度では下層から中層にかけて
> 　下降流だが、強い降水域では上昇流となっている。

解答と解説

（1）解答

①北緯：**33.5°**　　根拠：等相当温位線集中帯の南端

②前線の南側

解説

　北緯33.5°付近より北側で、850hPaの等圧面と交差する等相当温位線の間隔が狭く、いわゆる等相当温位線集中帯となっています。前線はこの集中帯の南端（南縁）に位置し（設問①）、その南側に九州の強い降水域（1時間20mm以上）があります（設問②）。

（2）解答

①相当温位の鉛直分布の特徴：下層ほど相当温位が高い

　成層状態：対流不安定

②**850hPa**では湿数3℃以下で湿っているが、**500hPa**では湿数12℃で乾燥している。（**43字**）

③**－60hPa/h**

解説

　九州の強い降水域（1時間20mm以上）が位置する北緯32.8°～33.0°付近での850hPa～500hPa間の気層の相当温位は、850hPa～700hPa付近で348K～351Kと最大で、それより上では鉛直上方に向かって減少しています。これは気層の成層状態が対流不安定であることを示しています（設問①）。

　北緯32.8°～33.0°付近での850hPa～500hPa間の気層では、気層の下端（850hPa）～650hPa付近の間で湿数3℃以下と湿っていて、気層の上端（500hPa）付近で湿数9℃～12℃と乾燥しています。特に指定がない場合、数値は等値線の値で解答します（設問②）。図：実2・16では、

鉛直p速度の等値線が10hPa/hごとに実線と破線で引かれ、破線の領域が上昇流、実線の領域が下降流です。北緯32.8°〜33.0°付近の850hPaでは上昇流で、その鉛直p速度は−60hPa/hです（設問③）。

（3）解答

①ア

②**D：338K　　E：330K　　成層状態：対流不安定**

③右図

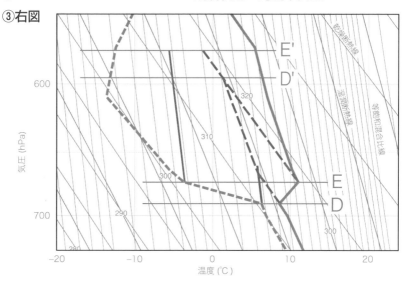

④気温減率が大きくなり、安定度が小さくなる。**（21字）**

⑤対流不安定な気層が上昇することで安定度が小さくなり、それまで安定層で抑えられていた雲頂が高くなって対流雲が発達したため。
（60字）

解 説

　この問題に関連する学科の知識は、一般知識編2章7、8、9節です。

　気層DEは**沈降性逆転層**です。気温の状態曲線から静的安定度は「絶対安定」と判定されます（設問①）。DおよびE相当温位θeは次ページ

の表のとおりで、相当温位θeは下端Dより上端Eが小さいので、気層
DEの成層状態は「対流不安定」と判定されます（設問②）。

	温位θ	混合比q	混合比q×2.8	相当温位θe
D	313	8.8	24.64	337.64
E	318	4.4	12.32	330.32

　設問③では、気層DEの下端Dと上端Eの気塊を同時に持ち上げたと
きの気温の変化の過程を作図します。Dの気温を通る乾燥断熱線とDの
露点温度を通る等飽和混合比線の交点が、Dの気塊を持ち上げたときの
持ち上げ凝結高度（LCL）です。このLCLからはDの気塊を湿潤断熱
線（等湿球温位線）に沿って持ち上げます。同様にEの気温を通る乾燥
断熱線とEの露点温度を通る等飽和混合比線を引きますが、Eの気塊が
解答用紙（図：実2・18）のE'の高度に達してもLCLに到達しません。
ここでは気温の変化の過程を破線で描画するので、気塊Dの乾燥断熱
線および湿潤断熱線と気塊Eの乾燥断熱線を破線で描きます。また、こ
こではそれぞれの等飽和混合比線も消さずに残しておきます。

　気層の下端と上端の気温の関係は、気層DEを気層D'E'まで持ち上げ
た結果、「気温D＜気温E」だったのが「気温D'＞気温E'」となり、気
層内の気温減率が大きくなったため、気層の静的安定度は持ち上げる前
に比べて小さくなりました（設問④）。

　高度ともに気温が高くなる気層を逆転層といい、静的安定度が非常に
安定な気層です。しかし、その気層に対して何らかの強制的な気層全体
を持ち上げる力が働くと、設問③と④でみたように、気層の静的安定度
は小さくなります。

　強い降水域で降水が始まる前の状況について、以下の要領で考察して
みます。図：実2・17で1000hPaにある気塊を持ち上げると、LCLが
960hPa付近にあって、ここから気塊の気温は湿潤断熱減率で低下し、
790hPa付近から上で周囲の気温より高くなります。この気塊のLCLを

通る湿潤断熱線は、680hPa付近で気層DEの状態曲線と交差するので、対流雲の雲頂は気層DEで押さえられます（図：実2・19の解説図を参照）。一方、強い降水域で降水が始まる前の大気の鉛直状況は鹿児島（その位置は図：実2・6を参照）と同様なので、下層から中層にかけての気層の鉛直流は、図：実2・16の右端、すなわち下降流です。つまり、強い降水域では、下層から中層にかけての気層の鉛直流が、下降流から上昇流に変化しました。したがって、強い降水域で降水が始まる前に沈降性逆転層で抑えられていた対流雲の雲頂が高くなって、対流雲が発達したため、強い降水がもたらされたと考えられます（設問⑤）。

図：実2・19　解説図

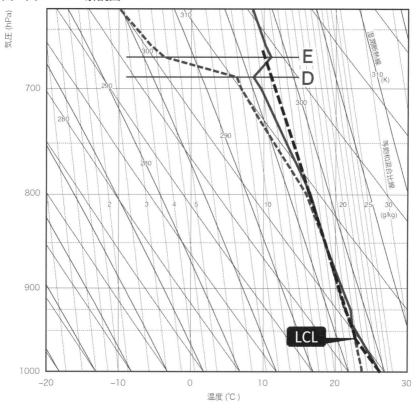

参考文献

浅井冨雄「ローカル気象学（気象の教室2）」東京大学出版会、1996

浅井冨雄ほか「大気科学講座2　雲や降水を伴う大気」東京大学出版会、1981

浅井冨雄ほか「基礎気象学」朝倉書店、2000

浅野正二「大気放射学の基礎」朝倉書店、2010

阿保敏広「高層気象観測業務の解説」気象業務支援センター、2001

伊東譲司・下山紀夫「天気予報のつくりかた」東京堂出版、2007

伊東譲司編「ひまわり8号気象衛星講座」東京堂出版、2016

大野久雄「雷雨とメソ気象」東京堂出版、2001

小倉義光「一般気象学（第2版補訂版）」東京大学出版会、2016

気象衛星センター技術報告「3.7μm帯画像の解析と利用」気象業務支援センター、2005

気象衛星センター技術報告「気象衛星画像の解析と利用」気象業務支援センター、2000

気象衛星センター技術報告「近赤外画像を用いた夜間の霧および下層雲の検出」気象業務支援センター、1999

気象衛星センター技術報告「雲解析情報図における雲解析の方法」気象業務支援センター、1998

気象業務支援センター「気象業務関係法令集　平成26年版」

気象庁「気象庁ガイドブック2016」気象業務支援センター、2016

気象庁予報部編「気象庁非静力学モデルⅡ」気象業務支援センター、2008

気象庁予報部編「全球モデルの課題と展望」気象業務支援センター、2009

岸本賢司「水蒸気画像の見方について」天気：Vol.44,No.5,日本気象学会、1997

白木正規「新百万人の天気教室」成山堂書店、2013

立平良三「気象予報による意思決定」東京堂出版、1999

立平良三「気象レーダーのみかた」東京堂出版、2006

天気予報技術研究会編、新田尚監修「新版　最新天気予報の技術」東京堂出版、2011

天気予報技術研究会編「気象予報士試験学科演習」オーム社、2002

東京理科大学生涯学習センター「大気の熱力学・力学 徹底攻略」ナツメ社、2006

二宮洸三「気象がわかる数と式」オーム社、2000

二宮洸三ほか編「図解　気象の大百科」オーム社、1997

二宮洸三「気象予報の物理学」オーム社、1998

二宮洸三「数値予報の基礎知識」オーム社、2004

新田尚ほか編「気象ハンドブック（第3版）」朝倉書店、2005

新田尚監修「気象予報士試験標準テキスト 学科編」オーム社、2009

日本気象学会「新教養の気象学」朝倉書店、1998

長谷川隆司ほか「天気予報の技術」オーム社、2000

長谷川隆司ほか「気象衛星画像の見方と使い方」オーム社、2006

播磨屋敏生ほか「地球の理」学術図書出版社、2002

股野宏志「大気の運動と力学」東京堂出版、1997

安田延壽「基礎大気科学」朝倉書店、1994

山岸米二郎「気象学入門」オーム社、2011

さくいん

513

《編著者紹介》

気象予報士試験対策研究会

気象予報士試験対策研究会
東京理科大学生涯学習センターが2013年春まで開講していた「気象予報士試験対策講座」の講師陣による執筆者集団。

執筆者紹介（執筆順）

児島　紘（こじま　ひろし）

東京理科大学名誉教授。理学博士。
1967年東京理科大学大学院理学研究科物理学専攻修士課程修了。
【一般知識編1、3、10章担当】

永野勝裕（ながの　かつひろ）

東京理科大学教養教育研究院准教授。博士（理学）。
1996年東京理科大学大学院理工学研究科物理学専攻博士課程満期退学。
【一般知識編2、5章担当】

白木正規（しらき　まさのり）

元気象大学校長。理学博士。
1969年京都大学理学研究科地球物理学専攻修了。
【一般知識編4、7章、専門知識編3、6、10、11、12、13章担当】

長谷川隆司（はせがわ　たかし）

元気象庁気象研究所長。気象予報士。
1963年東京理科大学理学部物理学科卒業。
【一般知識編6、8、9、11章、専門知識編1、2、4、7、8、9、14章担当】

伊東譲司（いとう　じょうじ）

元気象庁予報部予報課予報官。気象予報士。
1974年東京理科大学理学部Ⅱ部物理学科卒業。
【専門知識編5章担当】

佐々木　恒（ささき　こう）

気象予報士。
1983年東京理科大学理工学部物理学科卒業。
【実技の基礎編1、2章担当】

編集協力●小宮 隆
編集担当●山路和彦（ナツメ出版企画）

本書に関するお問い合わせは、書名・発行日・該当ページを明記の上、下記のいずれかの方法にて
お送りください。電話でのお問い合わせはお受けしておりません。
・ナツメ社webサイトの問い合わせフォーム
　https://www.natsume.co.jp/contact
・FAX（03-3291-1305）
・郵送（下記、ナツメ出版企画株式会社宛て）
なお、回答までに日にちをいただく場合があります。正誤のお問い合わせ以外の書籍内容に関する
解説・受験指導は、一切行っておりません。あらかじめご了承ください。

読んでスッキリ！気象予報士試験 合格テキスト 第2版

2017年 9 月 1 日　　初版発行
2023年 7 月 3 日　　第2版発行
2024年 11 月 20 日　　第2版第4刷発行

編著者	気象予報士試験対策研究会
発行者	田村正隆

発行所	株式会社ナツメ社
	東京都千代田区神田神保町1-52 ナツメ社ビル1F（〒101-0051）
	電話　03(3291)1257(代表)　FAX　03(3291)5761
	振替　00130-1-58661
制　作	ナツメ出版企画株式会社
	東京都千代田区神田神保町1-52 ナツメ社ビル3F（〒101-0051）
	電話　03(3295)3921(代表)
印刷所	ラン印刷社

ISBN978-4-8163-7390-9　　　　　　　　　　Printed in Japan

〈定価はカバーに表示してあります〉
〈落丁・乱丁本はお取り替えします〉

本書の一部または全部を著作権法で定められている範囲を超え、
ナツメ出版企画株式会社に無断で複写、複製、転載、データファ
イル化することを禁じます。